まえがき

本書は，前任の埼玉大学ならびに現在所属する横浜国立大学での力学の講義ノートをもとに作成した。

力学の教科書は数多く出版されており，新たに力学の教科書を世に出す必要はないかもしれない。しかし，次に述べる 2 つの視点が従来の教科書には欠けていると著者は以前から感じており，力学の教科書を執筆するに至った。

1 つ目は，「**物理学は数学語を用いて記述する**」という点である。ここで，日本「語」と表記するのと同じ感性で数学語と書いた。

たとえば「物体が飛んでいる」という記述を例に，数学語を用いた記述とは一体何なのかを説明しよう。物理学では現象を定性的かつ定量的に記述する。このとき「物体が飛んでいる」という漠然とした記述そのものが定性的な表現である。一方，物体が飛んでいる様子 (飛行時間や飛行距離など) を測定することで，飛んでいる状況を数値に置き換えることができ，これにより現象を定量的に表現できる。つまり，定性的かつ定量的な記述を結びつける言語こそが数学語で，人類は物理現象の記述方法として数学語による表現しか知らない。本書を通して，このことを強く意識してほしいというのが著者の一番の願いである。したがって，日本語で記述された物理現象を数学語に翻訳する (本書ではこれを「**和文数訳**」とよぶことにする)，あるいは数学語で記述された現象を自然言語である日本語に翻訳する (「**数式和訳**」とよぶ) 作業が物理学を理解するうえで必須の能力であり，そのことを力学を通して学んでほしいという思いのもと，本書を執筆した。

また数学が言語であるということは，日本語で文章を書いたのと同じように，数式にも解釈が入る余地がある。たとえば数式の左辺と右辺を入れ替える，1 を $2+(-1)$ と書き換えることによって，数式を書き換えた前と後で同じ現象を表していたとしても，意味合いが異なることもありうる。そして，数式の書き換えによって新しい物理が見えてくることがある。この点を理解できるよう，本文中でたびたび注意を促している。

2つ目は，ほとんどの教科書は力学の教科書であれば力学という枠の中で内容が閉じており，この先に広がっている世界の一端を垣間見せる記述が少ない点である。先に進んでから自力で理解するというのはもちろん重要なことである。しかし著者の学生時代を振り返ると，力学から派生してこういう概念があり，それがこの先の学習でどのように広がっていくのかを，力学を学習している段階ではわからなくてもいいので，ひとまず教科書のどこかに書いていてほしかったと感じることが多々あった。一部の読者にとっては中途半端な説明になっていると感じるかもしれないが，「この先学んでいくうえでどこかで活きるはず」という思いのもと，それらを本書の中で散りばめるようにした。その意味ではまとまりのない記述があるかもしれないが，この先電磁気学，熱・統計力学，量子力学へと進んでいくうえで，先にそれらの概念に触れておいただけで理解が早くなると信じている。

本書を手に取った読者の中には，とりあえず公式を知りたいという人もおられるだろう。そのような読者のために，重要な式をアミ掛けにしたり，「章のまとめ」を設けることで手っ取り早く理解できるよう工夫を施している。しかし本書を執筆するにあたり，公式をいち早く知りたいという読者を本来想定していないし，そもそも高校物理のような「公式の当てはめ」では大学で学ぶ物理学は通用しない。物理学が数学語で記述されているということを理解すれば，文章全体の流れを読むことが重要で，途中の切り抜いた文章を覚えることに意味がないことを理解していただけると信じている。

本書の執筆を進めるにあたり，多くの方々のお世話になった。図版の作成や問題の解答作成などでは，埼玉大学・横浜国立大学の学生の皆さんにご協力いただいたが，とくに前任の埼玉大学で力学の講義を始めるにあたり，その準備を手助けしてくれた大田慎吾，須貝顕一，関口和孝の各氏に御礼申し上げたい。また原稿の段階で多くのご指摘を頂戴したが，とくに荒船次郎氏のご指摘には気づかされることが多く，著者自身勉強になることが多々あった。原稿上の不備や誤植について，高西康敬，中嶋 武，広島 渚，星野晋太郎，ハンネス・レービガー，山田貴博の各氏からコメントを頂戴した。そして出版を強く勧めてくれた橋本幸士氏にも感謝を申し上げたい。

令和6年1月

佐藤　丈

物理学の
考え方を理解する

力学

佐藤　文　著

培風館

本書を読むにあたって

■ 本書の構成

本書は，大学理工系学部初年次向けの標準的な力学 (より厳密には古典力学) の講義に対応できるよう，力学の基本的な内容を解説している。

力学は物体の位置を時刻の関数として指定することで，運動の様子を明らかにする学問である。そこで本書の端緒として，1 章では物体の位置と時刻を指定する方法を，さらに 2 章では物体の速度と加速度の表し方について述べる。そしてそれに続く 3 章では，力学の基本法則である「**運動の 3 法則**」を紹介し，質点に対して成り立つ方程式 (**運動方程式**) を与える。さらに「運動の 3 法則」を使って，力学を語るうえでは欠かせない物理量である「**運動量**」「**角運動量と力のモーメント**」「**力積**」「**力学的エネルギーと仕事**」が導けることを見る。

4 章以降では，運動方程式を解いて運動の様子を明らかにしていく。1 章から 3 章までを運動の様子を明らかにするための準備編とするならば，4 章以降は実践編といえよう。その導入として 4 章では，落下運動や単振動といった簡単な系に対して運動の様子を明らかにするとともに，系の力学的エネルギーについて詳しく論じる。続く 5 章では一般的な振動現象について，6 章では「太陽と地球」などの間で働く力である中心力について議論する。7 章ではこれまでの議論とは打って変わって，観測者が替わることで運動の記述がどのような変化を受けるのかを詳しく見る。本書の締めくくりとして 8 章では，質点の集まりに対してどのように運動を解析すればよいのか，その第一歩として剛体について議論する。

上で述べたことを iv ページで図式化してまとめた。章のタイトルの下に各章で扱う主な内容を，そして各章の枠外に必要となる数学的内容を記している。以下では本書の特徴について記しておく。

- **物理のための数学**：まえがきでも述べたように「**物理学は数学語を用いて記述する**」ので，当然ながら数学に対する理解は欠かせない。そこで本書では「**物**

理のための数学」と題して，力学を理解するうえで必要な数学（ベクトル，微分積分，微分方程式など）を簡単ではあるが解説した。本文の記述に合わせて，必要になったタイミングで新たな数学の道具立てを紹介するようにしている。

● 付録について：紙幅を必要とする数学的内容については付録で対応した。付録 A では「**行列入門**」と題して，本文中で必要とする行列の内容を簡単にまとめた。線形代数の導入にもふさわしい内容に仕上げたので，本文を読む前に一読してもらいたい。付録 B では「**ナブラ演算子**」について紹介した。ナブラ演算子は電磁気学の教科書で説明されることが多いが，力学で紹介される概念とも密接に関係しているので本書に盛り込むことにした。また数学的内容ではないが，付録 C では物理定数・ギリシャ文字・接頭語を表にしてまとめた。

1～2 章
物体の位置と時刻を指定するための準備

1. 位置と時刻の指定
時刻・時間，位置，デカルト座標系，極座標系
位置ベクトル，基底ベクトル，内積，ベクトルの微分，偏微分

2. 速度と加速度
速度，加速度，次元解析
テイラー展開，線積分・面積分・体積積分

3 章
質点に対して成り立つ法則を与える

3. 運動の 3 法則と諸概念
運動の 3 法則，運動量，角運動量，力のモーメント，力積，運動エネルギー，仕事
ベクトルの外積，完全反対称テンソル，ディラックの δ 関数

＜準備編＞

＜実践編＞

4～6 章
運動方程式を解いて運動の様子を明らかにする

4. 運動の決定とエネルギー
運動方程式を解く，単振動，速度に比例する抵抗力，仕事，力学的エネルギー保存則，保存力
微分方程式，双曲線関数，ナブラ演算子

5. 振動・波動
安定点まわりの運動，減衰振動，強制振動，連成振動，波動方程式
行列の対角化

6. 中心力
ケプラーの法則，角運動量保存則，万有引力，重力ポテンシャル，散乱
円錐曲線（楕円，放物線，双曲線）

7 章
座標系の変換によって運動の記述はどう変化するのか？

7. 座標変換
慣性力，ガリレイ変換，重心系，実験室系，角速度ベクトル，コリオリの力，遠心力
基底の変換，回転行列

8 章
質点の集まりに対してどのように運動を解析するのか？

8. 質点系と剛体
質点系，剛体，慣性モーメント，慣性モーメントテンソル，歳差運動

- **発展的内容について**：本書に書かれている内容すべてに目を通してほしいが，一部の読者にそれを求めるのは酷なことかもしれない。そこで本書では，発展的な内容には「♣」の印をつけ，読み飛ばしてもいいようにしている。ただし，物理学系の学科に進んだ学生あるいは志望している学生は，力学より先の学習で必ず必要になるので「♣」の印がついている項目でも必ず一読しておくこと。
- **コラム (NOTE)**：本文の内容の補足として，「NOTE」と題してコラムを盛り込んだ。今後の学習に役立つであろう内容を多数紹介している。
- **章のまとめ**：各章を締めくくるにあたり「**章のまとめ**」を用意した。各章の内容を振り返るのに活用してもいいし，各章の内容を読む前に一度「**章のまとめ**」を見てイメージをつかむという活用法もアリかもしれない。
- **本書の問題について**：読者の理解を深めるべく，本書では多種多様な問題を用意した。問題文の直後に解答を付した「**例題**」，本文中の内容を補足・発展させるために設けた「**問**」，そして章末の「**演習問題**」の3種類を用意している。「**演習問題**」には難度の高い問題も含まれるが，ぜひ果敢に挑戦してほしい。なお「**問**」と「**演習問題**」には，巻末に略解を載せた。詳細な解答を知りたい読者のために，後日著者のホームページに解答をアップロードする。

■「高校物理」と「大学の物理学」のちがい

本書で力学の議論を始める前に，「高校物理」と「大学の物理学」のちがいについて述べておきたい。

高校物理では，数学的側面を前面に出して現象を議論することは少ない。そのような背景が要因なのかはっきりしないが，大学初年次向けの授業を担当すると，数学を使って物理学を記述することに嫌悪感を抱き，結果として物理学を敬遠する学生がちらほら見受けられる。しかし大学では，高校物理を信奉している者は救われない。なぜなら「**物理学は数学語を用いて記述する**」という視点から高校物理と大学の物理学を比べると，両者の性質は明らかに異なるからである。それは例えるならば，小学校で習う算数と中学校で習う数学ほど歴然とした差があるだろう。だから，物理学を習得するうえでの一番の近道は，高校物理を脇に置いてゼロベースから大学の物理学に向き合うことだろう。そのことを肝に銘じて本書を読んでもらいたい。

目　　次

5　振動・波動　133〜154

6　中 心 力　155〜197

7　座標変換　198〜240

8　質点系と剛体　241〜265

《物理のための数学》

1

位置と時刻の指定

力学とは，物体が時刻 t にどの位置 $\boldsymbol{r}$ にあるかを決定する学問である。いい換えると位置 $\boldsymbol{r}$ は時刻の関数として $\boldsymbol{r}(t)$ で与えられ，その関数形を決定する手段が力学の法則ということである。そして，力学の法則とは詰まるところ $\boldsymbol{r}(t)$ を決定するために必要な条件を表しているわけで，それを記述するためにつくられた言語が微分積分である。そこで本章では，力学，より厳密には古典力学を学び始めるにあたって，位置と時刻を指定する方法に加え，それに必要な数学を説明する。

1.1　時刻，時間

時 (とき) はすべての人に共通に流れると考える。つまり，精巧な時計があれば，だれが測っても同じように時は流れると仮定する。時の向きは一方向で，進む向きを未来と考える。とくに本書では，**時刻とは各瞬間を表し，時間とは時刻と時刻の間という意味で用いる** (図 1.1)。よって，時刻は数直線に対応さ

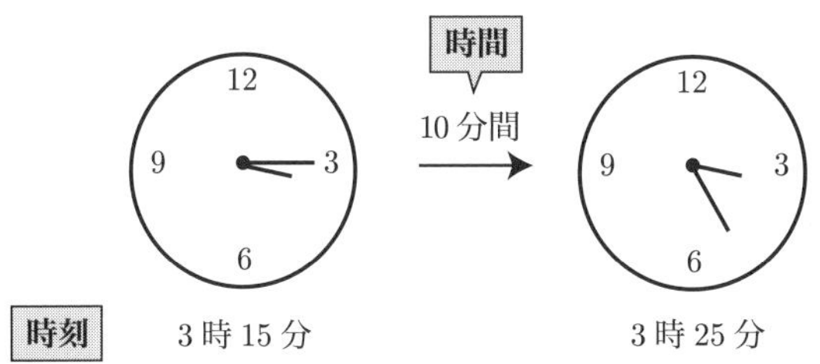

図 1.1　時刻と時間：3 時 15 分や 3 時 25 分のように時計が指し示すのが**時刻**，3 時 15 分から 3 時 25 分の間の 10 分間が**時間**である。

せることができる量である。

厳密にいうと，任意の時刻 t は $t = t - 0$ と変形できるので，時刻 $t = 0$ から測った時間という意味もあわせもつ。このことをきちんと認識していれば区別する必要はないが，本書では区別して用いる。

1.2　位置の指定と空間

次に，位置という抽象的な量をどのように具体的に指定するのか，つまりどのように位置を数値に対応させていくのかを見ていく。

高校数学では，点 P の位置に座標系の原点 O から P への矢印を対応させ，この矢印は大きさと方向をもつという意味で $\overrightarrow{\mathrm{OP}}$ というベクトルを対応させた。一方，**力学ではベクトルを表すのに上付きの矢印を使うことはなく，太字を使ってたとえば位置 $\boldsymbol{r}$ のように表現することが多い**。今後はこのような太字が出てきたらベクトルのことを表している。

(位置) ベクトルに関するまとめを「**物理のための数学：ベクトルのまとめ①**」(p.7 参照) に設けている。それもあわせて見てほしい。また，位置の指定には座標系に関して詳しく述べる必要があるが，これについては 1.3 節で述べる。

1.2.1　直線上 (1 次元)

まず，直線上の運動を考えよう。直線上のある点を指定するには**数直線**を対応させればよい。数直線は原点をどこかにとり，そこからの**変位** (向き付けした距離) を表す。この変位と位置を対応させたものが**座標**である。

具体的には道路上をある方向へ移動する場合を考えればよい。普通は無意識のうちに出発点を考え，たとえば道路が東西に延びるのであれば東へ 1 km 行ったところ，というように考えるはずである。この場合原点が出発点であり，東

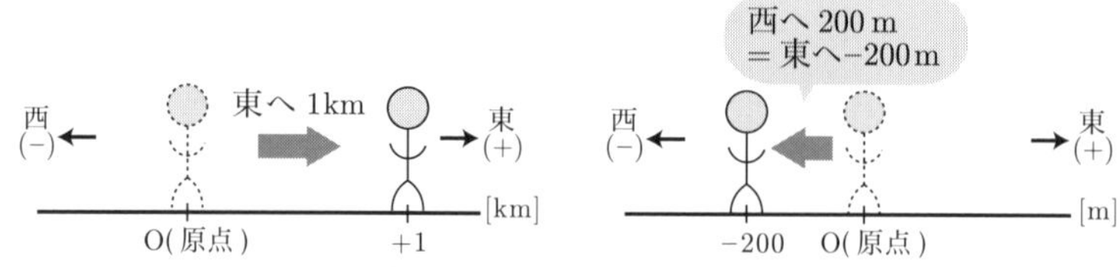

図 1.2　数直線の具体例 (東西に延びた道路)

の方向に正の方向をとった (向き付けした) 数直線を考えていることになる (図 1.2 左)。向き付けされているので正負の方向が存在し，たとえば東へ −200 m といえば西へ 200 m のことだと判断がつく (図 1.2 右)。つまり，正負を指定することで方向までわかるのである。力学を学ぶにあたっては，問題にしている量が絶対値で表される距離であるのか，方向を含めた変位であるのか峻別しないと何を考えているのかわからなくなるので注意が必要となる。

数直線の向きをどうとるかは，もちろん考えたい状況による。たとえば，等速直線運動といえば図 1.3 左にあるような数直線をイメージするだろう。また，落下運動であれば図 1.3 右のような数直線を割り当てて考えているはずである。そして，この数直線に沿った変位 (座標) を時刻の関数と見ることで運動の様子を理解しているのである。このような運動は 1 変数で指定できるので **1 次元の運動**という。

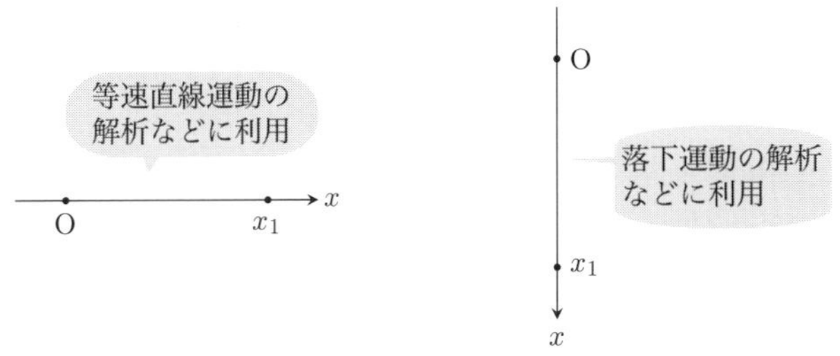

図 1.3　1 次元の運動と座標

1.2.2　平面上 (2 次元空間)

平面上 (2 次元空間) の運動とは，文字通り物体が平面上にあるときの運動で，具体的には，机の上に拘束された物体の運動や惑星の運動などがこれに該当する。このような物体の位置を指定するには 2 つの情報が必要になる。

一番よく使われるのが (x, y) 平面を対応させる位置の記述で，この (x, y) という数の組 (座標) で指定される平面を (2 次元) **デカルト座標系**，あるいは**カーテシアン座標系**とよぶ。また，狭い意味ではこの系を**直交座標系**とよぶこともある。なお，このデカルト (1596-1650) は「我思う，ゆえに我あり」という名言を残したことで有名な人物である。デカルト座標系では，**位置 $\boldsymbol{r}$ は** x, y を指

定すると一意に指定される，つまり (x, y) **の関数であるという意味で** $\boldsymbol{r}(x, y)$ **と書くことができる**。また，原点の位置や軸の向きは問題 (物理的状況) を理解しやすいように設定する。実生活では，ほとんどの人は地図を見るとき自分がいる場所 (あるいはその他の基準点) を原点とし，東西方向に x 軸を，北南 (南北ではない!) 方向に y 軸をとる座標系を暗黙のうちに思い浮かべているのではないだろうか。

他にもよく使われるのが **2 次元極座標系**で，これは原点からの距離 r と，ある軸 (通常は x 軸を対応させる) からの角度 φ を用いて座標を指定する (詳細は 1.3.3 項 (1) で述べる)。そのため位置 $\boldsymbol{r} = \boldsymbol{r}(r, \varphi)$ と表記できる (太字の $\boldsymbol{r}$ と通常の斜体の r では意味が全然違うので注意すること)。いずれにしても 2 つの情報が必要で，その意味で 2 次元空間だといえる。実生活においては東京や大阪の路線図がこの座標系に近いイメージだろう。実際，東京の中心から四方八方に線路が延び，また，中心を原点とする山手線のような環状線が走っている。このような状況では，位置は中心からの距離と方向で考えることが多いはずで，これはまさに 2 次元極座標系に対応する。

1.2.3 3 次元空間

一般的には，我々は「縦」「横」「高さ」の 3 方向をもつ 3 次元空間に存在している。しかも十分によい近似で等質な空間 (**ユークリッド空間**) である。事実，力学では空間に曲がりがないことを暗に仮定されている。

たとえば，部屋の中の場所を考える場合，多くの場合自分を中心として，「右方向 (x 方向) にどれくらいの距離か，そして奥行き (y 方向) はいくらか，そして高さ (z 方向) はどれだけか」という形で位置を把握することが多いだろう。これは 3 次元のデカルト座標系をとったことに対応し，この場合位置 $\boldsymbol{r} = \boldsymbol{r}(x, y, z)$ と認識していることになる。

3 次元デカルト座標系のほかに，**円柱座標系**とよばれる 2 次元極座標系に高さを加えて位置を表す ($\boldsymbol{r} = \boldsymbol{r}(r, \varphi, z)$) 座標系 (1.3.3 項 (1)) や，中心からの距離と緯度 (θ)，経度 (φ) に対応する量で位置を表す **3 次元極座標系** ($\boldsymbol{r} = \boldsymbol{r}(r, \varphi, \theta)$, 1.3.3 項 (2)) がよく用いられる。後者は $r =$ 一定が球面を表すので，球座標系ともよばれる。実際地球の表面 (地表) は中心からの距離が一定の球面と考えてほぼ差し支えないが，地表の場所を表すには緯度と経度を指定するだけで十分である。

1.2.4　媒介変数表示

ここまで述べてきたように，3 次元の場合，3 つの変数があれば位置を指定できるが，経路が曲線状であれば「出発点から何メートル行ったところ」といってしまえば場所が指定できてしまう。具体的には，道路に沿って移動する場合やジェットコースターに乗っている場合を考えればよい。この意味では直線でなくても，曲線状でありさえすれば 1 次元的といえる。もちろん，具体的に位置を指定するには 3 つの変数が必要で，つまり，その 3 変数は基準点からの距離 (s) の関数として

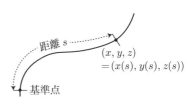

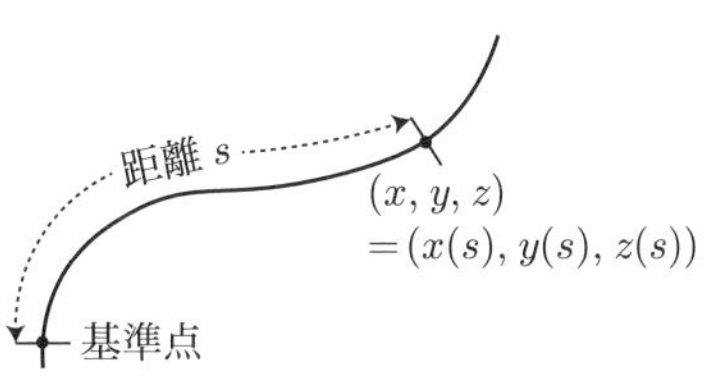

図 1.4　媒介変数表示

$$(x, y, z) = (x(s), y(s), z(s)) \tag{1.1}$$

と表される (図 1.4)。これは**媒介変数表示**とよばれる表式である。質点の運動は距離 s の代わりに時刻 t (あるいは同じことであるが，ある基準の時刻からの時間 t) の関数として，式 (1.1) のように表現しようということが古典力学であり本書の主題である。媒介変数表示については，「**物理のための数学：微分と偏微分**」(p.16) の (4) や 2.4 節でも詳しく論じる。

例題 1.1：円周上の運動と座標

図 1.5 のように円 (半径 a) の中心を原点にとり，点 $(a, 0)$ から反時計回りに運動させる。このとき，点 $(a, 0)$ から距離 s 進んだ点 (x, y) の座標を求めよ。

解答　距離 s は図 1.5 に示したように弧の長さなので，x 軸からの角度を φ とすると

$$s = a\varphi \tag{1.2}$$

と書ける。よって，その点での座標は

$$(x, y) = \left(\cos\frac{s}{a}, \sin\frac{s}{a}\right) \tag{1.3}$$

で与えられる。このように変位 s を指定することで位置が指定できる。そして 1 変数で指定できる場合は，1 次元的な取り扱いが可能になる。■

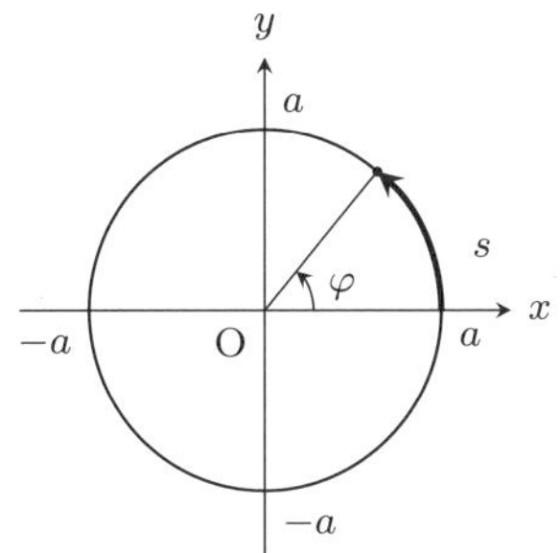

図 1.5

1.3 座標系

位置の指定には座標系の導入が欠かせないことを 1.2 節で述べた。座標系という新たな概念が出てきたと身構える必要はなく，簡潔に述べると，位置を (x, y, z) で書くか，(r, θ, φ) で書くかあるいは他の表示 (たとえば媒介変数表示) をとるかを決めるということである。1.2.3 項で述べたように，物体の運動はユークリッド空間内で起こるものとし，本書の範囲では直交座標系を採用する。これは，基底ベクトル (p.8 参照) が互いに直交しているという意味で極座標系なども含むが，とくにデカルト座標系を指す場合もあるので文脈から判断する必要がある。

1.3.1 右手系と左手系

座標軸のとり方は**右手系**，**左手系**の 2 通りが可能である。図 1.6 のように，軸に順番づけ (この場合は x, y, $z \to 1$, 2, 3) をし，1 番目の軸と 2 番目の軸を決めると 3 番目の軸が右ねじの進む向きに決まるのが右手系である。それに対して，右手系を鏡で映し反転させたものが左手系である。通常は右手系を用い，本書では今後左手系を用いることはない。

1.3.2 デカルト座標系

デカルト座標系とは，xyz を用いる座標系のことで，カーテシアン座標系ともいう。図 1.6 右にあるように，縦 (x)，横 (y)，高さ (z) で空間の位置を表す

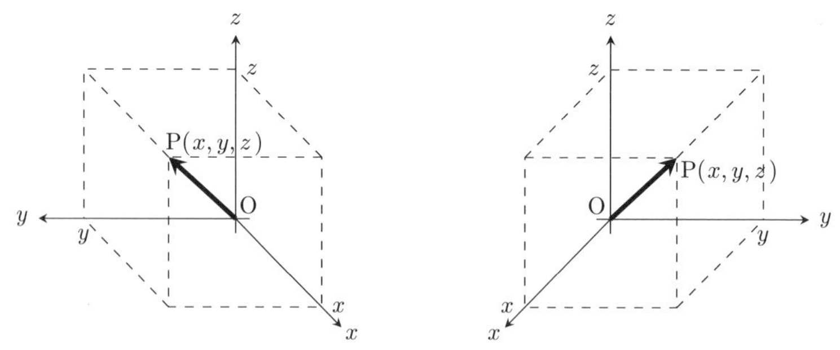

図 1.6　左手系 (左) と右手系 (右)：通常は右手系を用い，本書では今後左手系を用いることはない。

座標であり，この順番に右手系を成している。この順番は循環的で $y \to z \to x$ の順番で見ても右手系を構成している。この座標系では軸は固定されている。

具体的には物体をある点Pに見出したとすると，**その位置はそれぞれの軸への射影 (x, y, z) として表される**。位置を表す数学的手法としてベクトルの理解は欠かせない。ここで「位置ベクトル」「基底」「内積」について必要事項をまとめておこう。

▶ 物理のための数学：ベクトルのまとめ①

(1) 位置ベクトル

位置を表す手段として，**位置ベクトル**という概念を導入する。高校数学でも習うように，大きさと方向をもった量をベクトルという。位置ベクトルは，ベクトルに「位置」という情報を付与したものといえる。情報を付与したことで，位置ベクトルはベクトルの定義をより限定することになるのだが，ここでいう限定は空間回転と密接に関連しており，これについては「(4) スカラーとベクトル」(p.11 参照) や 7.4 節，付録 A.11 節で詳しく述べる。

点Pは単に (x, y, z) で表すこともできるが，これはそのまま位置ベクトルの成分に対応しているので，太字 $\boldsymbol{r}$ を使って

$$\boxed{\boldsymbol{r} = \begin{pmatrix} x \\ y \\ z \end{pmatrix}} \tag{1.4}$$

と書ける。約束として，ベクトルを成分表示するときはこのように縦に並べる。縦に並べた表式は 3×1 行列と見ることができるので，横に書いた表式はその転置行列とみなして

$$\boldsymbol{r}^{\mathrm{T}} = (x, y, z) \tag{1.5}$$

と表現できる (付録 A.4 節参照)。なお簡便のため，本書では式 (1.5) のように横に並べ，転置の記号 T を外すことが多々ある。

式 (1.4) は $\boldsymbol{r}$ の関数形であるという解釈もできる。$\boldsymbol{r}$ が (x, y, z) の関数であることを強調する書き方として

$$\boldsymbol{r}(x, y, z) \quad \text{または} \quad \boldsymbol{r}(\mathrm{P}) \tag{1.6}$$

と表されることもある。左は x, y, z の関数としてのベクトル，右は点 P を指定すると決まるベクトルという意味を強調した書き方である。

なおベクトルには，足しても引いても元のベクトルを変えない，通常の数に対応する「ゼロベクトル」が存在する。数学的にはこれはベクトルであるにもかかわらず「0」と書くが，本書ではベクトルであることを明示するために「ゼロベクトル」に対しては同じように太字の記号「$\mathbf{0}$」を使って区別する。

(2) 基底ベクトル

(x, y, z) は座標系の軸への射影として与えられる量であるが，射影であることがわかる表現を与えよう。そのために長さ 1 のそれぞれの軸を表すベクトルを導入する。これを**基底ベクトル**という。x 軸に沿って原点から「+1」進んだ場所を指定できれば，x 方向はこれの何倍という形で指定できる。それは，道路に沿って移動する場合，基準となる長さと方向を決めれば，あとはそれの何倍という形で位置を指定できることに対応している (図 1.7 左)。

我々は 3 次元空間にいるので，軸の方向は 3 つあり，それぞれに方向と基準の長さを決めればよく，それぞれの軸に対する基底ベクトルは次のように表される。

$$\boldsymbol{e}_x = \begin{pmatrix} 1 \\ 0 \\ 0 \end{pmatrix}, \quad \boldsymbol{e}_y = \begin{pmatrix} 0 \\ 1 \\ 0 \end{pmatrix}, \quad \boldsymbol{e}_z = \begin{pmatrix} 0 \\ 0 \\ 1 \end{pmatrix} \tag{1.7}$$

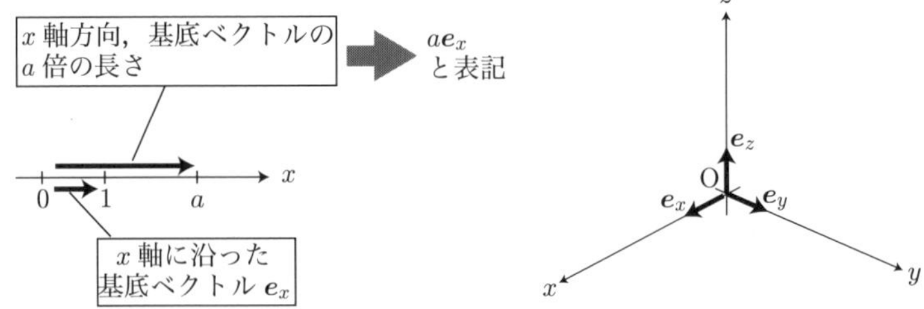

図 1.7　左：x 軸に沿って原点から「+1」進んだ場所を指定できれば，x 方向は基底ベクトルの何倍という形で位置を指定できる。右：デカルト座標系の基底ベクトル。

ここでそれぞれの軸に対応して x, y, z の添字がついている (図 1.7 右)。

これを用いて位置ベクトルの式 (1.4) を書き直してみると

$$\begin{aligned}\boldsymbol{r} &= x\boldsymbol{e}_x + y\boldsymbol{e}_y + z\boldsymbol{e}_z \\ &= (\boldsymbol{e}_x \cdot \boldsymbol{r})\boldsymbol{e}_x + (\boldsymbol{e}_y \cdot \boldsymbol{r})\boldsymbol{e}_y + (\boldsymbol{e}_z \cdot \boldsymbol{r})\boldsymbol{e}_z \\ &= \sum_{i=x,y,z} (\boldsymbol{e}_i \cdot \boldsymbol{r})\boldsymbol{e}_i \end{aligned} \tag{1.8}$$

となる。ここで積 $\boldsymbol{e}_i \cdot \boldsymbol{r}$ は**ベクトルの内積**である。ではベクトルの内積についても説明を加えよう。

(3) 内　　積

● **内積の定義**　一般のベクトル $\boldsymbol{u}$, $\boldsymbol{v}$ から成る数 $(\boldsymbol{u}, \boldsymbol{v})$ について考える。一般のベクトルによって与えられる対応 (,) に対して，次の 4 つの条件が成り立つとき数 $(\boldsymbol{u}, \boldsymbol{v})$ を**内積**とよぶ。

(1) ベクトル $\boldsymbol{u}'$ に対して，

$$(\boldsymbol{u} + \boldsymbol{u}', \boldsymbol{v}) = (\boldsymbol{u}, \boldsymbol{v}) + (\boldsymbol{u}', \boldsymbol{v})$$

(2) 実数または複素数の数 c に対して，

$$(c\boldsymbol{u}, \boldsymbol{v}) = c^*(\boldsymbol{u}, \boldsymbol{v})$$

ここで c^* は c の複素共役である。

(3) 対応 (,) の複素共役を (,)* と表す。このとき次式が成り立つ。

$$(\boldsymbol{v}, \boldsymbol{u}) = (\boldsymbol{u}, \boldsymbol{v})^*$$

(4) $(\boldsymbol{u}, \boldsymbol{u}) \geqq 0$，ただし等号が成立するのは $\boldsymbol{u} = \boldsymbol{0}$ のときである。

古典力学で扱うベクトルの成分は実数で，また内積 $(\boldsymbol{u}, \boldsymbol{v})$ はしばしば簡略に $\boldsymbol{u} \cdot \boldsymbol{v}$ と表す。ここで式 (1.4) の成分に対応させて

$$\boldsymbol{u} = \begin{pmatrix} u_1 \\ u_2 \\ u_3 \end{pmatrix}, \quad \boldsymbol{v} = \begin{pmatrix} v_1 \\ v_2 \\ v_3 \end{pmatrix} \tag{1.9}$$

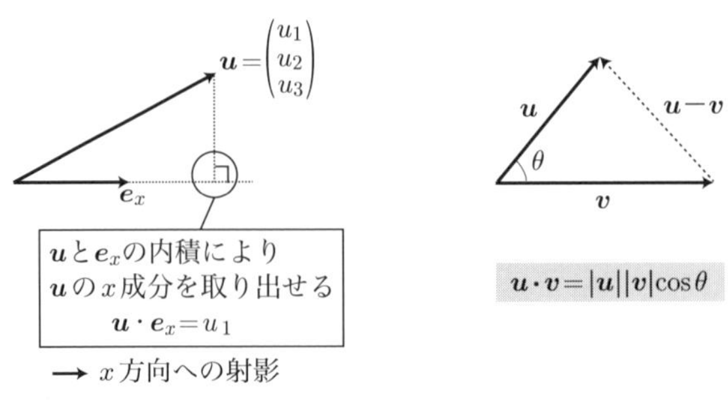

図 1.8 左：ベクトル $\boldsymbol{u}$ と単位ベクトルの内積，
右：ベクトル $\boldsymbol{u}$ と $\boldsymbol{v}$ の内積。

と書くと，内積は

$$\boldsymbol{u}\cdot\boldsymbol{v}=u_1v_1+u_2v_2+u_3v_3=\sum_{i=1}^{3}u_iv_i \tag{1.10}$$

で定義する (後述の式 (1.18) も参照)。この形式は式 (1.5) で出てきた転置を使うと $\boldsymbol{u}^{\mathrm{T}}\boldsymbol{v}$ のように行列の計算としても理解でき，ベクトルを一般化するうえでは大変有用なものである。

● 式 (1.8) の意味　単位ベクトル $\boldsymbol{e}_x$, $\boldsymbol{e}_y$, $\boldsymbol{e}_z$ と $\boldsymbol{r}$ の内積は「$\boldsymbol{r}$ の単位ベクトル方向の成分を取り出せる」ので，こう書くと射影だったという意味がはっきりする (図 1.8 左)。つまり式 (1.8) は，位置ベクトル (1.4) を基底ベクトル (1.7) で展開した (線形和として表した) 表式となっている。

● ベクトルの大きさ　式 (1.10) からベクトルの大きさが

$$|\boldsymbol{u}|=\sqrt{\boldsymbol{u}\cdot\boldsymbol{u}} \tag{1.11}$$

であることはすぐわかる。また，この関係式と $\boldsymbol{u}-\boldsymbol{v}$ が $\boldsymbol{u}$ と $\boldsymbol{v}$ で張る三角形の残りの 1 辺を表すこと，さらに余弦定理から，$\boldsymbol{u}$ と $\boldsymbol{v}$ のなす角度を θ とすると，高校数学で習う内積の式

$$\boldsymbol{u}\cdot\boldsymbol{v}=|\boldsymbol{u}||\boldsymbol{v}|\cos\theta \tag{1.12}$$

を再現することもすぐにわかる (図 1.8 右)。ここで，式 (1.10) と (1.12) は同じことを異なる形式で表現している。これら 2 式は，物理的状況に応じてどち

らの式を考えるべきか決まる。しかし式 (1.10) の形式のほうが有用であることが多く，そのため，内積といえば式 (1.10) で具体的に定義されていると考えないと，本筋を見誤ることが多いので注意が必要である。

(4) スカラーとベクトル

● **スカラー**　数学的には，**スカラー**とはある変換に対して値を変えない量のことである。力学において，ある変換とは 7.4 節で説明する空間回転のことである。

力学においては長さ，時間，質量，エネルギー，電荷，ベクトルの内積などのように大きさだけをもつ量がスカラーである。さらにいうと，長さというのは同じベクトルどうしの内積の平方根で与えられるので，その意味では本質的には長さもベクトルの内積，より正確には内積の関数である：

$$\boldsymbol{r}\text{ の長さ}\quad |\boldsymbol{r}| = \sqrt{x^2+y^2+z^2} = \sqrt{(\boldsymbol{r}\cdot\boldsymbol{r})} = r \qquad (1.13)$$

● **ベクトル**　数学的にベクトルはきわめて抽象化された適用範囲の広い概念である。たとえば，物理学に出てくる関数は，多くの場合この抽象化された意味でのベクトルとしての性質をもっている。

力学におけるベクトルは，力や位置ベクトルのように大きさと方向をもつ量で，スカラーを掛けるという操作と和をとるという操作も定義されている。つまり，2 つのベクトル $\boldsymbol{a}, \boldsymbol{b}$ とスカラー λ, μ が与えられると $\lambda\boldsymbol{a}+\mu\boldsymbol{b}$ がどのようなベクトルになるかが一意に定まる。具体的には，和は 2 つのベクトルからつくられる平行四辺形の対角線に対応する。より数学的には空間回転によって大きさを保ちつつ向きを変える量のことである。また，複数のベクトルを直積という形式で並べた量をテンソルといい，広い意味ではベクトルもテンソルであるが，物理学では区別することが多い (8 章で詳しく述べる)。

表 1.1　代表的な物理量をスカラー，ベクトル，テンソルに分類

	代表的な物理量
スカラー	長さ (s)，時間 (t)，質量 (m)，エネルギー (E)，電荷 (e や q)
ベクトル	位置 ($\boldsymbol{r}$)，速度 ($\boldsymbol{v}$)，加速度 ($\boldsymbol{a}$)，力 ($\boldsymbol{F}$)，運動量 ($\boldsymbol{p}$)，角運動量 ($\boldsymbol{L}$)
テンソル	慣性モーメントテンソル (I_{ab})

物理学におけるベクトルの大きな特徴の 1 つは内積が存在することであり，力学に出てくるベクトルは式 (1.10) で定義される。より一般化されたベクトルにおいても内積が定義できるが，これが力学で学ぶ内積の一般化であることが理解できると，この先物理学で出てくる式を容易に操れるようになる。

(5) 正規直交基底

座標系を考えるうえで重要な性質は，**ベクトルが基底ベクトルで展開できることである**。つまり式 (1.8) に対応して，一般にベクトル $\boldsymbol{u}$ は $x,\ y,\ z \to 1,\ 2,\ 3$ とそれぞれ置き換えると

$$\boldsymbol{u} = \sum_{i=1}^{3} u_i \boldsymbol{e}_i \tag{1.14}$$

と書ける。規格化されており (すべての基底の長さが 1 になっており) かつ互いが直交する基底を**正規直交基底**という。このことを式で表すと

$$\boldsymbol{e}_i \cdot \boldsymbol{e}_j = \delta_{ij} \tag{1.15}$$

となる。ここで右辺は**クロネッカーのデルタ**とよばれる量で

$$\delta_{ij} = \begin{cases} 1 & (i = j) \\ 0 & (i \neq j) \end{cases} \tag{1.16}$$

と表される。ただし，$i, j = 1, \cdots, n$ で，n の値は状況によって 1 から ∞ まで動くので適宜判断する必要がある。式 (1.15) の場合はもちろん $n = 3$ である。この記号は物理学のあらゆる局面で様々な意味をもって使われるので，少しずつその使い方に慣れてほしい。またクロネッカーのデルタは $n \times n$ の単位行列を表している (付録 A.8 節参照)。

ベクトル $\boldsymbol{u}$ のある成分 u_i が i 方向の成分をもつことは，次の式変形からも確かめられる：

$$\boldsymbol{u} \cdot \boldsymbol{e}_j = \sum_{i=1}^{3} (u_i \boldsymbol{e}_i) \cdot \boldsymbol{e}_j = \sum_{i=1}^{3} u_i (\boldsymbol{e}_i \cdot \boldsymbol{e}_j) = \sum_{i=1}^{3} u_i \delta_{ij} = u_j \tag{1.17}$$

また，一般にベクトルは式 (1.14) の右辺のように展開できるので，内積は

$$\begin{aligned}\boldsymbol{u}\cdot\boldsymbol{v} &= \sum_{i,j}(u_i\boldsymbol{e}_i)\cdot(v_j\boldsymbol{e}_j) = \sum_{i,j}(u_iv_j)\boldsymbol{e}_i\cdot\boldsymbol{e}_j \\ &= \sum_{i,j}(u_iv_j)\delta_{ij} = \sum_i u_iv_i \end{aligned} \tag{1.18}$$

となり，3 次元の場合の内積の定義式 (1.10) を再現することがわかる。

以上より，正規直交基底が存在していれば，任意のベクトルは式 (1.14) の右辺のように展開でき，内積の定義式 (1.10) は自動的に出てくる構造になっている。

原理的には正規でもなければ直交でもない基底の組を考えることはできる。この場合「基底」として要求される性質はベクトルが展開できることである。u_i に対応する部分は式 (1.17) のようには簡単には取り出せない。このような基底にも十分使い道はあるが，力学において，ほとんどの場合は正規直交基底で事足りる。実際本書では極座標系であっても正規直交基底となっている。つまり基底の組は式 (1.15) を満たしている場合を考える。それによって計算はかなり簡略化されている。このことを頭の片隅に置いておいたほうがよいだろう。

例題 1.2：内積の定義

式 (1.9) で与えられるベクトル $\boldsymbol{u}, \boldsymbol{v}$ の内積 (1.10) が，上で述べた内積の定義 (1)～(4) が成り立つことを示せ。ただし，$\boldsymbol{u}, \boldsymbol{v}$ は実ベクトルとする。

解答　(1) まず $\boldsymbol{u}' = (u_1', u_2', u_3')$ とすると，

$$\begin{aligned}(\boldsymbol{u}+\boldsymbol{u}', \boldsymbol{v}) &= (u_1+u_1')v_1 + (u_2+u_2')v_2 + (u_3+u_3')v_3 \\ &= (u_1v_1+u_2v_2+u_3v_3) + (u_1'v_1+u_2'v_2+u_3'v_3) \\ &= (\boldsymbol{u}, \boldsymbol{v}) + (\boldsymbol{u}', \boldsymbol{v})\end{aligned}$$

(2)

$$(c\boldsymbol{u}, \boldsymbol{v}) = cu_1v_1 + cu_2v_2 + cu_3v_3 = c(\boldsymbol{u}, \boldsymbol{v})$$

ここで $\boldsymbol{u}, \boldsymbol{v}$ が実ベクトルの場合を扱っているので，$c = c^*$ である。

(3)

$$(\boldsymbol{u}, \boldsymbol{v})^* = u_1v_1 + u_2v_2 + u_3v_3 = (\boldsymbol{v}, \boldsymbol{u})$$

(4)

$$(\boldsymbol{u}, \boldsymbol{u}) = u_1^2 + u_2^2 + u_3^2 \geqq 0$$

以上 (1)～(4) を満たすので，式 (1.10) は内積の定義を満たす。 ■

▶ 物理のための数学：ベクトルのまとめ②～ ベクトルの微分

物体の動き (位置の変化) を記述するためには，位置の微分について見なければならない。ここでは「ベクトルの微分」について説明し，位置の微小変化を明らかにしよう。

先程の「**物理のための数学**」で紹介した基底ベクトルには，「**ベクトルの増える方向を表す**」という大変重要な性質がある。たとえば，位置ベクトル $\boldsymbol{r}(x,y,z)$ について，

$$x \to x+dx, \quad y \to y, \quad z \to z$$

という変化を考える。具体的に位置ベクトルの表式 (1.4) を代入してみると

$$\boldsymbol{r}(x+dx,y,z)-\boldsymbol{r}(x,y,z)=dx\begin{pmatrix}1\\0\\0\end{pmatrix}=dx\boldsymbol{e}_x \tag{1.19}$$

となり，x **方向に増えている**ことが確かめられる。デカルト座標系ではこの変形のありがたみはわかりにくいが，他の座標系を扱う場合は大変有用になる。なお，数学的に厳密には，微小変化 (差分ともいう)Δx と，$\Delta x \to 0$ の極限としての dx (いわゆる微分) とは区別するべきだが，本書が扱う範囲では両者は同義であるとして差し支えないので，区別をする必要がない限りは簡単のため dx という記号を用いる。元々の力学における意味合いからはむしろこの方が正確で，式の意味を考える上で有用なことが多い。

さて位置を $\boldsymbol{r}(x,y,z)$ のように多変数の関数として表しているので，$\boldsymbol{r}(x,y,z)$ の微分を考えるときには，新たな数学の道具立てを必要とする。それが次に述べる**偏微分**である。偏微分に関する説明はあとに回すことにして，ここでは $\boldsymbol{r}(x,y,z)$ の偏微分がどのように与えられるのかを述べることにする。

式 (1.19) では $\boldsymbol{r}(x,y,z)$ という 3 変数の関数に対して x についての変化率だけを考えた。x 方向の偏微分の定義は

$$\frac{\partial \boldsymbol{r}}{\partial x}=\lim_{dx\to 0}\frac{\boldsymbol{r}(x+dx,y,z)-\boldsymbol{r}(x,y,z)}{dx} \tag{1.20}$$

であるから，この変化率は偏微分を用いて

$$\frac{\partial \boldsymbol{r}}{\partial x}\propto \boldsymbol{e}_x \tag{1.21}$$

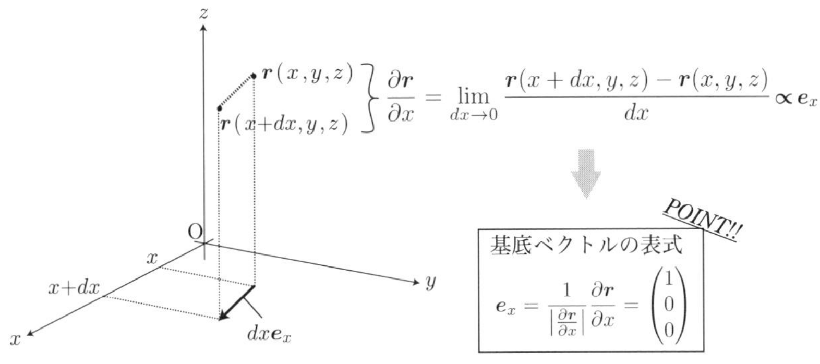

図 1.9　基底ベクトルは増える方向を表す

と書ける。ここで，記号 $\propto$ は左右の式が比例することを表す (図 1.9)。

くり返しになるが，ここでの操作は x, y, z の関数の $\boldsymbol{r}$ を x だけの関数だと思って，y, z は固定したまま，ほんの少し (dx) 離れたところでの関数値との差をとって，離した距離で割るという操作である。要するに y, z を定数だと思ったときの x の微分ということである。

基底ベクトルは長さ 1 の条件をつけておく (規格化するという) ほうが計算が楽になるので，式 (1.21) を規格化して次のように書く。

$$\boldsymbol{e}_x = \frac{1}{\left|\frac{\partial \boldsymbol{r}}{\partial x}\right|}\frac{\partial \boldsymbol{r}}{\partial x} = \begin{pmatrix}1\\0\\0\end{pmatrix} \tag{1.22}$$

問 1.1　変数 t に依存するベクトル関数 $\boldsymbol{A}(t)$, $\boldsymbol{B}(t)$ とスカラー関数 $m(t)$ に対して，次の関係式が成り立つことを微分の定義に従って確かめよ。

(1) $\dfrac{d}{dt}(\boldsymbol{A}(t)+\boldsymbol{B}(t)) = \dfrac{d\boldsymbol{A}(t)}{dt} + \dfrac{d\boldsymbol{B}(t)}{dt}$

(2) $\dfrac{d}{dt}(m(t)\boldsymbol{A}(t)) = \dfrac{dm(t)}{dt}\boldsymbol{A}(t) + m(t)\dfrac{d\boldsymbol{A}(t)}{dt}$

(3) $\dfrac{d}{dt}(\boldsymbol{A}(t)\cdot\boldsymbol{B}(t)) = \dfrac{d\boldsymbol{A}(t)}{dt}\cdot\boldsymbol{B}(t) + \boldsymbol{A}(t)\cdot\dfrac{d\boldsymbol{B}(t)}{dt}$

▶ 物理のための数学：微分と偏微分

(1) 偏微分とは

物理量は，一般には多変数関数 $\mathcal{O}(x,y,z,\cdots)$ として表される。これらの変数のうち特定の変数に対する依存性を見たいとする。たとえば，x 方向にほんの少し動かしたときにどう変化するかを知りたいとしよう。それには，式 (1.19) のように，x 以外の変数は固定したまま差をとればよい。このとき x 方向の偏微分を次のように定義する。

$$\begin{aligned} &\mathcal{O}(x+dx,y,z,\cdots)-\mathcal{O}(x,y,z,\cdots)=\frac{\partial\mathcal{O}}{\partial x}dx \\ &\Longleftrightarrow \frac{\partial\mathcal{O}}{\partial x}\equiv\lim_{dx\to 0}\frac{\mathcal{O}(x+dx,y,z,\cdots)-\mathcal{O}(x,y,z,\cdots)}{dx} \end{aligned} \tag{1.23}$$

上式は 1 変数関数 $f(x)$ の微分の定義から，dx を十分小さいとして

$$f(x+dx)-f(x)=\frac{df(x)}{dx}dx \tag{1.24}$$

と書けることからも理解できる。また，固定している変数 y, z を明示するために

$$\left(\frac{\partial\mathcal{O}}{\partial x}\right)_{y,z,\cdots} \tag{1.25}$$

と書くこともある。

(2) 偏微分の計算のしかた

式 (1.23) からわかるように，多変数関数 $\mathcal{O}(x,y,z,\cdots)$ の変数 x の偏微分は，y, z, $\cdots$ を定数だと思い，x だけを微分すればよい。

たとえば 2 変数関数 $f(x,y)=x^m y^n$ (m, n：実数) について，

$$\frac{\partial f(x,y)}{\partial x}=(x^m)'y^n=mx^{m-1}y^n \tag{1.26}$$

となる。同様に，

$$\frac{\partial f(x,y)}{\partial y}=nx^m y^{n-1},\quad \frac{\partial^2 f(x,y)}{\partial x\partial y}=\frac{\partial^2 f(x,y)}{\partial y\partial x}=mnx^{m-1}y^{n-1} \tag{1.27}$$

である。2 つ目の式は偏微分の順番を入れ替えても答えは同じになるというこ

とを表しており，これはなめらかな関数に対して成立する偏微分の重要な性質の 1 つである。

(3) 多変数関数とグラフ

多変数関数はグラフ上ではどのように表したらよいのか？ 2 変数関数 $f(x,y)$ を例にとると，図 1.10 左のように，ある物理量が 2 次元平面に乗っていて，その値が $f(x,y)$ と与えられていると考えられる。また図 1.10 右のように，$z=f(x,y)$ というグラフを考えてもよい。

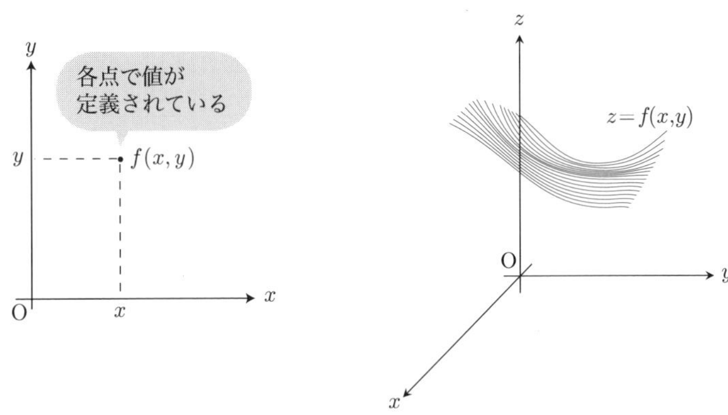

図 1.10　多変数関数とグラフ

(4) 媒介変数表示と偏微分

簡単のため 2 変数関数 $f(x,y)$ を考える。物体は一般に時々刻々と位置を変えていく。そこで，$(x,y)\to(x+dx,y+dy)$ の変化について見てみよう。このとき物体がもつ物理量 $f(x,y)$ は

$$\begin{aligned}\Delta f(x,y) &= f(x+dx,y+dy)-f(x,y)\\ &= f(x+dx,y+dy)-f(x,y+dy)+f(x,y+dy)-f(x,y)\\ &= \frac{\partial f(x,y)}{\partial x}dx+\frac{\partial f(x,y)}{\partial y}dy\end{aligned} \tag{1.28}$$

だけ変化を受ける。

とくに質点が $y=y$ 上を x から $x+dx$ に動くときの $f(x,y)$ の変化率は

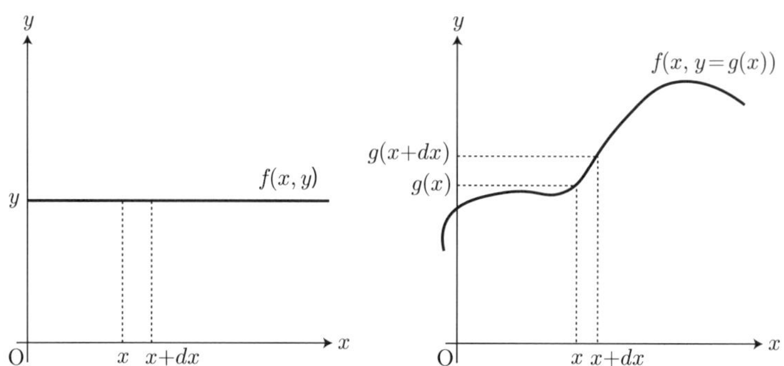

図 1.11 媒介変数表示と偏微分。左：$y =$ 一定の線に沿って x を変化させたとき，変化率は $f(x, y)$ の x による偏微分で与えられる。右：$y = g(x)$ の曲線に沿って $x \to x + dx$ という変化を考えたとき，$y = g(x) \to y + dy = g(x + dx)$ と変化する。

$$\lim_{dx \to 0} \frac{f(x + dx, y) - f(x, y)}{dx} = \frac{\partial f(x, y)}{\partial x} \tag{1.29}$$

のように，$f(x, y)$ の x による偏微分で与えられる (図 1.11 左)。ここで，y が一定なので y を定数として x について微分している。あるいは，y は x とは独立なので，x が変化したからといって，y の変化量を考える必要はなかったといってもよい。この事情は，2 次関数 $f(x) = ax^2 + bx + c$ を x で微分するときに a, b, c を定数だと考えることと全く同じである。

しかし，1.2.4 項で述べたように，物体が動く場合に必ずしも y が定数の領域を動くわけではない。一般には何らかの曲線上を動く。たとえばこの曲線が，$y = g(x)$ で与えられる場合を考えよう (図 1.11 右)。この場合 $x \to x + dx$ と変化するとき，この経路に沿って考えると y の値は

$$y = g(x) \to y + dy = g(x + dx) \tag{1.30}$$

となり，x の変化と独立に y が変化するわけではない。そうすると $f(x, y)$ の変化量は y が動くことも考え

$$\begin{aligned}\Delta f(x, y) &= f(x + dx, g(x + dx)) - f(x, g(x)) \\ &= f(x + dx, g(x + dx)) - f(x, g(x + dx))\end{aligned}$$

$$
\begin{aligned}
&+ f(x, g(x+dx)) - f(x, g(x)) \\
&= \frac{\partial f(x, y=g(x+dx))}{\partial x} dx + \frac{\partial f(x, y=g(x))}{\partial y} \frac{dg}{dx} dx
\end{aligned}
\tag{1.31}
$$

となる。この式変形では，

$$
dy = g(x+dx) - g(x) = \frac{dg}{dx} dx, \tag{1.32}
$$

$$
dy = dy \frac{dx}{dx} = \frac{dy}{dx} dx \tag{1.33}
$$

を使った。同じことであるが，式 (1.31) は，式 (1.28) に式 (1.33) を代入したとみなすこともできる。さらに，全体としては $f(x,y) = f(x,g(x))$ という x の関数だと解釈することもできて，この関数の x 微分が

$$
\frac{df(x,y)}{dx} = \frac{\partial f(x,y)}{\partial x} + \frac{dy}{dx} \frac{\partial f(x,y)}{\partial y} \tag{1.34}
$$

となっていると見ることもできる。

経路を指定するためには，x, y がある媒介変数 t の関数 $x(t)$, $y(t)$ で与えられているとすることも可能で，この場合同様の式変形を行い，$t \to t + dt$ に対応して

$$
\frac{d}{dt} f(x(t), y(t)) = \frac{dx(t)}{dt} \frac{\partial f}{\partial x} + \frac{dy(t)}{dt} \frac{\partial f}{\partial y} \tag{1.35}
$$

と書ける。これより一般的な形式において $t \to x$ としたものが式 (1.34) であると見ることも可能である。

例題 1.3：偏微分

関数 $f(x,y) = x^2 y^3$ について次の問いに答えよ。

(1) $f(x,y)$ を x, y で偏微分せよ。

(2) $y = 3$ に固定したまま，x が変化する場合を考える。この条件のもと次の問いに答えよ。

 (a) $f(x,y)$ を x に関して偏微分せよ。

 (b) $f(x,y)$ を x に関して微分せよ。

(3) y が $y = e^x$ のように，x に依存して変化する場合を考える。この条件のも

と次の問いに答えよ。
(a) $f(x,y)$ を x に関して偏微分せよ。
(b) $f(x,y)$ を x に関して微分せよ。
(c) $g(x)=f(x,e^x)$ を x で微分せよ。

解答 (1) 式 (1.27) より

$$\frac{\partial f(x,y)}{\partial x}=2xy^3,\quad \frac{\partial f(x,y)}{\partial y}=3x^2y^2$$

(2) (a)

$$\frac{\partial f(x,3)}{\partial x}=2x\times 3^3=54x$$

(b) 関数 $f(x,y)$ は曲面 $z(x,y)=x^2y^3$ 上の x 軸と平行な 1 つの曲線を与えるから，x に関して微分できて

$$\frac{df(x,3)}{dx}=2x\times 3^3=54x$$

(3) (a) x で偏微分するから，y は固定され

$$\frac{\partial f(x,y)}{\partial x}=2xy^3$$

(b) $f(x,y)$ の微分は

$$df(x,y)=\frac{\partial f(x,y)}{\partial x}dx+\frac{\partial f(x,y)}{\partial y}dy$$

で与えられる。いま，$y=y(x)=e^x$ より関数 $f(x,y)$ は曲面 $f(x,y)=x^2y^3$ 上の 1 つの曲線を与える。その曲線上で y は $dy=(dy/dx)dx$ を満たすので，dx ずらしたときの $f(x,y)$ の変化を考えると，式 (1.35) より

$$\frac{df(x,y)}{dx}=\frac{\partial f(x,y)}{\partial x}+\frac{\partial f(x,y)}{\partial y}\frac{dy}{dx}=2xy^3+3x^2y^3$$

この結果に $y=e^x$ を代入したものは，もちろん関数 $g(x)=x^2e^{3x}$ を微分したものに一致する。
(c) $f(x,e^x)=x^2e^{3x}$ を微分する。

$$\frac{dg}{dx}=\frac{df}{dx}=\frac{d}{dx}(x^2e^{3x})=2xe^{3x}+3x^2e^{3x}$$

これは前問 (b) の結果と一致する。 ■

問 1.2 関数 $f(x,y)=\sqrt{1+x^2+y^2}$ に対して，$\dfrac{\partial f}{\partial x}$, $\dfrac{\partial f}{\partial y}$, $\dfrac{\partial^2 f}{\partial x\partial y}$, $\dfrac{\partial^2 f}{\partial y\partial x}$ を求めよ。

1.3.3 極座標系

(1) 2次元極座標系，円柱座標系

2次元極座標系 (r, φ) とは，x 軸からの角度 φ と原点からの距離 r で表される座標で，点 (x, y) と (r, φ) の関係は

$$\begin{cases} x = r\cos\varphi \\ y = r\sin\varphi \end{cases} \iff \begin{cases} r = \sqrt{x^2 + y^2} \\ \varphi = \tan^{-1}\frac{y}{x} (= \arctan\frac{y}{x}) \end{cases} \tag{1.36}$$

で与えられる (図 1.12 左)。これに z 方向 $(z = z)$ を加えたものが**円柱座標系**である (図 1.12 右)。$r = a =$ 一定が円柱を表すことからこの名がついた。式 (1.36) の tan 関数についている -1 乗は，「ある演算が与えられたとき逆操作する」という意味で，ここでは tan 関数の逆関数を表す。つまり

$$\tan\varphi = \frac{y}{x} \tag{1.37}$$

となるような φ を与えなさい，というのが $\tan^{-1}$ の意味である。$\tan^{-1}$ は arctan で表すこともある。なお $\tan^{-1}$ は多価関数 (1つの値を入力すると，複数の値が定まる関数) なので，機械的に y/x の値から φ を求めるときには注意を要するが，実際には図 1.12 のように φ が定義されると思えばよい。定義

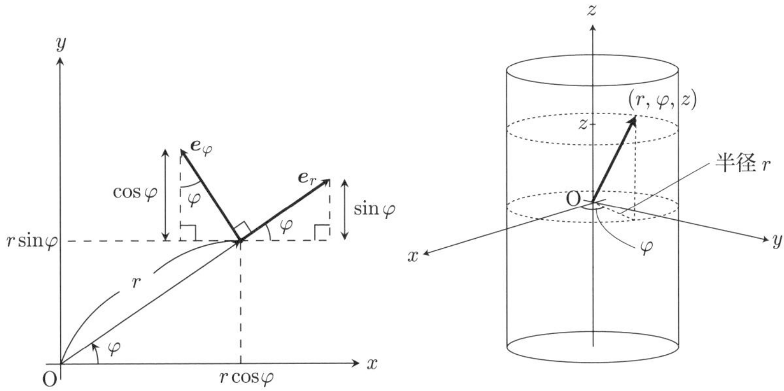

図 1.12　2次元極座標系 (左) と円柱座標系 (右)：基底ベクトルは $\boldsymbol{e}_r$, $\boldsymbol{e}_\varphi$ (または $\boldsymbol{e}_z$) で与えられる。式 (1.41), (1.42) で与えた $\boldsymbol{e}_r$, $\boldsymbol{e}_\varphi$ の表式は左図に示した幾何学的関係からも導ける。

から $0 \leqq r < \infty$ であり，φ の定義域は問題の設定によって $0 \leqq \varphi < 2\pi$ か $-\pi < \varphi \leqq \pi$ とする。

図 1.12 にはデカルト座標系も一緒に描いてあるので混同するかもしれないが，この座標系における基底ベクトルは r, φ が増える方向に対応する単位ベクトル $\boldsymbol{e}_r, \boldsymbol{e}_\varphi$ である (式 (1.19) の前後の議論参照)。しかし，デカルト座標系との対応を見るため，$\boldsymbol{e}_x, \boldsymbol{e}_y, \boldsymbol{e}_z$ を用いて

$$\boldsymbol{r} = \begin{pmatrix} r\cos\varphi \\ r\sin\varphi \\ z \end{pmatrix} = r\cos\varphi\,\boldsymbol{e}_x + r\sin\varphi\,\boldsymbol{e}_y + z\boldsymbol{e}_z \tag{1.38}$$

のように表すこともある。これは単にデカルト座標系での位置ベクトル $\boldsymbol{r}$ の表式 (1.4) に対応関係 (1.36) を代入しただけである。

基底ベクトル $\boldsymbol{e}_r, \boldsymbol{e}_\varphi$ の偏微分　基底ベクトル $\boldsymbol{e}_r\,(\boldsymbol{e}_\varphi)$ は位置ベクトルの $r\,(\varphi)$ 方向の変化率で，式 (1.38) を用いると基底ベクトルの表式が得られる。たとえば $\boldsymbol{e}_\varphi$ は，式 (1.22) で説明したように，

$$\boldsymbol{e}_\varphi = \frac{1}{\left|\frac{\partial \boldsymbol{r}}{\partial \varphi}\right|}\frac{\partial \boldsymbol{r}}{\partial \varphi} \tag{1.39}$$

と書ける。式 (1.38) より，

$$\frac{\partial \boldsymbol{r}}{\partial \varphi} = \begin{pmatrix} r\cos\varphi \\ r\sin\varphi \\ 0 \end{pmatrix}, \quad \left|\frac{\partial \boldsymbol{r}}{\partial \varphi}\right| = r \tag{1.40}$$

なので，以上より $\boldsymbol{e}_\varphi$ の表式は式 (1.39) に代入すると，

$$\boldsymbol{e}_\varphi = \begin{pmatrix} -\sin\varphi \\ \cos\varphi \\ 0 \end{pmatrix} \tag{1.41}$$

となる。同様に $\boldsymbol{e}_r$ について求めることができ，

$$\boldsymbol{e}_r = \frac{1}{\left|\frac{\partial \boldsymbol{r}}{\partial r}\right|}\frac{\partial \boldsymbol{r}}{\partial r} = \begin{pmatrix} \cos\varphi \\ \sin\varphi \\ 0 \end{pmatrix} \tag{1.42}$$

となる。このように書けることは図 1.12 左からも明らかである。

注意が必要なのは，この座標系では基底ベクトルが定ベクトルではなく，角度 φ に依存することである。よく使うデカルト座標ではたまたま基底ベクトルが定ベクトルになっていたが，むしろこれは例外で，一般には座標系の基底ベクトルは場所に依る。つまり基底ベクトルは各点に貼りついているのである。したがって，一般には基底ベクトルの座標での微分は $\mathbf{0}$ ではなく，2 次元極座標系では

$$\frac{\partial \boldsymbol{e}_r}{\partial \varphi} = \begin{pmatrix} -\sin\varphi \\ \cos\varphi \\ 0 \end{pmatrix} = \boldsymbol{e}_\varphi, \qquad \frac{\partial \boldsymbol{e}_\varphi}{\partial \varphi} = \begin{pmatrix} -\cos\varphi \\ -\sin\varphi \\ 0 \end{pmatrix} = -\boldsymbol{e}_r \tag{1.43}$$

となる。なお $\boldsymbol{e}_r, \boldsymbol{e}_\varphi$ の r 微分は $\mathbf{0}$ である。微分がこのように与えられることは，計算しなくても，図 1.13 を見れば求められる。

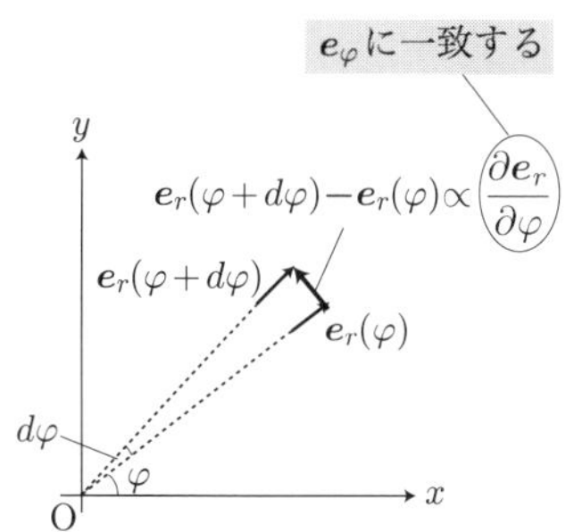

図 1.13　式 (1.43) 第 1 式の幾何学的導出

基底ベクトル $\boldsymbol{e}_r$, $\boldsymbol{e}_\varphi$, $\boldsymbol{e}_z$ による展開　2 次元極座標系 (円柱座標系) の基底の組は正規直交基底の条件式 (1.15) を満たすこともすぐにわかる。また, $r \to \varphi \to z$ の順に右手系をなすことも図 1.12 右から明らかだろう。したがって，一般のベクトルは式 (1.14), (1.17) より，

$$\boldsymbol{u} = u_r\boldsymbol{e}_r + u_\varphi\boldsymbol{e}_\varphi + u_z\boldsymbol{e}_z \tag{1.44}$$

$$u_i = \boldsymbol{u}\cdot\boldsymbol{e}_i \quad (i = r, \varphi, z) \tag{1.45}$$

と展開できる。

位置ベクトル $\boldsymbol{r}$ を極座標系の基底で表現　基底ベクトルが角度依存性をもっているので，位置ベクトル $\boldsymbol{r}$ は

$$\begin{aligned} &\text{2 次元極座標系：}\boldsymbol{r} = \boldsymbol{r}(r,\varphi) = r\boldsymbol{e}_r(\varphi) \\ &\text{円柱座標系：}\boldsymbol{r} = \boldsymbol{r}(r,\varphi,z) = r\boldsymbol{e}_r(\varphi) + z\boldsymbol{e}_z \end{aligned} \tag{1.46}$$

と与えられる。式 (1.8) とちがって，一見すると角度依存性がないように見えるが，基底ベクトルが $\boldsymbol{e}_r = \boldsymbol{e}_r(\varphi)$ という形でその依存性が表されている。

2 次元極座標系を説明するために，デカルト座標系を用いて説明したが，本当に必要な性質は以下の 3 点であり，基底ベクトルが具体的に式 (1.41), (1.42) で書けるということが本質ではない。

> **• 2 次元極座標 (円柱座標) 系の特徴 (まとめ)**
>
> (1) 基底ベクトルは $r \to \varphi \to z$ の順に右手系をなす正規直交基底を構成している。
>
> (2) 基底ベクトルは，式 (1.43) で見たような角度依存性をもつ。ただし，基底ベクトルが式 (1.43) の中辺のように縦ベクトル表示の 3 成分の形で書けていることは本質的な意味をもたない。
>
> (3) 位置ベクトルは式 (1.46) で与えられる。

(2)　3 次元極座標系 (球座標系)

3 次元極座標系 (r, θ, φ) とは，図 1.14 に示したように，2 つの角と中心からの距離で位置を表す座標系で，角を決めるための基準線 2 本が必要になる。中心からの距離一定 ($r =$ 一定) が球面を表すので**球座標系**とよぶこともある。図 1.14 より，

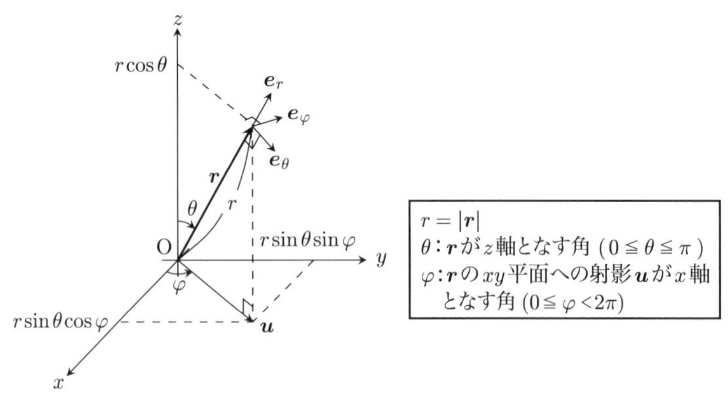

図 1.14　3 次元極座標系

$$\cos\theta = \frac{\boldsymbol{r}\cdot\boldsymbol{e}_z}{|\boldsymbol{r}||\boldsymbol{e}_z|} = \frac{z}{r} \tag{1.47}$$

であり，$\boldsymbol{u} = (x, y, 0)$ なので，同様に

$$\cos\varphi = \frac{\boldsymbol{u}\cdot\boldsymbol{e}_x}{|\boldsymbol{u}||\boldsymbol{e}_x|} = \frac{x}{\sqrt{x^2+y^2}} = \frac{x}{r\sin\theta} \tag{1.48}$$

となる。ここで

$$\cos\varphi = \frac{x}{r\sin\theta} \tag{1.49}$$

を用いた。θ の定義域は $0 \leqq \theta \leqq \pi$ ととる。φ については通常は $0 \leqq \varphi < 2\pi$ であるが，まれに $-\pi < \varphi \leqq \pi$ ととることもある。

デカルト座標系との対応で見れば，

$$\begin{cases} x = r\sin\theta\cos\varphi \\ y = r\sin\theta\sin\varphi \\ z = r\cos\theta \end{cases} \iff \begin{cases} r = \sqrt{x^2+y^2+z^2} \\ \theta = \tan^{-1}\dfrac{\sqrt{x^2+y^2}}{z} \\ \varphi = \tan^{-1}\dfrac{y}{x} \end{cases} \tag{1.50}$$

となるが，$\tan^{-1}$ の値域には注意が必要になるのは 2 次元極座標系の場合と同様である。式 (1.50) は式 (1.38) と対応させて書けば，

$$\boldsymbol{r} = \begin{pmatrix} r\sin\theta\cos\varphi \\ r\sin\theta\sin\varphi \\ r\cos\theta \end{pmatrix} \tag{1.51}$$

とも書ける。また，3 次元極座標系での基底ベクトルは $\boldsymbol{e}_r, \boldsymbol{e}_\theta, \boldsymbol{e}_\varphi$ である。具体的な表式は

$$\frac{\partial\boldsymbol{r}}{\partial r} \propto \boldsymbol{e}_r, \quad \frac{\partial\boldsymbol{r}}{\partial\theta} \propto \boldsymbol{e}_\theta, \quad \frac{\partial\boldsymbol{r}}{\partial\varphi} \propto \boldsymbol{e}_\varphi$$

より求まり，結果だけ書くと

$$\begin{aligned} \boldsymbol{e}_r &= \sin\theta\cos\varphi\,\boldsymbol{e}_x + \sin\theta\sin\varphi\,\boldsymbol{e}_y + \cos\theta\,\boldsymbol{e}_z \\ \boldsymbol{e}_\theta &= \cos\theta\cos\varphi\,\boldsymbol{e}_x + \cos\theta\sin\varphi\,\boldsymbol{e}_y - \sin\theta\,\boldsymbol{e}_z \\ \boldsymbol{e}_\varphi &= -\sin\varphi\,\boldsymbol{e}_x + \cos\varphi\,\boldsymbol{e}_y \end{aligned} \tag{1.52}$$

であり，以下 $s_\theta = \sin\theta$, $c_\theta = \cos\theta$ のように略記して，

$$\begin{aligned}
&\frac{\partial \boldsymbol{e}_r}{\partial r} = \frac{\partial \boldsymbol{e}_\theta}{\partial r} = \frac{\partial \boldsymbol{e}_\varphi}{\partial r} = 0, \\
&\frac{\partial \boldsymbol{e}_r}{\partial \theta} = \boldsymbol{e}_\theta, \quad \frac{\partial \boldsymbol{e}_\theta}{\partial \theta} = -\boldsymbol{e}_r, \quad \frac{\partial \boldsymbol{e}_\varphi}{\partial \theta} = 0, \\
&\frac{\partial \boldsymbol{e}_r}{\partial \varphi} = s_\theta \boldsymbol{e}_\varphi, \quad \frac{\partial \boldsymbol{e}_\theta}{\partial \varphi} = c_\theta \boldsymbol{e}_\varphi, \quad \frac{\partial \boldsymbol{e}_\varphi}{\partial \varphi} = -s_\theta \boldsymbol{e}_r - c_\theta \boldsymbol{e}_\theta
\end{aligned} \tag{1.53}$$

が成り立つ。この基底ベクトルの組が正規直交基底をなしていること，$r \to \theta \to \varphi$ の順に右手系をなしていることは，2 次元極座標系のときと同様に容易に確かめられるだろう。

3 次元極座標系では位置ベクトルは

$$\boldsymbol{r} = \boldsymbol{r}(r, \theta, \varphi) = r\boldsymbol{e}_r(\theta, \varphi) \tag{1.54}$$

で与えられ，式 (1.46) と同様，角度依存性は基底ベクトル $\boldsymbol{e}_r$ の θ, φ 依存性として与えられる。

例題 1.4：式 (1.52) から (1.54) の導出

3 次元極座標系 (r, θ, φ) において成り立つ式 (1.52) から (1.54) を導出せよ。

解答 (1) 式 (1.52) の導出：式 (1.51) より

$$\begin{aligned}
\frac{\partial \boldsymbol{r}}{\partial r} &= \sin\theta\cos\varphi\,\boldsymbol{e}_x + \sin\theta\sin\varphi\,\boldsymbol{e}_y + \cos\theta\,\boldsymbol{e}_z \\
\frac{\partial \boldsymbol{r}}{\partial \theta} &= r\cos\theta\cos\varphi\,\boldsymbol{e}_x + r\cos\theta\sin\varphi\,\boldsymbol{e}_y - r\sin\theta\,\boldsymbol{e}_z \\
\frac{\partial \boldsymbol{r}}{\partial \varphi} &= -r\sin\theta\sin\varphi\,\boldsymbol{e}_x + r\sin\theta\cos\varphi\,\boldsymbol{e}_y
\end{aligned}$$

ここで，

$$\boldsymbol{e}_r = \frac{\partial \boldsymbol{r}}{\partial r}\Big/\left|\frac{\partial \boldsymbol{r}}{\partial r}\right|, \quad \boldsymbol{e}_\theta = \frac{\partial \boldsymbol{r}}{\partial \theta}\Big/\left|\frac{\partial \boldsymbol{r}}{\partial \theta}\right|, \quad \boldsymbol{e}_\varphi = \frac{\partial \boldsymbol{r}}{\partial \varphi}\Big/\left|\frac{\partial \boldsymbol{r}}{\partial \varphi}\right|$$

と表せるので，以上から式 (1.51) が導かれる。

(2) 式 (1.53) の導出：式 (1.52) を用いればよく，r 方向の偏微分の結果は明らか。角度方向の偏微分は，たとえば

$$\frac{\partial \boldsymbol{e}_r}{\partial \theta} = \frac{\partial}{\partial \theta}(\sin\theta)\cos\varphi\,\boldsymbol{e}_x + \frac{\partial}{\partial \theta}(\sin\theta)\sin\varphi\,\boldsymbol{e}_y + \frac{\partial}{\partial \theta}(\cos\theta)\,\boldsymbol{e}_z$$

$$
\begin{aligned}
&= \cos\theta\cos\varphi\,\boldsymbol{e}_x + \cos\theta\sin\varphi\,\boldsymbol{e}_y - \sin\theta\,\boldsymbol{e}_z \\
&= \boldsymbol{e}_\theta
\end{aligned}
$$

となる。他の式についても同様に得られる。

(3) 式 (1.54) の導出：式 (1.52) より

$$
\begin{aligned}
&\boldsymbol{e}_x = s_\theta c_\varphi \boldsymbol{e}_r + c_\theta c_\varphi \boldsymbol{e}_\theta - s_\varphi \boldsymbol{e}_\varphi, \quad \boldsymbol{e}_y = s_\theta s_\varphi \boldsymbol{e}_r + c_\theta s_\varphi \boldsymbol{e}_\theta + c_\varphi \boldsymbol{e}_\varphi \\
&\boldsymbol{e}_z = c_\theta \boldsymbol{e}_r - s_\theta \boldsymbol{e}_\theta
\end{aligned}
$$

これと式 (1.51) を用いると，以下のように式 (1.54) が導出できる。

$$
\begin{aligned}
\boldsymbol{r} &= r s_\theta c_\varphi\,\boldsymbol{e}_x + r s_\theta s_\varphi\,\boldsymbol{e}_y + r c_\theta\,\boldsymbol{e}_z \\
&= r s_\theta c_\varphi (s_\theta c_\varphi \boldsymbol{e}_r + c_\theta c_\varphi \boldsymbol{e}_\theta - s_\varphi \boldsymbol{e}_\varphi) \\
&\quad + r s_\theta s_\varphi (s_\theta s_\varphi\,\boldsymbol{e}_r + c_\theta s_\varphi\,\boldsymbol{e}_\theta + c_\varphi\,\boldsymbol{e}_\varphi) + r c_\theta (c_\theta\,\boldsymbol{e}_r - s_\theta\,\boldsymbol{e}_\theta) \\
&= r(s_\theta^2 c_\varphi^2 + s_\theta^2 s_\varphi^2 + c_\theta^2)\,\boldsymbol{e}_r + r(c_\theta s_\theta c_\varphi^2 + c_\theta s_\theta s_\varphi^2 - c_\theta s_\theta)\,\boldsymbol{e}_\theta \\
&\quad + r(-s_\theta s_\varphi c_\varphi + s_\theta s_\varphi c_\varphi)\,\boldsymbol{e}_\varphi \\
&= r\boldsymbol{e}_r
\end{aligned}
$$

■

1.3.4 位置ベクトルの表記法

ここまでの議論で，デカルト座標系 (x, y, z) で与えられる位置ベクトルという意味で $\boldsymbol{r} = \boldsymbol{r}(x, y, z)$ と書いたり，極座標系 (r, θ, φ) に対する位置ベクトルという意味で $\boldsymbol{r} = \boldsymbol{r}(r, \theta, \varphi)$ と書いた。つまり同じベクトルを表しているという意味で，

$$
\boldsymbol{r} = \boldsymbol{r}(x, y, z) = \boldsymbol{r}(r, \varphi, z) = \boldsymbol{r}(r, \theta, \varphi) \tag{1.55}
$$

と等号で結べるが，たとえば式 (1.8) と (1.54) を見比べれば明らかなように関数形はちがう。コンピュータプログラムのように引数の意味まで含めて関数だと考えれば理解できるだろう。

また 2 章でも詳しく述べるように，力学では物体の位置を時刻 t の関数として表す。これに伴い**位置ベクトルも時刻の関数として $\boldsymbol{r}(t)$ という形で表現する**。つまり，時刻 t と物体の位置ベクトル $\boldsymbol{r}$ には次のような関係が成り立つ。

$$
\text{時刻 } t \text{ を与えると } \boldsymbol{r} \text{ が決まる} \Longleftrightarrow \boldsymbol{r}(t),\ \boldsymbol{r}\,(x(t), y(t), z(t))
$$

1.3.5 座標系を選ぶ作法

座標系自体はあくまで便宜上のもので，物理がこれに依存することはない。数直線の原点やその向きをどうとろうが物理は変わらないが，座標系をどうとるかで問題が平易になったり難解になったりする。たとえば，単なる落下運動を扱うとき，落下する方向に数直線をとり1次元の運動として処理すれば簡単に問題を理解できるが，変に斜め方向に運動しているように見える2次元平面で考えれば途端に問題が難解になることからわかるだろう (図 1.15)。

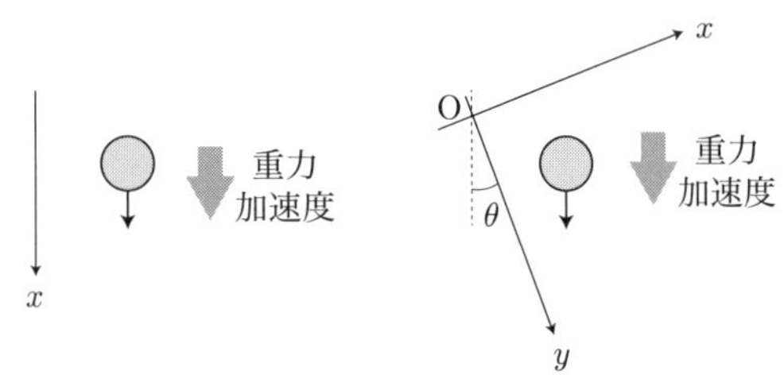

(a) 数直線をとった場合
(1次元の運動として処理)

(b) 運動方向に対して斜めに
座標をとった場合

図 1.15 (a) のように座標系をとれば簡単に落下運動を解析できるが (4章参照)，(b) のように斜め方向に座標系をとってしまうと，角度 θ 傾いた分を考慮して運動を解析しなければならない。

本書でこれから扱う問題に対して，どのような座標系を選択するのがふさわしいのかを表 1.2 にまとめた。もちろん極座標系で解いたほうが楽な問題も，デカルト座標系を使って解くことは可能である。しかし計算は煩雑になり，答えにたどり着くのに遠回りをすることになる。最初のうちは極座標系を使うメリットがいまいちよくわからないかもしれないが，本書を読み進めるうちにだんだんと理解できるはずである。

表 1.2 本書で扱う問題を適切な座標系のとり方によって分類

座 標 系	問 題 設 定
1次元 (数直線)	並進運動，落下運動，バネに固定された質点の運動
2次元デカルト座標系	放物運動，斜面上に拘束された物体の運動，単振り子
2次元極座標系	惑星の運動
円柱座標系	らせん運動，円周上をまわる質点と角運動量
3次元極座標系	地球の自転にともなう影響

▶ 1 章のまとめ

(1) 古典力学の目的：時刻 t での物体の位置 $\boldsymbol{r}$ を，関数 $\boldsymbol{r}(t)$ で表したい。

- **時刻**：基準となる時刻を定め，経過した時間を数直線に対応させる。
- **位置**：位置ベクトルで表す。位置ベクトルの具体的な表示には座標系を指定。

(2) 座標系と位置ベクトル

- **座標系**：基準となる点 (原点 O) と位置を指定するための軸を置く。
- **デカルト座標系** (→ p.6，図 1.6)：x, y, z 軸への射影を成分 (x, y, z) として物体の位置を指定する座標系。

$$\boldsymbol{r}(x,y,z) = \begin{pmatrix} x \\ y \\ z \end{pmatrix} = x\boldsymbol{e}_x + y\boldsymbol{e}_y + z\boldsymbol{e}_z = \sum_{i=x,y,z} (\boldsymbol{e}_i \cdot \boldsymbol{r})\boldsymbol{e}_i$$

- **円柱座標系** (→ p.21，図 1.12)：xy 平面での座標を，x 軸からの角度 φ と原点からの距離 r で表し，高さを z 成分で指定する座標系。デカルト座標系と異なり，基底 $\boldsymbol{e}_r$ は定ベクトルではなく φ の関数である。

$$\boldsymbol{r}(r,\varphi,z) = r\boldsymbol{e}_r(\varphi) + z\boldsymbol{e}_z$$

円柱座標系の変数 r, φ, z を用いて，デカルト座標系の基底で位置 $\boldsymbol{r}$ を表す：

$$\boldsymbol{r} = \begin{pmatrix} r\cos\varphi \\ r\sin\varphi \\ z \end{pmatrix} = r\cos\varphi\,\boldsymbol{e}_x + r\sin\varphi\,\boldsymbol{e}_y + z\boldsymbol{e}_z$$

- **3 次元極座標系** (→ p.24，図 1.14)：原点からの距離を r とし，$\boldsymbol{r}$ が z 軸となす角 θ と，$\boldsymbol{r}$ の xy 平面への射影が x 軸となす角 φ を用いて位置を指定する座標系。

$$\boldsymbol{r}(x,\theta,\varphi) = r\boldsymbol{e}_r(\theta,\varphi)$$

3 次元極座標系の変数 r, θ, φ を用いて，デカルト座標系の基底で位置 $\boldsymbol{r}$ を表す：

$$\boldsymbol{r} = \begin{pmatrix} r\sin\theta\cos\varphi \\ r\sin\theta\sin\varphi \\ r\cos\theta \end{pmatrix} = r\sin\theta\cos\varphi\,\boldsymbol{e}_x + r\sin\theta\sin\varphi\,\boldsymbol{e}_y + r\cos\varphi\,\boldsymbol{e}_z$$

演習問題 1

1.1　一般に,「ベクトルの微分の大きさ」と「ベクトルの大きさの微分」は異なる：

$$\left|\frac{d\boldsymbol{r}(t)}{dt}\right| \neq \frac{dr(t)}{dt}$$

大きさの意味や微分の意味といった観点からこのことを説明せよ。

1.2　ベクトル $\boldsymbol{r} \equiv \boldsymbol{r}(t)$ とその大きさ $r \equiv r(t) = |\boldsymbol{r}(t)|$ に関する次の各式を t で微分せよ。ただし m は t に依存しない定数である。

(1) $\boldsymbol{r}^2$　　(2) $\dfrac{\boldsymbol{r}}{r}$　　(3) $\boldsymbol{r}^2 + \dfrac{1}{r^2}$　　(4) $\dfrac{1}{2}m\left(\dfrac{d\boldsymbol{r}}{dt}\right)^2$

1.3　2 次元極座標系を考える。2 点 (r, φ), (r', φ') における r, φ 方向の単位ベクトルをそれぞれ $\boldsymbol{e}_r(r, \varphi), \boldsymbol{e}_{r'}(r', \varphi'), \boldsymbol{e}_\varphi(r, \varphi), \boldsymbol{e}_{\varphi'}(r', \varphi')$ とする。

(1) 上で定義した 4 つの単位ベクトルの間の内積を求めよ。

(2) 2 つのベクトル $\boldsymbol{r}$, $\boldsymbol{r}'$ を 2 次元極座標系で表し，それらの間の内積を求め内積の定義と一致することを確認せよ。

(3) 同様にベクトルをデカルト座標系で表し，それらの間の内積を求め内積の定義と一致することを確認せよ。

1.4　3 次元極座標系を考える。2 点 (r, θ, φ), (r', θ', φ') における r, θ, φ 方向の単位ベクトルをそれぞれ $\boldsymbol{e}_r(r, \theta, \varphi)$, $\boldsymbol{e}_{r'}(r', \theta', \varphi')$, $\boldsymbol{e}_\theta(r, \theta, \varphi)$, $\boldsymbol{e}_{\theta'}(r', \theta', \varphi')$, $\boldsymbol{e}_\varphi(r, \theta, \varphi)$, $\boldsymbol{e}_{\varphi'}(r', \theta', \varphi')$ とする。このとき前問 1.3 の各設問に答えよ。ただし，適宜問題文は読み替えること。

2
速度と加速度

古典力学とは，各時刻における物体の位置を求めるための手法である。具体的には，ある時刻 t における位置 $\boldsymbol{r}(t)$ と，その直後 $t+\Delta t$ における位置 $\boldsymbol{r}(t+\Delta t)$ は因果的につながっているとして，この 2 つの位置の間の規則を与える理論形式である。したがって，$\boldsymbol{r}(t+\Delta t)-\boldsymbol{r}(t)$ が大きな意味をもち，そこから速度，加速度という概念が出てくる。そこで，これらの概念に加えて，微分と積分の対応関係やテイラー展開について解説する。あわせて，のちの章でも度々あらわれる，線積分・面積分・体積積分の概念や単位・次元解析についても触れる。

2.1　速　　度

2.1.1　1 次元の運動と速度の定義

図 2.1 にあるように時刻 t における位置を $x = x(t)$ とする。このとき力学における (1 次元の) 速度は次のように定義される。

- **平均の速度** $\bar{v}(t)$　時刻 t と $t+\Delta t$ の間の時間 Δt で位置がどのように変化したかの割合として与えられる。

$$\bar{v}(t) = \frac{x(t+\Delta t)-x(t)}{\Delta t} \tag{2.1}$$

- **瞬間の速度** $v(t)$　式 (2.1) で極限 $\Delta t \to 0$ をとることで得られる。

$$v(t) = \lim_{\Delta t \to 0} \frac{x(t+\Delta t)-x(t)}{\Delta t} = \frac{dx(t)}{dt} = \dot{x}(t) \tag{2.2}$$

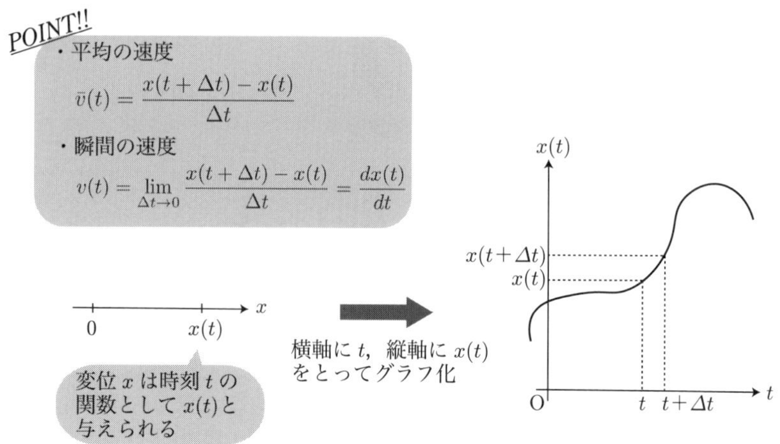

図 2.1　1 次元の運動と速度

力学ではニュートンに倣って，時間微分は式 (2.2) にあるように上付きの点「˙」(ドット) で表すことが多い。ドット 1 つで 1 階微分を表し，次節に述べる加速度のように 2 階微分であれば 2 つの点をつける。ただし，本書ではドットとライプニッツ流の微分の記号 (d) を両方使う。

2.1.2　3 次元デカルト座標系での速度の表式

3 次元デカルト座標系では，位置ベクトルは時刻 t の関数で

$$\boldsymbol{r} = \boldsymbol{r}(t) = \begin{pmatrix} x(t) \\ y(t) \\ z(t) \end{pmatrix} \tag{2.3}$$

とおける (式 (1.4) 参照)。最後の等号はとくにデカルト座標系を使った場合の表式である。時刻 t における速度は，1 次元の場合と同様に，位置の変化率として与えられる。

式 (2.3) で与えられる位置ベクトルに対して，速度は次のように与えられる。

$$\boldsymbol{v}(t) = \lim_{\Delta t \to 0} \frac{\boldsymbol{r}(t+\Delta t) - \boldsymbol{r}(t)}{\Delta t} = \frac{d\boldsymbol{r}(t)}{dt} = \begin{pmatrix} \frac{dx(t)}{dt} \\ \frac{dy(t)}{dt} \\ \frac{dz(t)}{dt} \end{pmatrix} \tag{2.4}$$

速度は位置に対する変化率なので，$\boldsymbol{v}(t)$ の等号のあとにあえて式を 1 つ挟んだ。また，どの座標系を使おうと本質的には $\boldsymbol{r}$ は時刻の関数として与えられるので，速度はその時刻に対する微分として与えられる。ここでも最後の等号はデカルト座標系の場合の表式である。デカルト座標系での速度の表式は，あたかも位置を表すパラメータ (x, y, z) だけを微分しているだけのように見える。しかし，これはこの座標系固有の事情であり，一般には異なる。これを説明するため，$\boldsymbol{r}(t)$ の表示をデカルト座標系における基底を使って展開する：

$$\boldsymbol{r}(t) = x(t)\boldsymbol{e}_x + y(t)\boldsymbol{e}_y + z(t)\boldsymbol{e}_z \tag{2.5}$$

式 (2.5) を微分するときは注意が必要となる。なぜなら，2 次元および 3 次元の極座標系の例 (式 (1.38), (1.52)) で見たように，一般には基底は定ベクトルではないので，(x, y, z) だけでなく，基底ベクトルの微分も必要となる：

$$\begin{aligned} \frac{d\boldsymbol{r}(t)}{dt} &= \frac{d}{dt}(x(t)\boldsymbol{e}_x + y(t)\boldsymbol{e}_y + z(t)\boldsymbol{e}_z) \\ &= \frac{dx(t)}{dt}\boldsymbol{e}_x + x(t)\cancel{\frac{d\boldsymbol{e}_x}{dt}} + \cdots \\ &= \frac{dx(t)}{dt}\boldsymbol{e}_x + \frac{dy(t)}{dt}\boldsymbol{e}_y + \frac{dz(t)}{dt}\boldsymbol{e}_z \\ &= \text{式 (2.4) の右辺} \end{aligned} \tag{2.6}$$

上式で記したように，$x(t)\boldsymbol{e}_x$ の時間微分は積の微分法を使って $x(t)$ も $\boldsymbol{e}_x$ も微分する必要がある。ただし，**デカルト座標系の基底の場合たまたま $\boldsymbol{e}_x$ の微分は $\boldsymbol{0}$ になるので最後の行のようにまとめられるが，他の座標系を使うと基底ベクトルの微分は一般に $\boldsymbol{0}$ にならない。**初学者のよくやる間違いは基底の微分が必要であるにもかかわらず，漠然とデカルト座標での微分と対応させて，基底ベクトルの微分を忘れることである。しかし，基底ベクトルを微分する必要があることが理解できていれば，一般の座標系での速度や加速度の表式は機械的に簡単に求められるようになる。

2.1.3　極座標系での速度の表式

次に2次元極座標系での速度の表式を導出しよう。位置ベクトルは式 (1.46) で与えた：

$$\boldsymbol{r} = \boldsymbol{r}(r, \varphi) = r\boldsymbol{e}_r \tag{2.7}$$

速度はこれを時間微分すれば得られるので，積の微分を使って，

$$\boldsymbol{v}(t) = \frac{d\boldsymbol{r}(t)}{dt} = \frac{dr}{dt}\boldsymbol{e}_r + r\frac{d\boldsymbol{e}_r}{dt} \tag{2.8}$$

となる。$\boldsymbol{e}_r$ の時間微分は，$\boldsymbol{e}_r$ は φ (そして原理的には r も) を通して t の関数になっているので，1.3 節で説明した偏微分を使って

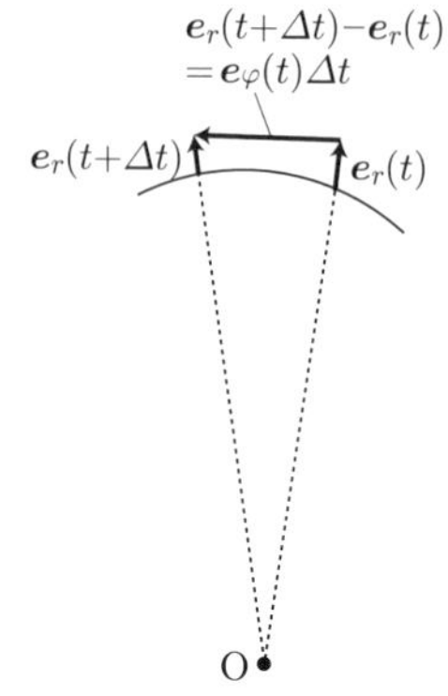

図 2.2　2次元極座標系の基底 $\boldsymbol{e}_r$ の時間微分

$$\frac{d\boldsymbol{e}_r}{dt} = \frac{dr}{dt}\frac{\partial \boldsymbol{e}_r}{\partial r} + \frac{d\varphi}{dt}\frac{\partial \boldsymbol{e}_r}{\partial \varphi} \tag{2.9}$$

となる (式 (1.35) 参照)。式 (1.43) と基底ベクトルが r には依らないことを使うと，右辺第1項の偏微分は $\mathbf{0}$ になり，第2項の偏微分は式 (1.43) より $\boldsymbol{e}_\varphi$ になる (図 2.2 のように幾何学的に導出することもできる)。よって，速度は

$$\boldsymbol{v}(t) = \frac{dr}{dt}\boldsymbol{e}_r + r\frac{d\varphi}{dt}\boldsymbol{e}_\varphi \tag{2.10}$$

で与えられる。第2項は円周方向の速度成分を表すが，これは円運動のときの速さ (= 半径 × 角速度) と同じになることからも理解できる。円運動の場合，r は変化しないので第1項が消えて，第2項の微分はまさに角速度が $\omega = \dfrac{d\varphi}{dt}$ なので $v = r\omega$ が得られる。なお式 (2.10) は，式 (1.42), (1.43) を使って導出できるが (問 2.1 参照)，この場合は極座標系とデカルト座標系を混同して使う形になるので，初学者のうちはわかりやすいかもしれないがおすすめしない。

同様に，他の座標系での速度の表式を得ることができる。たとえば，円柱座標系は2次元極座標系の結果 (2.10) に z 方向を加えるだけなので

$$\boldsymbol{v}(t) = \frac{dr}{dt}\boldsymbol{e}_r + r\frac{d\varphi}{dt}\boldsymbol{e}_\varphi + \frac{dz}{dt}\boldsymbol{e}_z \tag{2.11}$$

であり，3次元極座標系では同様に式 (1.54) を時間で微分して

$$\boldsymbol{v}(t)=\frac{dr}{dt}\boldsymbol{e}_r+r\frac{d\theta}{dt}\boldsymbol{e}_\theta+r\frac{d\varphi}{dt}\sin\theta\,\boldsymbol{e}_\varphi \tag{2.12}$$

となる。$\boldsymbol{e}_r$ の微分は 2 次元の場合 (式 (2.9)) と同様の変形で行えるので各自確かめて欲しい。

> **例題 2.1：3 次元極座標系における速度の表式**
> 3 次元極座標系における速度の表式 (2.12) を導出せよ。

解答　3 次元極座標系でも位置 $\boldsymbol{r}$ は $\boldsymbol{r}=r\boldsymbol{e}_r$ と表せるので，

$$\boldsymbol{v}(t)=\frac{d\boldsymbol{r}(t)}{dt}=\frac{dr}{dt}\boldsymbol{e}_r+r\frac{d\boldsymbol{e}_r}{dt}$$

ここで式 (1.53) を用いて，

$$\frac{d\boldsymbol{e}_r}{dt}=\frac{dr}{dt}\frac{\partial\boldsymbol{e}_r}{\partial r}+\frac{d\theta}{dt}\frac{\partial\boldsymbol{e}_r}{\partial\theta}+\frac{d\varphi}{dt}\frac{\partial\boldsymbol{e}_r}{\partial\varphi}=\frac{d\theta}{dt}\boldsymbol{e}_\theta+\frac{d\varphi}{dt}\sin\theta\,\boldsymbol{e}_\varphi$$

これを用いて式 (2.12) が以下のように導出できる。

$$\boldsymbol{v}(t)=\frac{d\boldsymbol{r}(t)}{dt}=\frac{dr}{dt}\boldsymbol{e}_r+r\frac{d\theta}{dt}\boldsymbol{e}_\theta+r\frac{d\varphi}{dt}\sin\theta\,\boldsymbol{e}_\varphi$$ ■

2.1.4　位置と速度の関係

ここまでで速度の定義を与えたが，Δt が十分小さいとして，いま書いた式 (2.4) を逆に解くと，

$$\boldsymbol{r}(t+\Delta t)=\boldsymbol{r}(t)+\boldsymbol{v}(t)\Delta t \tag{2.13}$$

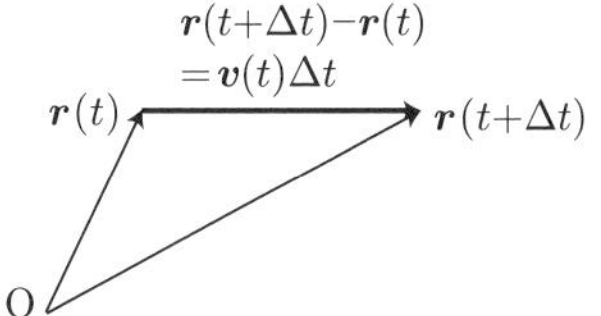

図 2.3　速度と位置ベクトルの関係

となる。これは Δt の 1 次の近似として，位置と速度の関係を表した式と理解できる (図 2.3)。この式は，小学校の算数でも習った速さ・時間・距離の関係を表す式そのものである。

2.2 加速度

加速度は速度の変化率として与えられる：

$$\boldsymbol{a}(t) = \lim_{\Delta t \to 0} \frac{\boldsymbol{v}(t+\Delta t) - \boldsymbol{v}(t)}{\Delta t} = \frac{d\boldsymbol{v}(t)}{dt} \tag{2.14}$$

具体的な表式は速度の表式を前節での説明の通りに，基底ベクトルも含めて微分すれば求めることができる。

2.2.1 デカルト座標系での加速度の表式

デカルト座標系では式 (2.6) を微分すればよく，この場合は基底ベクトルは定ベクトルなので係数の微分に帰着する：

$$\boldsymbol{a}(t) = \frac{d^2x(t)}{dt^2}\boldsymbol{e}_x + \frac{d^2y(t)}{dt^2}\boldsymbol{e}_y + \frac{d^2z(t)}{dt^2}\boldsymbol{e}_z \tag{2.15}$$

2.2.2 極座標系での加速度の表式

極座標系では基底ベクトルが定ベクトルではないので，そのことも考慮して計算する必要がある。2 次元極座標系 (円柱座標系) では式 (2.10) あるいは式 (2.11) を時間で微分して

$$\boldsymbol{a}(t) = (\ddot{r} - r\dot{\varphi}^2)\boldsymbol{e}_r + \frac{1}{r}\frac{d}{dt}(r^2\dot{\varphi})\boldsymbol{e}_\varphi \ (+\ddot{z}\boldsymbol{e}_z) \tag{2.16}$$

となる。ここで時間微分をニュートンの表記によって表した。

また 3 次元極座標系では式 (2.12) を微分して (再び $s_\theta = \sin\theta$ などと略記して)

$$\begin{aligned}\boldsymbol{a}(t) = \left(\ddot{r} - r(\dot{\theta}^2 + \dot{\varphi}^2 s_\theta^2)\right)\boldsymbol{e}_r + \left(\frac{1}{r}\frac{d}{dt}(r^2\dot{\theta}) - r\dot{\varphi}^2 s_\theta c_\theta\right)\boldsymbol{e}_\theta \\ + \left(\frac{1}{r}\frac{d}{dt}(r^2\dot{\varphi}s_\theta) + r\dot{\theta}\dot{\varphi}c_\theta\right)\boldsymbol{e}_\varphi\end{aligned} \tag{2.17}$$

となる。この導出では $\boldsymbol{e}_\theta$, $\boldsymbol{e}_\varphi$ の微分も必要になるが，ぜひ自分で導出してほしい。これにより，偏微分の意味や「基底を微分する」ということの意味が理解しやすくなるだろう。

例題 2.2：2 次元極座標系 (円柱座標系) での加速度の表式
2 次元極座標系 (円柱座標系) での加速度の表式 (2.16) を導出せよ。

解答　式 (2.11) より以下のように式 (2.16) を導出できる。

$$\begin{aligned}\boldsymbol{a}(t) = \frac{d^2\boldsymbol{r}(t)}{dt^2} &= \ddot{r}\boldsymbol{e}_r + \dot{r}\dot{\boldsymbol{e}}_r + \dot{r}\dot{\varphi}\,\boldsymbol{e}_\varphi + r\ddot{\varphi}\,\boldsymbol{e}_\varphi + r\dot{\varphi}\,\dot{\boldsymbol{e}}_\varphi + \ddot{z}\boldsymbol{e}_z + \dot{z}\dot{\boldsymbol{e}}_z \\ &= \ddot{r}\boldsymbol{e}_r + 2\dot{r}\dot{\varphi}\,\boldsymbol{e}_\varphi + r\ddot{\varphi}\,\boldsymbol{e}_\varphi - r\dot{\varphi}^2\,\boldsymbol{e}_r + \ddot{z}\boldsymbol{e}_z \\ &= (\ddot{r} - r\dot{\varphi}^2)\boldsymbol{e}_r + \left(\frac{1}{r}\frac{d}{dt}(r^2\dot{\varphi})\right)\boldsymbol{e}_\varphi + \ddot{z}\boldsymbol{e}_z\end{aligned}$$

■

問 2.1　式 (1.38) を時間微分することで，円柱座標系での速度の表式 (2.11) が成り立つことを確かめよ。さらに式 (2.16) が成り立つことも確かめよ。

問 2.2　式 (1.51) を時間微分することで，3 次元極座標系での速度の表式 (2.12) が成り立つことを確かめよ。さらに式 (2.17) が成り立つことも確かめよ。

2.2.3　位置と速度と加速度の関係

2.1.4 項の議論において，速度が一定であれば単に $\boldsymbol{v}(t)$ と表すだけでよかった。しかし速度が一定でない場合は，t から $t+\Delta t$ の間で速度は変化するので，単に $\boldsymbol{v}(t)$ と表すのはまずい。そこで代表として，2 つの時刻の間をとり，引数を $t+\Delta t/2$ としよう。すると，時刻が Δt だけ進んだ位置は $\boldsymbol{r}(t)$ に対して

$$\boldsymbol{r}(t+\Delta t) = \boldsymbol{r}(t) + \boldsymbol{v}\left(t + \frac{\Delta t}{2}\right)\Delta t \tag{2.18}$$

となる。$t+\Delta t/2$ における速度は，図 2.3 において，$\boldsymbol{r} \to \boldsymbol{v}$, $\boldsymbol{v} \to \boldsymbol{a}$, $\Delta t \to \Delta t/2$ と置き換える，あるいは加速度の定義式 (2.14) を用いることにより

$$\boldsymbol{v}\left(t + \frac{\Delta t}{2}\right) = \boldsymbol{v}(t) + \boldsymbol{a}(t)\frac{\Delta t}{2} \tag{2.19}$$

と近似できることがわかる。これを代入すると，時刻 $t+\Delta t$ での位置は

$$\boldsymbol{r}(t+\Delta t) = \boldsymbol{r}(t) + \boldsymbol{v}(t)\Delta t + \frac{1}{2}\boldsymbol{a}(t)(\Delta t)^2 \tag{2.20}$$

となり，式 (2.13) と比べてより精度よく位置を指定できる。$\boldsymbol{a}$ が定ベクトル ($\dot{\boldsymbol{a}}(t) = \boldsymbol{0}$) であれば等加速度運動を表す式だが，そうでなくても，十分短い時

間を考えればこれらはそれほど変化するはずもないのだから，成立してもよさそうな式であることは理解できる。あらゆる物理量は次元 (2.5 節参照) をもっているので，そのことから物理的に (数学的にではない！) 十分短い時間というのは定義できるが，ここでは直感的な話として理解すればよい。

▶ 物理のための数学：テイラー展開

数学的には，式 (2.20) のように関数は変位の冪 (べき) 級数で表すことができる。これを**テイラー展開**といい，具体的には微分可能な関数 $f(x)$ に対して，定数 a (a は実数) まわりのテイラー展開は

$$f(x+a) = f(x) + f'(x)a + f''(x)\frac{a^2}{2!} + \cdots \tag{2.21}$$

$$= \sum_{n=0}^{\infty} f^{(n)}(x)\frac{a^n}{n!} = \sum_{n=0}^{\infty} \frac{a^n}{n!}\left(\frac{d}{dx}\right)^n f(x) \tag{2.22}$$

という形で表される。式 (2.20) は級数の冪が 2 次のところまでとった場合に相当することは，速度や加速度の定義を考えれば明らかである。数学的に厳密なことをいうと，このような展開ができない関数というのも当然存在するのだが，本書の範囲ではそのような関数を扱うことはない。

● 代表的な関数の $x = 0$ まわりでのテイラー展開

$$e^x = 1 + x + \frac{x^2}{2!} + \cdots + \frac{x^n}{n!} + \cdots$$

$$\sin x = x - \frac{x^3}{3!} + \frac{x^5}{5!} - \cdots + (-1)^n \frac{x^{2n+1}}{(2n+1)!} + \cdots$$

$$\cos x = 1 - \frac{x^2}{2!} + \frac{x^4}{4!} - \cdots + (-1)^n \frac{x^{2n}}{(2n)!} + \cdots$$

$$\log(1+x) = x - \frac{x^2}{2} + \frac{x^3}{3} - \cdots + (-1)^{n-1}\frac{x^n}{n} + \cdots \quad (-1 < x \leqq 1)$$

$$(1+x)^\alpha = 1 + \alpha x + \frac{\alpha(\alpha-1)}{2!}x^2 + \cdots + \frac{\alpha(\alpha-1)\cdots(\alpha-n+1)}{n!}x^n + \cdots \quad (-1 < x \leqq 1)$$

物理学の視点からテイラー展開を理解する♣ さて，上で述べたテイラー展開を物理学的な見方で導いてみよう。

無限小の h に対しては，微分の定義より

$$f(x+h) = f(x) + h\frac{df(x)}{dx} = \left(1 + h\frac{d}{dx}\right)f(x) \tag{2.23}$$

が成立する。これは隣接する x と $x+h$ の間に成立する $f(x)$ が満たすべき性質だと考えることもできる。

ここで，x から有限な距離 a だけ離れている場合に，$f(x+a)$ がどのように表せるのかを見てみよう。n を十分大きな数として式 (2.23) をくり返し用い，$h = a/n$ (a を n 等分する) とすれば，

$$\begin{aligned}
f(x+a) &= f\left(x + n\frac{a}{n}\right) \\
&= f\left(x + (n-1)\frac{a}{n}\right) + \frac{d}{dx}f\left(x + (n-1)\frac{a}{n}\right)\cdot\frac{a}{n} \\
&= \left(1 + \frac{a}{n}\frac{d}{dx}\right)f\left(x + (n-1)\frac{a}{n}\right) \\
&\quad\vdots \\
&= \left(1 + \frac{a}{n}\frac{d}{dx}\right)^n f(x)
\end{aligned} \tag{2.24}$$

となる。最後の式は，ネイピア数 (自然対数の底) の指数関数の定義

$$\lim_{n\to\infty}\left(1 + \frac{x}{n}\right)^n = e^x = 1 + x + \frac{1}{2}x^2 + \cdots = \sum_{n=0}^{\infty}\frac{x^n}{n!} \tag{2.25}$$

と同じ形をしているので，$n \to \infty$ の極限で式 (2.24) は次のようになる。

$$\begin{aligned}
f(x+a) &= \lim_{n\to\infty}\left(1 + \frac{a}{n}\frac{d}{dx}\right)^n f(x) = e^{a\frac{d}{dx}}f(x) \\
&= \text{式 (2.22) の右辺}
\end{aligned} \tag{2.26}$$

指数関数の引数が微分になっているので，初めて見ると戸惑うだろうが，むしろ式 (2.25) において，x が実数であるのが特別な場合ということがそのうち理解できるようになる。

- **式 (2.26)** の解釈 (図 2.4)

(1) 式 (2.26) は**無限小の移動を無限回行うことで有限な距離を移動するという物理的操作に対応している**と解釈できる。(x で与えられる情報 $f(x)$ を $x+a$ へ運んでいる。)

(2) 「$\frac{d}{dx}$ は速度 (より正確には運動量) に対応する」と解釈できることが想像されよう。なぜなら，移動するということは粒子が速度をもっているということだからである。実際，量子力学では微分を運動量に対応させている。

(3) (1) で述べたことをいい換えると，**ネイピア数の指数関数は，一般に無限小変換を無限回行うことにより有限の変換を導くという物理的意味をもっている。**指数部は無限小の変換と有限の変化量との積になっていて，具体的には，無限小変換の操作に対応する部分は行列や微分などによって表される演算子になる。

一般に現代物理学は近接作用という考え方に立脚している。こう書くと難しく聞こえるが，要は，物理量の間の関係は隣接する時間なり空間の間に与えられていて，物理量は少しずつとなりへと移って行くことで変化していくという考え方である。だからこそ，物理量の微分方程式によって物理法則は与えられるのである。

上で述べた解釈を適用できる例としては，7.4 節で見るように座標回転を表

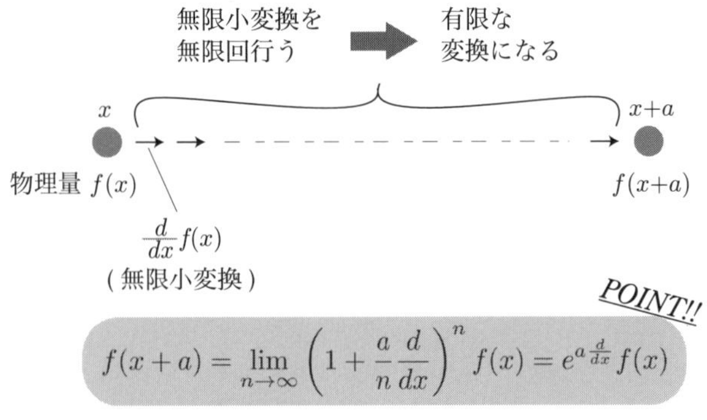

図 2.4 テイラー展開の物理学的な見方

す行列 (の導出) がある。また演習問題 2.6 にあるように，オイラーの公式

$$e^{i\theta} = \cos\theta + i\sin\theta \tag{2.27}$$

もこの観点から導出できる。

問 2.3 テイラー展開により，オイラーの公式 (2.27) が成立することを確かめよ。

2.3 速度・加速度の積分

本節を読むにあたって念頭に置かなければならないことは，微分と積分の対応関係である。**微分と積分は互いに逆演算の関係にある**。つまり，ある関数を微分し，さらに微分したあとの関数を積分すると，積分定数の自由度を除いて元の関数が求まる。逆もしかりである。

力学は微分と積分を次のように駆使して構築されている：

- 微分には微小量・微小変化という意味がある。
- 微小量を積み重ねる (= 定積分する) ことで，物理量の総和を得る。
- 積分定数は条件 (初期条件など) を課すことで決まる。

▶ 物理のための数学：微分と積分の対応関係

高校数学とはちがい，dx そのものを微分という。物理学においては，微小変化のことだと考えて差し支えない。これに対し「高校で習う微分」は $\dfrac{dy}{dx}$ などのように 2 つの物理量における微分の比なので，微分商，微係数という概念で考えたほうが以降の議論はわかりやすくなる。もちろん，微分商 (微係数) のことも微分ということがあるが，文脈から間違えることはない。

逆演算 (あるいは逆変換) の模式的な意味は次の通りである。

$$x \xrightarrow[\text{微分}]{} dx \xrightarrow[\text{積分 (逆変換)}]{} d^{-1}dx = \int dx = x$$

ここで d^{-1} は逆変換であるということを強調する意味で書いた。つまり逆関数 (p.21 参照) につける「-1」と同じ意味である。

なお $\dfrac{d}{dx}f(x)$ と $\dfrac{df(x)}{dx}$ は，計算上は同じことを表すが，p.39 でも議論した

ように $\dfrac{d}{dx}$ を1つの演算子と見ることができ，物理学のあらゆる場面でそのような見方が大きな役割を果たすことがある。また積分の書き方について，

$$\int f(x)dx, \quad \int dx\, f(x) \tag{2.28}$$

は同じことを表している。式 (2.28) の2つの積分のうち，右側の書き方は高校数学で目にすることはないが，左側に書いた積分と同様に計算できる。本書では，適宜右側の積分の書き方も用いる。

速度の積分が変位になる　変位 (速度) の微分である速度 (加速度) を積分することで，変位 (速度) が求まることを説明する。

1次元の運動を考えると，式 (2.1) より，ある時刻で平均の速さが定義でき，

$$x(t+\Delta t) - x(t) = \bar{v}(t)\Delta t \tag{2.29}$$

を満たす。この式の左辺を Δx や dx と書く。このように書いたときは x が t の関数になっているかどうかは考えずに，とにかく x が微小変化したということを表す。Δx は有限な量，dx はその無限小の極限という意味をもたせることもある。その意味で有限な変位に対しては

$$\Delta x = \bar{v}(t)\Delta t \tag{2.30}$$

と書き，その無限小の極限として

$$dx = v(t)dt \tag{2.31}$$

と書く。大学初年次で学ぶ物理学では，この Δx と dx の2つを厳密に区別して書くことは少ない。

さて，$t=0$ から $t=t$ に至るまでの変位を考えよう。ここで $t=t$ という表記がわかりにくいと感じる読者は，$t=t'$ として以下にある式を適宜書き換えてほしい。この時間を n 等分に分割し，j 番目の時刻を

$$t_j = j\frac{t}{n} = j\Delta t \tag{2.32}$$

と書く。するとそれぞれの時間における平均の速さを使って各時刻における変

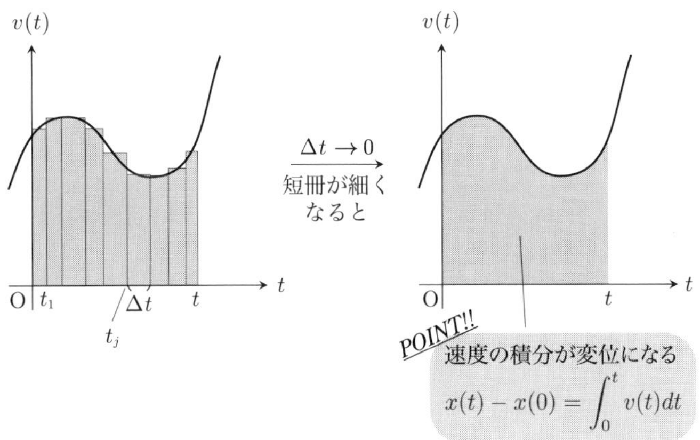

図 2.5 平均の速さを使った棒グラフの和と速度の積分 (曲線の面積) の関係

位を表すことができ,

$$\begin{aligned} x(t) - x(t_{n-1}) &= \bar{v}(t_{n-1})\Delta t \\ x(t_{n-1}) - x(t_{n-2}) &= \bar{v}(t_{n-2})\Delta t \\ &\vdots \\ x(t_1) - x(0) &= \bar{v}(0)\Delta t \end{aligned} \tag{2.33}$$

と書ける。式 (2.33) で両辺の和をとると,各式の左辺にある $-x(t_j)$ と $x(t_j)$ ($j = 1, \cdots, n-1$) の項は相殺し, 残るのは $x(t) - x(0)$ だけになり,

$$x(t) - x(0) = \sum_{j=0}^{n-1} \bar{v}(t_j)\Delta t \tag{2.34}$$

と書ける。右辺の和は $\Delta t \to 0$ で積分 (数学的にはリーマン積分) になり

$$\boxed{x(t) - x(0) = \int_0^t v(t)dt} \tag{2.35}$$

という形で変位が与えられる。$\Delta t \to 0$ の極限操作は分割した時間を細かくすることに対応するので, 最終的には $v(t)$ の連続な曲線に対して t の積分になる。

図 2.5 には極限をとる前と, とった後の関係が模式的に表されている。式 (2.34) の右辺は棒グラフの面積の和になっていて, 式 (2.35) は $v(t)$ と t 軸で

囲まれた部分の面積となっている。直感的には $\Delta t \to 0$ の極限をとれば棒グラフが細くなり，その極限として速度が t の連続関数として表される。したがって $t=0$ から $t=t$ まで積分すると，数学的には曲線が囲む面積になるが，それが $t=0$ から $t=t$ までの変位になる。

式 (2.34) の左辺も元々は $\Delta x_j = x(t_j) - x(t_{j-1})$ の和で，その和も $n \to \infty$ という極限をとれば積分になる：

$$\sum_{j=1}^{n} \Delta x_j = \int_{x(0)}^{x(t)} dx = [x]_{x(0)}^{x(t)} = x(t) - x(0) \tag{2.36}$$

これは dx を積分することで，もとの x が得られるという式になっている。またこの式変形では，あえて $n \to \infty$ を省いた。式 (2.35), (2.36) を使うと

$$\boxed{\int_{x(0)}^{x(t)} dx = \int_0^t \frac{dx(t)}{dt} dt} \tag{2.37}$$

と書けるが，この式変形自体は単なる変数変換 (置換積分) である。つまり，左辺で x の積分だったのを，右辺では t の積分に変えているだけなのだが，左辺と右辺では物理的な意味づけが異なることに注意してほしい。またこの操作は

$$1 = \frac{dt}{dt} \tag{2.38}$$

を左辺に掛けただけ，という解釈も可能であることも指摘しておく。

さらに，式 (2.37) において，両辺が定積分の形で与えられていることにも注目してほしい。力学あるいはより広く物理学において，本質的には不定積分が出てくることはない。なぜなら，多くの場合，ある時刻で物理量を決めてそこから時間発展させることによりほしい時刻での物理量を得る，という構造をもっているからである。つまり，式 (2.37) は「**ある時刻 $t=0$ で初期値が $x(0)$ と設定され，それが $t=t$ まで右辺によって時間発展する**」ということを意味している。解析的にこのような形で容易には解が求まらないことは多々あるが，概念的にはこのように必ず定積分になる。出発点と終着点がどうなっているかということはしっかり意識するようにしたい。

問 2.4 本文中では速度の積分と変位の対応について見たが，同様に加速度の積分と速度も関連づけることができる。本文中の議論をなぞる形でこれを確かめよ。

2.4　微小量の足し合わせとしての積分——線積分・面積分・体積積分

物理学，とりわけ力学では，**全体は小さな領域の集合体である**と考える。つまり，**小さな領域がもつ物理量を足し合わせると全体のそれが得られる**と考えるのである。これは前節の考え方からすると，微小部分の和としての積分を考えることを意味する。そこで前節の議論を派生させて，本節では線積分・面積分・体積積分について紹介する。

▶ 物理のための数学：微小距離の足し合わせと線積分

一般に曲線が図 2.6 のように与えられているとしよう。曲線の微小な部分を考えると，それを拡大すればその微小な部分は長さ Δs の直線とみなせるようになる。具体的には図 2.6 左の $d\boldsymbol{r}$ で，デカルト座標系では位置ベクトルは式 (1.8) で与えられるので，

$$
\begin{aligned}
d\boldsymbol{r} &= d(x\boldsymbol{e}_x + y\boldsymbol{e}_y + z\boldsymbol{e}_z) \\
&= dx\boldsymbol{e}_x + x(d\boldsymbol{e}_x) + dy\boldsymbol{e}_y + yd(\boldsymbol{e}_y) + dz\boldsymbol{e}_z + z(d\boldsymbol{e}_z) \\
&= dx\boldsymbol{e}_x + dy\boldsymbol{e}_y + dz\boldsymbol{e}_z
\end{aligned}
\tag{2.39}
$$

と計算される。2 行目は一般に 2 つの関数 f, g の積 fg の微分が $d(fg) = (df)g + f(dg)$ を満たすことを使った。また，$\boldsymbol{e}_x, \boldsymbol{e}_y, \boldsymbol{e}_z$ が定ベクトルなので微分は 0 になることを使った。

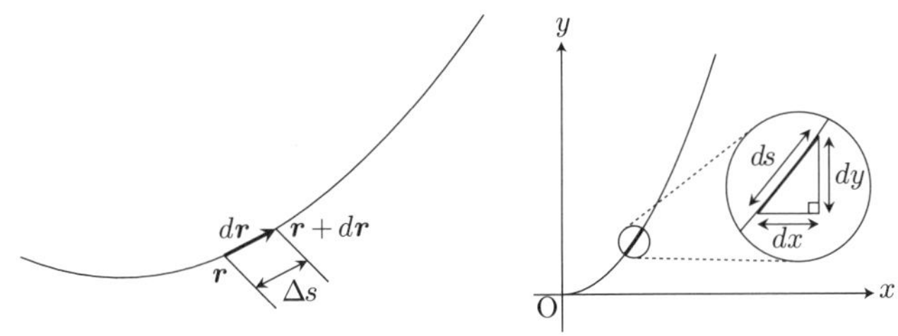

図 2.6　曲線とその微小部分：左図で表したように，曲線の微小部分は $d\boldsymbol{r}$ というベクトルによって表すことができる。また右図のように座標系を設定すれば，微小部分の長さは座標系固有の量 (この場合は dx, dy) を使って書ける。

簡単のため，図 2.6 右のようにまず 2 次元で考える。式 (2.39) からも明らかだが，$d\boldsymbol{r}$ は，横方向 (x 方向) はある x から $x+dx$ までの範囲に存在し，縦方向 (y 方向) はそれに対応する y から $y+dy$ までの範囲に存在する。x と y の方向は直交するので，微小部分 $|d\boldsymbol{r}|$ と，dx, dy は直角三角形となる。したがって微小部分の長さ ds は三平方の定理から

$$ds = \sqrt{dx^2 + dy^2} \tag{2.40}$$

となる。一般には ds は $d\boldsymbol{r}$ の長さであるから，長さの定義式 (1.13) を使って表現することも可能で，デカルト座標系では，

$$\begin{aligned} ds^2 &= d\boldsymbol{r} \cdot d\boldsymbol{r} = (dx\boldsymbol{e}_x + dy\boldsymbol{e}_y) \cdot (dx\boldsymbol{e}_x + dy\boldsymbol{e}_y) \\ &= dx^2\boldsymbol{e}_x \cdot \boldsymbol{e}_x + 2dxdy\boldsymbol{e}_x \cdot \boldsymbol{e}_y + dy^2\boldsymbol{e}_y \cdot \boldsymbol{e}_y \\ &= dx^2 + dy^2 \end{aligned} \tag{2.41}$$

となり，式 (2.40) が得られる。ここで基底が直交することを使っていることに注意せよ。なお，ds^2 は $ds \times ds = (ds)^2$ を意味する。これは ds が 1 つの変数としてふるまうという意味である。以上から，$s_0 = (x_0, y_0)$ から $s = (x, y)$ までの距離はこの微小部分の長さを「足して」

$$s = \int_{s_0}^{s} ds = \int_{(x_0,y_0)}^{(x,y)} \sqrt{dx^2 + dy^2} \tag{2.42}$$

となる。s を変位とみなすのであれば，数直線の場合と同じように，s が増える方向に積分している場合は距離がそのまま変位になり，s が減る方向ならばマイナスのついた表式になる。

具体的な計算は，$y = y(x)$ のように，y が x の関数として与えられている場合は，ds を dx によって表すと

$$ds = \sqrt{dx^2 + dy^2} = \sqrt{1 + \left(\frac{dy}{dx}\right)^2} dx \tag{2.43}$$

となるので，これを足し合わせると次式が得られる。

$$s = \int_{x_0}^{x} \sqrt{1 + \left(\frac{dy}{dx}\right)^2} dx \tag{2.44}$$

● 媒介変数表示と線積分　曲線が t を媒介変数として

$$(x, y) = (x(t), y(t)) \tag{2.45}$$

と与えられているのならば，ds を dt によって表すと

$$ds = \sqrt{dx^2 + dy^2} = \sqrt{\left(\frac{dx}{dt}\right)^2 + \left(\frac{dy}{dt}\right)^2} dt \tag{2.46}$$

と書ける。よって，t_0 から t までの変位は次のようになる。

$$s = \int_{t_0}^{t} \sqrt{\left(\frac{dx}{dt}\right)^2 + \left(\frac{dy}{dt}\right)^2} dt \tag{2.47}$$

● 3 次元への拡張　式 (2.42) を 3 次元へと拡張させると，次のように書ける。

$$\int_{s_0}^{s} ds = \int_{\boldsymbol{r}_0}^{\boldsymbol{r}} \sqrt{dx^2 + dy^2 + dz^2} \tag{2.48}$$

● 極座標系の場合　極座標系での微小な長さもそれぞれの座標系で式 (2.39) と同様に求めればよい。たとえば 2 次元極座標系では位置ベクトルは式 (1.46) で与えられるので

$$d\boldsymbol{r} = d(r\boldsymbol{e}_r) = dr\boldsymbol{e}_r + r(d\boldsymbol{e}_r) = dr\boldsymbol{e}_r + rd\varphi\boldsymbol{e}_\varphi \tag{2.49}$$

であり，微小な長さの 2 乗は式 (2.41) と同様に計算できて，次のようになる。

$$\boxed{ds^2 = dr^2 + r^2 d\varphi^2} \tag{2.50}$$

● 線積分の具体例 (弦の全質量)　ここまでは距離を求めるために ds そのものを積分したが，実際は線分上に質量などの物理量 O が存在するので，全物理量はその線密度 (単位長さあたりの物理量) を $\tilde{O}$ として

$$O = \int_{s_0}^{s_1} \tilde{O} ds \tag{2.51}$$

と計算される。たとえば弦の全質量を求めよう。弦の太さが一様ならば単位長さあたりの質量 $\tilde{m}$ に長さを掛けてしまえばすぐ求められる。しかし太さが一

図 2.7　微小部分の弦の質量

様でない場合，一様な密度だと十分みなせるくらい微小な部分に全体を分割し，それぞれの微小部分の質量 dM を考えると，その微小部分での密度 $\rho(s)$ に対して

$$dM = \rho(s)ds \tag{2.52}$$

と与えられる。これを足し合わせる (積分する) と，弦の全質量が得られる：

$$M = \int dM = \int_{s_0}^{s_1} \rho(s)ds \tag{2.53}$$

長さを求めたい場合は微小な長さ ds だけを考えれば十分である。しかし式 (2.53) の導出のように，一般には曲線に沿って何らかの物理量が単位長さあたりの量として割り当てられていて，曲線全体での全物理量は式 (2.51) のように微小な物理量の足し合わせとして全物理量が出てくるという構造になっている。

例題 2.3：円周上の運動と距離

円周上 (半径 a) の運動を考える。図 2.8 のように円の中心を原点にとり，点 $(a, 0)$ から反時計回りに運動させる。点 $(a, 0)$ から点 $(0, a)$ まで動いたときの距離を求めよ。

解答　円周上では

$$\frac{dy}{dx} = -\frac{x}{y}$$

であり，この区間では $dx < 0$ であることを考慮すると

$$s = \int \sqrt{dx^2 + dy^2} = \int_a^0 \sqrt{1 + \left(\frac{dy}{dx}\right)^2}(-dx)$$

$$= \int_0^a \sqrt{1 + \left(-\frac{x}{y}\right)^2} dx = a\int_0^1 \frac{dx}{\sqrt{1 - x^2}} = \frac{\pi}{2}a$$

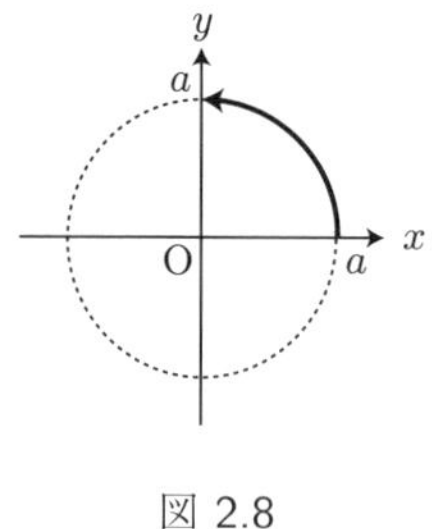

図 2.8

と計算できる。一般の変位 s は反時計回りをその「増える」方向とするのであれば，それを考慮し ($+dx$ なのか $-dx$ なのかを考え) 積分すればよい。この簡単な例では s は式 (1.2) で与えられることはすぐわかるであろう。■

▶ 物理のための数学：面積分と体積積分

(1) 微小面積と面積分

面積 A は微小面積 dA の足し合わせとして得られる：

$$A = \int dA \tag{2.54}$$

これは高校で習う，「面積という意味での積分」の一般化になっていることはすぐにわかる。微小面積をどのように表すのかというと，たとえば xy 平面では

$$\boxed{dA = dxdy} \tag{2.55}$$

と書ける。これは，xy 平面の基底ベクトル $\boldsymbol{e}_x, \boldsymbol{e}_y$ がつくる平行四辺形 (いまの場合は直交基底なので長方形) の面積になっている (図 2.9 左)。

さて，図 2.9 右に示したように，$y = f(x)$ と x 軸で囲まれた部分の面積を A とすると

$$A = \int dA = \int dxdy = \int dx[y]_0^{f(x)} = \int_0^x dx(f(x) - 0) \tag{2.56}$$

となる。この積分では x を固定したまま y についての積分を先に実行してい

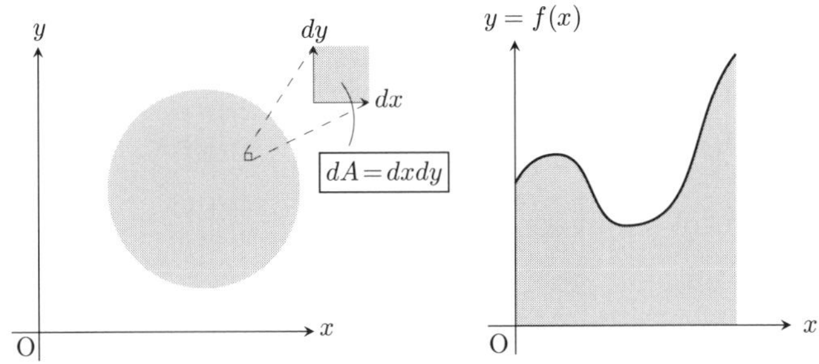

図 2.9　左：微小面積と全体の面積，右：$y = f(x)$ と x 軸で囲まれた部分 (影がついている部分) の面積

る。このとき，y は明らかに 0 から $f(x)$ の範囲を動く。dy の積分は y なので，その定積分として $f(x)-0$ が得られる。こうして最終的に x だけの積分になるが，x は 0 から x まで動くので，最終的によく知っている式になる。

より一般に $y=f(x)$ と $y=g(x)$ で囲まれた部分の面積 A' を求めるときは，x が 0 から x まで動くというのは変わらないが，y が $g(x)$ から $f(x)$ まで動くので

$$\begin{aligned} A' &= \int dA' = \int dxdy \\ &= \int dx[y]_{g(x)}^{f(x)} = \int_0^x dx(f(x)-g(x)) \end{aligned} \tag{2.57}$$

となる。これもよく知っている式であろう。

また，dA を 2 次元極座標系で表すと，同様に $d\boldsymbol{r}=dr\boldsymbol{e}_r+rd\varphi\boldsymbol{e}_\varphi$ と書けるから，この平行四辺形がつくる面積として

$$\boxed{dA = dr \times rd\varphi = rdrd\varphi} \tag{2.58}$$

が得られる (図 2.10)。これはデカルト座標系の場合の $dxdy$ と，ヤコビアンとよばれる量を通してつながっている (6.6 節参照)。

さらに，線積分の式 (2.51) との対応で，一般には面積分

$$O = \int \tilde{O}dA \tag{2.59}$$

も存在する。

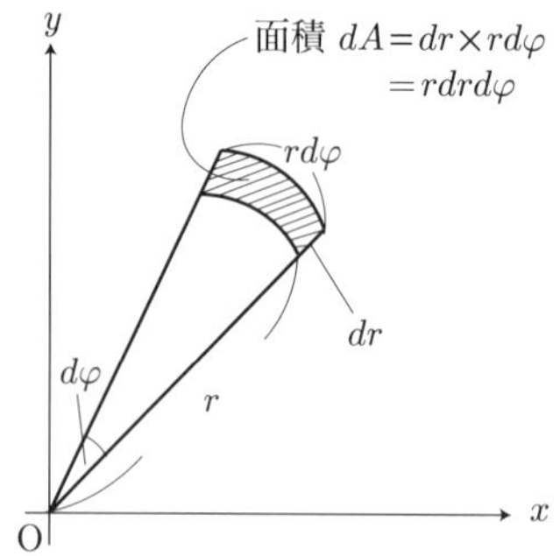

図 2.10　2 次元極座標系の微小面積

一般には面は平面上に存在する必要はなく，微小面積の取り扱いはもっと複雑になる。他の座標系でも同様に考えることは可能だが，面を指定するためには，面に垂直な方向を指定する必要があり複雑になるので，必要に応じて導入していく。

(2) 微小体積と体積積分

同様に，体積 V も微小体積 dV の和として考えることができ

$$V = \int dV \tag{2.60}$$

となる。dV は $\boldsymbol{dr}$ をデカルト座標系の基底ベクトルで展開したときにそれぞれのベクトルの各成分が構成する立方体の体積で，デカルト座標では式 (2.39) より

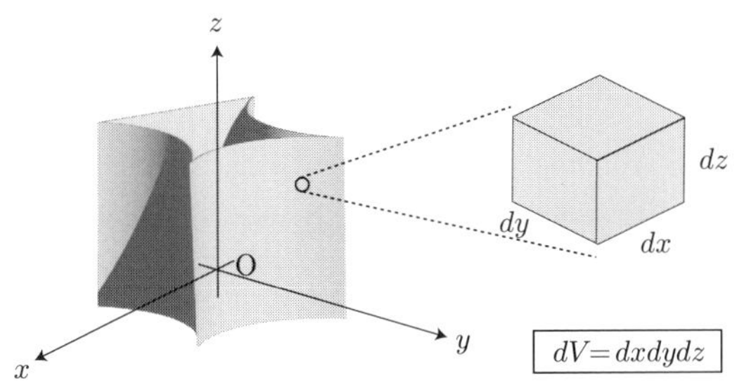

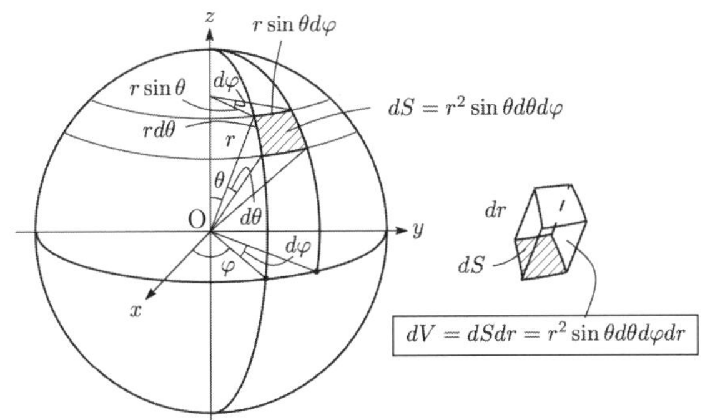

図 2.11　上：デカルト座標系と微小体積，下：3 次元極座標系と微小体積

$$dV = dxdydz \tag{2.61}$$

となる (図 2.11 上)。3 次元極座標系では位置ベクトルは式 (1.54) で与えられるので，式 (2.49) と同様の変形を行うと，式 (1.53) を使って

$$d\boldsymbol{r} = dr\boldsymbol{e}_r + rd\theta\boldsymbol{e}_\theta + rd\varphi\sin\theta\boldsymbol{e}_\varphi \tag{2.62}$$

となる。極座標系の基底も正規直交基底なので

$$dV = dr \times rd\theta \times r\sin\theta d\varphi = r^2\sin\theta drd\theta d\varphi \tag{2.63}$$

と与えられる (図 2.11 下)。また，式 (2.61) と (2.63) は面積分の場合と同様にヤコビアンでつなげることもできる (6.6 節参照)。

この微小体積に対応して体積積分

$$O = \int \tilde{O}dV \tag{2.64}$$

も存在する。

例題 2.4：円の面積と球の体積の導出

(1) 半径 a の円の面積を 2 次元極座標系の表式を使って求めよ。

(2) 半径 a の球の体積を 3 次元極座標系の表式を使って求めよ。

解答　(1) **式 (2.58) で得られた** $dA = rdrd\varphi$ **を足し合わせれば円の面積が得られる。**$0 < r < a$ であり角度方向は $0 < \varphi < 2\pi$ なので，r と φ は独立に積分できて

$$\text{円の面積} = \int dA = \int_0^a rdr \int_0^{2\pi} d\varphi = \frac{1}{2}a^2 \times 2\pi = \pi a^2$$

(2) **式 (2.63) で得られた** $dV = r^2\sin\theta\, drd\theta d\varphi$ **を足し合わせれば球の体積が得られる。**$0 < r < a$ であり角度方向は 3 次元極座標の定義域より，$0 < \theta < \pi, 0 < \varphi < 2\pi$ なので，r と θ, φ は独立に積分できて

$$\text{球の体積} = \int dV = \int_0^a r^2dr \int_0^{\pi} \sin\theta d\theta \int_0^{2\pi} d\varphi = \frac{1}{3}a^3 \times 2 \times 2\pi = \frac{4}{3}\pi a^3$$

■

2.5　次元解析

2.5.1　次元と次元解析

物理量はそれぞれに意味をもち，かつ測定可能なため数値に置き換えることができる量である。

物理量の意味づけは，力学においては 3 つの基本的な量の組み合わせですべて与えられる。電磁気学的な現象まで含めると 4 つで，これ以上は必要がないことがわかっている。この組み合わせ方のことを**次元**といい，通常 3 つの基本的な量として，

距離 L (Length)，質量 M (Mass)，時間 T (Time)

をとる。電気現象を扱う場合はこれに電荷か電流を加える。

たとえば，速さ (V) は移動距離を移動に掛かった時間で割った量として与えられる。一般に物理量 A の次元は大括弧を使って $[A]$ のように表し，また 2 つの物理量の積は $[AB]=[A][B]$ を満たすので速さの次元 $[V]$ は

$$[V]=[\mathrm{L}][\mathrm{T}^{-1}]=[\mathrm{LT}^{-1}] \tag{2.65}$$

となる。他の例を挙げるとエネルギー $[E]$，力 $[F]$，運動量 $[P]$ はそれぞれ

$$[E]=[\mathrm{ML}^2\mathrm{T}^{-2}],\quad [F]=[\mathrm{MLT}^{-2}],\quad [P]=[\mathrm{MLT}^{-1}] \tag{2.66}$$

となる。

一般に，古典力学に現れる物理量 $\mathcal{O}$ に対し，その次元は

$$[\mathcal{O}]=[M^\alpha L^\beta T^\gamma] \tag{2.67}$$

と書ける。ここで α, β, γ は整数である。物理量の関係において重要なことは，$\{\alpha,\beta,\gamma\}$ の組が異なれば和や差をとることができないことである。これは，たとえば (速さ − 長さ) に何の意味もないことから明らかであろう。また，2 次元と 3 次元のベクトルの間で和や差の演算ができないことから，この組を次元とよぶ理由も理解できる。

物理量が固有の次元をもつことを利用して，答えに明らかに間違いがないか，

逆にほしい答えを推定する手法を**次元解析**とよぶ。当たり前のことであるが，推定できるのは，系に関係する物理量は系に付与された物理量にのみ依るからである。

2.5.2 単　　位

まえがきでも述べたように，物理学はものの性質を定性的にだけでなく定量的に扱う学問である。よって，次元を考えるだけでは不完全で，具体的に数値化する必要がある。そのための基準が**単位**である。

たとえば，距離の大小を定量的に数値化するために基準となる距離を定め，「その何倍」という形で距離を数値化する。距離の単位としては m (メートル)，cm (センチメートル) などがよく用いられる。同じ数値が出たとしてもどの単位を使っているかによって距離は全然ちがうので，どの単位を使うのかは常に重要である。

世の中には様々な単位系が存在するが，本書では SI 単位系で定められた基本単位 (表 2.1) のうち，最も標準的な **MKSA 単位系**を採用する。この単位系では表 2.1 のうち，「メートル」「キログラム」「秒」「アンペア」を基本量として用いる。これらの単位記号を大文字で表して「MKSA」と名付けられた。

一般に物理量の次元は式 (2.67) の形をもつので，これに対応して MKSA 単位系では，力学で現れる必ず物理量 $\mathcal{O}$ は必ず

$$[\mathcal{O}] = [\mathrm{kg}^{\alpha}\mathrm{m}^{\beta}\mathrm{s}^{\gamma}] \tag{2.68}$$

という単位で表される。ただし単位の表記が冗長になることが多いので，よく

表 2.1 SI 単位系の基本単位

基本量	名　　称	記　号
長　さ	メートル (metre)	m
質　量	キログラム (kilogram)	kg
時　間	秒 (second)	s
電　流	アンペア (ampere)	A
熱力学温度	ケルビン (kelvin)	K
物質量	モル (mole)	mol
光　度	カンデラ (candela)	cd

表 2.2 組立単位

物理量	名称	記号	他の単位による表現
角度	ラジアン (radian)	rad	$\mathrm{m\,m^{-1}}$, $\mathrm{s\,s^{-1}}$ など
周波数	ヘルツ (hertz)	Hz	$\mathrm{s^{-1}}$
力	ニュートン	N	$\mathrm{m\,kg\,s^{-2}}$
圧力	パスカル (pascal)	Pa	$\mathrm{N\,m^{-2}}$
エネルギー，仕事	ジュール (joule)	J	$\mathrm{N\,m}$
仕事率	ワット (watt)	W	$\mathrm{J\,s^{-1}}$

使う物理量に対しては簡潔に表記できる単位が定義されている。これを**組立単位** (または**誘導単位**) という (表 2.2)。本書で使うのは，たとえば力やエネルギーの単位で，それぞれ N (ニュートン)，J (ジュール) とよばれ

$$\mathrm{N} = \mathrm{kg\,m\,s^{-2}}, \quad \mathrm{J} = \mathrm{kg\,m^2\,s^{-2}} \tag{2.69}$$

となる。とくに N (ニュートン) は 3 章で扱う運動方程式より，力が質量 [kg]× 加速度 [$\mathrm{m\,s^{-2}}$] で与えられることからすぐにわかるだろう。

物理学では最終的に数値を明示する必要があり，この際どの単位系を使っているかはっきりしていなければ，その数値は全く意味がないものになる。これは図 2.12 に示したように，日常生活においても明らかであろう。そこで本書では，次元解析を次元の意味 (L, M, T) で行うのではなく単位 (m, kg, s(, A)) を用いて行う。

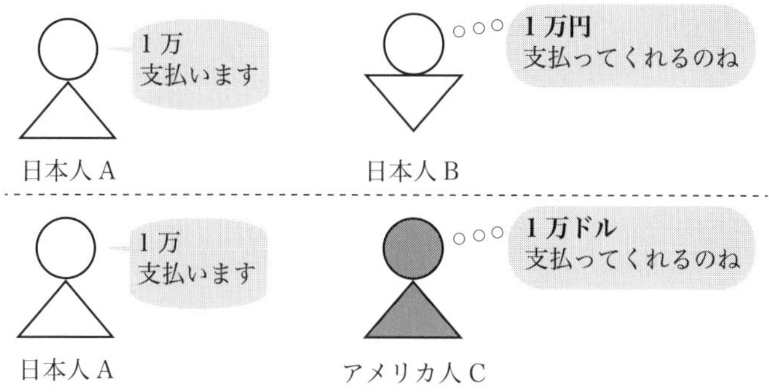

図 2.12 単位をつけないとえらいことに・・・

例題 2.5：次元解析と単振動の周期

4 章で見るように，大きさが無視できる質量 m の物体 (= 質量 m の質点) のバネによる運動を記述する方程式は，バネ定数を k とし，さらに座標を適切にとれば (図 2.13)，

$$m\frac{d^2x(t)}{dt^2} = -kx(t) \tag{2.70}$$

と書ける。ここで，$x(t)$ は時刻 t を関数とする物体の位置を表す座標である。次元解析を用いて，この系で与えられる振動の周期を推定せよ。

解答　この系で与えられている物理量の単位は

$$[m]=[\mathrm{kg}],\ \ [x(t)]=[\mathrm{m}],\ \ [k]=\left[\mathrm{kg\ s^{-2}}\right]$$

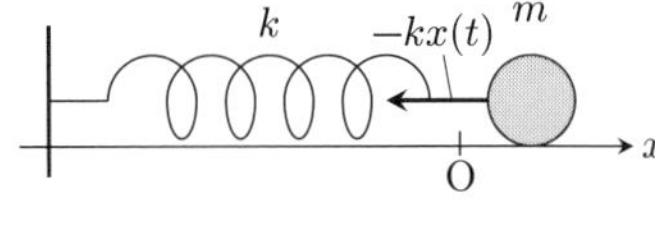

図 2.13

である。これは振動する系なので，振動の周期が存在するはずであるが，次元解析を用いると以下のように推定できる。まず

$$\omega \equiv \sqrt{\frac{k}{m}} \tag{2.71}$$

と定義する。ここで $\equiv$ は「右辺で左辺を定義する」という意味である。この ω の次元は

$$[\omega] = \left[\sqrt{\frac{\mathrm{kg\ s^{-2}}}{\mathrm{kg}}}\right] = \left[\sqrt{\mathrm{s^{-2}}}\right] = \left[\mathrm{s^{-1}}\right] \tag{2.72}$$

となる。次元は通常の記号のように掛けたり割ったりできることに注意せよ。したがって，周期はおおよそ $1/\omega$ くらいであろうと推定できる。あるいは周期は正しく求めれば $2\pi/\omega$ となる。$2\pi/\omega$ の次元は式 (2.72) と一致し，時間の次元をもつことがわかるので，まあ正しいだろうと考えられる。このように検算で用いるのが次元解析の初歩的な使い方である。■

次元解析と数式の理解　しかし，次元の考え方はもっと深い。式 (2.70) の左辺の次元は

$$\left[m\frac{d^2x(t)}{dt^2}\right] = [m]\left[\frac{d^2x(t)}{dt^2}\right] = \left[\mathrm{kg}\frac{\mathrm{m}}{\mathrm{s^2}}\right] = \left[\mathrm{kg\ m\ s^{-2}}\right] \tag{2.73}$$

であり，右辺の次元も

$$[kx(t)] = [k][x(t)] = \left[\frac{\mathrm{kg}}{\mathrm{s^2}}\mathrm{m}\right] = \left[\mathrm{kg\ m\ s^{-2}}\right] \tag{2.74}$$

となり，当たり前ではあるが同じ次元になる。よって，等号で結んでもよい量であることがわかる。いい換えれば，矛盾していないと判断できる。この考え方は式変形の途中でも有効で，式変形のたびに各項の次元を調べてそれらが一致していることを確かめるだけで計算間違いは大幅に減らせる。

また，指数関数 e^x は今後よく出てくるが

$$e^x = 1 + x + \frac{1}{2}x^2 + \cdots = \sum_{n=0}^{\infty} \frac{x^n}{n!} \tag{2.75}$$

となるので，x が次元をもてないことがわかる。実際，単振動の式 (2.70) の解は $e^{i\omega t}$ の形をもつ。そして

$$[\omega t] = \left[\mathrm{s}^{-1}\ \mathrm{s}\right] = [\quad] \tag{2.76}$$

となり，確かに指数関数の肩は無次元量になっている。ここで最右辺の $[\quad]$ は次元が存在しないことを意味する。このようにして答えは無矛盾であることを確認できる。最後の答えだけでなく式変形の途中でも，いやむしろ途中でこそ次元解析は大きな意味をもつ。次元解析を通して，式の意味を把握しやすくなる。物理学の本を読むとき，あるいは問題を解くときは逐一次元解析をするようにしてほしい。

問 2.5 指数関数 e^x の引数 x が無次元であることを本文中で述べたが，同様に引数が無次元となる関数はないだろうか?

NOTE：高エネルギー物理学での次元と単位

2.5.1 項で出てきた次元 L, T, M は，次元解析をする際には最も標準的な組み合わせではあるが，これが絶対的であるわけではないことを強調しておく。たとえば，高エネルギー物理学の分野では基本的な次元として

速さ V，角運動量 J，エネルギー E

という組み合わせを用いる。これらの L, T, M での次元は，

$$[V] = \left[\mathrm{LT}^{-1}\right], \quad [J] = \left[\mathrm{ML}^2\mathrm{T}^{-1}\right], \quad [E] = \left[\mathrm{ML}^2\mathrm{T}^{-2}\right]$$

であるから，

$$[\mathcal{O}] = \left[\mathrm{M}^{\alpha}\mathrm{L}^{\beta}\mathrm{T}^{\gamma}\right] = \left[V^A J^B E^C\right]$$

により 1 : 1 に対応する。ただし，α, β, γ は次のように与えられる。

$$\alpha = B + C, \quad \beta = A + 2B + 2C, \quad \gamma = -A - B - 2C$$

高エネルギー物理学では，次元 V, J, E に対応して，次の物理量を「単位」として用いる。

光速：$c = 2.99792458 \times 10^8\ \mathrm{m\,s^{-1}}$

プランク定数：$\hbar = 1.054571817\cdots \times 10^{-34} = \dfrac{6.62607015 \times 10^{-34}}{2\pi}\ \mathrm{kg\,m^2\,s^{-1}}$

電子ボルト：$eV = 1.602176634 \times 10^{-19}\ \mathrm{kg\,m^2\,s^{-2}}$

ここで，光速とプランク定数は定義値で無限の精度でこの値である。たとえば，速さは $v = 0.1c$ のように表す。MKSA 単位系の数値に直すには，$c = 2.99792458 \times 10^8\ \mathrm{m\,s^{-1}}$ を代入すればよく $v = 2.99792458 \times 10^7\ \mathrm{m\,s^{-1}}$ と求まる。

上で示したプランク定数は，高校で習うプランク定数を 2π で割った量でディラック定数ともいう。光速は 1983 年より，プランク定数は 2019 年より国際的な取り決めで定義値となった。現代物理学の知識では，光速とプランク定数は全宇宙で同じ値をとる決まった数である。したがって光速やプランク定数のように，すべての観測者にとって厳密に定義できる共通の量を基準にものを測るほうが，理屈の上では誤差が入る余地がない。これはメートルの定義と対比して考えれば理解できるであろう。1 m を指し示す基準として，フランスでは 1879 年にメートル原器を作成した。しかし，メートル原器は原理的に誤差が入ってしまうため，それを基準とする限り，長さや長さを含む量を測る際に必ず原器由来の誤差を伴う。それゆえにその精度以上には物理量を測れない。つまり原理的に厳密な定義ができないのである。現在では真空中の光速を基準にメートルが定義されている。

なお地球上での物理量の測定は，時間の測定精度が一番高い (実用的には 15 桁程度，18 桁程度の時計 (1 s 狂うのに 300 億年以上かかる計算になる) もある) ので，すべて時間の測定に置き換える。わかりやすい例は長さで，「1 光年」のように時間を使って表している。これは単位の意味でいえば [m]=[c s]=[s] であることから，時間を指定すれば長さが得られる。重要なのは，光速が定義値であることから 2 つ目の等号が成立するということである。同様に，質量は $[\mathrm{kg}]=[(\hbar/c^2)/\mathrm{s}]=\left[\mathrm{s}^{-1}\right]$ となり，本質的に時間の逆数で表される。2 つ目の等号はプランク定数と光速が定数であることから成り立つ。

電子ボルトは，電子が 1 V の電圧で加速を受けたときに電子が得るエネルギーのことである。単位系を厳密に定義するためには光速やプランク定数のような理論的に決まる量がもう 1 つ必要となるが，現在の物理学の知識ではそのような量は見つかっていないため，単位系を構成する 3 番目の量は考えている系に適した量を使う。したがって上述の電子ボルトは，実用的なことはさておき，理屈のうえでは電子の質量でもよいし太陽の質量などでもよく，考えている系に則して基準をとる。

▶ 2 章のまとめ

本章では，ある時刻 t における位置 $\boldsymbol{r}(t)$ とその直後の時刻 $t+\Delta t$ における位置 $\boldsymbol{r}(t+\Delta t)$ を関係づけることで，速度と加速度の概念が出てくることを見た。

(1) 速度と加速度

● **速度の定義** (→ p.31，位置の変化率)：

$$\boldsymbol{v}(t) = \lim_{\Delta t \to 0} \frac{\boldsymbol{r}(t+\Delta t) - \boldsymbol{r}(t)}{\Delta t} = \frac{d\boldsymbol{r}(t)}{dt}$$

● **加速度の定義** (→ p.36，速度の変化率)：

$$\boldsymbol{a}(t) = \lim_{\Delta t \to 0} \frac{\boldsymbol{v}(t+\Delta t) - \boldsymbol{v}(t)}{\Delta t} = \frac{d\boldsymbol{v}(t)}{dt}$$

● **位置・速度・加速度の関係** (→ p.37)：時刻 $t+\Delta t$ での位置 $\boldsymbol{r}(t+\Delta t)$ は速度と加速度によって表すことができ，それは位置の，時刻まわりのテイラー展開と見ることができる。

$$\begin{aligned}\boldsymbol{r}(t+\Delta t) &= \boldsymbol{r}(t) + \frac{d\boldsymbol{r}(t)}{dt}\Delta t + \frac{1}{2}\frac{d^2\boldsymbol{r}(t)}{d^2 t}(\Delta t)^2 + \cdots \\ &\cong \boldsymbol{r}(t) + \boldsymbol{v}(t)\Delta t + \frac{1}{2}\boldsymbol{a}(t)(\Delta t)^2\end{aligned}$$

(2) 速度・加速度の積分 (→ p.41)：微分と積分は逆演算の関係にある。このことから，速度の時間積分が変位を与えることがわかる。

$$x(t_2) - x(t_1) = \int_{x(t_1)}^{x(t_2)} dx = \int_{t_1}^{t_2} v(t)dt = \int_{t_1}^{t_2} \frac{dx(t)}{dt}dt$$

同様に加速度の時間積分は速度を与える。位置・速度・加速度の関係性は次のようにまとめることができる：

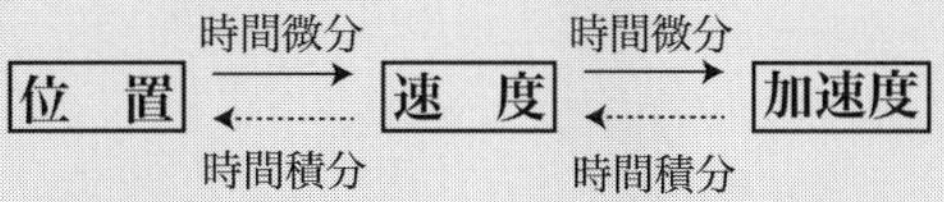

(3) 次元解析 (→ p.53)：力学では「長さ」「質量」「時間」を基本量として単位が構成される。本書では，SI 単位系で定められた基本単位のうち **MKSA 単位系**を用い，「m (メートル)」「kg (キログラム)」「s (秒)」によって単位を構成する。たとえば，速度の単位は $\mathrm{m\,s^{-1}}$，加速度の単位は $\mathrm{m\,s^{-2}}$ である。

<次元解析の注意点>

- 次元解析を意識することで，計算の間違いを防いだり，ほしい答えを推定することができる。
- 同じ数値だとしても単位がちがえば，それは全く別の量である。たとえば，1 m と 1 km では全く異なる。

演習問題 2

2.1 式 (2.17) を本文の議論に即して導出せよ。

2.2 $(x(t), y(t)) = (a\cos\omega t, a\sin\omega t)$ で表される質点の運動を考える。t は時刻を表すものとし，また ω は一定であるとする。

(1) a, ω の次元を答えよ。

(2) 等速円運動であることを示せ。

(3) この運動を 2 次元極座標系を使って表そう。

(a) r と φ を求めよ。

(b) この運動を表す形で基底ベクトル $\boldsymbol{e}_r$, $\boldsymbol{e}_\varphi$ を，デカルト座標系の基底を用いて表せ。

(c) この座標系では位置ベクトルは $\boldsymbol{r} = r\boldsymbol{e}_r$ と表されることを用いて，速度ベクトルを速度の定義 (位置の変化率) に基づいて求めよ。またこの運動は等速円運動であるが，この速度ベクトルをどのように読み取れば，これが理解できるか説明せよ。

2.3 $(x(t), y(t), z(t)) = (a\cos\omega t, a\sin\omega t, ut)$ で表される質点の運動を考える。t は時刻を表すものとし，また ω, u は一定であるとする。

(1) 質点の運動の軌跡を描き，質点の運動がらせん運動であることを確かめよ。

(2) 質点の速度と加速度を求めよ。

(3) 時刻 $t = 0$ から $t = t$ までの間に進む距離を求めよ。

(4) この運動を円柱座標系を使って表そう。

(a) r, φ, z を求めよ。

(b) この運動を表す形で基底ベクトル $\boldsymbol{e}_r$, $\boldsymbol{e}_\varphi$, $\boldsymbol{e}_z$ を，デカルト座標系の基底を用いて表せ。

(c) この座標系では位置ベクトルは $\boldsymbol{r} = r\boldsymbol{e}_r + z\boldsymbol{e}_z$ と表されることを用い

て，速度ベクトルを速度の定義 (位置の変化率) に基づいて求めよ。またこの運動はらせん運動であるが，この速度ベクトルをどのように読み取れば，これが理解できるか説明せよ。

2.4 $(x(t), y(t)) = (vt, at^2)$ で表される質点の運動を考える。

(1) どのような曲線を描くか答えよ。

(2) どのような運動か答えよ。

(3) $t = 0$ から $t = t$ まで運動したときの質点の移動距離を求めよ。

2.5 $x(t) = Ae^{-\beta t}\cos\omega t$ で与えられる 1 次元運動を考える。

(1) x と t の関係をグラフに書け。また A, β, ω の意味を書け。

(2) 速度と加速度を求めよ。

(3) 問 (2) で求めた速度を積分することで，本問で与えた $x(t)$ の表式が得られることを示せ (積分の上限，下限のとり方にも注意を払うこと)。

2.6 オイラーの公式

$$e^{i\theta} = \cos\theta + i\sin\theta$$

を本文中の問 2.3 とは異なる方法で示す。次の問いに答えよ。

(1) 2 次元 xy 平面上の $(1, 0)$ という点を有限な大きさの角 θ だけ原点まわりに回転したとき得られる点は何か。

(2) $z = \cos\theta + i\sin\theta$ に対して偏角を $\delta\theta$ だけ増やす。$\delta\theta \ll 1$ として，増やした後に得られる点に対応する複素数が $z' = (1 + i\delta\theta)z$ となることを示せ。ここで $\ll$ は「左辺が右辺に比べて十分に小さい」という意味の記号である。

(3) 有限な角度 θ を非常に大きな数 n で分割する。そうすると角度 θ の回転は，角度 θ/n を n 回，回転したものとして近似できる。したがって，このようにして $z = (1, 0)$ を回転して得られる結果と問 (2) の結果とは $n \to \infty$ で一致するはずである。このことから，オイラーの公式が成立することを示せ。

2.7 初速度 v で上方へ質量 m の質点を打ち上げる。g を地表における重力加速度とする。次の (ア) から (エ) の中から最高点に到達するまでの時間としてあり得ないものをその理由とともに述べよ。

(ア) mv　(イ) mg　(ウ) v/g　(エ) g/m

3 運動の3法則と諸概念

「正しいと認める論理の出発点」「証明のいらない定理」のことを**公理**という。物理学ではこれを**法則**という。本章では力学の公理である「運動の3法則」の解釈と，そこから派生する概念 (運動量，角運動量と力のモーメント，力積，運動エネルギーと仕事) について説明する。あわせてこれらの概念に必要な数学の道具立てとして，外積やディラックの δ 関数についても触れる。

3.1 運動の3法則

はじめに，ニュートン (1643-1727) が著書「プリンキピア」(1687年初版発行) の中で質点に対して要請した法則について見ていこう。

《ニュートンが「プリンキピア」で要請した運動の3法則》(図3.1)

- **第1法則　運動法則 (慣性の法則)**
  質点は力の作用を受けない限り，静止の状態あるいは一直線上の一様な運動をそのまま続ける。
- **第2法則　運動方程式**
  運動の変化はその質点に働く力に比例し，その力の向きに生じる。
- **第3法則　作用・反作用の法則**
  作用に対し反作用はつねに逆向きで相等しい。あるいは2質点の相互の作用はつねに相等しく逆向きである。

さらに，補助条件として「**力の合成が平行四辺形の法則に従う**」ことも要請している。これは質点が3次元ユークリッド空間に存在することと対応する。

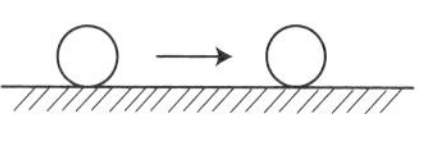

第 1 法則：運動法則
（慣性の法則）

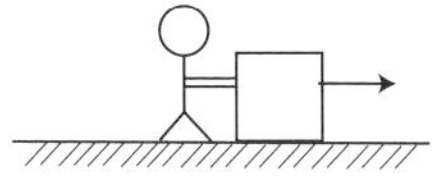

第 2 法則：運動方程式

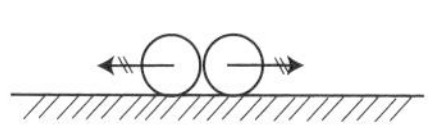

第 3 法則：作用・反作用の法則

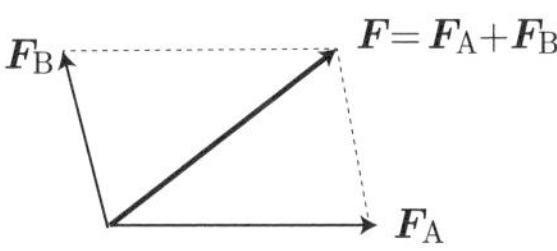

補助条件：平行四辺形の法則

図 3.1　運動の 3 法則と補助条件

また，時間の一様性 (だれにとっても時間の流れは同じであるとする仮定) と質量という物理量が存在することも運動の法則とは別の箇所で言及されている。

ここで，**質点**とは大きさはもたず質量のみが存在する物体のことである。現実にそのような物体はないが，物体を十分細かい領域に分ければ，その 1 つ 1 つはそのようにみなせるであろう。後で見るように，地球や太陽のような質量分布が球対称な物体の運動は質点の運動とみなすことができる。だからこそ，ニュートンは惑星の運動を力学で記述することに成功したのである。

これらの法則の現代流の意味づけについては次節で行うが，まずは上で述べた 3 法則の概要を，ニュートン自身の解釈とともに補足しよう。

第 1 法則は運動法則 (**慣性の法則**) とよばれ，力を受けていなければ等速直線運動をするという法則である。止まっている場合 (速度が $\mathbf{0}$) も等速度運動の特殊な場合とみなせる。ここで，**慣性**とは物体が運動状態をそのまま保持しようとする性質のことをいう。後述するように，慣性の法則は現代では「慣性系が存在するという宣言である」と理解されているが，ニュートン自身は物体には内力があってそれが等速直線運動を保証している，つまり内力によって運動を保持していると解釈していたそうである。

第 2 法則は**運動方程式**とよばれるもので，運動 (現代でいう運動量) の変化はその物体に働く力に比例し，その力の向きに生じるというものである。

第 3 法則は現代でいう**作用・反作用の法則**で，古典力学では作用，反作用は直感的に互いに及ぼし合う力のことだと思ってよい。ただし，どちらが力を及ぼす側でどちらが及ぼされる側かというのは相対的で常に対になっているので，その意味で物体間に働く力のことを**相互作用**という。

加えて，系という扱いで，力の合成則も定義している。それは、高校のベクトルの授業で習う平行四辺形の法則というもので，現代流に解釈すれば我々のいる空間は 3 次元ユークリッド空間だということである。

また，観測者が替わった場合に問題になり得る時間の取り扱いについては，どの観測者にとっても同じように流れるものとして扱うと「プリンキピア」では述べている。さらに，質量がどういう物理量かについても言及している。

ここで，運動の 3 法則は次元解析で出てきた「長さ」「時間」「質量」の 3 概念と対応していることに注意されたい。これは偶然ではなくて，力学ではこの 3 概念のみが定義されているのだから当然のことなのである。

問 3.1 運動の 3 法則が，3 つそれぞれが独立なものであるか考察せよ。

3.2 運動の 3 法則の解釈

ニュートン力学ともいわれる古典力学は，オイラー (1707-1783) やラグランジュ (1736-1813) など後世の偉大な物理学者が「プリンキピア」に再解釈を加えてできあがった学問体系である。したがって，「ニュートンの力学」と「ニュートン力学」という言葉をちがう意味でとらえる人も多い。ここでは，現代でいう古典力学に準じた運動の 3 法則の解釈を説明する。

第 2 法則の解釈 最初に第 2 法則を説明する。まずは，「運動の変化」を記述するために，何をもって「運動」というのかを定義する。ニュートンは「運動の量」(**運動量**) を，質点の質量を m，その速度を $\boldsymbol{v}(t) = \dfrac{d\boldsymbol{r}}{dt}$ として，

$$\boldsymbol{p}(t) = m\boldsymbol{v} \tag{3.1}$$

で与えた。つまり第 2 法則は，**運動量の時間変化率と質点に及ぼされる力 $\boldsymbol{F}$ が等しい**：

$$\boxed{\frac{d\boldsymbol{p}}{dt} = \boldsymbol{F}} \tag{3.2}$$

ということを表していて，これを質点の運動を規定する方程式 (運動方程式) としよう，ということである。なお，左辺も右辺も 3 次元のベクトルになっていることに注意せよ。

運動量の微分は 2 つの量の掛け算で表されているので，その微分は質量が保存する $\left(\dfrac{dm}{dt}=0\right)$ と仮定すると

$$\frac{d}{dt}(m\boldsymbol{v})=\cancel{\frac{dm}{dt}}\boldsymbol{v}+m\frac{d\boldsymbol{v}}{dt}=m\frac{d\boldsymbol{v}}{dt} \tag{3.3}$$

となり，質量 × 加速度の形に書ける。したがって，運動方程式はよく知られた形式

$$\boxed{m\frac{d\boldsymbol{v}}{dt}=\boldsymbol{F}} \tag{3.4}$$

で表される。なお，質量の保存は古典力学の範囲では成り立つとされている法則である。

さて，質点に外力が働いていない場合，つまり $\boldsymbol{F}=\boldsymbol{0}$ である場合を考えよう。この場合，運動方程式 (3.4) を解くと，

$$m\frac{d\boldsymbol{v}}{dt}=\boldsymbol{0}\quad\therefore\ \boldsymbol{v}=\text{一定} \tag{3.5}$$

という解が得られる。これは，第 2 法則を用いると「力が働かない場合，物体は等速度運動をする」という第 1 法則の内容を導けることを意味しているように見える。つまり，本当に第 1 法則は必要なのかという問題に面してしまう。なぜなら，法則というのは少なければ少ないほどよいからで，他の法則から導ける法則は単に定理として扱い，法則の地位からは降ろしてしまう方が理論体系としてすっきりするからである。

第 1 法則の解釈　第 1 法則は外力が働いていない場合を規定する法則だったが，$\boldsymbol{F}=\boldsymbol{0}$ とすると運動方程式 (3.4) を解くことで導けてしまった。ということは，この第 1 法則は不要なのだろうか?

答えは「否」である。現代の解釈では不要だと考えるのではなく，第 1 法則は**慣性系の存在を意味する法則**だと再解釈する。

どういうことかというと，この宇宙には現実問題として力が働かない場所というのは存在しない。たとえば，重力は無限遠まで届くので (6 章で詳述)，この宇宙で重力の働いていない場所というのは存在しない。力が働いていないときは一定の速度で直線上を運動するとしているが，実際は力が働いているので，等速直線運動をどう定義するかという問題が生じる。一方で，厳密には力は $\boldsymbol{0}$

ではないといっても，力が働いていないように見える場所は存在する。そのような場所を想定できれば，そこで等速直線運動を定義でき，物体の加速度を測ることによってその物体に作用する力はわかるはずである。このような場所を**慣性系**とよび，第 1 法則はそういう系が存在するということを意味する法則だと解釈する。

したがって，第 1 法則である慣性の法則は，

> **力を測る基準となる系 (慣性系) を設定することが可能で，**
> **そこでは物体は等速度運動を行う**

という宣言であると解釈する。

これに伴い第 2 法則も厳密化が必要で，次のように表せる。

$$\underline{\text{慣性系においては}}\ \frac{d\boldsymbol{p}(t)}{dt} = \boldsymbol{F} = m\frac{d\boldsymbol{v}(t)}{dt}\ \text{が従う。} \tag{3.6}$$

第 3 法則の定式化　作用・反作用の法則を数式で表そう。図 3.2 のように，2 つの接している物体 1，2 があって，それぞれの質量と位置を $m_1, m_2, \boldsymbol{r}_1(t), \boldsymbol{r}_2(t)$ で表す。2 つの物体は接しているので，物体 2 が物体 1 に及ぼす力を $\boldsymbol{F}_1$，物体 1 が物体 2 に及ぼす力を $\boldsymbol{F}_2$ とすると，物体 1 の運動方程式は

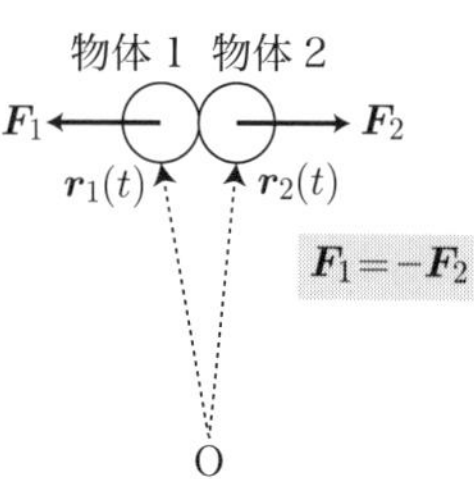

図 3.2　作用・反作用の法則

$$\frac{d\boldsymbol{p}_1}{dt} = m_1\frac{d^2\boldsymbol{r}_1}{dt^2} = \boldsymbol{F}_1 \tag{3.7}$$

となり，物体 2 の運動方程式は

$$\frac{d\boldsymbol{p}_2}{dt} = m_2\frac{d^2\boldsymbol{r}_2}{dt^2} = \boldsymbol{F}_2 \underbrace{= -\boldsymbol{F}_1}_{\text{作用・反作用}} \tag{3.8}$$

となる。$\boldsymbol{F}_1 = -\boldsymbol{F}_2$ によって大きさは同じで逆向きの力であることが数式として表されている。

《まとめ：現代流の運動の **3** 法則》(図 3.3)

- **第 1 法則　慣性の法則**
  慣性系が存在し，そこでは力を受けない物体は等速直線運動 (= 等速度運動) を行う。
- **第 2 法則　運動方程式**
  慣性系においては力 $\boldsymbol{F}$ と運動量 $\boldsymbol{p}$ の間に以下の運動方程式が成立する。
  $$\frac{d\boldsymbol{p}}{dt} = \boldsymbol{F}$$
  ここで運動量は物体の質量 m と速度 $\boldsymbol{v}$ の積である。
- **第 3 法則　作用・反作用の法則**
  物体が相互に及ぼす力は，互いに逆向きでその大きさは等しい。

これに物体が存在する空間は 3 次元ユークリッド空間であることを意味する力の合成則や，時間が一様である (あらゆる観測者にとって等しく流れる) ことの要請，質量の定義を加えた理論体系が古典力学である。

なお，「慣性系が存在してそこでは運動方程式が成立する」という視点は，実際に問題を解く上で大変有用であることを 7 章で見る。

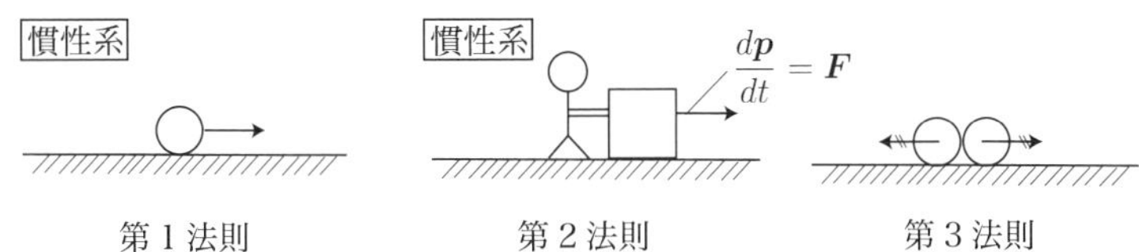

図 3.3　現代流の運動の 3 法則

3.3　運動量保存則

以下では運動の 3 法則の書き換えで出てくる有用な概念について述べる。まずは**運動量保存則**である。

互いに及ぼし合う力以外は働いていないと思える 2 つの質点からなる系を考える (図 3.4)。このような系を**孤立系**ということもある。たとえば，衝突の前後はほぼこの条件を満たしていることは想像に難くないだろう。

作用・反作用の法則を表す式 (3.7), (3.8) を足し合わせると 2 つの質点からなる系で運動量保存則が成り立つことがわかる：

$$\frac{d}{dt}(\boldsymbol{p}_1 + \boldsymbol{p}_2) = 0 \quad \therefore\ \boldsymbol{p}_1 + \boldsymbol{p}_2 = \text{一定} \tag{3.9}$$

あるいは質量と速度で書くと，式 (3.9) は

$$(m_1 + m_2)\frac{d^2}{dt^2}\frac{m_1\boldsymbol{r}_1 + m_2\boldsymbol{r}_2}{m_1 + m_2} \equiv M\frac{d^2\boldsymbol{r}_{\mathrm{G}}}{dt^2} = 0 \tag{3.10}$$

となる。ここで，

$$\boldsymbol{r}_{\mathrm{G}} \equiv \frac{m_1\boldsymbol{r}_1 + m_2\boldsymbol{r}_2}{m_1 + m_2}, \quad M \equiv m_1 + m_2 \tag{3.11}$$

と表され，$\boldsymbol{r}_{\mathrm{G}}$ は**重心**あるいは**質量中心**とよばれる位置で，直感的には系全体を 1 つの質点としてみた場合の位置となっている。また質量 M はこの系の全質量である。つまり，質量 M の質点が位置 $\boldsymbol{r}_{\mathrm{G}}$ に存在していると解釈できる。そしてこの解釈は，系全体に外力が加わった系 (**非孤立系**) の場合でも成立する。

なお，厳密には重心と質量中心はちがう概念で，式 (3.11) で与えられるのは質量中心であるが，往々にして質量中心の意味で重心という言葉が使われる。本書ではちがいが出る場合を扱わないので，質量中心を指す言葉として重心という言葉を使う。

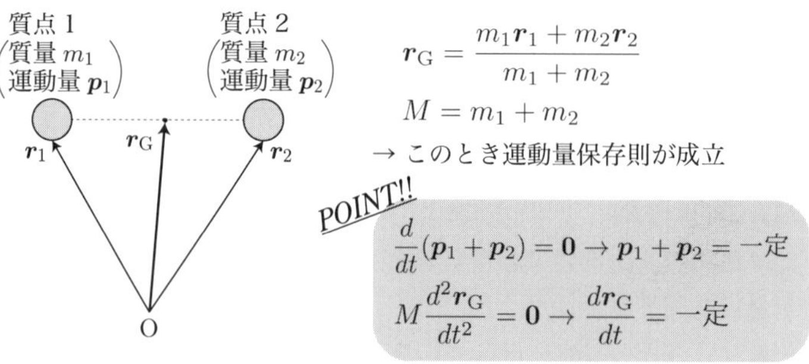

図 3.4　孤立系内にある 2 つの質点

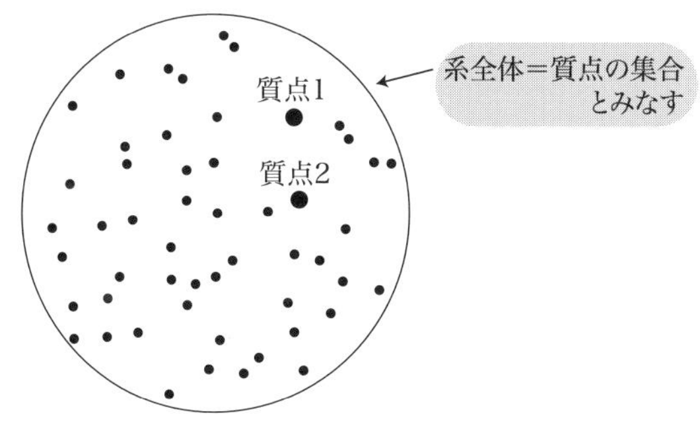

図 3.5 大きさをもつ物体も，質点とみなせるくらい微小な部分に分けるとそれぞれの部分の運動の総体が全体の運動になる。

さらに，式 (3.10) より重心の速度は

$$\frac{d\boldsymbol{r}_{\mathrm{G}}}{dt} = \text{一定} \tag{3.12}$$

という式が得られる。これは元の座標系が慣性系であれば，孤立系において重心を原点とする系も慣性系にあるということを意味している。

力学では，図 3.5 で描いたように系全体を質点の集合とみなす。いい換えると，質点とみなせるくらい小さく分割して，それぞれの部分の運動方程式を解くことによって全体の運動がわかると考える。上の議論と同様に，作用・反作用の法則を考えると，孤立した物体であれば重心の運動量は保存する。あるいは重心は等速度運動する質点としてふるまうことがわかる。6 章や 8 章では，系全体の運動は重心の運動とそれに対する相対運動として記述できることを見る。

例題 3.1：宇宙船の運動方程式

図 3.6 のように，宇宙船がある慣性系から見て，z 方向に運動している。その宇宙船は，進行方向とは逆向きに宇宙船に対し一定の速さ u で，少しずつ物質を噴射した。このとき次の問いに答えよ。なお簡単のため，この宇宙船には外から力が働かないものとする。また，宇宙船の質量は時刻の関数として $M(t)$ で与えられ，位置も同様に $z(t)$ で与えられる。

(1) 時刻 t と，そこから微小な時間経った時刻 $t + dt$ における運動量を記せ。

(2) 時刻 t から $t + dt$ の間に噴出される物質の質量 dM を記せ。

(3) 時刻 t と $t + dt$ の間で成り立つ運動量保存を式で表せ。ただし，宇宙船の

速度は $v(t)$ とする。
(4) 問 (3) から宇宙船の運動方程式を求め，それを解け。

解答　(1) 時刻 t での運動量は $M(t)v(t)$，そこから微小な時間 dt たった後での宇宙船のそれは $M(t+dt)v(t+dt)$ となる。
(2) 噴出物の質量は宇宙船の減った質量に対応するので

$$-dM = M(t) - M(t+dt) > 0$$

(3) 噴出物は宇宙船に対して u の速さで後方へ動いているので，基準としている慣性系で見ると $v(t)-u$ の速度をもっていることになる。よってその運動量は $(M(t)-M(t+dt))(v(t)-u)$ となる。時刻 t と $t+dt$ で，この宇宙船には外力が働かないので運動量は保存する必要があり，それは

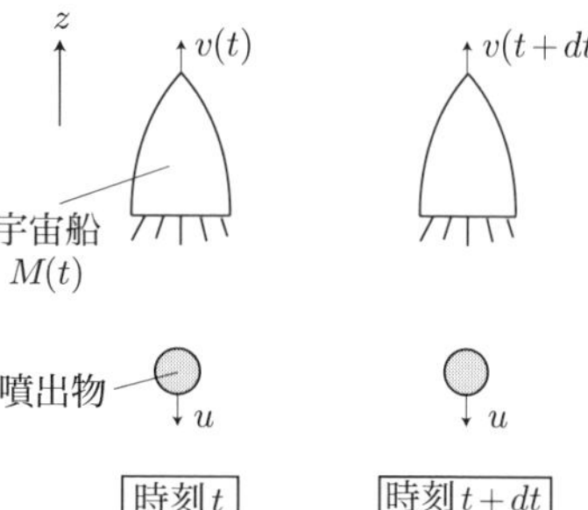

図 3.6　z 方向に運動する宇宙船

$$M(t+dt)v(t+dt) + (M(t) - M(t+dt))(v(t) - u) = M(t)v(t)$$

と表される。あるいは，

$$M(t+dt)v(t+dt) - M(t)v(t) = +(M(t) - M(t+dt))(u - v(t)) \tag{3.13}$$

と書き直すことも可能で，この式は，「宇宙船の運動量の変化分は噴出物がもって行った運動量に等しい」という意味の数式になる。数式は意味をもった言語なので，ちょっとした書き換えで，数学的には等価でもその解釈が変わる。このことをきちんと認識してこの式変形を見てほしい。
(4) 式 (3.13) を整理して全体を dt で割ると宇宙船が従う運動方程式が

$$M(t)\frac{dv}{dt} = -u\frac{dM}{dt}$$

と得られる。これを解くには両辺をまず $M(t)$ で割り，それを t で積分する。

$$\int_{v(0)}^{v(t)} dv = -u\int_{M(0)}^{M(t)} \frac{dM}{M} \tag{3.14}$$

$$v(t) = v(0) - u\log\frac{M(t)}{M(0)} \tag{3.15}$$

これで宇宙船の速度が質量の減少分で表された。　■

補足　式 (3.14) で両辺は定積分であること，式 (3.15) で log の引数が無次元量になっていることにも注意してほしい。初学者は log の部分を

$$-u\log M(t)+u\log M(0)$$

のように書いてしまうことが多い。必ずしも間違いというわけではないのだが，このように書いたときのこの式の本当の意味は

$$0=\log 1=\log\frac{[\mathrm{kg}]}{[\mathrm{kg}]}$$

を足して

$$-u\log\frac{M(t)}{[\mathrm{kg}]}+u\log\frac{M(0)}{[\mathrm{kg}]}$$

のように log の引数は無次元化されているのだという意識を強くもつ必要がある (2.5 節の問 2.5 参照)。

式 (3.15) のように無次元化された形で入るように計算されているかどうかを確かめることで，計算が正しくなされているかを検討する姿勢をもつべきである。

3.4　角運動量と力のモーメント

角運動量は回転の強さを表す。力のモーメントはてこの原理の一般化である。これらの概念も，運動の 3 法則で出てきた式を書き換えて得られる。本節では，角運動量と力のモーメントの概念の導出と簡単な使い方に触れる。

▶ 物理のための数学：ベクトルのまとめ③～外積

準備として，まずは**外積**という概念を定義する。外積はベクトル積とよばれることもあり，3 次元デカルト座標系においてはベクトルの「掛け算」として与えられる。$\boldsymbol{A}=(A_x,A_y,A_z)$, $\boldsymbol{B}=(B_x,B_y,B_z)$ としたとき，$\boldsymbol{A}$ と $\boldsymbol{B}$ の外積 $\boldsymbol{A}\times\boldsymbol{B}$ は次のようになる。

$$\begin{aligned}\boldsymbol{A}\times\boldsymbol{B}\equiv(A_yB_z-A_zB_y)\boldsymbol{e}_x+(A_zB_x-A_xB_z)\boldsymbol{e}_y\\+(A_xB_y-A_yB_x)\boldsymbol{e}_z\end{aligned}\qquad(3.16)$$

この概念のより深い意味については 7 章で学ぶ。

● **正規直交基底と外積**　3 次元デカルト座標系の正規直交基底 $\boldsymbol{e}_x$, $\boldsymbol{e}_y$, $\boldsymbol{e}_z$ は式 (1.7) で与えられるので，これを外積の定義式 (3.16) に代入すると次の関係式

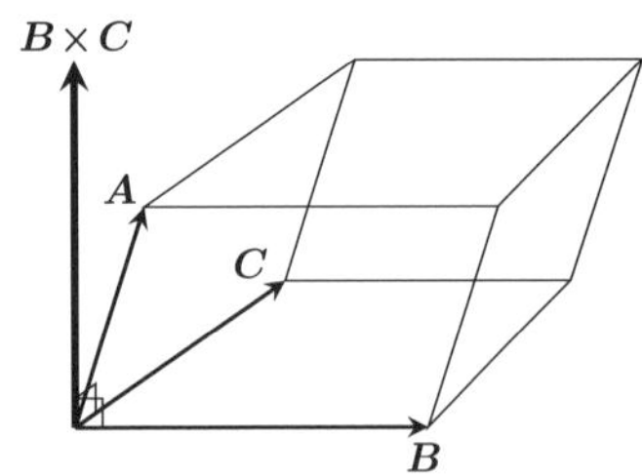

- $\boldsymbol{B}\times\boldsymbol{C}\perp\boldsymbol{B},\boldsymbol{C}$
- $|\boldsymbol{B}\times\boldsymbol{C}|$は$\boldsymbol{B}$と$\boldsymbol{C}$がつくる平行四辺形の面積になる
- $\boldsymbol{B}\times\boldsymbol{C}$は$\boldsymbol{B}\to\boldsymbol{C}$の向きに対して右ねじの向きを向く
- $\boldsymbol{A}\cdot(\boldsymbol{B}\times\boldsymbol{C})$は3つのベクトルがつくる平行六面体の体積になる

図 3.7　外積 $\boldsymbol{B}\times\boldsymbol{C}$ と三重積 $\boldsymbol{A}\cdot(\boldsymbol{B}\times\boldsymbol{C})$ の関係

が得られる。

$$\begin{aligned}&\boldsymbol{e}_x\times\boldsymbol{e}_y=\boldsymbol{e}_z,\quad \boldsymbol{e}_y\times\boldsymbol{e}_z=\boldsymbol{e}_x,\quad \boldsymbol{e}_z\times\boldsymbol{e}_x=\boldsymbol{e}_y,\\&\boldsymbol{e}_x\times\boldsymbol{e}_x=\boldsymbol{e}_y\times\boldsymbol{e}_y=\boldsymbol{e}_z\times\boldsymbol{e}_z=\boldsymbol{0}\end{aligned}\tag{3.17}$$

また $\boldsymbol{e}_x\times\boldsymbol{e}_y=-\boldsymbol{e}_y\times\boldsymbol{e}_x$ なども得られる。

● **外積の性質**　内積 (1.10) と組み合わせた**三重積** $\boldsymbol{A}\cdot(\boldsymbol{B}\times\boldsymbol{C})$ をつくることができる。三重積は

$$\boldsymbol{A}\cdot(\boldsymbol{B}\times\boldsymbol{C})=\boldsymbol{B}\cdot(\boldsymbol{C}\times\boldsymbol{A})=\boldsymbol{C}\cdot(\boldsymbol{A}\times\boldsymbol{B})\tag{3.18}$$

を満たすことが式 (3.16) よりわかる。同様に式 (3.16) を適用していくことで，外積によってできるベクトルは以下の関係を満たすことが簡単に示される。

$$\boldsymbol{A}\times(\boldsymbol{B}\times\boldsymbol{C})=(\boldsymbol{A}\cdot\boldsymbol{C})\boldsymbol{B}-(\boldsymbol{A}\cdot\boldsymbol{B})\boldsymbol{C}\tag{3.19}$$

$$\boldsymbol{A}\times\boldsymbol{A}=\boldsymbol{0}\tag{3.20}$$

$$\boldsymbol{A}\times\boldsymbol{B}=-\boldsymbol{B}\times\boldsymbol{A}\tag{3.21}$$

$$\boldsymbol{A}\cdot(\boldsymbol{A}\times\boldsymbol{B})=0=\boldsymbol{B}\cdot(\boldsymbol{A}\times\boldsymbol{B})\tag{3.22}$$

定義から明らかだが，式 (3.21) に示されているように，外積に交換則は成り立たない。また，そこから自明にわかるように (あるいは定義から明らかなように) 自分自身との外積は $\boldsymbol{0}$ となる (式 (3.20) 参照)。

● **外積の意味と大きさ**　式 (3.22) は「外積を使って表したベクトルはもとのベクトルのどちらにも垂直である」という大変重要な示唆を与える。つまり，図 3.7 より $\boldsymbol{B}\times\boldsymbol{C}$ は $\boldsymbol{B}$ と $\boldsymbol{C}$ が張る面に垂直であるということである。

また，外積が交換せず式 (3.21) のようにマイナスが出ることは，外積の向く方向が右ねじの進む向きであることからも理解できる。そしてその大きさは，2 つのベクトルがなす角を θ とすると，

$$|\boldsymbol{B} \times \boldsymbol{C}| = |\boldsymbol{B}||\boldsymbol{C}| \sin\theta \tag{3.23}$$

と計算できるので，$|\boldsymbol{B} \times \boldsymbol{C}|$ は $\boldsymbol{B}$ と $\boldsymbol{C}$ がつくる平行四辺形の面積になる。これらを使うと，図 3.7 から明らかなように $\boldsymbol{A} \cdot (\boldsymbol{B} \times \boldsymbol{C})$ は 3 つのベクトルがつくる平行六面体の体積となる。式 (3.18) が成り立つことはこの事実からも示せる。

例題 3.2：外積の公式
式 (3.18)〜(3.20) が成り立つことを，外積の定義式 (3.16) を使って示せ。

解答　以下 $\boldsymbol{A} \equiv (A_x, A_y, A_z)$，$\boldsymbol{B} \equiv (B_x, B_y, B_z)$，$\boldsymbol{C} \equiv (C_x, C_y, C_z)$ とする。
（1）式 (3.18) の導出：

$$\boldsymbol{B} \times \boldsymbol{C} = (B_y C_z - B_z C_y)\boldsymbol{e}_x + (B_z C_x - B_x C_z)\boldsymbol{e}_y + (B_x C_y - B_y C_x)\boldsymbol{e}_z$$

より，$\boldsymbol{A}$ と $\boldsymbol{B} \times \boldsymbol{C}$ の内積は

$$\boldsymbol{A} \cdot (\boldsymbol{B} \times \boldsymbol{C}) = A_x(B_y C_z - B_z C_y) + A_y(B_z C_x - B_x C_z) + A_z(B_x C_y - B_y C_x)$$

同様に，$\boldsymbol{B}$ と $\boldsymbol{C} \times \boldsymbol{A}$ の内積は

$$\boldsymbol{B} \cdot (\boldsymbol{C} \times \boldsymbol{A}) = B_x(C_y A_z - C_z A_y) + B_y(C_z A_x - C_x A_z) + B_z(C_x A_y - C_y A_x)$$

と書けるので，両者の結果を見比べると，

$$\boldsymbol{A} \cdot (\boldsymbol{B} \times \boldsymbol{C}) = \boldsymbol{B} \cdot (\boldsymbol{C} \times \boldsymbol{A})$$

が成り立つ。さらに同様の計算により，式 (3.18) が成り立つことがわかる。
（2）式 (3.19) の導出：x 成分について見る (y, z 成分も同様に計算できる)。

$$\begin{aligned}
\{\boldsymbol{A} \times (\boldsymbol{B} \times \boldsymbol{C})\}_x &= A_y(B_x C_y - B_y C_x) - A_z(B_z C_x - B_x C_z) \\
&= (A_y C_y + A_z C_z)B_x - (A_y B_y + A_z B_z)C_x \\
&= (A_x C_x + A_y C_y + A_z C_z)B_x - (A_x B_x + A_y B_y + A_z B_z)C_x \\
&= \{(\boldsymbol{A} \cdot \boldsymbol{C})\boldsymbol{B} - (\boldsymbol{A} \cdot \boldsymbol{B})\boldsymbol{C}\}_x
\end{aligned}$$

(3) 式 (3.20) の導出：

$$\boldsymbol{A}\times\boldsymbol{A} = (A_yA_z - A_zA_y)\boldsymbol{e}_x + (A_zA_x - A_xA_z)\boldsymbol{e}_y + (A_xA_y - A_yA_x)\boldsymbol{e}_z = \boldsymbol{0}$$ ■

▶ 物理のための数学：完全反対称テンソル ε_{ijk} ♣

もっと簡単に外積の定義式 (3.16) を書くため，以下の量 (記号) を導入する：

$$\varepsilon_{ijk}\ ((i,j,k)=(1,2,3)),\ \varepsilon_{123}=1 \text{ かつ完全反対称} \tag{3.24}$$

完全反対称とは，添字 i, j, k のうち 1 つ入れ替えるとマイナスが出てくるということを意味し，式で書くと

$$\varepsilon_{ijk} \underbrace{=}_{i\leftrightarrow j} -\varepsilon_{jik} \underbrace{=}_{i\leftrightarrow k} (-)^2\varepsilon_{jki} = \varepsilon_{jki} \tag{3.25}$$

$$\underbrace{=}_{j\leftrightarrow k} -\varepsilon_{ikj} \tag{3.26}$$

などとなる ($i \leftrightarrow j$ は i, j の入れ替えを意味する)。この条件より，すべての要素は 0, ±1 のいずれかとなる。たとえば ε_{112} などのように，同じ添字を含む ε_{iik} は 0 になる ($\because \varepsilon_{iik} = -\varepsilon_{iik}$)。また $i \neq j \neq k$ の場合は

$$\begin{aligned}\varepsilon_{123} = \varepsilon_{312} = \varepsilon_{231} = 1,\\ \varepsilon_{132} = \varepsilon_{321} = \varepsilon_{213} = -1\end{aligned} \tag{3.27}$$

となる。以上のような性質をもつ，3 つの添字をもったテンソルを (3 階) **完全反対称テンソル** (レヴィ・チヴィタ記号) とよぶ。

● **ε_{ijk} と外積**　これを使えば，$x\to 1$, $y\to 2$, $z\to 3$ と順番づけすることにより，$\boldsymbol{A}$ と $\boldsymbol{B}$ の外積の各成分は

$$(\boldsymbol{A}\times\boldsymbol{B})_i = \sum_{j,k=1}^{3}\varepsilon_{ijk}A_jB_k = \varepsilon_{ijk}A_jB_k \tag{3.28}$$

と与えられる。ここで，2 回以上出てくる添字 (j, k) について，和の記号は省略するというアインシュタインの縮約を使った。ただし，くり返しているのに和をとらない場合もある。では，どのような場合に和をとるのか？　それは式

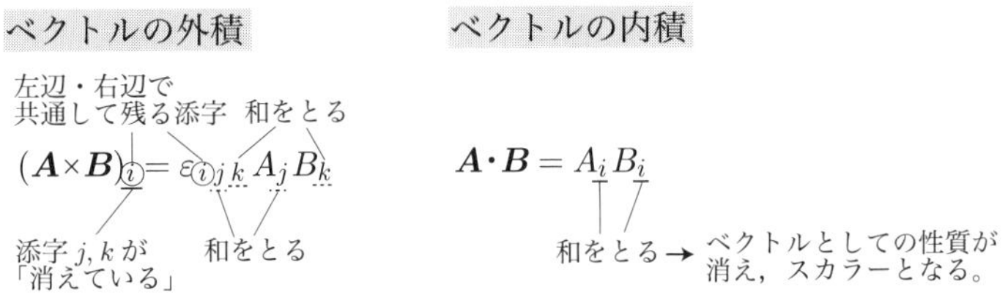

ベクトルの外積

左辺・右辺で共通して残る添字　和をとる

$(\boldsymbol{A}\times\boldsymbol{B})_i = \varepsilon_{ijk}A_jB_k$

添字 j,k が「消えている」　和をとる

ベクトルの内積

$\boldsymbol{A}\cdot\boldsymbol{B} = A_iB_i$

和をとる → ベクトルとしての性質が消え，スカラーとなる。

図 3.8　完全反対称テンソル ε_{ijk} と和のとり方

の左辺と右辺の添字の残り方を比べればわかる。ベクトルの外積 (式 (3.28)) と内積の場合 (式 (1.10)) において，添字の残り方と和をとる添字について図 3.8 で明示した。

この記号の使い方に慣れるために，$\boldsymbol{A}$ と $\boldsymbol{B}$ の外積の第 1 成分 (x 成分) を式 (3.28) に基づいて計算してみよう。この場合 $i=1$ で固定されているので，反対称性より $(j,k)=(2,3),(3,2)$ の 2 通りのみを考えればよい。

$$(\boldsymbol{A}\times\boldsymbol{B})_1 = \varepsilon_{1jk}A_jB_k = \varepsilon_{123}A_2B_3 + \varepsilon_{132}A_3B_2 = A_2B_3 - A_3B_2 \quad (3.29)$$

となる。確かに式 (3.16) の x 成分になっている。

さてベクトルの演算は，基本的には基底ベクトルに対する演算に帰結できる。外積も例外ではなく，基底ベクトルが右手系をなす順番に 1, 2, 3 という番号を割り当てる。つまり，デカルト座標系であれば x, y, z の順に 1, 2, 3 を割り当てる。よって，式 (3.17) に示した関係式は次のように簡潔にまとめることができる。

$$\boldsymbol{e}_i \times \boldsymbol{e}_j = \varepsilon_{ijk}\boldsymbol{e}_k \quad (3.30)$$

実際にこれを使うと

$$\boldsymbol{A}\times\boldsymbol{B} = A_i\boldsymbol{e}_i \times B_j\boldsymbol{e}_j = \varepsilon_{ijk}A_iB_j\boldsymbol{e}_k \quad (3.31)$$

となり，さらに成分を書き下せば式 (3.28) を再現する。一旦この形式で書いてしまえば，基底ベクトルが右手系をなしていることを意味する式 (3.30) が外積の性質を決めていると解釈できるので，極座標系でも同様に式 (3.31) を用いて外積を求めることができる (問 3.4 参照)。

式 (3.30) は 3×3 行列の行列式の定義と同じ形式なので，行列式の記号を使って

$$\boldsymbol{A}\times\boldsymbol{B}=\begin{vmatrix}A_1 & A_2 & A_3\\ B_1 & B_2 & B_3\\ \boldsymbol{e}_1 & \boldsymbol{e}_2 & \boldsymbol{e}_3\end{vmatrix} \tag{3.32}$$

と書くことも多い。しかし，この本ではこの書き方は以後採用しない。なぜなら，この本の扱う範囲では問題になることはないが，一般に極座標系のように軸が固定されていない座標系で外積を考える場合に，この式の意味を理解せず機械的に行列式の計算を適用すると，たとえば $\boldsymbol{A}$ が微分演算子によって表現されるときに，間違いを犯す可能性が高いからである。

例題 3.3：ε_{ijk} と外積の公式 ♣

3 次元反対称テンソル ε_{ijk} を使って外積の公式 (3.18)~(3.20) を示せ。

解答　(1) 式 (3.18) の導出：

$$\begin{aligned}\boldsymbol{A}\cdot(\boldsymbol{B}\times\boldsymbol{C})&=\varepsilon_{ijk}A_iB_jC_k=\varepsilon_{kij}B_iC_jA_k \qquad (i\to k,\, j\to i,\, k\to j)\\ &=\varepsilon_{ijk}B_iC_jA_k=\boldsymbol{B}\cdot(\boldsymbol{C}\times\boldsymbol{A})\end{aligned}$$

添字の付け替えによって式 (3.18) の 2 番目の等号についても示すことができる。

(2) 式 (3.19) の導出：

$$\begin{aligned}\boldsymbol{A}\times(\boldsymbol{B}\times\boldsymbol{C})&=A_i\boldsymbol{e}_i\times(\boldsymbol{B}\times\boldsymbol{C})_\ell=A_i\boldsymbol{e}_i\times(\varepsilon_{jk\ell}B_jC_k\boldsymbol{e}_\ell)\\ &=\varepsilon_{i\ell m}\varepsilon_{jk\ell}A_iB_jC_k\boldsymbol{e}_m\end{aligned}$$

となる。変形にあたって，$\boldsymbol{e}_i\times\boldsymbol{e}_\ell=\varepsilon_{i\ell m}\boldsymbol{e}_m$ を用いた。ここで，公式

$$\varepsilon_{ijk}\varepsilon_{nmk}=\delta_{in}\delta_{jm}-\delta_{im}\delta_{jn}$$

を用いると (証明は演習問題 3.3)，

$$\begin{aligned}\boldsymbol{A}\times(\boldsymbol{B}\times\boldsymbol{C})&=(\delta_{ik}\delta_{mj}-\delta_{ij}\delta_{mk})A_iB_jC_k\boldsymbol{e}_m\\ &=(A_kC_k)(B_m\boldsymbol{e}_m)-(A_jB_j)(C_m\boldsymbol{e}_m)\\ &=(\boldsymbol{A}\cdot\boldsymbol{C})\boldsymbol{B}-(\boldsymbol{A}\cdot\boldsymbol{B})\boldsymbol{C}\end{aligned}$$

(3) 式 (3.20) の導出：$\boldsymbol{A}\times\boldsymbol{A}=\varepsilon_{ijk}A_iA_j\boldsymbol{e}_k$ において，添字 i と j を付け替えると，

$$\varepsilon_{ijk}A_iA_j\boldsymbol{e}_k=\varepsilon_{jik}A_iA_j\boldsymbol{e}_k=-\varepsilon_{ijk}A_iA_j\boldsymbol{e}_k$$

となる。これより，$\boldsymbol{A}\times\boldsymbol{A}=\boldsymbol{0}$ となることがわかる。 ■

問 3.2　外積の公式 (3.21), (3.22) が成り立つことを，例題 3.2, 3.3 それぞれのやり方で示せ。

問 3.3　$\boldsymbol{a} = (1, 2, -1)$, $\boldsymbol{b} = (2, -1, 3)$, $\boldsymbol{c} = (0, 1, -1)$ に対して，次の問 (1) から (3) の計算をせよ。

(1)　$\boldsymbol{a} \times \boldsymbol{b}$, $\boldsymbol{b} \times \boldsymbol{c}$, $\boldsymbol{c} \times \boldsymbol{a}$　　(2)　$\boldsymbol{a} \cdot (\boldsymbol{b} \times \boldsymbol{c})$　　(3)　$\boldsymbol{a} \times (\boldsymbol{b} \times \boldsymbol{c})$

問 3.4　円柱座標系の基底 $\boldsymbol{e}_r$, $\boldsymbol{e}_\varphi$, $\boldsymbol{e}_z$ の間で成り立つ外積の関係を，デカルト座標系の基底 $\boldsymbol{e}_x$, $\boldsymbol{e}_y$, $\boldsymbol{e}_z$ の間で成り立つ外積の関係を使って求めよ。またこのことから，$\boldsymbol{e}_r$, $\boldsymbol{e}_\varphi$, $\boldsymbol{e}_z$ の順に右手系をなすことを確かめよ。さらに，3 次元極座標系の基底 $\boldsymbol{e}_r$, $\boldsymbol{e}_\theta$, $\boldsymbol{e}_\varphi$ についても同じ問いに答えよ。

問 3.5　ベクトル $\boldsymbol{A}(t)$, $\boldsymbol{B}(t)$ に対して，次の公式が成り立つことを確かめよ。

$$\frac{d}{dt}(\boldsymbol{A}(t) \times \boldsymbol{B}(t)) = \frac{d\boldsymbol{A}(t)}{dt} \times \boldsymbol{B}(t) + \boldsymbol{A}(t) \times \frac{d\boldsymbol{B}(t)}{dt} \tag{3.33}$$

3.4.1　角運動量と力のモーメントの導出

運動方程式を変形すると，角運動量と力のモーメントの概念が自然と出てくる。これを見ていこう。

まず，位置ベクトル $\boldsymbol{r}$ と運動方程式 (3.2) の外積をとる。

$$\boldsymbol{r} \times \frac{d\boldsymbol{p}}{dt} = \boldsymbol{r} \times \boldsymbol{F} \tag{3.34}$$

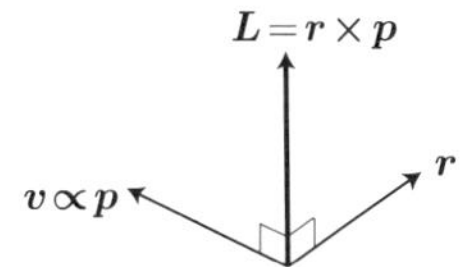

図 3.9　位置，運動量 (速度)，角運動量のベクトル図

速度が運動量に比例する ($\dot{\boldsymbol{r}} = \boldsymbol{v} \propto \boldsymbol{p}$) ことを使うと，$\boldsymbol{v} \times \boldsymbol{p} = \boldsymbol{0}$ なので，式 (3.33) より

$$\frac{d}{dt}(\boldsymbol{r} \times \boldsymbol{p}) = \boldsymbol{r} \times \boldsymbol{F} \tag{3.35}$$

となる。これ自身は単なる式変形だが，この変形から以下の非常に有用な概念が出てくる：

$$\begin{aligned} &\boldsymbol{L} \equiv \boldsymbol{r} \times \boldsymbol{p} && \text{(軌道) 角運動量：回転の強さ} \\ &\boldsymbol{N} \equiv \boldsymbol{r} \times \boldsymbol{F} && \text{力のモーメント：回転の駆動力} \end{aligned} \tag{3.36}$$

これらの概念を用いると，式 (3.35) は角運動量と力のモーメントの間の関係式になる。

$$\boxed{\frac{d\boldsymbol{L}}{dt} = \boldsymbol{N}} \tag{3.37}$$

$\boldsymbol{L}$ は古典力学の世界では単に角運動量とよばれる量である。量子力学や特殊相対性理論を考えると角運動量の概念が広がるので，ここでいう角運動量は軌道角運動量とよばれるようになる。

角運動量は基本的には回転の強さに対応する量である。簡単のため例題 3.4 では，円運動する質点の角運動量を考えてみよう。

例題 3.4：円運動する質点と角運動量

原点を中心とした半径 a の円上を角速度 ω で等速円運動している質点を考える。

(1) 質点の角運動量を求めよ。

(2) 質点の位置を $\boldsymbol{r}$ とし，これに垂直な方向を $\boldsymbol{e}_z$ とすると，$\boldsymbol{v} = \omega(\boldsymbol{e}_z \times \boldsymbol{r})$ と書けることを示せ。

(3) 問 (2) の結果と外積に関する公式を用いて問 (1) を再現せよ。

解答　(1) 質点の質量を m とする。円柱座標系 (r, φ, z) で考えると，$\boldsymbol{r} = a\boldsymbol{e}_r$，$\boldsymbol{p} = ma\omega\boldsymbol{e}_\varphi$ より，$\boldsymbol{e}_r \times \boldsymbol{e}_\varphi = \boldsymbol{e}_z$ を用いると (問 3.4 参照)，

$$\boldsymbol{L} = \boldsymbol{r} \times \boldsymbol{p} = (a\boldsymbol{e}_r) \times (ma\omega\boldsymbol{e}_\varphi) = ma^2\omega\boldsymbol{e}_z$$

これは同じ半径であれば速く動くほど，同じ速さであれば半径が大きいほど角運動量の大きさが大きくなることを示しているが，これは直感的な回転の強さに合うだろう。

また，質点は円周に沿って動くので，円の中心と質点が結ぶ線が Δt の間に掃く面積は

$$\Delta S = \frac{a(\text{底辺}) \times v\Delta t(\text{高さ})}{2} \tag{3.38}$$

と計算できるので (図 3.10)，ケプラーの第 2 法則 (6.1 節参照) に出てくる面積速度はこれを Δt で割って

$$\frac{dS}{dt} = \frac{av}{2} = \frac{L}{2m} \tag{3.39}$$

となり，面積速度と角運動量は本質的に同等のものであることがわかる。より一般の運動に対しても，式 (3.39) で与えられる関係は成立する。

(2) 質点の速度は $\boldsymbol{v} = a\omega\boldsymbol{e}_\varphi$ である (式 (2.10) 前後の議論を参照せよ)。したがっ

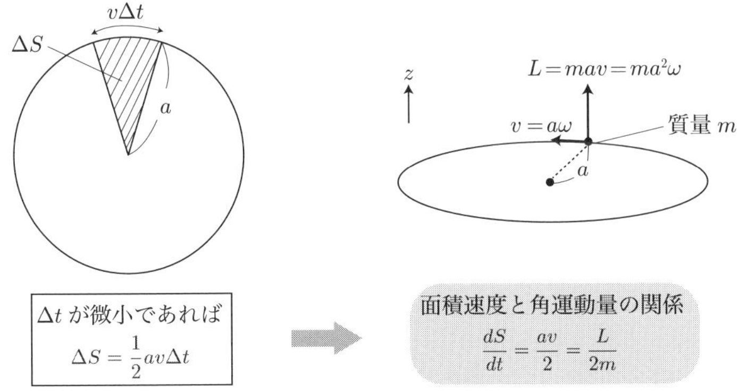

図 3.10　円運動と角運動量

て，$\boldsymbol{v} = \omega(\boldsymbol{e}_z \times \boldsymbol{r})$ を計算すると，

$$\omega(\boldsymbol{e}_z \times \boldsymbol{r}) = a\omega(\boldsymbol{e}_z \times \boldsymbol{e}_r) = a\omega\boldsymbol{e}_\varphi$$

となるので，題意は示された。

(3) 公式 (3.19) を用いると，問 (2) の結果より，

$$\boldsymbol{L} = \boldsymbol{r} \times \boldsymbol{p} = m\omega\boldsymbol{r} \times (\boldsymbol{e}_z \times \boldsymbol{r}) = m\omega[(\boldsymbol{r} \cdot \boldsymbol{r})\boldsymbol{e}_z - (\boldsymbol{r} \cdot \boldsymbol{e}_z)\boldsymbol{r}] = ma^2\omega\boldsymbol{e}_z$$

よって，問 (1) の結果を再現することが確かめられた。 ■

問 3.6　角運動量の次元が $\left[\mathrm{kg\ m^2\ s^{-1}}\right]$ となることを，角運動量の定義式 (3.36)，ならびに式 (3.39) より確かめよ。

3.4.2　てこの原理

力のモーメントは，てこの原理に出てくる量やトルクといわれる量の一般化になっている。これも角運動量の場合と同じように円運動しているとして，その大きさがどのような量になっているかを考えれば直感的に納得できるだろう。てこの原理は，式 (3.37) が $\mathbf{0}$ の場合に相当する。これを見ていこう。

例題 3.5：シーソーと角運動量，力のモーメント

シーソーを模式的に図 3.11 のように表し，支点を原点とする座標系を考える。水平な状態にあるときの方向を x 軸にとる。質量 m_1 の質点 1 が (x_1, y_1) にあり，質量 m_2 の質点 2 が (x_2, y_2) にあるとする。このとき次の問いに答えよ。

(1) 質点 1 と質点 2 に働く力を求めよ。
(2) 支点 O を中心とする角運動量を求めよ。
(3) 支点 O を中心とする力のモーメントを求めよ。
(4) シーソーがつり合うときに成り立つ条件式を求めよ。

解答　(1) それぞれの質点に働く力は，重力加速度を g として

$$\text{質点 1}：(0, -m_1 g), \quad \text{質点 2}：(0, -m_2 g)$$

(2) 角運動量を表すには回転軸が必要で，運動が (x, y) 平面内で起こるとき，軸の方向を指定するにはこの平面に垂直な方向が必要になる。このシーソーの場合，支点 (O) を中心とする角運動量は z 方向の成分だけをもつことになる。具体的には，位置ベクトルを 3 次元化するには z 成分として 0 を加えればよく，定義式 (3.36) の通りに角運動量を計算すると

$$\begin{aligned}\boldsymbol{L} &= (x_1, y_1, 0) \times m_1 \left(\frac{dx_1}{dt}, \frac{dy_1}{dt}, 0 \right) + (x_2, y_2, 0) \times m_2 \left(\frac{dx_2}{dt}, \frac{dy_2}{dt}, 0 \right) \\ &= \left(0, 0, m_1 \left(x_1 \frac{dy_1}{dt} - y_1 \frac{dx_1}{dt} \right) + m_2 \left(x_2 \frac{dy_2}{dt} - y_2 \frac{dx_2}{dt} \right) \right)\end{aligned}$$

(3) 力のモーメントは同様に計算すると

$$\begin{aligned}\boldsymbol{N} &= (x_1, y_1, 0) \times (0, -m_1 g, 0) + (x_2, y_2, 0) \times (0, -m_2 g, 0) \\ &= (0, 0, -m_2 g x_2 - m_1 g x_1)\end{aligned}$$

(4) つり合っている状態というのは回転しないということなので，その駆動力が存在しない，つまり $\boldsymbol{N} = \boldsymbol{0}$ という条件で表せる。いま原点を 2 つの質点の間にとっているので，x_1 が正ならば x_2 は負になることに注意すると

$$m_2 x_2 = -m_1 x_1 \Longrightarrow |m_2 x_2| = |m_1 x_1|$$

となり，よく知られたつり合いの条件，あるいはてこの原理が導かれる。　■

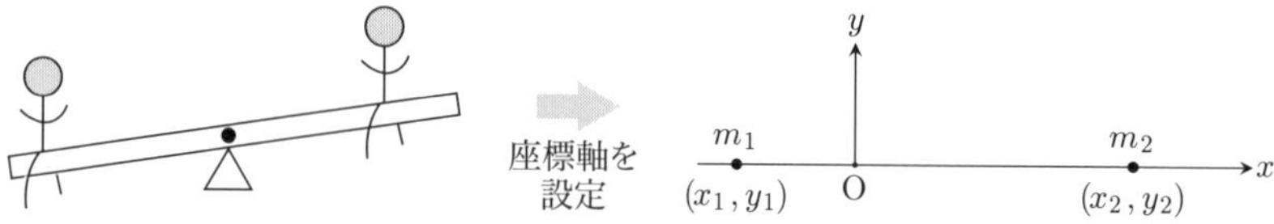

図 3.11　シーソーとその模式図：支点の位置を原点にとる。z 方向は紙面垂直上向きである。

3.5 力　　積

運動方程式の書き直しにより出てくる便利な概念として，力積を説明する。さらに，これに付随して出てくる撃力の概念と，それを表すのに便利なディラックの δ 関数について説明する。

3.5.1 力積と撃力

運動方程式を変形することにより，第 2 法則の積分形が出てくる。運動方程式 (3.2) より，$d\boldsymbol{p} = \boldsymbol{F}dt$ であるから，これを積分して

$$\begin{gathered}\int_{p(t_0)}^{p(t)} d\boldsymbol{p} = \int_{t_0}^{t} \boldsymbol{F}dt \\ \boldsymbol{p}(t) - \boldsymbol{p}(t_0) = \int_{t_0}^{t} \boldsymbol{F}dt \iff \boldsymbol{p}(t) = \boldsymbol{p}(t_0) + \int_{t_0}^{t} \boldsymbol{F}dt\end{gathered} \tag{3.40}$$

つまり，「**運動量の変化はその間に働いた力を時間で積分した量に等しい**」という式が出てくる。ここで，右辺に出てくる積分の部分を**力積**という。

1 つの質点に対してはこれは単なる書き換えにすぎないが，この考え方は運動量をもつ物体が 2 つ (以上) に分離した場合，たとえば例題 3.1 のように質量が変化する物体にも使える。dt の間の力積は，外力 $F(t)$ に対し $F(t)dt$ で与えられるので，式 (3.3) の右辺にこれを加えれば，力積の影響を反映した式となる。

力積は，瞬間的に働く力 (**撃力**，トンカチで叩く，壁当てなど) の影響を表す場合によく用いる。この瞬間的に働く力は，各時刻の値を見ることに意味がないので，それらの力が短い間に積分された量 (= 力積) として表されることが多い。たとえばボールを壁にぶつけたとき，ボールが壁から力を受けているのは我々からすると一瞬の出来事なので，わかることはぶつかる前とぶつかった後の運動量の変化である (図 3.12 左)。この運動量の変化を見ることでその短時間に全体としてどういう力が働いていたかを見ることができる。ある時刻 t でその前後の短い時間 δt に力が働いたとすると，その力積は

$$\int_{t_0-\frac{\delta t}{2}}^{t_0+\frac{\delta t}{2}} \boldsymbol{F}(t)dt = \boldsymbol{I} \tag{3.41}$$

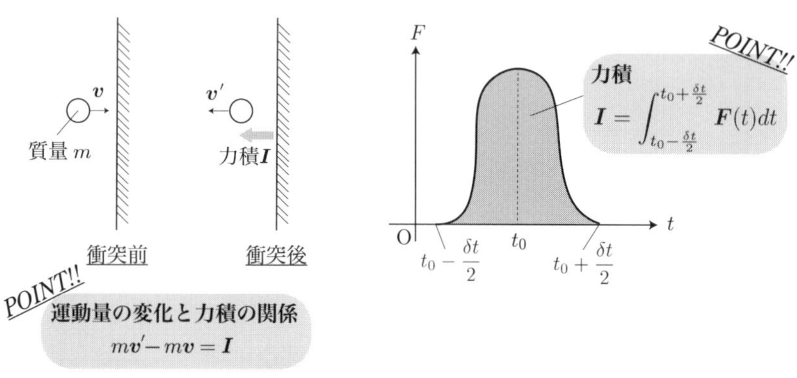

図 3.12　力積：運動量の変化と力積の関係 (左)，力積と撃力の関係 (右)

となる (図 3.12 右)。式 (3.40) とほとんど同じ式だが，こちらは一瞬だけ働く撃力であることに対応して，積分する時間を短い時間を意味する δt と書いていることに気づいてほしい。狭い意味ではこの短い時間での積分を力積という。

例題 3.6：宇宙船の打ち上げ

例題 3.1 の宇宙船の問題を改めて取り上げる。本問では宇宙船の打ち上げについて考える。このとき，打ち上げに伴う加速は十分短い時間に行われ，重力加速度は一定であると仮定する。また，打ち上げる方向を正の向きにとる。次の問いに答えよ。

(1) $t = t$ と $t = t + dt$ の間に，宇宙船が地球から受ける力積はいくらか。

(2) 問 (1) の結果を踏まえて運動方程式を立てよ。

解答　(1) 打ち上がる方向を z 軸方向にとると，重力は $-M(t)g$ となる。よって，力積は $-M(t)gdt$ と与えられる。

(2) 運動量保存則の式は，式 (3.40) に対応して

$$M(t+dt)v(t+dt) + (M(t) - M(t+dt))(v(t) - u) = M(t)v(t) - M(t)gdt$$

となり，これを変形して宇宙船が従う運動方程式は次のようになる。

$$M(t)\frac{dv}{dt} = -u\frac{dM}{dt} - M(t)g$$

■

問 3.7　ボールを壁に向かって垂直にぶつけ，そのボールが再び壁に対して垂直に跳ね返る場合を考える。この運動は，ボールがつぶれていく間とボールが元の形に戻る間に分けて考えることができる。このとき，元の形に戻る間にはたらく力積とつぶれていく間の力積の比 e を求めよ (この比 e のことを**反発係数**という)。

▶ 物理のための数学：ディラックの δ 関数♣

さて，力積という運動量の次元をもつ量でしか表せない撃力を文字通り「力」という量で表す方法を考えよう。ここで必要な数学となるのが**ディラックの δ 関数** (以後，単に **δ 関数**とよぶことにする) である。

δ 関数は関数といういい方をしているが，数学的には超関数という概念の方が正確で，英語で書くと関数が function であるのに対し，こちらは distribution と表される (文字通り hyperfunction とよぶこともある)。通常の関数の概念に含まれるものではない。定義は

$$\boxed{\begin{aligned} \delta(x) = 0 \quad (x \neq 0) \\ \int_{x_1}^{x_2} dx\delta(x) = 1 \quad (x_1 < 0 < x_2) \end{aligned}} \tag{3.42}$$

である。または，性質のよい (この場合は連続な) 任意の関数に対して

$$\int_{x_1}^{x_2} dx f(x)\delta(x - x_0) = \begin{cases} f(x_0) & (x_1 < x_0 < x_2) \\ 0 & (x_0 < x_1, x_2 \text{ または } x_1, x_2 < x_0) \end{cases} \tag{3.43}$$

が成り立つと定義する場合もある。もちろん，表現方法がちがうだけで両者は同じである。いずれの定義にせよ，直感的には 1 点を除き 0 でありながら，積分をすると有限な値が出るという構造になっている。

● **δ 関数を通常の関数で表現する**　通常の関数から具体的に δ 関数を表現しようとすると，何通りもの表現の仕方があるが，ここでは，おそらく 1 番わかりやすいと思われる表式を与える。まず，図 3.13 で与えられる次のような関数を考える。

$$g_\varepsilon(x) = \begin{cases} 1/\varepsilon & (-\varepsilon/2 < x < \varepsilon/2) \\ 0 & (\text{それ以外}) \end{cases} \tag{3.44}$$

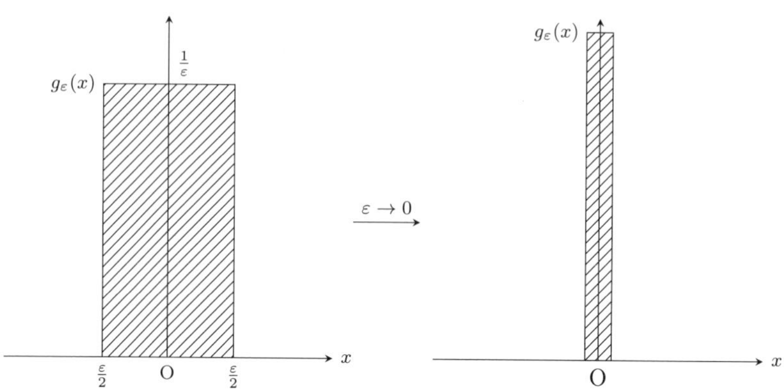

図 3.13 無限小の区間でのみ値をもち，その全体の積分 (面積) は 1 になる関数の例。区間の幅を 0 に近づけ，さらに高さを高くすることで，δ 関数の性質を満たすようになる。

ただし $\varepsilon > 0$ である。このとき，式 (3.44) で与えられる関数 $g_\varepsilon(x)$ は，$\varepsilon \to 0$ の極限で δ 関数としてふるまう。なぜなら，$x \neq 0$ で $\varepsilon \to 0$ をとると任意の x について $g_\varepsilon(x) = 0$ が成り立つ。

$$\lim_{\varepsilon \to 0} g_\varepsilon(x) = 0 \qquad (x \neq 0) \tag{3.45}$$

これは式 (3.42) と同じである。面積が 1 なのは明らかなので，式 (3.43) が成立することを確認する。$\alpha < -\varepsilon/2$, $\varepsilon/2 < \beta$ とし，原始関数を $F(x)$ とする関数 $f(x)$ を考え，$f(x)g_\varepsilon(x)$ を積分する。

$$\begin{aligned}\int_\alpha^\beta dx f(x) g_\varepsilon(x) &= \int_{-\frac{\varepsilon}{2}}^{\frac{\varepsilon}{2}} \frac{dx}{\varepsilon} f(x) = \frac{F\left(\frac{\varepsilon}{2}\right) - F\left(-\frac{\varepsilon}{2}\right)}{\varepsilon} \\ &\to F'(0) = f(0) \quad (\varepsilon \to 0 \text{ の極限で})\end{aligned} \tag{3.46}$$

1 行目では，$-\varepsilon/2 < x < \varepsilon/2$ のとき以外は $g_\varepsilon(x)$ が 0 になるので積分範囲を変え，最後は $F(x)$ の $x = 0$ での微分という形になる。よって以上から，式 (3.44) で与えられる関数 $g_\varepsilon(x)$ は δ 関数の性質を満たす。

● **δ 関数と次元**　もう 1 つ重要な性質は，$\delta(x)$ は $[1/x]$ の次元をもつことである。たとえば x が時間であれば $\delta(x)$ の次元は $[\mathrm{s}^{-1}]$ となる。これは式 (3.42)

からわかる。右辺は1となっているがこれは次元をもたない。積分は x で行うので $\delta(x) \times dx$ は無次元量になる。そして微分量 dx は単に微小量のことであるから x と同じ次元をもつ。よって，$\delta(x)$ の次元は $[\mathrm{s}^{-1}]$ となる。あるいは，より具体的な表式 (3.44) を見ても，関数値は積分変数の逆数となっているので理解できるだろう。

● **質点の密度**　δ 関数は点状の粒子を表すときにも有用である。たとえば原点にある質量 m の質点の密度は

$$\rho(\boldsymbol{r}) = m\delta(x)\delta(y)\delta(z) \tag{3.47}$$

と表せる。まず，$\rho(\boldsymbol{r})$ の次元であるが，

$$[\rho(\boldsymbol{r})] = [m][\delta(x)\delta(y)\delta(z)] = [\mathrm{kg}]\left[\mathrm{m}^{-1}\right]^3 = \left[\mathrm{kg\ m}^{-3}\right] \tag{3.48}$$

となり，確かに密度の次元をもつことがわかる。式 (3.47) を原点を囲んだ領域 V で体積積分すると質量が計算できる：

$$\int_V \rho(\boldsymbol{r})dV = m\int_V \delta(x)\delta(y)\delta(z)dV = m \tag{3.49}$$

よって，小さい範囲に質量 m の物体があるということがわかる。一方で，δ 関数の定義から考えると，領域 V はいくらでも小さくできるので点状の物質であることを表す。なお，物理的にはある1点を指すことはできないので，十分小さい領域であると解釈する。十分小さいというのは，たとえば位置を考えるときは位置の分解能よりも小さいということである。

3.5.2　δ 関数を使って力積を表す♣

では力積と δ 関数がどう関連しているか見ていこう。力積は運動量の次元をもっている。力積 $\boldsymbol{I}$ はある瞬間に働く力の影響を運動量の変化という形で表すが，これを誘起する力を $\boldsymbol{F}$ とおくと

$$\boldsymbol{F}(t) = \boldsymbol{I}\delta(t - t_0) \tag{3.50}$$

で表せる。ここで，力は時刻 $t = 0$ で働くとした。左辺の次元は

$$[\boldsymbol{F}(t)] = [\boldsymbol{I}][\delta(t)] = \left[\mathrm{kg\ m\ s}^{-1}\right]\left[\mathrm{s}^{-1}\right] = \left[\mathrm{kg\ m\ s}^{-2}\right] \tag{3.51}$$

となっていて，確かに式 (2.69) で与えた力の次元になっていることが確かめられる。これを積分すると，

$$\int_{t_0-\delta t}^{t_0+\delta t} \boldsymbol{F}(t)dt = \int_{t_0-\delta t}^{t_0+\delta t} \boldsymbol{I}\delta(t-t_0)dt = \boldsymbol{I} \tag{3.52}$$

となって，確かに力積を再現する。よって，十分短い時間に働いた力は力積と δ 関数を用いて表現できるのである。ここでは単なる書き換えに見えるが，この考え方は物理学のあらゆる分野で使われている。このように $\delta(t-t_0)$ は，その引数が時刻 t_0 で，ある瞬間にのみ値があることを表すと理解できる。

NOTE：δ 関数とデジタル技術

数学的な定義ではないのだが，δ 関数は

$$\int_{-\infty}^{\infty} dp\, e^{ipx} = 2\pi\delta(x) \tag{3.53}$$

という式でも与えられる。これはフーリエ変換といって，理学や工学のあらゆる分野で大変重要で，数学的な枠組みの根本をなす式となっている。フーリエ変換はデジタル技術の基礎となっていて，実際アナログな情報をデジタルな情報に置き換えるという役割を果たしている。これ以上の深入りはしないが，物理学が本当に理解できるようになるかどうかはこの δ 関数を使いこなせるようになるかどうかに依っているといえるくらい重要な関数である。

3.6 運動エネルギーと仕事

運動方程式の簡単な変形から出てくる概念として，運動エネルギー (の変化) と仕事の関係を導いて本章を終えよう。

運動方程式 (3.4) に対して，速度と内積をとると

$$m\boldsymbol{v}\cdot\frac{d\boldsymbol{v}}{dt} = \boldsymbol{F}\cdot\boldsymbol{v} \tag{3.54}$$

となるが，左辺は

$$m\boldsymbol{v}\cdot\frac{d\boldsymbol{v}}{dt} = \frac{m}{2}\frac{dv^2}{dt} \tag{3.55}$$

であり (この変形がわからない読者は演習問題 1.2 の問 (1) を参照すること)，右辺は

$$\boldsymbol{F} \cdot \boldsymbol{v} = \boldsymbol{F} \cdot \frac{d\boldsymbol{r}}{dt} \tag{3.56}$$

であるから，式 (3.54) を $t = t_0$ から t まで積分して (質点は $\boldsymbol{r}(t_0)$ から $\boldsymbol{r}(t)$ へと動いたものとする)

$$\frac{m}{2}v(t)^2 - \frac{m}{2}v(t_0)^2 = \int_{\boldsymbol{r}(t_0)}^{\boldsymbol{r}(t)} \boldsymbol{F} \cdot d\boldsymbol{r} \tag{3.57}$$

という関係式が得られる。$(m/2)v^2$ はよく知られた**運動エネルギー**であり，したがって左辺は時間 t から t_0 での運動エネルギーの変化を表す。右辺は**仕事**とよばれる量で，詳しくは 4.3 節で説明するが，高校物理では直線運動の場合，質点に働いた力を F，移動距離を s として

$$W = Fs \tag{3.58}$$

と書かれる量である。これは式 (3.57) の右辺を具体的に直線運動の場合に計算すれば再現される。

以上の議論から，「**運動エネルギーの変化はその物体になされた仕事に等しい**」という関係が，運動方程式から得られるのである。力 $\boldsymbol{F}$ が特殊な条件を満たすとき，それを**保存力**とよび (4.1.4 項，4.3.3 項で詳述)，その場合は仕事が位置エネルギーの変化分として表される。その結果として運動エネルギーと位置エネルギーの和 (力学的エネルギー) が一定となるので，力学的エネルギーが保存することになる。詳しくは次章以降で見ていくことになる。

問 3.8 高校で習ったように仕事の単位は $[\mathrm{J}] = [\mathrm{N}][\mathrm{s}] = \left[\mathrm{kg\,m^2\,s^{-2}}\right]$ で与えられる。本節で出てきた $(m/2)v^2$, Fs が仕事の次元になっていることを確かめよ。

▶ **3 章のまとめ**

(1) 運動の 3 法則 (→ 3.1, 3.2 節)：

- 第 1 法則 (**慣性の法則**)：慣性系 (力を測る基準となる系) が存在し，そこでは力を受けない物体は等速度運動を行う。
- 第 2 法則 (**運動方程式**)：慣性系においては，力 $\boldsymbol{F}$ と運動量 ($\boldsymbol{p} = m\boldsymbol{v}$) の間に以下の運動方程式が成立する。

$$\frac{d\boldsymbol{p}}{dt} = \boldsymbol{F}(\boldsymbol{r}, t)$$

- 第 3 法則 (**作用・反作用の法則**)：物体が相互に及ぼす力は，互いに逆向きでその大きさは等しい。

(2) 運動方程式から導かれる概念

● **運動量保存則** (→ p.67)：孤立系で 2 つの質点の衝突を考える。作用・反作用の法則から $\boldsymbol{F}_1 = -\boldsymbol{F}_2$ であるから

$$\frac{d(\boldsymbol{p}_1 + \boldsymbol{p}_2)}{dt} = 0 \quad \therefore\ \boldsymbol{p}_1 + \boldsymbol{p}_2 = \text{一定 (運動量保存則)}$$

が導ける。ここで

$$\text{重心 (質量中心)}\ \boldsymbol{r}_{\mathrm{G}} = \frac{m_1\boldsymbol{r}_1 + m_2\boldsymbol{r}_2}{m_1 + m_2}, \quad \text{全質量}\ M = m_1 + m_2$$

を用いると，上式は

$$M\frac{d^2\boldsymbol{r}_{\mathrm{G}}}{dt^2} = 0 \quad \therefore\ \frac{d\boldsymbol{r}_{\mathrm{G}}}{dt} = \text{一定}$$

と表せる。つまり，孤立した物体であれば重心の運動量は保存する (重心は等速度運動する質点としてふるまう) ので，系全体の運動は重心の運動と重心に対する相対運動に分けて記述できる。

● **角運動量と力のモーメント** (→ p.71)：運動方程式の両辺と位置ベクトルの外積をとると，回転運動に関する方程式が得られる。

$$\boldsymbol{r} \times \frac{d\boldsymbol{p}}{dt} = \boldsymbol{r} \times \boldsymbol{F} \implies \frac{d(\boldsymbol{r} \times \boldsymbol{p})}{dt} = \boldsymbol{r} \times \boldsymbol{F}$$

角運動量を $\boldsymbol{L} \equiv \boldsymbol{r} \times \boldsymbol{p}$，力のモーメントを $\boldsymbol{N} \equiv \boldsymbol{r} \times \boldsymbol{F}$ と定義すると，

$$\frac{d\boldsymbol{L}}{dt} = \boldsymbol{N}$$

と表せる。角運動量は回転の強さを表す量である。

● **力積** (→ p.81)：運動方程式より $d\boldsymbol{p} = \boldsymbol{F}dt$ であり，これを積分すると次式が得られる。

$$\boldsymbol{p}(t) - \boldsymbol{p}(t_0) = \underbrace{\int_{t_0}^{t} \boldsymbol{F}(t)dt}_{\text{力　積}}$$

● **運動エネルギーと仕事** (→ p.86)：運動方程式の両辺と速度の内積をとると，運動エネルギーと仕事の関係式が得られる。

$$\frac{d\boldsymbol{p}}{dt} \cdot \boldsymbol{v} = \boldsymbol{F} \cdot \boldsymbol{v} \implies \frac{m}{2}\frac{dv^2}{dt} = \boldsymbol{F} \cdot \frac{d\boldsymbol{r}}{dt}$$

$$\therefore \quad \underbrace{\frac{m}{2}v(t)^2}_{\text{運動エネルギー}} - \frac{m}{2}v(t_0)^2 = \underbrace{\int_{\boldsymbol{r}(t_0)}^{\boldsymbol{r}(t)} \boldsymbol{F} \cdot d\boldsymbol{r}}_{\text{仕　事}}$$

演習問題 3

3.1 ベクトル $\boldsymbol{A}, \boldsymbol{B}, \boldsymbol{C}, \boldsymbol{D}$ に対して次の等式が成り立つことを示せ。

(1) $(\boldsymbol{A} \times \boldsymbol{B}) \cdot (\boldsymbol{C} \times \boldsymbol{D}) = (\boldsymbol{A} \cdot \boldsymbol{C})(\boldsymbol{B} \cdot \boldsymbol{D}) - (\boldsymbol{B} \cdot \boldsymbol{C})(\boldsymbol{A} \cdot \boldsymbol{D})$

(2) $$\begin{aligned}(\boldsymbol{A} \times \boldsymbol{B}) \times (\boldsymbol{C} \times \boldsymbol{D}) &= \{\boldsymbol{A} \cdot (\boldsymbol{C} \times \boldsymbol{D})\}\boldsymbol{B} - \{\boldsymbol{B} \cdot (\boldsymbol{C} \times \boldsymbol{D})\}\boldsymbol{A} \\ &= \{(\boldsymbol{A} \times \boldsymbol{B}) \cdot \boldsymbol{D}\}\boldsymbol{C} - \{(\boldsymbol{A} \times \boldsymbol{B}) \cdot \boldsymbol{C}\}\boldsymbol{D}\end{aligned}$$

3.2 ベクトル $\boldsymbol{r}(t)$ とその大きさ $r(t) = |\boldsymbol{r}(t)|$ に関する次の各式を t で微分せよ。ただし，$\boldsymbol{a}$ は定ベクトルである。

(1) $\boldsymbol{r}(t) \times \dfrac{d\boldsymbol{r}(t)}{dt}$　　(2) $\boldsymbol{r}(t) \times \left(\dfrac{d\boldsymbol{r}(t)}{dt} \times \dfrac{d^2\boldsymbol{r}(t)}{dt^2}\right)$

(3) $r(t)^2\boldsymbol{r}(t) + \boldsymbol{a} \times \dfrac{d\boldsymbol{r}(t)}{dt}$

3.3♣ 完全反対称テンソル ε_{ijk} に対して，以下の等式が成り立つことを示せ。ただし，以下の等式ではアインシュタインの縮約を用いている。

(1) $\varepsilon_{ijk}\varepsilon_{ijk} = 6$　　(2) $\varepsilon_{ikm}\varepsilon_{jkm} = 2\delta_{ij}$

(3) $\varepsilon_{ijk}\varepsilon_{nmk} = \delta_{in}\delta_{jm} - \delta_{im}\delta_{jn}$

3.4 月の上で体重を計ることを考える。

(1) 通常の体重計を使うと減ったように見えるのはなぜか?

(2) どのように計測すれば地球上と同じ数値が得られるか?

3.5 演習問題 2.2, 2.3 において，質点の質量を m としたとき，どのような力を受けるのか説明せよ。

3.6 質点に対する角運動量の定義 $\boldsymbol{L} = \boldsymbol{r} \times \boldsymbol{p}$ について次の問いに答えよ。

(1) 力 $\boldsymbol{F}$ が位置 $\boldsymbol{r}$ に対して，$\boldsymbol{F} \parallel \boldsymbol{r}$ が成り立つ場合，角運動量が保存することを示せ。ここで $\boldsymbol{F} \parallel \boldsymbol{r}$ が成り立つとき，力 $\boldsymbol{F}$ を**中心力**という (6 章で詳しく扱う)。

(2) 問 (1) より，力が中心力であれば質点の運動は平面内で起こることを示せ。

3.7 例題 3.6 の「宇宙船の打ち上げ」で立てた運動方程式を解こう。

(1) $M(t) = 0$ となるまで加速し続けるための条件を書け。とくに質量が時間に比例して減るものとして，その比例係数 ρ に課せられる条件に直せ。

(2) 例題 3.6 の問 (2) で立てた運動方程式を解いて，速度を質量と時間の関数として表せ。ただし $v(0) = 0$, $M(0) = M$ とする。

(3) 質量の減り方について，本問 (1) の条件は満たしていると仮定して時刻 t における高さを求めよ。ただし，$t = 0$ で地表にあったとする。

3.8 次の問いに答えよ。

(1) 力が働いていない質量 m の質点の運動方程式を書け。ただし運動の方向を x とする。

(2) 初期条件を $x(0) = 0$, $v(0) = v_0$ として問 (1) の運動を求めよ。

(3) 力が働いている場合を考える。初期条件が $x(0) = 0$, $v(0) = 0$ でありながら，問 (2) と同じ運動になったとする。どのような力が働いていたか説明せよ。

4

運動の決定とエネルギー

本章では，質点の運動の様子が運動方程式を解くことでどのように決まるのかを説明する。また，その説明を通して力学的エネルギーを導入する。これらの説明にあたっては，物理的状況を数式で表す，また逆に数式を解釈してその物理的状況を文字に起こす。いわば和文英訳 (英文和訳) ならぬ「和文数訳 (数式和訳)」という作業を行うことに注意を払い，まえがきで述べた「**物理学は数学語を用いて記述する**」という言葉の意味の理解にも努めてほしい。

4.1　1 次元の運動

1 次元の運動とは，運動方程式が

$$m\frac{d^2x}{dt^2} = F(x,t) \tag{4.1}$$

の形に書ける場合のことを意味する。はじめに，1 次元の運動についてその解法を紹介しよう。この先で議論する 2 次元，3 次元の運動についても解法パターンは基本的に 1 次元の場合と同じである。

(1) **座標軸の設定**：1 次元の場合については，図 1.3 や 1.3.5 項で述べたことに準じる。つまり状況に応じて，鉛直上向き／下向き，あるいは水平方向を座標軸を設定する。後述する自由落下運動は鉛直下向きに，バネに固定された質点の運動は水平方向に座標軸をとる。
1 次元の場合は比較的簡単に座標軸を設定できるが，次元が上がるとそうもいかない。2 次元，3 次元の運動では，問題に応じて適切な座標系を選択しなければならない。つまり，デカルト座標系をとるのか，極座標系をとるのかによって，問題の解きやすさが変化するので注意が必要である。

なお例題 4.2 で見るように，回転運動の場合，直感的な軸の方向が運動方向と一致しない場合もあるが，これも回転や外積の概念に慣れれば，全く同様のこととして軸が設定できるようになる。

(2) **系の状況を図示し，働く力を図中に明記する** (たとえば図 4.3, 4.5)。

(3) **設定した軸と働く力をもとに運動方程式を立てる。**

(4) **運動方程式を解く**：運動方程式を解いて得られるのは，速度 $v(t)$ と変位 $x(t)$ である。1 章でくり返し述べたことではあるが，「力学とは，物体が時刻 t にどの位置 $\boldsymbol{r}$ にあるかを決定する学問」であるから，運動方程式を解くことで力学の目的を達成することになる。

ここで式 (4.1) からわかるように，**運動方程式は本質的に 2 階の微分方程式なので，2 つの初期条件が必要になる。**厳密には，**初期条件**とはいうものの文字通りに $t=0$ で条件を与える必要があるわけではなく，独立な 2 つの条件 (**境界条件**とよぶことが多い) がわかっていればよい。

> 2 階微分方程式 ⇒ 2 つの境界条件が必要
>
> $(x(0), \dot{x}(0))$(いわゆる初期条件)，$(x(t_0), x(t_1))$ など

ただし，以下ではとくに断らない限りは，文字通り $t = t_0$ で初期条件 $\dot{x}(t_0) = v_0$，$x(t_0) = x_0$ が与えられているものとする。

(5) **グラフを描く**：力学では，位置と時刻を表すグラフ (x-t グラフ) や速度と時刻を表すグラフ (v-t グラフ) を図示する。グラフを描くことで，考えている物理系での質点のふるまいを視覚的に表すことができる。

(6) **力学的エネルギーの議論**：4.1.5 項では，力学的エネルギーが保存しない系を扱う。考えている物理系の力学的エネルギーが保存するかどうかは，常に注意を払わなければならない。

運動の解析にあたり，答えに明らかな間違いがないかを確かめる作業が 2.5 節で述べた次元解析である。次元解析を行うことで減らせる間違いはかなり多いので，忘れずに実行してほしい。

4.1.1　力が働かない場合

力が働かないとは，式 (4.1) 右辺が 0，すなわち $F(x,t)=0$ ということである。したがって運動方程式は

$$\frac{d^2x}{dt^2}=0 \tag{4.2}$$

となる。力学においては，ある状態 (＝初期状態) を運動方程式に従って積み重ねることで，現在の状態が得られる。それを明確にする形でこの場合の運動を求めていこう。そのために，式 (4.2) の両辺を時刻 $t=t_0$ から t まで定積分する：

$$\int_{t_0}^{t}\frac{d}{dt}\frac{dx}{dt}dt=\int_{t_0}^{t}0\ dt \tag{4.3}$$

$$\therefore\ \ \frac{dx}{dt}(t)-\frac{dx}{dt}(t_0)=0 \tag{4.4}$$

式 (4.3) 左辺は t による 2 階微分の積分であるから，その 2 階微分を t による 1 階微分に表現し直すことで簡単に積分できることがわかる。その結果，式 (4.4) 左辺の定積分として表されることになる。右辺は 0 の定積分であるからその結果も 0 である。したがって，任意の時刻において初期条件より，

$$\frac{dx}{dt}=v_0\ (=\text{一定}) \tag{4.5}$$

という結果が得られる。力が働いていない場合，質点は等速度運動することを 3.2 節で述べたが，この事実が運動方程式を解いた結果として確かに得られた。

式 (4.5) をさらに $t=t_0$ から t まで積分すると，

$$\int_{t_0}^{t}\frac{dx}{dt}dt=\int_{t_0}^{t}v_0\,dt$$

$$x(t)-x(t_0)=v_0(t-t_0) \tag{4.6}$$

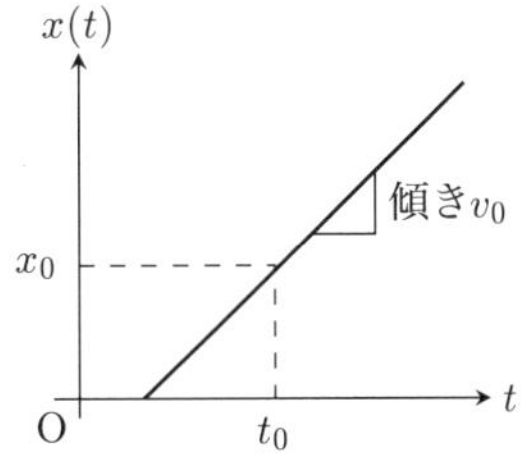

が得られる。この式を書き換えればいわゆる等速度運動している物体の位置を表す

$$x(t)=v_0(t-t_0)+x_0 \tag{4.7}$$

という式が得られる (図 4.1)。ここで $x(t_0)=x_0$ とした。

図 4.1　$F=0$ のときの x-t グラフ

力が働かない場合の運動エネルギー　式 (4.3) の両辺に速度 $\dfrac{dx}{dt}$ を掛けると，

$$m\frac{dx}{dt}\frac{d}{dt}\frac{dx}{dt}=0 \iff \frac{m}{2}\frac{d}{dt}\left(\frac{dx}{dt}\right)^2=0 \tag{4.8}$$

と変形できる。この両辺を t で定積分すると

$$\frac{m}{2}\int_{t_0}^{t}\frac{d}{dt}\left(\frac{dx}{dt}\right)^2 dt=\frac{m}{2}\left(\frac{dx}{dt}(t)\right)^2-\frac{m}{2}\left(\frac{dx}{dt}(t_0)\right)^2=0 \tag{4.9}$$

となり，運動エネルギー

$$\frac{m}{2}v(t)^2=\frac{m}{2}v_0^2=\text{一定} \tag{4.10}$$

という式が出てくる。これは 3.6 節で導いた式 (3.57) の特殊な場合 (力が働かない場合) になっている。

4.1.2　力が一定の場合

次に力が一定の場合を考える。力が一定であるという文章を「数訳」すると，式 (4.1) 右辺の力は

$$F(x,t)=F=\text{一定} \tag{4.11}$$

と表されるということであり，加速度を $\alpha = F/m$ で定義すると，運動方程式 (4.1) は

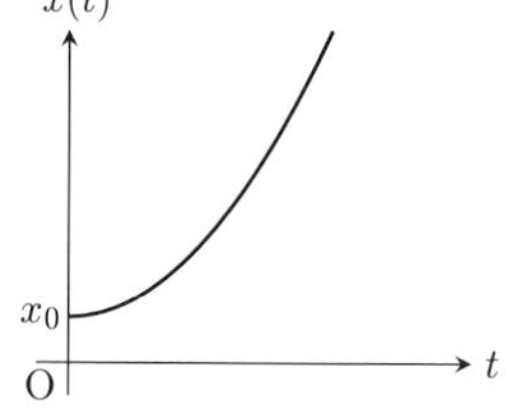

図 4.2　$F=$一定のときの x-t グラフ

$$\frac{dv}{dt}=\alpha \tag{4.12}$$

という式になる。これを前項と同様に積分すると ($t_0=0$ とおいて)，

$$\begin{aligned}\int_0^t\frac{dv}{dt}dt&=\int_0^t\alpha dt\\ v(t)-v(0)&=\alpha(t-0)\\ v(t)&=\alpha t+v_0\end{aligned} \tag{4.13}$$

という式が得られる。さらに t で積分すると

$$\int_0^t\frac{dx}{dt}dt=\int_0^t(\alpha t+v_0)\,dt$$

$$x(t) = \frac{1}{2}\alpha t^2 + v_0 t + x_0 \tag{4.14}$$

となり，いわゆる等加速度運動を表す結果が得られる (図 4.2)。

ここまでの議論で，座標軸の設定について言及しなかったが，水平方向に力 F が働いている場合は図 1.3 左のように，すぐ後の例題 4.1 で扱う自由落下運動に対しては，たとえば図 1.3 右のように鉛直下向きに座標軸をとる。自由落下運動の場合，鉛直上向きに座標軸をとって運動方程式を解くこともちろんできるが，下向きにとったときと符号が反転することに注意しなければならない。

例題 4.1：自由落下運動

地上付近では重力加速度は一定としてよい。このとき他の力は働かないと仮定する。時刻 $t = 0$ で $x_0 = 0$，$v_0 = 0$ とし，鉛直下向きに x 軸を設定したとき，この系の運動方程式を解け。

解答　運動方程式は式 (4.12) の α を重力加速度 g にすればよい。よってその運動方程式を解いた結果は，式 (4.13)，(4.14) を代入すればよく，

$$v(t) = gt, \quad x(t) = \frac{1}{2}gt^2, \quad v(x) = \sqrt{2gx}$$

という高校物理でおなじみの式が得られる。 ■

問 4.1　例題 4.1 において座標軸を図 1.15(b) のようにとった場合，運動方程式はどうなるのか? また，運動方程式を解いて例題 4.1 の結果と一致することを確かめよ。

力学的エネルギーの保存　力が働かない場合に運動エネルギーの保存を導いたときと同じ式変形を，一定の力が働く場合でもやってみよう。具体的には，式 (4.12) に $m\dfrac{dx}{dt}$ を掛けると，同様の式変形で以下の等式を得る。

$$\frac{m}{2}\frac{d}{dt}\left(\frac{dx}{dt}\right)^2 = F\frac{dx}{dt} \tag{4.15}$$

右辺を移項してまとめると

$$\frac{d}{dt}\left(\frac{m}{2}v^2 - Fx\right) = 0 \tag{4.16}$$

( ) 内の量を t で微分すると 0 になることから，それが保存量 (時刻に依らず一定な量) であることがわかる。これは**力学的エネルギー**とよばれる量の一例である。これが保存することを異なる式の形で見るために，両辺を t で積分すると，次のようになる。

$$\begin{aligned} \int_0^t \frac{d}{dt}\left(\frac{m}{2}v^2 - Fx\right)dt = 0 \\ \frac{m}{2}v(t)^2 + (-Fx(t)) = \frac{m}{2}v_0^2 - Fx_0 \end{aligned} \tag{4.17}$$

左辺の第 1 項が**運動エネルギー**，第 2 項が**位置エネルギー** (**ポテンシャル** (**エネルギー**) ともいう) を表している。右辺は初期条件で与えられるのでこの和は一定値となる。つまり力学的エネルギーが保存することがわかる。通常は右辺の量をエネルギーを表す E という記号で表し，全体として力学的エネルギー保存則が成り立つことを示す。

具体的に重力の位置エネルギーを例にして，図 1.3 のように鉛直下向きに座標をとり，質点の自由落下を考える。力は $F = mg$ で，$x = 0$ から落としたと考えているので，位置エネルギーは低くなる分マイナスが出て

$$\text{位置エネルギー} = -mgx \tag{4.18}$$

となる。x の値が大きいということは、原点 (エネルギーの基準点でもある) より下にある (低い) ということなので，それだけエネルギーが小さくなっているはずであり，式 (4.18) は実際にそのような式になっている。これも高校物理で出てくるよく知られている式である。もちろん，x 軸を上向きにとる方が位置エネルギーの解釈としては自然であり，そうすれば位置エネルギーは $+mgx$ となり，高いところにある方がエネルギーが高いということを意味する式になる。

4.1.3　単 振 動

もう少し力の構造を複雑にする。高校物理でも扱う単振動について詳しく見てみよう。

(1)　バネに固定された質点

バネをなめらかな台の上に水平に置く場合を考える。図 4.3 のように，バネが自然長であるときの質点の位置を原点にとり，その運動方向を x 軸とする。

質点の質量を m とし，バネ定数を k とする。フックの法則より運動方程式が得られ，それは次のようになる。

$$m\frac{d^2x}{dt^2} = -kx \tag{4.19}$$

$$\frac{d^2x}{dt^2} + \omega^2 x = 0, \quad \omega \equiv \sqrt{\frac{k}{m}} \tag{4.20}$$

この運動を求めるのに便利なように，式 (4.20) の形に変形した。これは 2 階 (同次) 線形微分方程式とよばれる形の方程式になっている。具体的にこの問題の解を求める前に，このような微分方程式の解を求める一般的な手法について説明しよう。

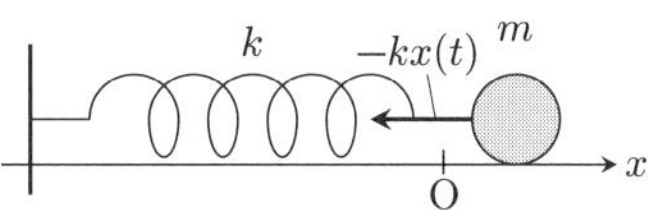

図 4.3　バネに固定された質点

▶ 物理のための数学：同次線形微分方程式の解き方

一般に N **階線形微分方程式**とは，$x = x(t)$ (x は t の関数である) として

$$\sum_{n=0}^{N} a_n \frac{d^n x}{dt^n} = a_N \frac{d^N x}{dt^N} + \cdots + a_2 \frac{d^2 x}{dt^2} + a_1 \frac{dx}{dt} + a_0 x = F(t) \tag{4.21}$$

の形の方程式のことである。ここで $a_N \neq 0$ であり，$x(t)$ の 0 階微分を $x(t)$ とした。N は 1 番高い微分の階数を表す。力学では主に $N = 1, 2$ の場合を扱うことになる。「線形」とは，未知関数が 1 次式の形で微分方程式に入っているという意味である。もし，

$$x\frac{dx}{dt},\ x^2,\ \frac{dx}{dt}\frac{d^2x}{dt^2},\ x\left(\frac{dx}{dt}\right)^2 \tag{4.22}$$

などのように，x に注目したときに x の 1 次以外の項が 1 つでも入っていればそれは非線形方程式という。

また，$F(t) = 0$ の場合，式 (4.21) を**同次線形微分方程式**という。たとえばバネを考えたとき，$F(t)$ はバネの力以外にも外から働く力を表す。

式 (4.20), (4.21) を見比べると，$N = 2,\ a_2 = 1,\ a_1 = 0,\ a_0 = \omega^2$ であることがわかる。つまり，バネ以外の力は加えていない ($F(t) = 0$) ので，バネにつながれた質点の運動は 2 階同次線形微分方程式で記述される。

● 同次線形微分方程式の解　同次線形微分方程式の重要な性質は，解が複数求まったとき，それらの解を $x_1(t)$, $x_2(t)$ とすると，この 2 つの解の線形和

$$x(t) = C_1 x_1(t) + C_2 x_2(t) \tag{4.23}$$

も解になることである。ここで C_1, C_2 は任意の定数である。式 (4.23) を (解の) **重ね合わせの原理**といい，方程式の線形性に由来する。一見当たり前に見えるかもしれないが，方程式が非線形であれば成立せず，線形方程式のとても重要な性質である。一般に N 階微分方程式ならば N 個の独立な解が出てきて，それらを $x_i(t)$ $(i = 1, 2, \cdots, N)$ とすると，$x_i(t)$ の線形和が**一般解**になる。

$$x(t) = C_1 x_1(t) + \cdots + C_N x_N(t) = \sum_{i=1}^{N} C_i x_i(t) \tag{4.24}$$

なお，N 個の定数が存在するのは，N 階微分方程式の解は N 個の積分定数が存在することに対応する。

ここで独立とは，線形代数でいうベクトルの「独立」と同じことである。つまりすべての組み合わせ $i, j = 1, 2, \cdots, N$ に対し，$x_i(t)$ と $x_j(t)$ が互いに比例関係にない場合をいう。逆にどれか 1 つの組み合わせでも互いに比例関係にあれば「独立でない」という。たとえば，t と t^2 は独立であるが，t と $2t$ は独立ではない。いい方を換えて線形代数と同じ表現を使うと，$x_i(t)$ が線形独立であるとは，

$$\sum_{i=1}^{N} C_i x_i(t) = 0 \tag{4.25}$$

において，すべての C_i が 0 となる場合のみであることをいう。

a_n が定数で $F(t) = 0$ の場合，独立な解は一般に以下のようにして求める。まず解をネイピア数 (自然対数の底) e を使って $x(t) = e^{\lambda t}$ とおく。このようにおくと n 階微分は λ の n 乗になる。

$$\frac{d^n}{dt^n} x(t) = \lambda^n e^{\lambda t} \tag{4.26}$$

これを式 (4.21) に代入すると，

$$\sum_{n=0}^{N} a_n \lambda^n = 0 \tag{4.27}$$

という式が得られる。つまり N 階微分方程式は λ の N 次方程式になる。この方程式 (4.27) を**特性方程式**という。特性方程式が重根をもたなければ解が N 個存在して，それらを $\lambda_1, \lambda_2, \cdots, \lambda_N$ とすると

$$x_i(t) = e^{\lambda_i t} \ (i = 1, \cdots, N) \tag{4.28}$$

が互いに独立で，同次線形微分方程式の一般解はこれらの重ね合わせとして式 (4.24) の形で与えられる。なお式 (4.27) の解に m 重根 $(m < n)$ がある場合，その解を $\lambda = \rho$ とすると

$$e^{\rho t}, te^{\rho t}, \cdots, t^{m-1}e^{\rho t} \tag{4.29}$$

が独立な解になる。

非同次 $(F(t) \neq 0)$ の場合の一般解は，とにかく式 (4.21) を満たす解 $x_s(t)$ を 1 つ見つけ，それに同次方程式の一般解 (4.24) を足すことで得られる。この $x_s(t)$ を**特解**とよぶ。何となく見つかることもあれば，フーリエ解析の方法などを用いて頑張って見つける必要があることもあるが，とにかく 1 つ見つかれば一般解の構成はこのように簡単に行える。

問 4.2　次の $x = x(t)$ に対する微分方程式を解け。

(1) $\dfrac{d^2x}{dt^2} + 5\dfrac{dx}{dt} + 6x = 0$　　(2) $\dfrac{d^2x}{dt^2} - x + 5 = 0$

(3) $\dfrac{d^2x}{dt^2} + 6\dfrac{dx}{dt} + 9x = 0$

式 (4.20) の解　式 (4.21) において $a_2 = 1$, $a_0 = \omega^2$ とした場合であるから，式 (4.27) は

$$\lambda^2 + \omega^2 = 0 \iff \lambda = \pm i\omega \tag{4.30}$$

となり，2 つの解が得られる。よって一般解は C', D' を積分定数として

$$x_1(t) = C'e^{i\omega t}, \quad x_2(t) = D'e^{-i\omega t} \tag{4.31}$$

となる。これらは明らかに互いに独立である。オイラーの公式 (2.27) を使って $x_1(t)$ と $x_2(t)$ を組み直して実数の関数を独立な解の組とすることもできる：

$$\begin{aligned} x_1(t) &= C'e^{i\omega t} = C'(\cos\omega t + i\sin\omega t) \\ x_2(t) &= D'e^{-i\omega t} = D'(\cos\omega t - i\sin\omega t) \end{aligned} \tag{4.32}$$

一般解はこれらの線形和なので，$C = C' + D'$, $D = i(C' - D')$ とすれば

$$
\begin{aligned}
x(t) &= x_1(t) + x_2(t) \\
&= C\cos\omega t + D\sin\omega t = A\sin(\omega t + \delta)
\end{aligned}
\tag{4.33}
$$

とよく知られた式になる (C, D, A, δ は積分定数)。これは 2 階微分方程式の一般解だから，それに対応して 2 個の積分定数が存在している。この積分定数は初期条件から決まり，それらを $x(0) = x_0$, $v(0) = v_0$ とすると

$$
\begin{cases}
x_0 = A\sin\delta \\
v_0 = A\omega\cos\delta
\end{cases}
\quad\Longrightarrow\quad
\begin{cases}
A^2 = x_0^2 + \dfrac{v_0^2}{\omega^2} \\
\tan\delta = \dfrac{\omega x_0}{v_0}
\end{cases}
\tag{4.34}
$$

と積分定数が決まる。式 (4.33), (4.34) より，質点の位置を表すグラフは図 4.4 のようになる。

解は sin 関数の形をしているので，位相が 2π ずれても同じ値になるから，

$$
\begin{aligned}
\omega t + \delta &\to \omega t + \delta + 2\pi \\
&= \omega\left(t + \frac{2\pi}{\omega}\right) + \delta
\end{aligned}
\tag{4.35}
$$

に対して同じ値をとる。つまり同じ位置に戻ってくるまでの時間，すなわち振動の周期 T は

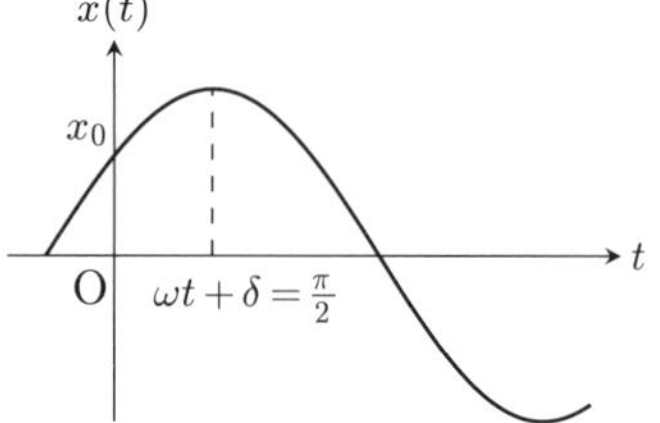

図 4.4　バネの振動による質点の位置

$$
T = \frac{2\pi}{\omega} = 2\pi\sqrt{\frac{m}{k}} \tag{4.36}
$$

で与えられる。また，単位時間に同じ運動が何回くり返されているかを**振動数** (または**周波数**) とよぶ。それを ν (または f) と表し，

$$
\nu = \frac{1}{T} = \frac{1}{2\pi}\sqrt{\frac{k}{m}} \tag{4.37}
$$

という式で表される。なお，$\omega = 2\pi\nu$ は**角振動数**といい，単位時間に sin 関数の位相がどれだけ進むかを表している。

力学的エネルギーの保存　ここでも運動方程式 (4.19) の両辺に $\dfrac{dx}{dt}$ を掛けて t で積分してみよう。これまでと同様の式変形で

$$\frac{d}{dt}\left\{\frac{m}{2}\left(\frac{dx}{dt}\right)^2+\frac{k}{2}x^2\right\}=0$$

$$\xrightarrow{\text{積分}}\frac{m}{2}v(t)^2+\frac{k}{2}x(t)^2=\frac{m}{2}v_0^2+\frac{k}{2}x_0^2=\text{一定} \tag{4.38}$$

となり，よく知られている力学的エネルギーの保存を表す式が得られる。

(2) 単 振 り 子

次に，運動が単振動で表される例として，平面内を動く単振り子を例題を通して見てみよう。単振り子の運動は一見すると 2 次元系のようにも見えるが，質点は糸によって拘束されているため，1 次元の運動として記述できる。

例題 4.2：平面内を動く振り子

糸の固定点を原点にとり，鉛直方向からのなす角を $\theta(t)$ とする。もう一方の端点に質量 m の質点が固定されている。糸の長さは ℓ とし，糸の質量は無視できるものとする。このとき次の問いに答えよ。

(1) 図 4.5 のようにデカルト座標系をとったとき，x 方向と y 方向の質点の運動方程式を書け。

(2) 糸の固定点を原点とした 2 次元極座標系に対して，r 方向と θ 方向の質点の運動方程式を書け。

(3) 平面振り子の運動を記述するにあたっては，運動方程式を直接扱うよりも，それと等価な角運動量の時間発展を取り扱う式 (3.37) から解を導出したほうが適している。それはなぜか?

(4) 角運動量の時間発展の式を導け。

(5) 振れ角が十分小さいとして，$t=0$ で振り子が静止できる位置から速さ v_0 で振動を開始した場合の解を求めよ。

(6) ここまでの結果を用いて，この系の力学的エネルギーが保存していることを確かめよ。

解答　(1) 質点には重力 $m\boldsymbol{g}$ と糸からの張力 $\boldsymbol{T}$ が働く。$\boldsymbol{g}$ は大きさが重力加速度 g で鉛直下向きを向くベクトルである。このとき図 4.5 をもとに質点の x 方向，y 方向の運動方程式を立てると次のようになる。

$$x\text{ 方向：}m\frac{d^2x}{dt^2}=-T\sin\theta,\quad y\text{ 方向：}m\frac{d^2y}{dt^2}=mg-T\cos\theta$$

(2) 2 次元極座標系での加速度の表式は式 (2.16) で与えられる。ここで $r=\ell$ なので，$\dot{r}=\ddot{r}=0$ である。これをもとに r 方向と θ 方向の質点の運動方程式を立てると次のようになる。

$$r \text{ 方向：} -m\ell\left(\frac{d\theta}{dt}\right)^2 = mg\cos\theta - T$$

$$\theta \text{ 方向：} m\ell\frac{d^2\theta}{dt^2} = -mg\sin\theta$$

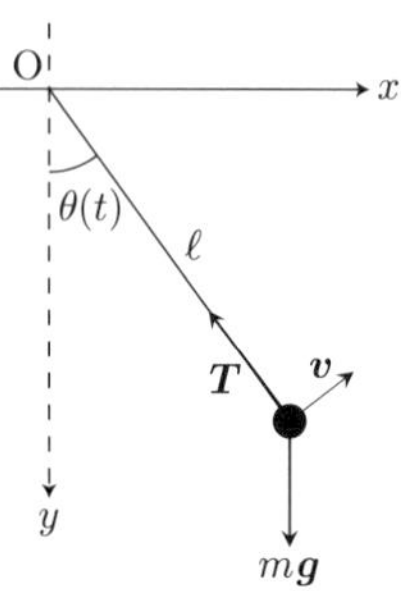

図 4.5 単振り子

(3) 張力を扱わなくてよくなる分，運動方程式を直接扱うよりも角運動量の時間発展を表す式 (3.37) のほうが適していることがわかる。このことに加えて単振り子は平面内を動くので，質点の位置 $\boldsymbol{r}$ はその速度 $\boldsymbol{v}$ と必ず直交し ($\boldsymbol{r}\perp\boldsymbol{v}$)，角運動量の取り扱いも容易である。

(4) 速度の大きさは円運動をするので $\ell\dot{\theta}$ と与えられ，角運動量の大きさは式 (3.36) に代入して

$$|\boldsymbol{L}| = |\boldsymbol{r}\times\boldsymbol{p}| = |\boldsymbol{r}||\boldsymbol{p}| = \ell\times\left|m\ell\left(\frac{d\theta}{dt}\right)\right| = m\ell^2\left|\frac{d\theta}{dt}\right|$$

ここで直交性 $\boldsymbol{r}\perp\boldsymbol{v}$ を使っていることに注意。θ の増える向きに速度をとると，$\boldsymbol{L}$ は紙面の裏から表へつきぬける向きをもつことがわかる。

力のモーメントは，位置ベクトルと張力は平行なので張力からの寄与はなく，重力からのみ寄与があり，その大きさは

$$|\boldsymbol{r}\times m\boldsymbol{g}| = \ell mg|\sin\theta| = mg\ell|\sin\theta|$$

外積の向きを考えると，力のモーメントと $\boldsymbol{L}$ は反対を向くことがわかるので，角運動量の発展方程式 (3.37) より

$$\frac{d}{dt}\left(m\ell^2\frac{d\theta}{dt}\right) = -mg\ell\sin\theta \tag{4.39}$$

$$\therefore\ \frac{d^2\theta}{dt^2} = -\frac{g}{\ell}\sin\theta \tag{4.40}$$

(5) とくに微小な振動の場合，つまり $|\theta|\ll 1$ なら $\sin\theta\cong\theta$ なので，式 (4.40) はバネの場合の式 (4.19) で，

$$x(t)\to\theta(t),\quad \omega^2\to\frac{g}{\ell} \tag{4.41}$$

とした式になる。つまり単振動する解が得られる。よって，一般解は

$$\theta(t) = A\cos\left(\sqrt{\frac{g}{\ell}}t\right) + B\sin\left(\sqrt{\frac{g}{\ell}}t\right)$$

初期条件は

$$\boldsymbol{r}(0) = (\ell, 0) \longrightarrow \theta(0) = 0, \quad |\dot{\boldsymbol{r}}(0)| = \ell\dot{\theta} = v_0 \longrightarrow \dot{\theta}(0) = \frac{v_0}{\ell}$$

なので，この条件をもとに解を求めると次のようになる。

$$\theta(t) = \frac{v_0}{\sqrt{g\ell}}\sin\left(\sqrt{\frac{g}{\ell}}t\right)$$

(6) 力学的エネルギーが保存することもこれまでと同じやり方で示すことができる。式 (4.39) の両辺に $\dot{\theta}$ を掛けて変形すると

$$\frac{m}{2}\ell^2\frac{d}{dt}\left(\frac{d\theta}{dt}\right)^2 = -mg\ell\sin\theta\frac{d\theta}{dt} = +mg\ell\frac{d}{dt}\cos\theta \tag{4.42}$$

$$\frac{d}{dt}\left\{\frac{m}{2}\ell^2\left(\frac{d\theta}{dt}\right)^2 - mg\ell\cos\theta\right\} = 0 \tag{4.43}$$

が得られる。これを t で積分すると，$v = \ell\dot{\theta}$ であるから，初期条件を $\theta(0) = \theta_0$, $v(0) = v_0$ として

$$\frac{m}{2}v(t)^2 - mg\ell\cos\theta(t) = \frac{m}{2}v_0^2 - mg\ell\cos\theta_0 = 一定 \tag{4.44}$$

という力学的エネルギー保存則が得られる。もう少し書き換えると

$$\frac{m}{2}v(t)^2 + mg\ell(\cos\theta_0 - \cos\theta(t)) = \frac{m}{2}v^2 + mgh = \frac{m}{2}v_0^2 = 一定 \tag{4.45}$$

あるいは

$$\frac{m}{2}v(t)^2 + mg\ell(1 - \cos\theta(t)) = \frac{m}{2}v_0^2 + mg\ell(1 - \cos\theta_0) = 一定 \tag{4.46}$$

という式が得られる。

ここで，図 4.6 より明らかであるが，h は $t = 0$ での位置を基準としたときの質点の高さで

$$h = \ell(\cos\theta_0 - \cos\theta(t)) \tag{4.47}$$

である。また，$\ell(1 - \cos\theta(t))$ は振り子のつり合いの位置，つまり質点が鉛直線上にあるときの位置からの高さである。したがって，式

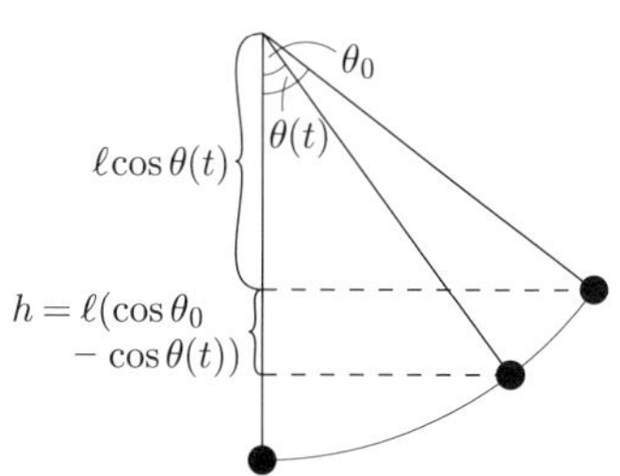

図 4.6　単振り子の初期条件のとり方

(4.45) と (4.46) は，当たり前のことであるが，通常の意味での重力による力学的エネルギーを表していて，そのちがいは位置エネルギーの原点をどこにとったかだけである。■

補足　実は，式 (4.40) は $\sin\theta \cong \theta$ の近似なしでも「厳密に」解ける。式 (4.44) より，E を初期条件より求まる定数として

$$\left(\frac{d\theta}{dt}\right)^2 = 2E - \frac{2g}{\ell}(1-\cos\theta) \tag{4.48}$$

という式を得る。E は力学的エネルギーの式 (4.46) を $m\ell^2$ で割った量になっている。ここで以下の変数変換

$$kz = \sin\frac{\theta}{2}, \quad E = \frac{2g}{\ell}k^2, \quad d\theta = \frac{2kdz}{\cos\dfrac{\theta}{2}} = \frac{2kdz}{\sqrt{1-k^2z^2}}$$

を行い，式 (4.48) を書き換えると

$$\left(\frac{d\theta}{dt}\right)^2 = \frac{4g}{\ell}k^2(1-z^2)$$
$$dt = \frac{1}{2}\sqrt{\frac{\ell}{g}}\frac{d\theta}{k\sqrt{1-z^2}} = \sqrt{\frac{\ell}{g}}\frac{dz}{\sqrt{1-z^2}\sqrt{1-k^2z^2}}$$

となり，z と t の関係式に置き換わる。両辺に式 (4.41) にある ω を掛けて積分する。

$$\int_0^t \sqrt{\frac{g}{\ell}}dt = \int_0^z \frac{dz}{\sqrt{1-z^2}\sqrt{1-k^2z^2}} \tag{4.49}$$

左辺はこれまで通り ωt が出てくる。右辺はヤコビの楕円関数を使って表せ，これを逆関数 $\mathrm{Sn}^{-1}(z;k)$ と書く。この関数は文字通り「エスエヌ」と読む。これを用いると，振り子の運動を与える厳密解 (振れ角が大きくても成立する) が得られる。

$$\sin\frac{\theta}{2} = kz = \mathrm{Sn}(\omega t;k) \tag{4.50}$$

Sn がどういうふるまいをする関数であるかがわからなければ単なる書き換えであり視覚的な描像は得られないが，数学的には sin 関数と同様に「よくわかっている」関数であるので，その意味ではこれは厳密解を与えているといえる。たとえば最大の振れ角を $\theta_{\max}$ とすると，詳細は略すが，$k = \sin(\theta_{\max}/2)$ であり，振れ角が十分小さいとすれば，振り子の周期 T は高校で求めた周期の近似 $T_0 = 2\pi\sqrt{\ell/g}$ を用いて

$$T = T_0\left(1 + \frac{1}{4}\sin^2\theta_{\max} + \frac{9}{64}\sin^4\theta_{\max} + \cdots\right) \tag{4.51}$$

と与えられることが知られている。

4.1.4　力学的エネルギー保存則

ここまで定義することなく力学的エネルギーという言葉を使い，さらにそれが保存するということを説明してきた。本項では一般論として 1 次元系における位置エネルギーの導出と力学的エネルギーの定義を与える。

運動方程式 (4.1) で力を $F(x)$ とし，両辺に $\dfrac{dx}{dt}$ を掛け変形することで，

$$\frac{m}{2}\frac{d}{dt}\left(\frac{dx}{dt}\right)^2 - F(x)\frac{dx}{dt} = 0 \tag{4.52}$$

を得る。これを t で積分する。

$$\int_0^t \left\{\frac{m}{2}\frac{d}{dt}v^2 - F(x)\frac{dx}{dt}\right\} dt = 0 \tag{4.53}$$

このとき第 2 項は積分できて，

$$U(x) = -\int_c^x F(x)\,dx \tag{4.54}$$

を定義することで (c は実定数)，

$$\boxed{\frac{m}{2}v(t)^2 + U(x) = \frac{m}{2}v(0)^2 + U(x_0) = \text{一定}} \tag{4.55}$$

という保存則が出てくる。$U(x)$ は**位置エネルギー**あるいは**ポテンシャル (エ**

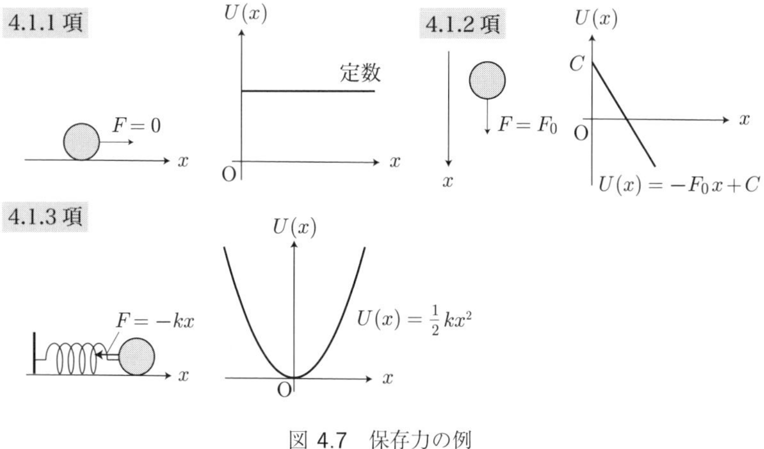

図 4.7　保存力の例

ネルギー) とよばれる量になっていて，式 (4.55) は

$$\text{力学的エネルギー} = \text{運動エネルギー} + \text{位置エネルギー} \tag{4.56}$$

の保存則を表す。運動エネルギーは一般には K または T の記号で，位置エネルギーは U, V, ϕ を用いて表すことが多く，よく

$$K + U = K_0 + U_0 = \text{一定} \tag{4.57}$$

のように表す。

位置エネルギーが定義できる場合，式 (4.54) を逆に微分することで系に働く力は

$$\boxed{F(x) = -\frac{dU(x)}{dx}} \tag{4.58}$$

と書ける。式 (4.58) のように書ける力を**保存力**という。4.1.1 項から 4.1.3 項で出てきた例では，図 4.7 のように，力と位置エネルギーを対応づけることができる。なお，保存力であることの条件は 4.3.3 項で詳しく述べる。

安定点近傍の運動　保存力が働いている系では，その安定点，つまりつり合いの位置近傍の運動が単振動になることが，式 (4.58) の定義からわかる。安定点の位置を原点にとると，力のつり合いの位置というのは力が働かない点であるから $F(0) = -U'(0) = 0$ となり，その近傍では

$$U(x) = U(0) + \frac{1}{2}U''(0)x^2 \tag{4.59}$$

となり，4.1.3 項の例と等しくなる。つまり，**「フックの法則は安定点 (つり合いの位置) 近傍の運動においては，力は必ず安定点からの変位の大きさに比例して，その向きは安定点の方向を向く」**という一般論を述べていることになる。振り子の場合，振れ角が小さいという条件は，まさにつり合いの位置からの変位が十分小さいという仮定であったわけで，運動が単振動となったのは偶然ではなく当たり前のことであったといえる。今後あらゆる

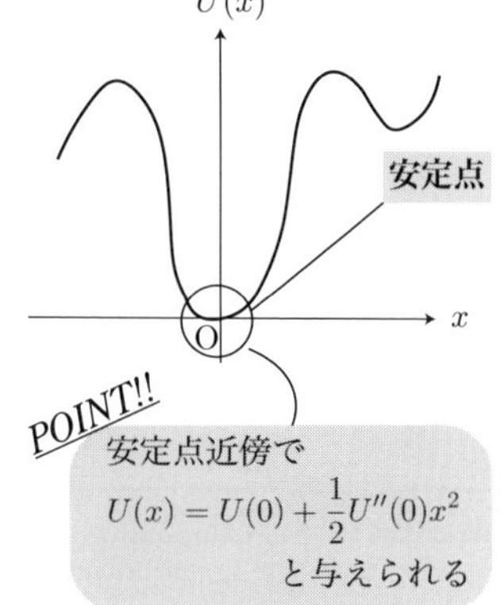

図 4.8　安定点近傍のポテンシャル

物理系，物理法則のモデルケースとして力学だけでなく様々な場面で単振動を扱うことになるが，その理由は単に安定な位置 (安定点) 近傍の運動は古典力学的には必ず単振動とみなせるからである。安定点まわりの運動については 5.1 節で改めて詳細に立ち入る。

4.1.5　力学的エネルギーが保存しない場合

ここまで，保存力が働く場合を見てきたが，本項ではそうでない場合を考える。摩擦力は保存しない力の代表例であるが，それは 4.3.4 項で見ることにして，ここでは空気による抵抗力を考える。空気による抵抗力は，速度に比例する場合と速度の 2 乗に比例する場合があるが，どちらになるかは大まかにいってその形状と速さで分類できる。大雑把にいって，丸いものあるいは大きなものは速度の 2 乗に比例して，細長いものあるいは小さなものは速度に比例することが知られている。本書では説明しないが，一般に空気の抵抗力はレイノルズ数といわれる量で分類される。水滴の落下は丸くても小さいから速度に比例する。有名なミリカン (1868-1953) の電荷の測定実験の場合がこれである。

> **例題 4.3：落下運動で速度に比例する抵抗力が働く場合**
> 落下運動で速度に比例する抵抗力が働く場合を考える。計算の便宜上，質点の質量を m として抵抗力を $m\gamma v\,(>0)$ の形に書く (γ は比例定数)。このとき次の問いに答えよ。
> (1) γ の次元を答えよ。
> (2) 鉛直下向きを正にとったとき，落下時の運動方程式を立てよ。
> (3) 問 (2) で立てた運動方程式の一般解を求めよ。
> (4) この系において力学的エネルギーが保存しないことを確かめよ。

解答　(1) この定義による γ の次元は $\left[\mathrm{s}^{-1}\right]$ である。
(2) 鉛直下向きを正にとると，図 4.9 より，運動方程式は

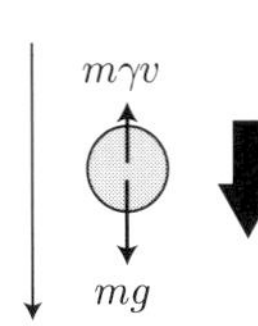

$$m\frac{dv}{dt} = mg - m\gamma v \tag{4.60}$$

図 4.9

となる。ここで v は絶対値ではなく x の時間微分であるからベクトルとしての方向をもっており，したがって抵抗力を表す $-m\gamma v$ は抵抗力なので，運動の逆向きに力が働くという意味でマイナスがついている。
(3) この方程式は，微分方程式の解き方という意味から示唆に富み後々役に立つので，

以下の 2 通りの方法で解く。

その 1：線形非同次微分方程式　式 (4.60) の両辺を m で割った式

$$\frac{dv}{dt} + \gamma v = g \tag{4.61}$$

は，線形非同次微分方程式 (4.21) において $N = 1$，$a_1 = 1$，$a_0 = \gamma$，$f(t) = g$ とした場合になっている。非同次方程式なので特解をまず求める必要があるが，

$$v_s = \frac{g}{\gamma} = 定数 \tag{4.62}$$

は非同次方程式の解になっていることがわかるので，これは特解としての条件を満たしている。同次方程式の解は明らかに $v_1(t) = e^{-\gamma t}$ であるから一般解は

$$v(t) = Ae^{-\gamma t} + \frac{g}{\gamma} \tag{4.63}$$

となる。$v(t)$ は $x(t)$ の微分であるからこれを不定積分することで $x(t)$ の一般解が

$$x(t) = Be^{-\gamma t} + \frac{g}{\gamma}t + C \tag{4.64}$$

と書けることがわかる。ここで A, B, C は初期条件により決まる積分定数である。もちろん，式 (4.61) は $v(t)$ が $x(t)$ の微分であることを使って

$$\frac{d^2x}{dt^2} + \gamma\frac{dx}{dt} = g \tag{4.65}$$

と書けるので，これを式 (4.21) と対応させて直接，式 (4.64) を導くこともできる。

初期条件を $v(0) = v_0$，$x(0) = x_0$ とすれば，$v(t)$ と $x(t)$ は次のように表せる (図 4.10)。

$$v(t) = \left(v_0 - \frac{g}{\gamma}\right)e^{-\gamma t} + \frac{g}{\gamma}$$

$$x(t) = x_0 + \frac{1}{\gamma}\left(v_0 - \frac{g}{\gamma}\right)(1 - e^{-\gamma t}) + \frac{g}{\gamma}t$$

その 2：変数分離　式 (4.61) を書き直す。

$$\frac{dv}{dt} = g - \gamma v \Longleftrightarrow \frac{dv}{g - \gamma v} = dt \tag{4.66}$$

を得る。この式は左辺は v のみの関数で右辺は t のみの関数である。このように，変数ごとに式をまとめることを**変数分離**という。この考え方は偏微分方程式 (2 つ以上の変数をもった微分方程式) を解くときにも有用で，いろいろなところで使える手法である。

さて，$dv/v = d\log|v|$ という関係があったことを思い出すと

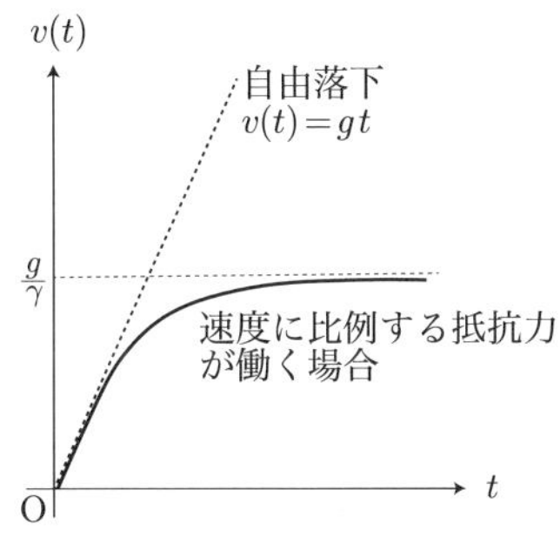

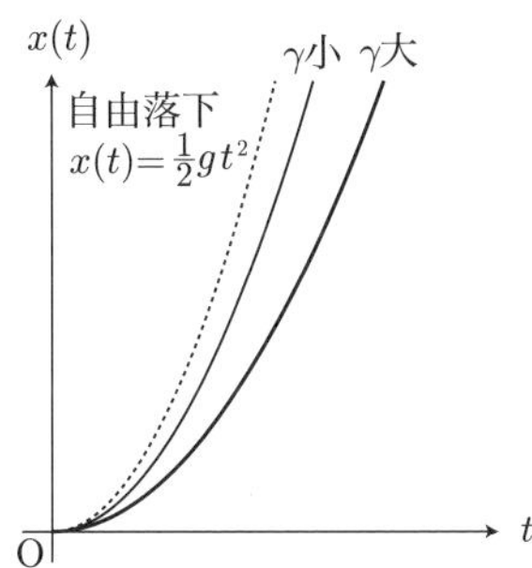

図 4.10 初期条件 $v_0 = 0$, $x_0 = 0$ のときの v-t, x-t グラフ。速度に比例する抵抗力が働く場合，$v(t)$ は速さ g/γ に漸近することがわかる。この g/γ のことを**終端速度**という。

$$d\log\left|v - \frac{g}{\gamma}\right| = -\gamma dt \tag{4.67}$$

であるから両辺を積分して

$$\log\left|v(t) - \frac{g}{\gamma}\right| = -\gamma t + \alpha \quad \therefore\ v(t) - \frac{g}{\gamma} = Ae^{-\gamma t}$$

となり式 (4.63) が得られる。
(4) 式 (4.60) の両辺に v を掛けて変形すると

$$\begin{aligned} \frac{d}{dt}\left(\frac{m}{2}v^2 - mgx\right) &= -m\gamma v^2 \\ \frac{dE}{dt} &= -m\gamma v^2 \end{aligned} \tag{4.68}$$

となる。1 行目左辺の括弧の中は 4.1.2 項に出てきた自由落下の場合の力学的エネルギーであるから，この式の力学的エネルギーの減少率は $m\gamma v^2$ で与えられると解釈できる。力が位置の関数でないことから，4.1.4 項の議論を思い起こせば明らかなように，この系では力学的エネルギーは保存しないのである。 ■

例題 4.4：抵抗力が v^2 に比例する場合の落下運動

速度の 2 乗に比例する抵抗力が働く落下運動を考える。計算の便宜上，質点の質量を m として抵抗力を $m\gamma v^2$ の形に書く (γ は比例定数)。このとき次の問いに答えよ。
(1) γ の次元を答えよ。

(2) 鉛直下向きを正にとったとき，落下時の運動方程式を立てよ。
(3) 問 (2) で立てた運動方程式の一般解を求めよ。
(4) この系において力学的エネルギーが保存しないことを確かめよ。

解答 (1) この定義による γ の次元は $\left[\mathrm{m}^{-1}\right]$ であり，抵抗力が速度の 1 乗に比例する場合とは次元はちがう。
(2) この場合，抵抗力の大きさは $m\gamma v^2$ と書けるが，この量は正なので，速度の 1 乗の場合とちがって，落下時の運動なのか，投げ上げ時なのかで式の形が変わる。ここでは落下運動の場合を扱う。

座標を図 4.11 のように鉛直下向きにとると，進行方向は $\boldsymbol{v}/|\boldsymbol{v}|$ であるから，ベクトルとしての抵抗力は

$$m\gamma|\boldsymbol{v}|^2 \times \left(-\frac{v}{|\boldsymbol{v}|}\right) = -m\gamma v^2 \tag{4.69}$$

となる。式 (4.69) 左辺のマイナスは抵抗力であることを表しており，右辺への変形には下向きの運動を扱い，その範囲においては $v > 0$ であることを用いた。よって落下中の運動方程式は

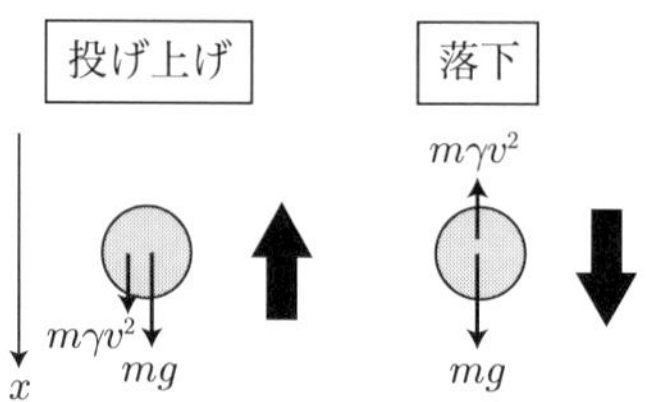

図 4.11

$$m\frac{dv}{dt} = -m\gamma v^2 + mg = -m(\gamma v^2 - g) \tag{4.70}$$

となる。くり返しになるが，ここで右辺第 1 項の負符号は落下中であることを表す。抵抗力は運動方向と反対の向きをもつはずで，実際負符号があることでそれを表している。したがって，上昇中は符号が変わり，解もここで導く形とはちがうものになる。
(3) 解を求めるのに一番楽な方法は $v_\infty = \sqrt{g/\gamma}$ とおき，式 (4.70) 右辺が $v_\infty^2 - v^2$ に比例するので，

$$v = v_\infty \tanh\theta \tag{4.71}$$

と変数変換を行うことである。ここで $\tanh x$ はハイパボリックタンジェント x (hyperbolic tangent x) とよぶ (p.112 の「**物理のための数学：双曲線関数**」参照)。これらの関係式から式 (4.71) を運動方程式 (4.70) に代入することで，たとえば $\dot{\theta} = \sqrt{\gamma g}$ となることがすぐに導かれ，解が得られる。これは非常に簡単なので，ここでは変数変換を用いる解法はここから先は読者に任せ導出は行わないことにする。

その代わりに前節の復習をかねて変数分離の方法で解いていく。式 (4.70) を変数分離すると，

$$\frac{dv}{g - \gamma v^2} = dt$$

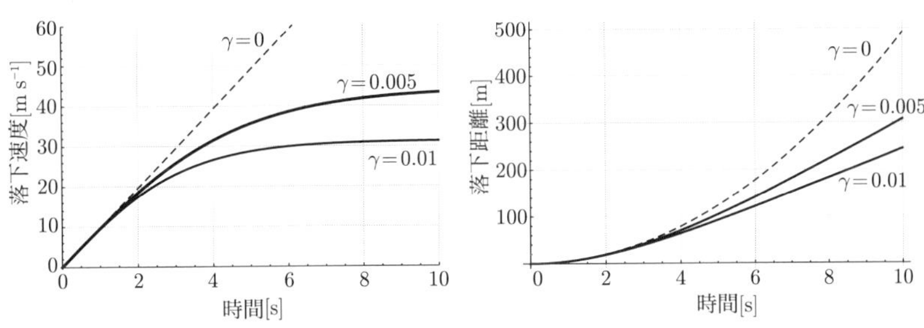

図 4.12　初期条件 $v_0 = 0$, $x_0 = 0$ のときの v-t, x-t グラフ。速度の 2 乗に比例する抵抗力が働く場合，$v(t)$ は速さ $\sqrt{g/\gamma}$ に漸近する。

となり，さらに左辺を分解すると

$$\frac{dv}{\sqrt{\frac{g}{\gamma}} - v} + \frac{dv}{\sqrt{\frac{g}{\gamma}} + v} = 2\sqrt{\gamma g}dt$$

が得られる。左辺はいずれも dv/v の形をしているので，両辺とも簡単に積分できて，これをまとめると

$$\log\left|\frac{v + v_\infty}{v - v_\infty}\right| = 2\sqrt{\gamma g}t + C$$

が得られる。ここで C は積分定数である。絶対値がついているので，v が v_∞ より大きいか小さいかで場合分けが必要であるが，ここでは $|v| < v_\infty$ に対応する解を求めると，

$$v(t) = v_\infty \tanh(\sqrt{\gamma g}t + C) \tag{4.72}$$

となる。両辺に dt を掛け，また $(\cosh x)' = \sinh x$ であることを使うと (式 (4.74) 参照)，

$$dx = v_\infty \frac{\sinh(\sqrt{\gamma g}t + C)}{\cosh(\sqrt{\gamma g}t + C)}dt = \frac{v_\infty}{\sqrt{\gamma g}}d\log\left(\cosh\sqrt{\gamma g}t + C\right)$$

よって，両辺を積分して積分定数を D とすると

$$x(t) = \frac{1}{\gamma}\log\left(\cosh\sqrt{\gamma g}t + C\right) + D \tag{4.73}$$

が得られ，運動を表す一般解が求まる。C, D の積分定数はこれまでと同様に初期条件を用いて決定する。初速 0 の場合の落下速度と落下距離のグラフを図 4.12 に示した。

$|v| > v_\infty$ の場合の解も同様にしてすぐに求まるので各自で解いてほしい。またくり返しになるが，上向きに投げるときは式 (4.70) において符号に注意する必要がある (問 4.3 参照)。

(4) これまでと同様に v を掛けて式変形すれば，速度に比例する抵抗力が存在する場合と同様に保存しないことがわかる。力が位置以外に依存しているから当然のことであり，その減少率は $m\gamma v^3$ となる。 ■

問 4.3 例題 4.4 では，落下運動に対して速度の 2 乗に比例する抵抗力が働く場合を扱った。では質点を投げ上げた場合，運動方程式はどのように書けるだろうか? そして立てた運動方程式の一般解を求めよ。

▶ 物理のための数学：双曲線関数

双曲線関数は三角関数と対応づけられ，次のように与えられる。

$$
\begin{aligned}
\sinh x &= \frac{e^x - e^{-x}}{2} = -i\sin(ix) \\
\cosh x &= \frac{e^x + e^{-x}}{2} = \cos(ix) \\
\tanh x &= \frac{\sinh x}{\cosh x} = \frac{e^x - e^{-x}}{e^x + e^{-x}} = -i\tan(ix)
\end{aligned}
\tag{4.74}
$$

式 (4.74) の関数を図 4.13 に表した。ここで，それぞれの微分は定義に従って具体的に求めることもできるし，三角関数との関係からも簡単に求められる：

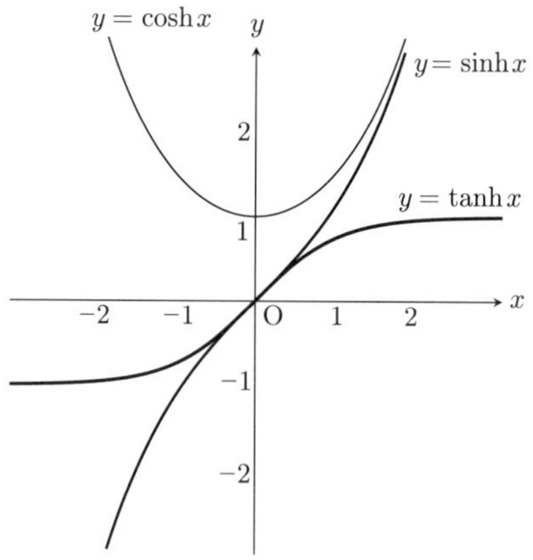

図 4.13 双曲線関数

$$\frac{d}{dx}\cosh x = \sinh x, \quad \frac{d}{dx}\sinh x = \cosh x,$$
$$\frac{d}{dx}\tanh x = 1 - \tanh^2 x = \frac{1}{\cosh^2 x} \tag{4.75}$$

また定義より，$\cosh x$ と $\sinh x$ には次のような関係が成り立つ。

$$\cosh^2 x - \sinh^2 x = 1 \tag{4.76}$$

4.2　2 次元の運動

次に 2 次元の運動を考える。単純に 1 次元的な運動を独立に 2 つ考える場合に帰着することもあるが，「**力がベクトル量である**」「**運動方程式はベクトルを使って表される関係式である**」という事実が如実にあらわれる。2 次元の運動を解く作業は 4.1 節冒頭で述べた「1 次元の運動の解法」とほぼ変わらないが，必要に応じて「**成分に分ける (特定の座標系の基底との内積をとって成分分けをする)**」という作業が必要になる。

4.2.1　斜面をすべる質点の運動

まずは 1 次元の運動を独立に 2 つ考える場合に帰着する例として，なめらかな斜面の上での質点の運動を考える。

図 4.14 のように，斜面を下る方向に x 軸，それに垂直に y 軸をとり，斜面に垂直上向きの方向に z 軸をとる。一見 3 次元だが明らかに斜面上でしか運動しないので，実際の運動は 2 次元のそれになる。斜面の角度を θ として運動方程式を考えよう。この場合，それぞれの方向ごとに独立に運動方程式を立てる

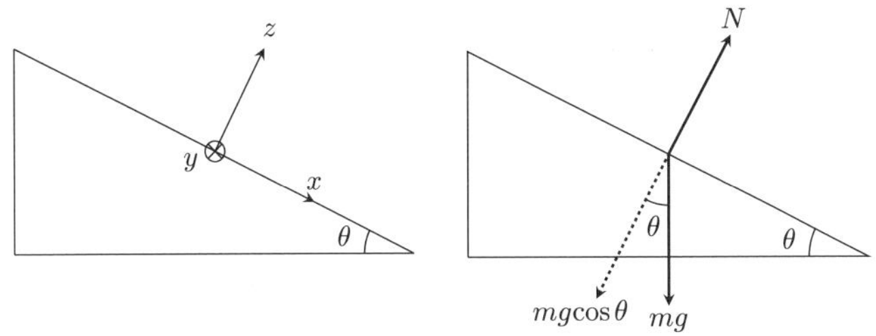

図 4.14　斜面上での質点の運動。右図で力を図示した。

ことができて，質量 m の質点に対しては 4.1 節の知識を用いて

$$m\frac{d^2x}{dt^2} = mg\sin\theta \tag{4.77}$$

$$m\frac{d^2y}{dt^2} = 0 \tag{4.78}$$

$$m\frac{d^2z}{dt^2} = N - mg\cos\theta = 0 \tag{4.79}$$

となる。N はなめらかな面から質点が受ける力であり，面に垂直な抗力なので**垂直抗力**という。z 方向には運動をしないということから重力の寄与と垂直抗力がつり合うことが要求される。また，式 (4.79) は斜面上に質点が存在し続ける ($z=0$ に拘束されている) ための条件とみなすことができるので，拘束条件を満たすように垂直抗力 N が生じていることを表す式という解釈もできる。

式 (4.77) は力が一定な場合の運動方程式 (4.11) で $\alpha = g\sin\theta$ とおいた場合，式 (4.78), (4.79) は力が働かない場合の運動方程式 (4.2) となっている。いずれもそれぞれの方向が互いに独立であるので，本質的には 1 次元の場合に帰着している。

斜面をすべる質点の解　x, y 方向については，それぞれ 4.1.1 項, 4.1.2 項で議論したことのくり返しで解を得ることができて, $x(0)=x_0$, $v_x(0)=v_{x_0}$, $y(0)=y_0$, $v_y(0)=v_{y_0}$ を初期条件とすると

$$x(t) = \frac{1}{2}g\sin\theta\, t^2 + v_{x_0}t + x_0 \tag{4.80}$$

$$y(t) = v_{y_0}t + y_0 \tag{4.81}$$

となり，初期条件に対応する運動が時刻 t の関数として求まる。

数学的には式 (4.80), (4.81) の組は媒介変数 t を用いた曲線を表す式であるといういい方もできる。式 (4.81) を t について逆解きすることで,

$$t(y) = \frac{y-y_0}{v_{y_0}} \tag{4.82}$$

と求まる。これを式 (4.80) に代入すると，x を y で表す式

$$x(y) = \frac{1}{2}\frac{g\sin\theta}{v_{y_0}^2}y^2 + \frac{1}{v_{y_0}}\left(v_{x_0} - \frac{g\sin\theta y_0}{v_{y_0}}\right)y + \frac{g\sin\theta}{2v_{y_0}^2}y_0^2 + x_0 - \frac{v_{x_0}}{v_{y_0}}y_0 \tag{4.83}$$

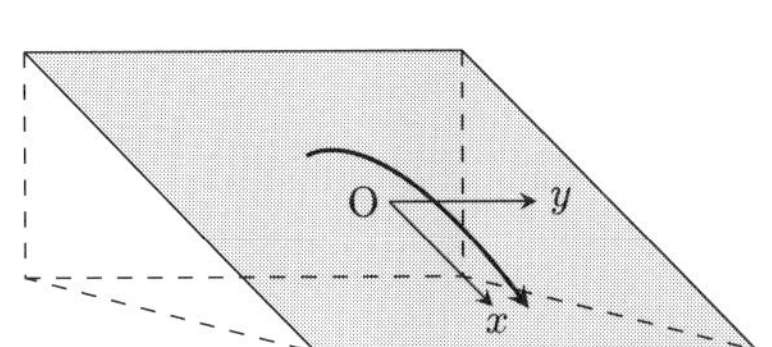

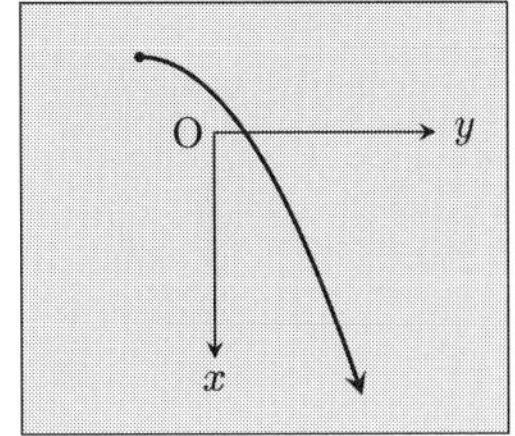

図 4.15　斜面上で放物線を描く運動

が得られる。これは放物線を表す式になっている (図 4.15)。つまり，空気抵抗が小さい極限では，ボールなどの質点とみなせる物体の運動は地上付近では放物線を描くことを力学的に導出したことを示している。

斜面をすべる質点の力学的エネルギー　この系の力学的エネルギーは 1 次元の場合と同じように求められる。この系は z 方向には運動しないので本質的には 2 次元での運動であり，式 (4.77) $\times \left(\dfrac{dx}{dt}\right)$ + 式 (4.78)$\times \left(\dfrac{dy}{dt}\right)$ を変形して

$$\frac{d}{dt}\frac{m}{2}(v_x^2 + v_y^2) = mg\sin\theta\frac{dx}{dt} \tag{4.84}$$

が得られる。これを $t = 0$ から t まで積分して移項することで

$$\frac{m}{2}(v_x(t)^2 + v_y(t)^2) - mgx\sin\theta = \frac{m}{2}(v_{x_0}^2 + v_{y_0}^2) - mgx_0\sin\theta \tag{4.85}$$

という力学的エネルギー保存則が導かれる。これは，x 成分，y 成分それぞれの成分の力学的エネルギーの和になっており，明らかにそれぞれの成分で保存している。

一般には 3.6 節で見たように，運動方程式と速度との内積をとることで

$$\frac{m}{2}\frac{d}{dt}\boldsymbol{v}^2 = \boldsymbol{F}\cdot\frac{d\boldsymbol{r}}{dt} \quad (\text{ただし，} \boldsymbol{v}^2 = \boldsymbol{v}\cdot\boldsymbol{v}) \tag{4.86}$$

という式が得られ，**単位時間あたりの運動エネルギーの増加は外力による質点への単位時間あたりの仕事でもたらされる**という式が得られる。この式は，斜面をすべる質点の運動では式 (4.84) と対応する。ここで，力 $\boldsymbol{F}$ は**ナブラ演算子** ∇ (付録 B で詳述) を用いて

$$\boldsymbol{F} = -\nabla U(x, y) = -\left(\boldsymbol{e}_x\frac{\partial U}{\partial x} + \boldsymbol{e}_y\frac{\partial U}{\partial y}\right) \tag{4.87}$$

で与えられるとする。式 (4.87) 右辺の括弧内の量を**勾配** (gradient) といい，ナブラ演算子を使う代わりに $\mathrm{grad}\, U$ と表すことも多い。これは関数 U が最も急に変化する方向，すなわち「転がりやすい方向 (勾配が最もきつい方向)」のベクトルを表している。3 次元デカルト座標系ではナブラ演算子は

$$\nabla = \boldsymbol{e}_x \frac{\partial}{\partial x} + \boldsymbol{e}_y \frac{\partial}{\partial y} + \boldsymbol{e}_z \frac{\partial}{\partial z} \tag{4.88}$$

で定義される微分演算子である (詳細は付録 B 参照)。2 次元の場合，

$$\boldsymbol{F} \cdot \frac{d\boldsymbol{r}}{dt} = -\frac{\partial U}{\partial x}\frac{dx}{dt} - \frac{\partial U}{\partial y}\frac{dy}{dt} = -\frac{dU}{dt} \tag{4.89}$$

となる。この変形にあたって式 (1.34) を用いた。よって式 (4.89) から，式 (4.86) の右辺は関数 $U(x(t), y(t))$ の t 微分となる。したがって，

$$\frac{d}{dt}\left(\frac{m}{2}\boldsymbol{v}^2 + U\right) = 0 \tag{4.90}$$

と書き換えることができる。式 (4.90) の両辺を t で積分することで

$$\frac{m}{2}\boldsymbol{v}(t)^2 + U(x(t), y(t)) = \frac{m}{2}\boldsymbol{v}_0^2 + U(x(0), y(0)) \tag{4.91}$$

となり，保存則が出てくる。この場合

$$\frac{m}{2}\boldsymbol{v}^2 + U \tag{4.92}$$

が力学的エネルギーであり，式 (4.90) はその保存を表す式となる。第 1 項は運動エネルギー，第 2 項の U は位置エネルギー (ポテンシャル) である。

4.2.2　抵抗力が働く場合

「力がベクトルであり，ベクトルは大きさと方向をもつ」ということを考える題材として，地上で質点を角度 θ で投げ上げる場合を考える。ただし，質点には重力以外に空気の抵抗力が働くとする。

例題 4.5：2 次元系で速度に比例する抵抗力が働く場合

地上で質点を角度 θ で投げ上げる場合を考える。ただし，質点には重力以外に速度に比例する抵抗力が働くとする。このとき次の問いに答えよ。

(1) 運動方程式を立て，その一般解を求めよ。

(2) この系において，力学的エネルギーが保存しないことを確かめよ。

解答　(1) 一般にベクトル $\boldsymbol{f}$ は

$$\boldsymbol{f} = \frac{f}{f}\boldsymbol{f} = f\boldsymbol{e}_f, \quad \boldsymbol{e}_f \equiv \frac{\boldsymbol{f}}{f}$$

と変形できる。ここで $f = |\boldsymbol{f}|$ である。数学的には単に $1 = f/f$ を掛けて変形しただけだが，右辺は大きさが f で方向が $\boldsymbol{e}_f$ で与えられることを意味する式になっている。次元という観点から考えても，左辺の $[\boldsymbol{f}]$ の次元は右辺の f が担っており，$\boldsymbol{e}_f$ は明らかに無次元であるから，単位系に依らず大きさが 1 である方向だけを表すベクトル (単位ベクトル) となっていることがわかる。

さて，図 4.16 をもとに「速度に比例する抵抗力」を「数訳」しよう。「比例する」ので，比例係数を例題 4.3 と同じように $m\gamma$ とおく。すると抵抗力の大きさは $m\gamma v$ であり，その方向は「抵抗」であるから速度と逆方向を向くので，$\boldsymbol{v}$ にマイナスをつけて

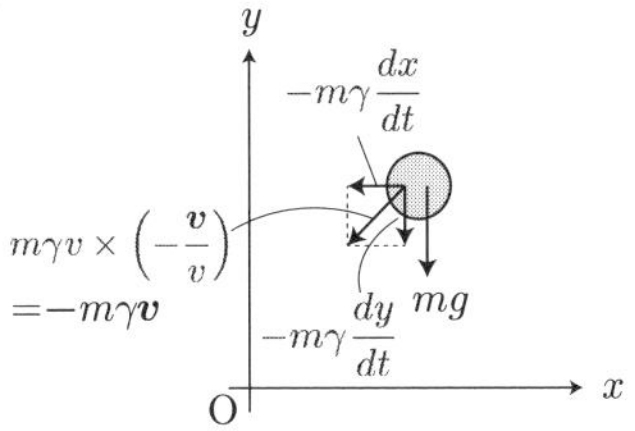

図 4.16

$$-\boldsymbol{e}_v = -\frac{\boldsymbol{v}}{v}$$

となる。よって，抵抗力はその大きさと方向の積として次のように表せる：

$$m\gamma v \times \left(-\frac{\boldsymbol{v}}{v}\right) = -m\gamma\boldsymbol{v}$$

抵抗力以外に重力が働くので，$\boldsymbol{g}$ を大きさが重力加速度 g で向きが鉛直下向き ($-y$ 方向) のベクトルであるとして，運動方程式は

$$m\frac{d^2\boldsymbol{r}}{dt^2} = m\boldsymbol{g} - m\gamma\boldsymbol{v} \tag{4.93}$$

となる。この運動は明らかに鉛直平面内で行われるので，水平方向に x 軸，鉛直上向きに y 軸をとると，4.2.1 項で議論したように，運動方程式 (4.93) と $\boldsymbol{e}_x, \boldsymbol{e}_y$ との内積をとることで

$$m\frac{d^2x}{dt^2} = -m\gamma\frac{dx}{dt}$$
$$m\frac{d^2y}{dt^2} = -mg - m\gamma\frac{dy}{dt}$$

が得られる。これは 1 次元の運動 2 つに分離することを示しており，それぞれの式は式 (4.61) で $g \to 0$，$g \to -g$ と置いた場合に対応するので，式 (4.64) でこの置き換え

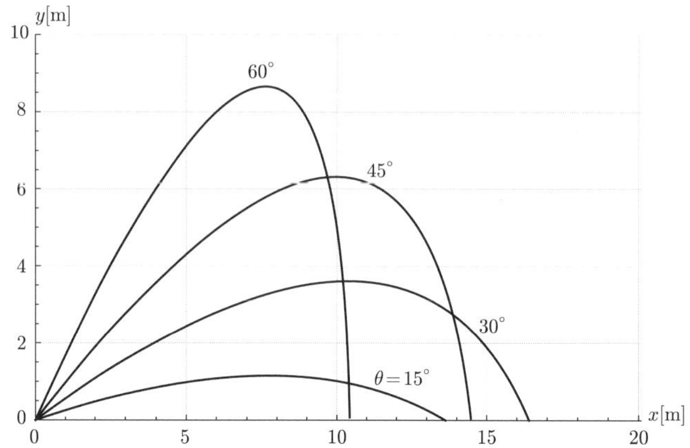

図 4.17　$\gamma = 0.5\ \mathrm{s}^{-1}$, $v_0 = 21.0\ \mathrm{m\,s}^{-1}$ のときの質点の軌跡。空気抵抗のない場合とは異なり軌跡は放物線にはならない。

をすることにより一般解が得られる。初速を v_0 とし，$v_{0x} = v_0 \cos\theta$, $v_{0y} = v_0 \sin\theta$ とおくと，x 成分の速度と位置は次のように与えられる。

$$v_x(t) = v_{0x} e^{-\gamma t}, \quad x(t) = \frac{v_{0x}}{\gamma}(1 - e^{-\gamma t})$$

同様に y 方向の速度と位置は次のようになる。

$$v_y(t) = \left(v_{0y} + \frac{g}{\gamma}\right) e^{-\gamma t} - \frac{g}{\gamma}, \quad y(t) = \frac{v_{0y} + g/\gamma}{\gamma}(1 - e^{-\gamma t}) - \frac{g}{\gamma} t$$

質点の軌跡 $y(x)$ を図 4.17 に示した。

(2) 力学的エネルギーに関する議論は形式的にきれいに行うことができる。これまでと同様に運動方程式の両辺に $\boldsymbol{v}$ を掛けて変形すると

$$\frac{dE}{dt} = -m\gamma v^2 \quad \left(ただし, E \equiv \frac{m}{2}v^2 + mgy\right) \tag{4.94}$$

という式が得られる。力学的エネルギーの表式は式 (4.85) と一見ちがうが，これは座標軸のとり方を変えた $(y \to x,\ x \to -y)$ からで，本質的に同じである。

抵抗力が働く場合，抵抗力の意味から明らかであるが，エネルギーは保存しない。エネルギーの減少率は式 (4.94) の右辺で与えられる。そしてその減少率は当然であるが，抵抗の大きさに依存することが導かれている。 ■

問 4.4　例題 4.5 と同じ系で，今度は抵抗力が速さの 2 乗に比例する場合を考える。このとき運動方程式を立て，力学的エネルギーが保存しないことを確かめよ。

4.3　仕事と位置エネルギー

3.6 節で仕事という概念を導入し，4 章の議論を進めていく中でも，たびたびこの概念を使ってきた。本節では仕事について詳しく見ていき，そこから保存力，位置エネルギーという概念を導出する。

4.3.1　仕事の定義

高校物理では，運動の方向と力の方向が同じでかつ直線的である場合に，式 (3.58) で仕事が与えられると習う。しかし一般には，運動の方向と力の方向が一致することはないし運動も直線的ではない。このような場合に，この式がどのように一般化されるかを考える。

まずは，質点が一定の力 $\boldsymbol{F}$ を受けながら直線上を s だけ動いたとすると (図 4.18)，力と動いた方向のなす角を θ として外力が質点に行った仕事は

$$W = (F\cos\theta)\cdot s \tag{4.95}$$

と一般化される。この式は，仕事が (動いた方向の力)×(動いた距離) として定義される。この式を少し書き換えると，(力)×(力の方向の距離) という解釈も成立する：

$$W = F\cdot(s\cos\theta) \tag{4.96}$$

よって，一般には力 $\boldsymbol{F}$ で $\boldsymbol{s}$ だけ動いたとすると

$$\boxed{W = \boldsymbol{F}\cdot\boldsymbol{s}} \tag{4.97}$$

と表せることがわかる。つまり，式 (3.58) を力と変位がベクトルであるとい

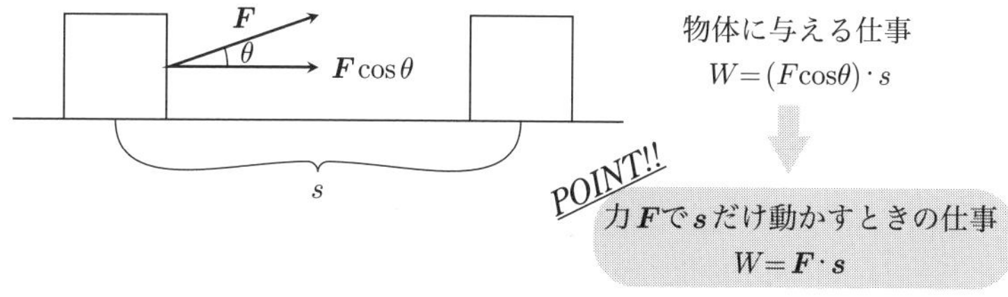

図 4.18　仕事の定義

う事実に基づいて一般化すると，「**仕事は力と変位ベクトルの内積の形になる**」ということである。

式 (4.97) から，力と進行方向が垂直であれば力は仕事をしないことがわかる。これが振り子の運動を考える際に力学的エネルギー (4.43) に張力が現れなかった理由である。つまり，運動の方向と張力は常に垂直なので張力は仕事をしないのである。

また，もとの進行方向とは逆向きに動かすと，それは式としては $\boldsymbol{s} \to -\boldsymbol{s}$ と置き換えることに対応するので，仕事も $W \to -W$ とマイナスが出る。つまり，仕事は正にも負にもなるということであり，動かす方向も重要な意味をもつということである。

問 4.5　振り子の運動において張力が仕事をしないことを本文中で述べた。物体のあらゆる運動を思い起こして，同じように仕事に寄与しない力はないだろうか?

4.3.2　仕事と線積分

現実には運動の軌跡は直線ではないので，動いた距離を十分直線とみなせるくらいに小さな区間 $d\boldsymbol{s}_i\,(i = 1,\,2,\cdots,f)$ に分割して考える (図 4.19)。微小区間を考えるのであれば，各点で働く力 $\boldsymbol{F}_i$ も一定であると考えることができ，各区間での対応する仕事 dW_i は各点での力 $\boldsymbol{F}_1, \boldsymbol{F}_2, \cdots, \boldsymbol{F}_i, \cdots, \boldsymbol{F}_f$ との内積で書ける：

$$dW_i = \boldsymbol{F}_i \cdot d\boldsymbol{s}_i \tag{4.98}$$

これを全区間で足し合わせると，区間を無限小にとる極限で

$$W_{\mathrm{A}\to\mathrm{B}} = \int_{\mathrm{A}}^{\mathrm{B}} dW = \int_{\mathrm{A}}^{\mathrm{B}} \boldsymbol{F} \cdot d\boldsymbol{s} \tag{4.99}$$

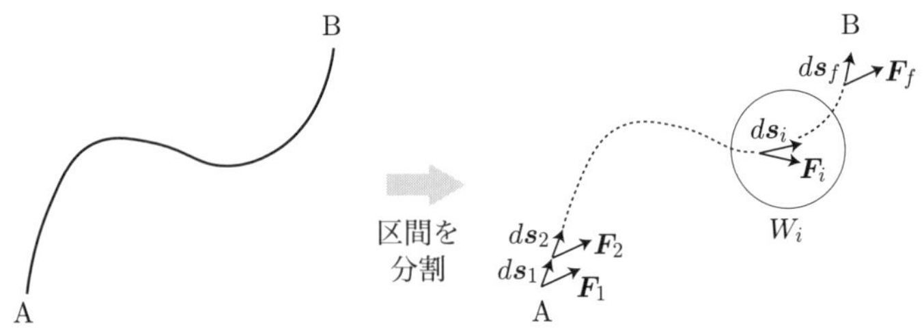

図 4.19　微小区間 $d\boldsymbol{s}_i\,(i = 1,\,2,\cdots,f)$ の仕事 W_i

と線積分 (2.4 節参照) で表すことができる。ここで積分区間 A, B は位置 A, B を表している。また，A→B という経路に沿った仕事であることを明示するために添字をつけて $W_{\mathrm{A}\to\mathrm{B}}$ と仕事を表した。

一方，B→A に沿った仕事は各点で微小変位 $d\boldsymbol{s}_i$ の向きを変える。つまり，$d\boldsymbol{s}_i \to -d\boldsymbol{s}_i$ として各区間の微小な仕事 (4.98) を足し合わせることで得られるので

$$W_{\mathrm{B}\to\mathrm{A}} = -\int_{\mathrm{A}}^{\mathrm{B}} \boldsymbol{F}\cdot d\boldsymbol{s} = \int_{\mathrm{B}}^{\mathrm{A}} \boldsymbol{F}\cdot d\boldsymbol{s} = -W_{\mathrm{A}\to\mathrm{B}} \tag{4.100}$$

と表せ，向きを逆転した場合にも仕事の正負が反転することがわかる。

実際に，質点が運動しているときの $d\boldsymbol{s}$ は各時刻での変位と次のように対応する。

$$d\boldsymbol{s}_i \Longleftrightarrow \boldsymbol{v}(t)dt = d\boldsymbol{r}_i \tag{4.101}$$

したがって，$\boldsymbol{r}(t)$ と各地点 (時刻) での力が与えられたとき，位置 A から B へ動く際にその力が質点になす仕事は

$$W = \int_{\mathrm{A}}^{\mathrm{B}} \boldsymbol{F}\cdot d\boldsymbol{r} = \int_{t(\mathrm{A})}^{t(\mathrm{B})} \left(\boldsymbol{F}\cdot\frac{d\boldsymbol{r}}{dt}\right) dt \tag{4.102}$$

と書ける。右辺は式 (4.86) の右辺を t で積分したものになっていて，$t(\mathrm{A})$, $t(\mathrm{B})$ はそれぞれ始点と終点に質点がいる時刻を表す。式変形という意味では，「**式 (4.102) 中辺において $\boldsymbol{F}$ および $\boldsymbol{r}$ が時刻 t のみの関数であるとして変数変換して導いた式である**」という解釈も成立する。

式 (4.86) の左辺を $t(\mathrm{A})$ から $t(\mathrm{B})$ まで時間積分すると，

$$\int_{t(\mathrm{A})}^{t(\mathrm{B})} \frac{d}{dt}\frac{m}{2}\boldsymbol{v}^2 dt = \int_{\boldsymbol{v}_{\mathrm{A}}^2}^{\boldsymbol{v}_{\mathrm{B}}^2} d\left(\frac{m}{2}\boldsymbol{v}^2\right) = \frac{m}{2}\boldsymbol{v}_{\mathrm{B}}(t)^2 - \frac{m}{2}\boldsymbol{v}_{\mathrm{A}}(t)^2 \tag{4.103}$$

となる。この結果が式 (4.102) の右辺と等しい。

問 4.6 電荷 q の質点が速度 $\boldsymbol{v}$ で磁束密度 $\boldsymbol{B}$ (一定) の中を運動している。このとき電荷 q の質点が受ける力は $\boldsymbol{F} = q\boldsymbol{v}\times\boldsymbol{B}$ となる。この力を**ローレンツ力**という。このローレンツ力が仕事をしないことを示せ。

4.3.3　仕事が経路に依らない場合

仕事は一般にその定義から経路に依るが，力がある条件を満たすと経路に依らない値をとるようになる。つまり，A と B という 2 点の情報のみに依存する値をもつということなので，式 (4.102) 中辺は，力 $\boldsymbol{F}$ の原始関数を $U(\boldsymbol{r})$ と表せば，

$$\int_{\mathrm{A}}^{\mathrm{B}} \boldsymbol{F} \cdot d\boldsymbol{r} = -U(\mathrm{B}) + U(\mathrm{A}) = -U(\mathrm{B}) - (-U(\mathrm{A})) \tag{4.104}$$

と書け，端点の関数の差で表せる。関数 U の引数は $\boldsymbol{r}_{\mathrm{B}}$ のように明示的に位置であることがわかるように書くことも多い。相対的にマイナスが出ることは，A から C，C から B という経路をとった場合の仕事を考えればすぐ理解できる (図 4.20)。

ここまでの結果を踏まえて，式 (4.86), (4.102), (4.103), (4.104) より

$$\frac{m}{2}\boldsymbol{v}_{\mathrm{B}}(t)^2 - \frac{m}{2}\boldsymbol{v}_{\mathrm{A}}(t)^2 = U(\mathrm{A}) - U(\mathrm{B}) \tag{4.105}$$

という式が成立することがわかる。これは「**獲得した運動エネルギーはなされた仕事に等しい**」ということを意味する式となっている。これを書き換えると，位置 A, B の力学的エネルギー保存を表す式

$$\frac{m}{2}\boldsymbol{v}_{\mathrm{B}}(t)^2 + U(\mathrm{B}) = \frac{m}{2}\boldsymbol{v}_{\mathrm{A}}(t)^2 + U(\mathrm{A}) \tag{4.106}$$

となる。式 (4.106) のように書き換えると，この $U(\boldsymbol{r})$ が「位置」エネルギーとしての意味をもつことがはっきりとし，力がある条件を満たすとき，力学的

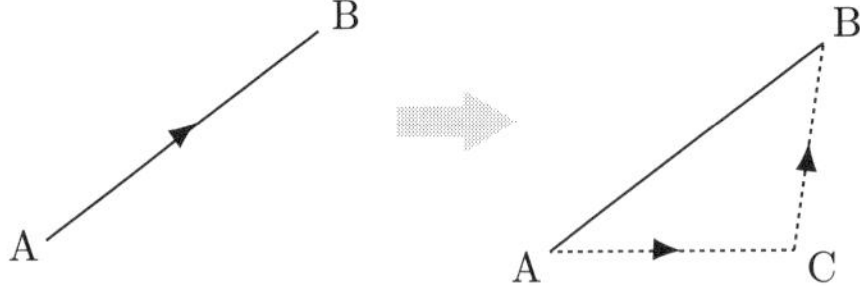

力がある条件を満たすとき

(A→Bの仕事)＝(A→Cの仕事)＋(C→Bの仕事)

$U(\mathrm{C}) - U(\mathrm{A})$　　$U(\mathrm{B}) - U(\mathrm{C})$

図 4.20　力がある条件を満たすとき，A→B の仕事は A→C, C→B の仕事の和に分離できる。

エネルギーの保存を表す式が得られることがわかる。いい換えると，仕事が経路に依らないということから力学的エネルギー保存則 (4.106) が出てくるわけである。また，式 (4.104) 右辺のように式変形したのは，$U(\boldsymbol{r})$ が位置エネルギーであることを念頭に置いていたからである (式 (4.54) 参照)。

位置エネルギーと保存力　では，なぜ $U(\boldsymbol{r})$ が位置エネルギーとよばれるか，その意味を見よう。式 (4.104) において，位置 A と B が無限小 $d\boldsymbol{r}$ だけ離れているとする。つまり位置 A を $\boldsymbol{r}$，B を $\boldsymbol{r}+d\boldsymbol{r}$ と与えると，

$$\int_{\boldsymbol{r}}^{\boldsymbol{r}+d\boldsymbol{r}} \boldsymbol{F}\cdot d\boldsymbol{r} = -U(\boldsymbol{r}+d\boldsymbol{r}) + U(\boldsymbol{r}) \tag{4.107}$$

$$\boldsymbol{F}\cdot d\boldsymbol{r} = -\nabla U(\boldsymbol{r})\cdot d\boldsymbol{r} \tag{4.108}$$

となる。1 行目から 2 行目への変形では，左辺は積分区間が微小であること，右辺は 1.3.2 項の式 (1.28) と同じ変形をし，式 (4.88) を適用した。したがって，

$$\boxed{\boldsymbol{F} = -\nabla U(\boldsymbol{r})} \tag{4.109}$$

が成り立つ。式 (4.109) のようにある関数の勾配として表される力を**保存力**という。保存力と名づけられた理由は，力学的エネルギーを保存する力だからである。

一般に力 $\boldsymbol{F}$ が保存力で表される場合，

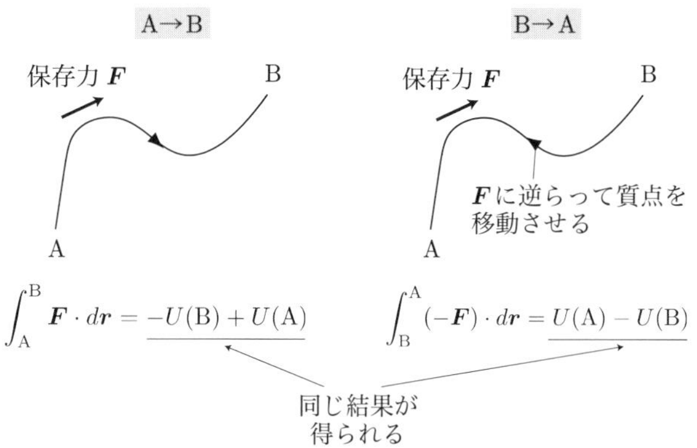

図 4.21　保存力と位置エネルギー

$$\int_{\mathrm{A}}^{\mathrm{B}} \boldsymbol{F}\cdot d\boldsymbol{r} = \int_{\mathrm{A}}^{\mathrm{B}} (-\nabla U(\boldsymbol{r}))\cdot d\boldsymbol{r} = -\int_{\mathrm{A}}^{\mathrm{B}} dU = -U(\mathrm{B}) + U(\mathrm{A}) \quad (4.110)$$

となり，微小な仕事が $U(\boldsymbol{r})$ の微分として書けるので，確かに仕事は経路に依らなくなる。また，力 $\boldsymbol{F}$ に逆らって質点を B→A へと移動させることを考えると，このとき質点に対して加える仕事は，

$$\int_{\mathrm{B}}^{\mathrm{A}} (-\boldsymbol{F})\cdot d\boldsymbol{r} = \int_{\mathrm{B}}^{\mathrm{A}} \nabla U(\boldsymbol{r})\cdot d\boldsymbol{r} = \int_{\mathrm{B}}^{\mathrm{A}} dU = U(\mathrm{A}) - U(\mathrm{B}) \quad (4.111)$$

となり，力 $\boldsymbol{F}$ が A→B で質点に対してした仕事に等しい。いい換えると，位置 A に存在することにより潜在的に力が与えることのできるエネルギーに等しい (図 4.21)。この「位置」A にあることを強調して $U(\boldsymbol{r})$ は**位置エネルギー**とよばれる。また，潜在的に与えることのできるエネルギーという側面を強調して**ポテンシャル (エネルギー)** ということもある。

周回経路と保存力　異なるやり方で仕事が経路に依らない場合に働いている力が式 (4.109) と同じ形で表されることを見ておこう。今度は A→B と移動させる際に 2 つの経路 C_1, C_2 を考える。

仕事が経路 C_1, C_2 に依らない場合，

$$\int_{\mathrm{A}\to C_1}^{\mathrm{B}} \boldsymbol{F}\cdot d\boldsymbol{r} = \int_{\mathrm{A}\to C_2}^{\mathrm{B}} \boldsymbol{F}\cdot d\boldsymbol{r} \quad (4.112)$$

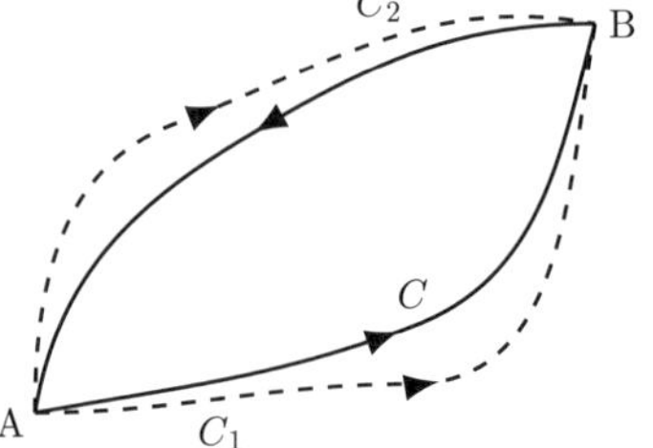

図 4.22　経路 C_1, C_2 とそれを連結した経路 C

が成立するが，この右辺を左辺に移項すると，

$$\int_{\mathrm{A}\to C_1}^{\mathrm{B}} + \int_{\mathrm{B}\to C_2}^{\mathrm{A}} \boldsymbol{F}\cdot d\boldsymbol{r} = \oint_C \boldsymbol{F}\cdot d\boldsymbol{r} \quad (4.113)$$

となる。左辺の第 2 項は式 (4.100) の関係を使って変形した。さらにこの等号では，左辺が全体として A→B→A と 1 周しているので，その 1 周を表す経路を C とし，そこで 1 周していることを示す線積分の記号 $\oint_C$ を用いて全体の積分を表した。

この 1 周した積分というのは**ストークスの定理** (付録 B.6 節参照) を使って経路 C を縁とする面 S 上での積分 (面積分 (2.4 節参照)) として書き直せる。ストークスの定理とは，ベクトル $\boldsymbol{F}$ に対して，

$$\int_S (\nabla \times \boldsymbol{F}) \cdot d\boldsymbol{A} = \int_C \boldsymbol{F} \cdot d\boldsymbol{r} \tag{4.114}$$

が成り立つことを指す。C が S の縁であることを表す記号 $C = \partial S$ を使うと式 (4.113) 右辺は

$$\oint_C \boldsymbol{F} \cdot d\boldsymbol{r} = \oint_{\partial S} \boldsymbol{F} \cdot d\boldsymbol{r} = \int_S (\nabla \times \boldsymbol{F}) \cdot d\boldsymbol{A} = 0 \tag{4.115}$$

と等価になる。ストークスの定理の証明は他の本に譲るとして式の説明を行う。なお積分領域 S は C を縁とする面で，縁さえ C にとってあればどのような形状の面でもよいことはガウスの定理 (付録 B.6 節参照) を使って示せる。

式 (4.115) の右辺について詳しく述べよう。図 4.23 で表したように，$d\boldsymbol{A}$ は S 上の微小な面 (面積は dA) で，向きはその微小な面の法線方向を向いているベクトルである。dA は非常に小さい (＝無限小の) 面積なので平面とみなすことができて，平面はそれに垂直な方向 (単位法線ベクトル $\boldsymbol{n}$) をもっていることからこのような量を考えることが可能となる。

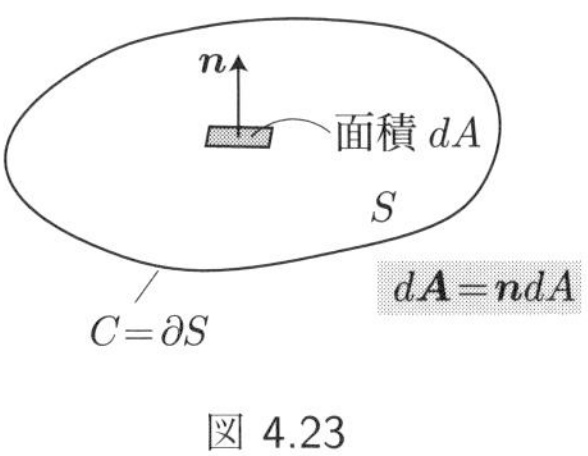

図 4.23

また，$\nabla \times \boldsymbol{F}$ はナブラ演算子とベクトル $\boldsymbol{F}$ との外積で，p.71 で説明したように演算を行えばよい。2 次元の場合

$$\nabla \times \boldsymbol{F} = \left(\boldsymbol{e}_x \frac{\partial}{\partial x} + \boldsymbol{e}_y \frac{\partial}{\partial y} \right) \times (F_x \boldsymbol{e}_x + F_y \boldsymbol{e}_y) \tag{4.116}$$

を計算することで得られる。まず，右辺の括弧内の第 1 項どうしの演算は

$$\boldsymbol{e}_x \frac{\partial}{\partial x} \times F_x \boldsymbol{e}_x = \boldsymbol{e}_x \frac{\partial F_x}{\partial x} \times \boldsymbol{e}_x + \boldsymbol{e}_x F_x \times \frac{\partial \boldsymbol{e}_x}{\partial x} = \boldsymbol{0} \tag{4.117}$$

となる。ここで，式 (4.117) 中辺の第 1 項は $\boldsymbol{e}_x \times \boldsymbol{e}_x$ があるので $\boldsymbol{0}$ になり，第 2 項は $\boldsymbol{e}_x$ が場所によらないので $\boldsymbol{0}$ になる。(一般には基底の微分は $\boldsymbol{0}$ ではないので，第 2 項に相当する部分の寄与は存在する (たとえば付録 B.1.2 項参照))。同様に，∇ の第 1 項と $\boldsymbol{F}$ の第 2 項から

$$\boldsymbol{e}_x \frac{\partial}{\partial x} \times F_y \boldsymbol{e}_y = \boldsymbol{e}_x \frac{\partial F_y}{\partial x} \times \boldsymbol{e}_y + \boldsymbol{e}_x F_y \times \frac{\partial \boldsymbol{e}_y}{\partial x} = \boldsymbol{e}_z \frac{\partial F_y}{\partial x} \tag{4.118}$$

という寄与が出る。式 (4.118) 中辺の第 2 項は同様に基底が座標に依らないこ

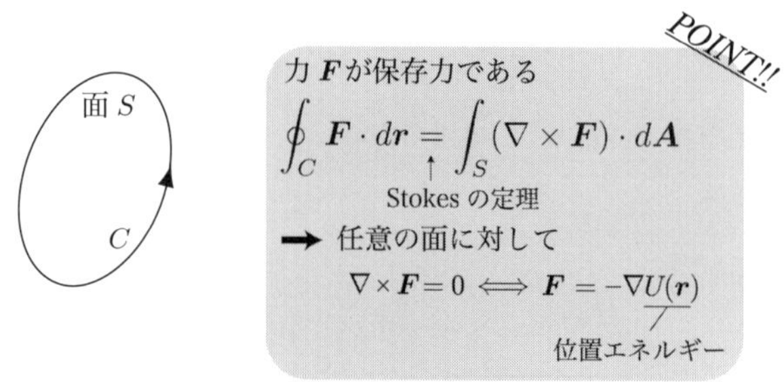

図 4.24　周回経路と保存力 (まとめ)

とから $\mathbf{0}$ になるが，第 1 項は $\boldsymbol{e}_x \times \boldsymbol{e}_y = \boldsymbol{e}_z$ より寄与が残る。同様の計算をすることで，式 (4.116) の計算結果は

$$\nabla \times \boldsymbol{F} = \boldsymbol{e}_z \left(\frac{\partial F_y}{\partial x} - \frac{\partial F_x}{\partial y} \right) \tag{4.119}$$

となることがわかる。

$\nabla \times \boldsymbol{F}$ は，式 (4.87) を勾配とよんだことに対応して**回転** (rotation) とよばれ，rot $\boldsymbol{F}$ と書くことも多い。実際，この量は $\boldsymbol{F}(\boldsymbol{r})$ というベクトル場の渦の度合いを表す。ベクトル場の渦の度合いを想像するには，渦潮を思い浮かべればよい。渦潮の流れは各点で渦の流れの強さとその方向を表すベクトルを対応させることで表現できることは直感的にわかると思う (実際，流体力学ではそのように表す)。そして，このようなベクトル場の回転は確かに回転の方向 (右ねじの進む向きとして表す) とその強さを表すベクトルとなっている。式 (4.119) では 2 次元の場合における回転の式を表したが，3 次元の回転の表式は付録 B.2 節に記した。

図 4.22 における経路 C_1, C_2 は位置 A, B さえ通れば任意でよいので，結局仕事が経路に依らないというのは，式 (4.112) から (4.115) への式変形を考えると，式 (4.115) が任意の面に対して成立すべし，つまり

$$\boxed{\nabla \times \boldsymbol{F} = \mathbf{0}} \tag{4.120}$$

と書くことができる。この式は実は数学的には力 $\boldsymbol{F}$ がある関数の勾配で書けるということと同値であり，つまり力が式 (4.109) のように表せるということを示している。

例題 4.6：保存力と位置エネルギー

次の (1) から (3) で記した力 $\boldsymbol{F} = (F_x, F_y)$ について保存力であるかどうかを確かめよ。また，保存力である場合は位置エネルギーも求めよ。

(1) $F_x = 0,\ F_y = -mg$ (2) $F_x = y,\ F_y = 3x$

(3) $F_x = y,\ F_y = ax$ (a は定数)

解答 (1) 式 (4.119) に力の各成分を代入し，式 (4.120) が成立すればその力は保存力ということになる。本問の場合，力の成分は変数によらず一定のため，式 (4.120) が成り立つのは明らかである。よって本問の力 $\boldsymbol{F}$ は保存力であり，その位置エネルギーは式 (4.87) または (4.109) より，

$$0 = -\frac{\partial U}{\partial x}, \quad -mg = -\frac{\partial U}{\partial y}$$

を解けばよい。$U(x, 0) = 0$ ($y = 0$ を位置エネルギーの基準点にとる) とすれば，$U(x, y) = mgy$ とわかる。

(2)

$$\frac{\partial F_y}{\partial x} = 3, \quad \frac{\partial F_x}{\partial y} = 1$$

より，本問の力 $\boldsymbol{F}$ は保存力ではない。

(3)

$$\frac{\partial F_y}{\partial x} = a, \quad \frac{\partial F_x}{\partial y} = 1$$

より，$a \neq 1$ のときは保存力ではないが，$a = 1$ のときは保存力になる。

$a = 1$ のとき，式 (4.87) は

$$-\frac{\partial U}{\partial x} = y, \quad -\frac{\partial U}{\partial y} = x$$

となる。上式のうち，1 つ目の式に対して 0 から x まで x で積分すると，

$$\int_0^x -\frac{\partial U}{\partial x} dx = \int_0^x y\,dx \qquad \therefore\ -U(x, y) + U(0, y) = xy$$

同様に 2 つ目の式に対して 0 から y まで y で積分すると，$-U(x, y) + U(x, 0) = xy$ が得られるので，$U(x, 0) = U(0, y) = 0$ を境界条件とすれば $U(x, y) = -xy$ が位置エネルギーとなる。 ■

例題 4.7：重力による仕事は経路に依らない

図 4.25 に示すように，y 軸下向きに重力のみ働く系を考える。このとき $\mathrm{A}(a, a)$ から $\mathrm{B}(0, 0)$ へ行く経路として 2 通りの経路を考える。次の問いに答えよ。

(1) 経路 C_1 に沿って質点を移動させたときの重力による仕事を求めよ。
(2) 経路 C_2 に沿って質点を移動させたときの重力による仕事を求めよ。

解答　(1) 経路 C_1 に沿って質点を移動させたときの重力による仕事は次のようになる。

$$\begin{aligned}\int_{C_1} \boldsymbol{F}\cdot d\boldsymbol{r} &= \left(\int_{\mathrm{A}}^{\mathrm{D}} + \int_{\mathrm{D}}^{\mathrm{B}}\right)\boldsymbol{F}\cdot d\boldsymbol{r} = \int_{\mathrm{A}}^{\mathrm{D}} (F_x dx + F_y dy) + \int_{\mathrm{D}}^{\mathrm{B}} (F_x dx + F_y dy)\\ &= \int_a^a 0\ dx + \int_a^0 (-mg)dy + \int_a^0 0\ dx + \int_0^0 (-mg)dy\\ &= mga\end{aligned} \tag{4.121}$$

(2) 経路 C_2 はいろいろな表し方があるがここでは媒介変数 u を用いて表そう。直線の式 $y = x$ より，$y = u$，$x = u$ とおけ，u 自体は a から 0 へと値を変えるとすることで，経路 C_2 は表現できる。この表示のもとで微小な仕事 dw は

$$\begin{aligned}dw &= \boldsymbol{F}\cdot d\boldsymbol{r} = \boldsymbol{F}\cdot\frac{d\boldsymbol{r}}{du}du\\ &= 0\frac{dx}{du}du + (-mg)\frac{dy}{du}du = -mgdu\end{aligned}$$

となり，媒介変数で書き直すことができる。したがって，全仕事はこれを経路に沿って足し合わせればよく

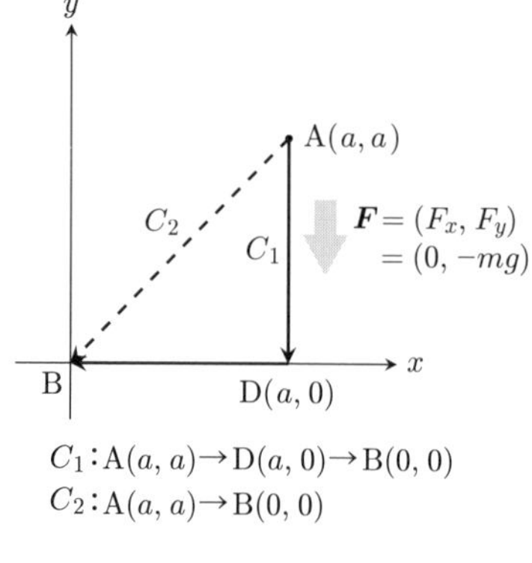

図 4.25

$$W = \int_{C_2} dw = \int_a^0 -mgdu = mga$$

となり，当然だが経路 C_1 に沿った仕事 (4.121) と等しい。■

補足　一般に線積分を具体的に計算するときには，問 (2) のように，経路は明示的に媒介変数で表して，その媒介変数がどう動くかを考えるとわかりやすい。つまり，経路上の点を媒介変数を用いて $\boldsymbol{r}(u)$ と表し，u が始点 u_i から終点 u_f まで動くという形で経路は指定できる。そして仕事は

$$\int \boldsymbol{F}(\boldsymbol{r})\cdot d\boldsymbol{r} = \int_{u_i}^{u_f} \boldsymbol{F}(\boldsymbol{r}(u))\cdot\frac{d\boldsymbol{r}}{du}du$$

となり，1 変数の積分として計算できる。

4.3.4　非 保 存 力

重力による仕事は経路によらないので保存力といえたが，空気の抵抗力や摩擦力は感覚的にもわかる通り非保存力である。それを簡単な運動を通して見てみよう。

例題 4.8：摩擦力による仕事

図 4.26 にあるように，$x_0 \to x_1 \to x_0$ という経路で十分小さな物体の往復運動を考える。このとき摩擦力による仕事について議論せよ。

解答　動摩擦力は大きさが一定 (F とする) で進行方向に逆向きの力なので、図 4.26 において左から右 ($x_0 \to x_1$) に動くときは $F_x = -F$ で，逆に動くとき ($x_1 \to x_0$) は $F_x = F$ となるから，その仕事は

$$\left(\int_{x_0}^{x_1} + \int_{x_1}^{x_0}\right) F_x dx = \int_{x_0}^{x_1} -F dx + \int_{x_1}^{x_0} F dx$$
$$= -2\int_{x_0}^{x_1} F dx = -2F(x_1 - x_0) \neq 0$$

となる。これは明らかに 0 ではないので，摩擦力は保存力でないことがわかる。摩擦力が保存力となり得ないことは，保存力の条件からも明らかである。保存力であれば式 (4.109) のように各点で力が一意に与えられる。つまり，行きだろうと帰りだろうと力は同じになる。しかし，摩擦力の場合はそうはなっていない。摩擦力の場合は，場所を決めてもどちらに動いているかで力が変わってしまう。したがって，仕事を計算するまでもなく保存力ではないということがわかる。■

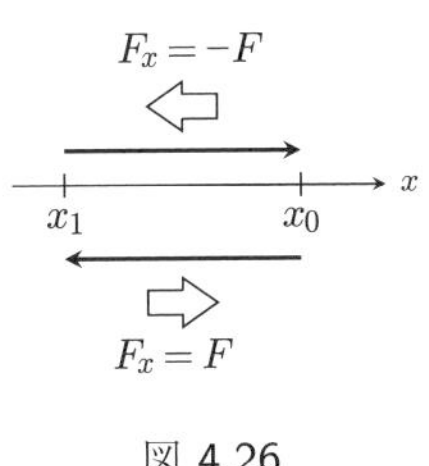

図 4.26

問 4.7　プールの中で 1 時間泳ぐと 1000 kcal 消費するそうである。ただし 1 cal = 4.18 J である。

(1) 単位時間あたりにする仕事を仕事率 [J s^{-1}] という。プール中の水がする仕事率を推定せよ。

(2) 問 (1) より，水の抵抗力を推定せよ。

▶ 4章のまとめ

質点の運動方程式を解くことで，質点の位置 $\boldsymbol{r}(t)$ や速度 $\boldsymbol{v}(t)$ がわかり，運動の様子を知ることができる。また，力学的エネルギーの保存の観点からも系の実態を把握することができる。

(1) 例：バネの単振動 (→p.96)

運動方程式：$m\dfrac{d^2x}{dt^2}=-kx \implies \dfrac{d^2x}{dt^2}+\omega^2x=0, \quad \omega=\sqrt{\dfrac{k}{m}}$

運動方程式の解：$x(t)=C\cos\omega t+D\sin\omega t=A\sin(\omega t+\delta)$

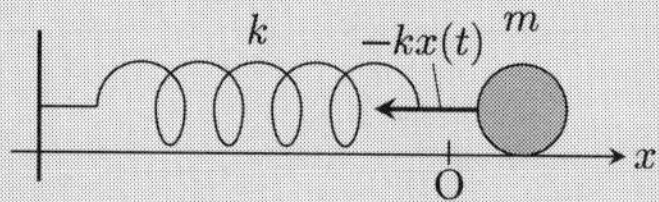

(2) 力学的エネルギー保存 (→p.105)：位置エネルギーを次のように定義する。

$$U(x)=-\int_c^{x(t)}F(x)dx$$

力 $F(x)$ が x のみに依存するとき，運動方程式の各項で $\boldsymbol{v}$ との内積をとり時刻 t で積分すると，次式が得られる。

$$\frac{m}{2}v(t)^2-\int_c^{x(t)}F(x)dx=\frac{m}{2}v(0)^2+\int_{x(0)}^{c}F(x)dx$$

$$\therefore \quad \frac{m}{2}v(t)^2+U(x(t))=\frac{m}{2}v(0)^2+U(x(0))$$

(3) 仕事 (→p.119, 120)：力 $\boldsymbol{F}$ と変位ベクトル $\boldsymbol{s}$ の内積によって表される量。

$$W=\boldsymbol{F}\cdot\boldsymbol{s}$$

変位ベクトルを $d\boldsymbol{r}$ とすると，その間に力がした仕事は $dW=\boldsymbol{F}\cdot d\boldsymbol{r}$ である。このとき，点 A から点 B まで動くまでに力 $\boldsymbol{F}$ がする仕事は次式で表される。

$$W_{\mathrm{A}\to\mathrm{B}}=\int_{\mathrm{A}}^{\mathrm{B}}\boldsymbol{F}\cdot d\boldsymbol{r}$$

(4) 保存力 (→p.106, 122)：経路 C 上で運動の始点と終点を決めたとき，その間に力 $\boldsymbol{F}$ がする仕事が経路 C に依らない力のこと (図 4.24 参照)。

$$\oint_C \boldsymbol{F}\cdot d\boldsymbol{r} = 0 \iff \nabla\times\boldsymbol{F} = 0$$

系に働く力が保存力なら力学的エネルギーは保存し，非保存力なら力学的エネルギーは保存しない。保存力 $\boldsymbol{F}$ は位置エネルギー $U(\boldsymbol{r})$ を使って次のように表される。

$$\boldsymbol{F} = -\nabla U(\boldsymbol{r})$$

演習問題 4

4.1 自然長が ℓ，バネ定数が k のバネに質量 m の質点をつるす。バネが自然長であるとき $x=0$ となるように座標をとる。このとき自然長からそっと手を離したときの運動を求めよ。

4.2 演習問題 4.1 と同じ状況を考える。

(1) 質点がバネの自然長の位置からつり合い位置まで移動する際に，重力およびバネからされる仕事を求めよ。

(2) 問 (1) で求めた仕事が質点の運動エネルギーに転化していることを確かめよ。

(3) バネの自然長の位置から最下点まで行く間に重力およびバネが質点に対してなす仕事を求めよ。

(4) 質点がつり合いの位置にあるときまでに重力およびバネがなした仕事は，何周期目であっても問 (1) で得られた値に等しい。このことを示せ。

4.3 例題 4.2 と同じ系を考える。$t=0$ で $\theta=\theta_0$ からそっと運動を開始させたとする。

(1) 最初に $\theta=0$ となるまでに張力 (大きさを T とする) と重力が質点に対してなした仕事を求めよ。

(2) 問 (1) で質点に対してなされた仕事は運動エネルギーに転化している。このことを確かめよ。

(3) 一度 $\theta=0$ を通り過ぎた後，2 度目に $\theta=0$ となるまでに重力がなした仕事を求め，問 (1) の結果と同じになることを確かめよ。

4.4 質点に対し重力のみが働いているとする。水平方向に x 軸を，垂直方向に y 軸をとる。地面のある地点に原点をとり，原点から時刻 $t=0$ に仰角 θ，初速 v_0 で打ち出す場合を考える。

(1) 最高点の高さと，そこに達する時間を求めよ。

(2) 着地点と，そこに達する時間を求めよ。

(3) 一番遠くまで届くのは仰角何度で打ち上げたときか?　とくに初速を $40\,\mathrm{m\,s^{-1}}$, $g = 9.8\,\mathrm{m\,s^{-2}}$ としたときの最長到達点を求めよ。

4.5 例題 4.3 と同じ系を考える。

(1) 高さ h から初速 $= 0$ で落下させる場合，地面に着くまでの時間を求めよ。

(2) 高さ x_0，初速 v_0 で投げ上げる場合，最高点に到達するまでの時間，最高到達点の高さ，地面に落ちるまでの時間を求めよ。

(3) $m = 100\,\mathrm{g}$, $g = 9.8\,\mathrm{m\,s^{-2}}$, $x_0 = 0$ として，γ を $\{0.3,\ 0.5\}$ $[\mathrm{s^{-1}}]$，初速を $\{10,\ 25,\ 40\}$ $[\mathrm{m\,s^{-1}}]$ ととって，それぞれの組み合わせ (全部で $2 \times 3 = 6$ 通り) に対し，最高到達点に達するまでの時間，最高到達点，地面に落ちるまでの時間を有効数字 2 桁で求めよ。

4.6 例題 4.4 と同じ系を考える。

(1) 高さ h から初速 $= 0$ で落下させる場合，地面につくまでの時間を求めよ。

(2) 高さ x_0，初速 v_0 で投げ上げる場合，最高点に到達するまでの時間，最高到達点の高さ，地面に落ちるまでの時間を求めよ。

(3) $m = 100\,\mathrm{g}$, $g = 9.8\,\mathrm{m\,s^{-2}}$, $x_0 = 0$ として，γ を $\{0.005,\ 0.01\}$ $[\mathrm{m^{-1}}]$，初速を $\{10,\ 25,\ 40\}$ $[\mathrm{m\,s^{-1}}]$ ととって，それぞれの組み合わせ (全部で $2 \times 3 = 6$ 通り) に対し，最高到達点に達するまでの時間，最高到達点，地面に落ちるまでの時間を有効数字 2 桁で求めよ。

4.7 例題 4.5 と同じ系を考える。

(1) 最高到達点に達する時刻を求めよ。

(2) どれだけ先まで届くか?

(3) $m = 100\,\mathrm{g}$, $g = 9.8\,\mathrm{m\,s^{-2}}$, $v_0 = 40\,\mathrm{m\,s^{-1}}$, $\gamma = 0.4\,\mathrm{s^{-1}}$ として到達点 (地面に着地したときの x の値) を仰角の関数として図示してみよ。また最長距離を与える仰角はいくつか読み取れ。$\gamma = 0.2\,\mathrm{s^{-1}}$ ではどうか?

4.8 円周に沿って落下する物体に重力が行う仕事を求める。水平方向に x 軸を，垂直方向に y 軸をとる。円の中心を (a, a) にとり，始点を $(0, a)$，終点を $(a, 0)$ とする。このとき，重力がなした仕事を求めよ。ただし，仕事は媒介変数による積分の形で求めること。また，この結果を $(0, a) \to (0, 0) \to (a, 0)$ と移動させたときの結果と比べよ。

5 振動・波動

本章では，4.1.3 項で述べた単振動の物理系をより複雑化させ，より一般的に振動現象について考察を加える。具体的には，質点に減衰をもたらす力を加えた場合 (減衰振動)，外から力を加えた場合 (強制振動)，バネや質点の数を複数個にした場合 (連成振動) について見る。とくにバネや質点を増やしていき，極限操作をすることで弦の振動・波動を見出すことができる。

また 4.1.4 項で見たように，質点が安定的に存在することと単振動には密接なつながりがある。本章の冒頭では，このことをより一般的な議論により導くことにする。

5.1 安定点まわりの運動

「**質点が安定に存在する**」とはどういうことかを，n 次元，1 質点系の運動を通して考えよう。位置変数を通し番号で $x_i\,(i=1,\cdots,n)$ として，運動量を p_i，位置エネルギーを $V(x_1,\cdots,x_n)$ のように表すと，i 次元目で成り立つ運動方程式は

$$\frac{dp_i}{dt}=-\frac{\partial V}{\partial x_i} \tag{5.1}$$

となる。ここで 4 章で述べたように，保存力 F_i が位置エネルギーを使って

$$F_i=-\frac{\partial V}{\partial x_i} \tag{5.2}$$

と書けることを用いた (式 (4.110) 参照)。安定点においては質点に力は働かないので，安定点を x_{i0} とすると，

$$\frac{\partial V}{\partial x_{i0}}=0 \tag{5.3}$$

が成立する。数学的にはこのような点を**停留点**という。この x_{i0} を原点とする座標をとり，改めてその座標系での位置座標を x_i とする。安定点まわりの位置エネルギーは，エネルギーの原点は任意に選べるので $V(\mathbf{0})=0$ とすると，テイラー展開の 2 次の項によって表せ，

$$V(x_1,\cdots,x_N)=\sum_{i,j}\frac{1}{2}\frac{\partial^2 V}{\partial x_i \partial x_j}x_i x_j \equiv \sum_{i,j}\frac{1}{2}V_{ij}x_i x_j \tag{5.4}$$

となることがわかる (ただし $i,\,j=1,\,2,\,\cdots,\,n$)。数学的には $V_{ij}\equiv\frac{\partial^2 V}{\partial x_i \partial x_j}$ を**ヘッセ行列**，$\sum_{i,j}V_{ij}x_i x_j$ を **2 次形式**という。V_{ij} はその定義から $V=V^{\mathrm{T}}$ の対称行列の形をしており (仮に対称でなかったとしても $x_i x_j$ が対称なので対称成分しか残らない)，付録 A.14 節より直交行列 P を上手に選ぶことで

$$PVP^{\mathrm{T}}=\begin{pmatrix} k_1 & 0 & \cdots & 0 \\ 0 & k_2 & \cdots & 0 \\ \vdots & \vdots & \ddots & \vdots \\ 0 & 0 & \cdots & k_n \end{pmatrix} \tag{5.5}$$

と対角化できることがわかる。このときこれに付随する新たな変数として

$$X_i=\sum_j P_{ij}x_j \tag{5.6}$$

を定義すると，安定点まわりでの位置エネルギーは式 (5.4) から (5.6) より

$$V(x_1,\cdots,x_n)=\sum_i\frac{1}{2}k_i X_i^2 \tag{5.7}$$

となることがわかる。この位置が安定点であるためには，すべての k_i についてそれらが正の数であるという条件が必要であることがわかる。もしある k_i が負であるとすると X_i が値をもてばもつほどエネルギーが低くなるということを意味し，X_i が無限小でも 0 からずれると $|X_i|$ が大きくなる方向に運動が起こる。つまり k_i が負であるとき，質点は安定して存在しないということを意味する。逆にもしすべての k_i が正であれば，原点から質点が少しずれてもすぐに原点方向への復元が起こる。つまり質点は原点まわりに安定して存在することがわかる。これはボウルの底にビー玉を置くことを考えると何を意味しているのかわかりやすいであろう (図 5.1)。

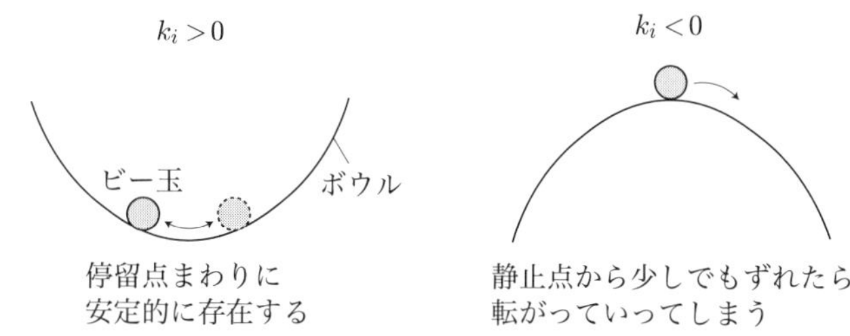

図 5.1 左図のようにボウルを設置すればビー玉は停留点まわりに安定的に存在できる。しかし右図のようにボウルを逆さまに置くと，ビー玉は静止位置からわずかにずれると転がっていってしまう。

さて安定点まわりでは，位置エネルギーが式 (5.7) のように与えられるということがこのようにわかるが，この式はすべての X_i が安定点まわりでは，バネ定数 k_i の単振動をするということを意味する。これは，安定点 (バネが自然長になる点) のまわりに少しだけずらしたときの運動が一般に単振動になるからで，フックの法則の存在とは無関係である。実際バネを伸ばしすぎるとどこかでばねが切れてしまうわけで，単振動しなくなる。また単振り子の運動が単振動になるのも同様の理由で，実際振れ幅が大きくなると，近似が悪くなり単振動からずれる。**このように安定点まわりでの運動はすべて単振動で近似できる**。物理系というのは安定な位置へ移行しようとするので，まずは安定点まわりでの運動を考えることから系のふるまいを考える。この先様々な物理系において，まずは単振動に相当する運動を考えるのだが，その理由は系の詳細に依らず物理系は安定点まわりでは必ずいい近似で単振動となるからなのである。

例題 5.1：安定点まわりの運動

長さ ℓ のひもの一端が固定され，他端に質量 m の質点が固定されている状況で質点の運動を考える。ただし，平面内の運動ではないものとする。図 5.2 のように，座標は重力方向を z 軸方向，それに垂直な面を xy 平面とし，質点の静止する位置を原点とする。また，位置エネルギーの原点も同様にとる。

(1) 質点の位置エネルギーを求めよ。

(2) 質点の運動方程式を書き，振れ角が十分小さいときに，運動がどのようになるのか説明せよ。

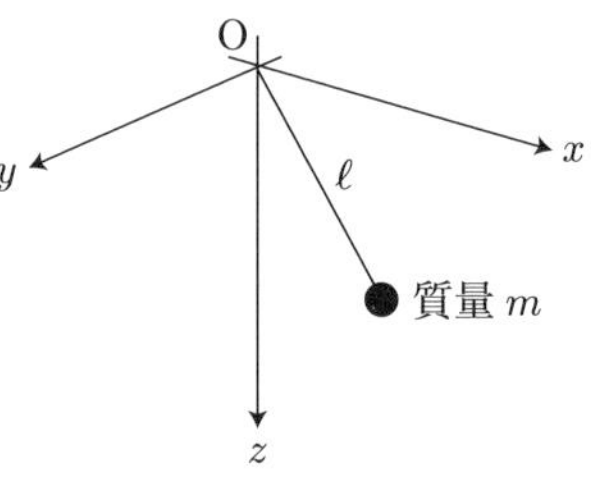

図 5.2

解答 (1) 質点の位置を $(x(t), y(t), z(t))$ とすると，位置エネルギーの原点は $(0, 0, 0)$ で鉛直下向きを z 軸の正の向きにとっているので，求める位置エネルギーは $-mgz(t)$ と表される。ただし質点は長さ ℓ のひもによって固定されており，質点の位置 $(x(t), y(t), z(t))$ の間には，拘束条件 $x(t)^2 + y(t)^2 + (z(t) + \ell)^2 = \ell^2$ が成り立つ。

(2) 位置エネルギーを微分して質点に働く力を求める。まず，問 (1) で求めた拘束条件を z について解くと，

$$z(t) = -\ell + \ell\sqrt{1 - \frac{x(t)^2 + y(t)^2}{\ell^2}}$$

となる。ここで振れ角が十分小さいとすると，$\ell \gg x(t)$, $y(t)$ という条件が課され，テイラー展開 $(1+x)^\alpha \cong 1 + \alpha x$ より (p.38 参照)，

$$z(t) \cong -\ell + \ell\left(1 - \frac{x(t)^2 + y(t)^2}{2\ell^2}\right) = -\frac{x(t)^2 + y(t)^2}{2\ell}$$

と書ける。以上から，位置エネルギーは次のように表せる。

$$U = mg\frac{x(t)^2 + y(t)^2}{2\ell}$$

この結果を使って x, y, z 方向に働く力を求めると，運動方程式は次のように書ける。

$$x \text{ 方向：} m\frac{d^2x}{dt^2} = -\frac{\partial U}{\partial x} = -mg\frac{x}{\ell} \qquad y \text{ 方向：} m\frac{d^2y}{dt^2} = -\frac{\partial U}{\partial y} = -mg\frac{y}{\ell}$$

$$z \text{ 方向：} m\frac{d^2z}{dt^2} = -\frac{\partial U}{\partial z} = 0$$

$\ell \gg x(t)$, $y(t)$ より，x, y 方向ともに同じ振動数 $\omega = \sqrt{g/\ell}$ で単振動する。よって，一般解は次のようになる (式 (4.33) 参照)。

$$(x(t), y(t)) = (A_x \cos\omega t + B_x \sin\omega t, A_y \cos\omega t + B_y \sin\omega t)$$

ただし A_x, B_x A_y, B_y は積分定数である。これを $\sin\omega t$, $\cos\omega t$ について解くと，

$$\sin\omega t = \frac{A_y x(t) - A_x y(t)}{B_x A_y - A_x B_y}, \quad \cos\omega t = \frac{-B_y x(t) + B_x y(t)}{B_x A_y - A_x B_y}$$

となる。さらに $\sin^2\omega t + \cos^2\omega t = 1$ に代入すると，

$$1 = \frac{(A_y^2 + B_y^2)x(t)^2 - 2(A_x A_y + B_x B_y)x(t)y(t) + (A_x^2 + B_x^2)y(t)^2}{(B_x A_y - A_x B_y)^2}$$

と変形される。さて，この式を行列

$$V = \frac{1}{(B_xA_y - A_xB_y)^2}\begin{pmatrix} A_y^2 + B_y^2 & -(A_xA_y + B_xB_y) \\ -(A_xA_y + B_xB_y) & A_x^2 + B_x^2 \end{pmatrix}$$

を用いて次のように表す。

$$1 = \boldsymbol{r}(t)^{\mathrm{T}} V \boldsymbol{r}(t)$$

V は対称行列なので，直交行列 M によって対角化可能である (付録 A.14 節参照)。よって，上式は

$$\begin{aligned} 1 &= \boldsymbol{r}(t)^{\mathrm{T}} M^{\mathrm{T}} M V M^{\mathrm{T}} M \boldsymbol{r}(t) \\ &= \boldsymbol{r}(t)^{\mathrm{T}} M^{\mathrm{T}} \Lambda M \boldsymbol{r}(t) \quad (\Lambda \equiv MVM^{\mathrm{T}}) \end{aligned}$$

と変形できる。ここで Λ の固有値を λ_1, λ_2 とし，

$$\Lambda \equiv \begin{pmatrix} \lambda_1 & 0 \\ 0 & \lambda_2 \end{pmatrix}, \quad \boldsymbol{r}(t)' \equiv \begin{pmatrix} \xi \\ \eta \end{pmatrix} = \mathrm{M}\boldsymbol{r}(t)$$

のように表すと，

$$1 = \lambda_1 \xi^2 + \lambda_2 \eta^2$$

と書ける。長々と変形したが，λ_1, λ_2 がともに正であれば，x 方向，y 方向の運動は楕円を描くことが線形代数の 2 次形式の理論からわかる。$\lambda_1, \lambda_2 > 0$ を示すには，$\mathrm{tr}\, V > 0$, $\det V > 0$ がいえればよく (問 5.1 参照)，行列 V の表式から

$$\begin{aligned} \mathrm{tr}\, V &= \frac{1}{(B_xA_y - A_xB_y)^2}(A_y^2 + B_y^2 + A_x^2 + B_x^2) > 0 \\ \det V &= \frac{1}{(B_xA_y - A_xB_y)^2}(A_xB_y - B_xA_y)^2 > 0 \end{aligned}$$

となるので，x 方向，y 方向の運動が楕円を描くことがわかった。 ■

問 5.1 行列の固有値とトレース・行列式の関係について述べよ。とくに 2×2 行列について，固有方程式を計算し，固有値とトレース・行列式の関係を確かめよ。

5.2　減衰振動と強制振動

5.2.1　減 衰 振 動

安定点まわりでの質点のふるまいが単振動になることを前節で見たが，実際の物理系では保存力以外の力も働くため単振動になるとは限らず，安定点で最終的には静止することもあり得る。静止した状態は動いている場合に比べて明らかに力学的エネルギーが低いので，このことは系に何らかの減衰をもたらす力が働くことを意味する。

ここでは，4.1.3 項で議論した，バネに固定された質点に対して，減衰力として速度に比例する力が働く場合を考える。図 5.3 より，運動方程式は比例係数を $2m\gamma$ (γ は定数) として，

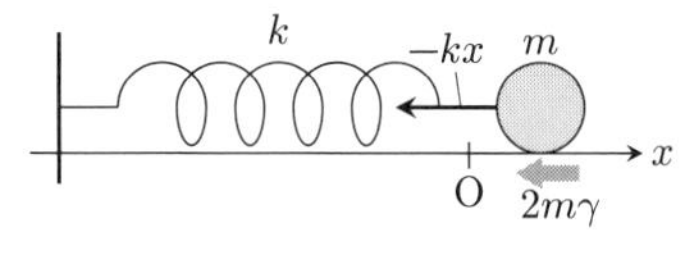

図 5.3

$$m\frac{d^2x}{dt^2} = -2m\gamma\frac{dx}{dt} - m\omega_0^2 x \qquad (5.8)$$

であるから (ただし $\omega_0 = \sqrt{k/m}$)，これを変形すると

$$\frac{d^2x}{dt^2} + 2\gamma\frac{dx}{dt} + \omega_0^2 x = 0 \qquad (5.9)$$

となり，同次方程式になっている (p.97 参照)。よって独立な解は $\lambda_\pm = -\gamma \pm \sqrt{\gamma^2 - \omega_0^2}$ (根号の中は負にもなり得る) が特性方程式の解なので，

$$x(t) = Ae^{\lambda_+ t} + Be^{\lambda_- t} \qquad (5.10)$$

が解となる。ただし，A, B は任意の積分定数である。$\gamma \to 0$ の極限では $\lambda_\pm = \pm i\omega_0$ となり，単振動の解が復活する。一方で，$\gamma \to \infty$ とすると，$\lambda_- \to -2\gamma$ となり，これも当然ながら減衰項

$$m\frac{d^2x}{dt^2} = -2m\gamma\frac{dx}{dt} \qquad (5.11)$$

の解に収束する。一般には減衰項がそれほど大きくない場合 ($\omega_0^2 > \gamma^2$)，$\tilde{\omega} = \sqrt{\omega_0^2 - \gamma^2}$ として，$\lambda_\pm = -u \pm i\tilde{\omega}$ となり，

$$x(t) = e^{-ut}(C_1 \cos\tilde{\omega}t + C_2 \sin\tilde{\omega}t) \qquad (5.12)$$

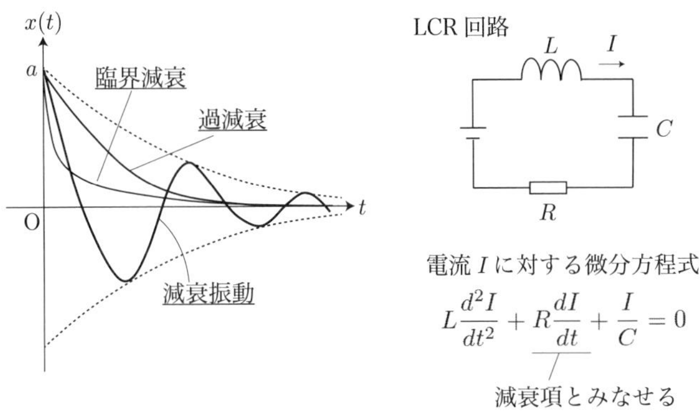

図 5.4　左：$x(0)=a$ で質点をはなしたときの減衰振動の解のふるまい，右：減衰振動と LCR 回路との対応

が得られる (C_1, C_2 は積分定数)。これは指数関数で「崩壊」する部分 (e^{-ut}) に振動する部分が掛かった形で，狭い意味ではこのような場合を**減衰振動**という。この解は，振幅が e^{-ut} に比例して小さくなっていき，その小さくなりつつある振幅の中で振動しつつ，十分時間が経つと $x=0$ (安定点) で静止する解となっている (図 5.4 左)。

なお，素粒子や原子核などの粒子の崩壊は実際 $e^{-\Gamma t}$ の形で与えられる。Γ は崩壊定数で，$1/\Gamma$ が崩壊の目安となる時間 (＝粒子の寿命) である。

減衰項が大きい場合 ($\gamma^2 \geqq \omega_0^2$) は，$\lambda_\pm = -\gamma \pm \sqrt{\gamma^2-\omega_0^2}$ で解は振動するふるまいは見せずに，短い時間で $x=0$ に向かう解となっている。その場合を**過減衰**という。厳密には $\gamma^2=\omega_0^2$ の場合を**臨界減衰**というが，過減衰とは見た目のちがいはない (図 5.4 左)。

減衰項が上で議論した式とは異なる形をとることもあるが，式 (5.8) がとくに重要であるのは，これがコイル，コンデンサ，抵抗を直列につないだ LCR 回路に流れる電流 (同じことではあるが，コンデンサに蓄えられている電荷) が従う式と同じ形をしていることである (図 5.4 右)。

5.2.2 強制振動

次に，4.1.3 項で議論したバネに固定された質点に対して，外部から力を加えて振動を引き起こす場合を考える。一般には外力を $mF(t)$ として運動方程式は，図 5.5 より，

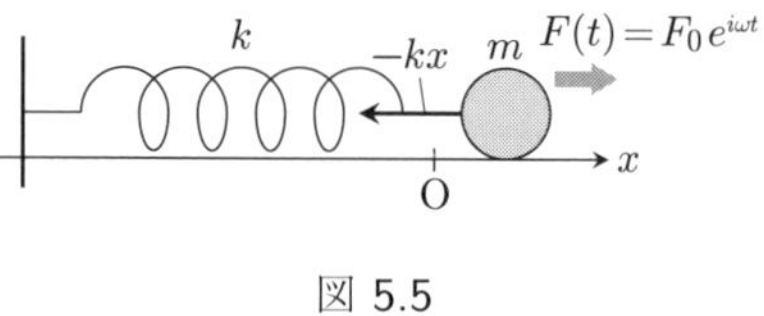

図 5.5

$$m\frac{d^2x}{dt^2} = -m\omega_0^2 x + mF(t) \tag{5.13}$$

となる (ただし $\omega_0 = \sqrt{k/m}$)。ここで，とくに外力が

$$F(t) = F_0 e^{i\omega t} \tag{5.14}$$

で与えられる場合を考える。一見すると力が複素数というのはわかりにくいが，問 5.2 で見るように，式 (5.14) を (5.13) に代入したときの解 $x(t)$ の実部が $F(t) = F_0 \cos\omega t$ としたときの解となる。同様に虚部が $F(t) = F_0 \sin\omega t$ としたときの解である。また，$F_0 e^{i\omega t}$ とする理由は，フーリエ解析 (5.4.2 項で簡単に触れている) を学ぶとより理解できる。

さて式 (4.21) を見ると，運動方程式 (5.13) は $F(t) \neq 0$ なので非同次方程式である。この場合，非同次方程式の一般解は「式 (5.13) の同次方程式の一般解＋特解」の形で与えられる。まず，式 (5.13) の特解を求めるため，

$$x_s(t) = Xe^{i\lambda t} \tag{5.15}$$

とおく。これを式 (5.13) に代入すると，

$$X(\omega_0^2 - \lambda^2)e^{i\lambda t} = F_0 e^{i\omega t} \tag{5.16}$$

という式が得られるが，これは

$$\lambda = \omega, \quad X = \frac{F_0}{\omega_0^2 - \omega^2} \tag{5.17}$$

とすると満たされることがわかる。よって，

$$x_s(t) = \frac{F_0}{\omega_0^2 - \omega^2}e^{i\omega t} \tag{5.18}$$

が式 (5.13) の特解であることがわかる。一方，式 (5.13) の同次方程式は単振

動の運動方程式 (4.20) であり，その解の形は式 (4.33) で与えられる。よって，特解の実部をとると一般解は

$$x(t) = A\cos\omega_0 t + B\sin\omega_0 t + \frac{F_0}{\omega_0^2 - \omega^2}\cos\omega t \tag{5.19}$$

と書ける (図 5.6 左)。式 (5.19) が式 (5.14) で与えられる外力を加えたときの系の一般的なふるまいであることがわかる。

式 (5.18) で表される，強制振動の特解の定性的なふるまいを見てみよう。まず $\omega \gg \omega_0$，すなわち系の固有振動数 ω_0 よりはるかに大きな振動を与えた場合，系は振動しないことがわかる。日常の経験としても，ひもをゆする場合を考えればわかるのではないだろうか。地震計の原理もこの現象を利用している。

一方で $\omega \cong \omega_0$ の場合，非常に大きな (原理的には $\omega = \omega_0$ で無限大の) 振幅が得られる。これは**共鳴** (あるいは**共振**) といわれる現象で，系の固有振動数に近い振動数で系をゆすると，外力の仕事によるエネルギーが効率よく吸収され，振幅が大きくなるのである (図 5.6 右)。

問 5.2 運動方程式 (5.13) で与えられる系において，外力が式 (5.14) で表されるとする。$x(t)$ が式 (5.13) の解であるとき，$x(t)$ の実部も虚部も式 (5.13) の解であることを示せ。

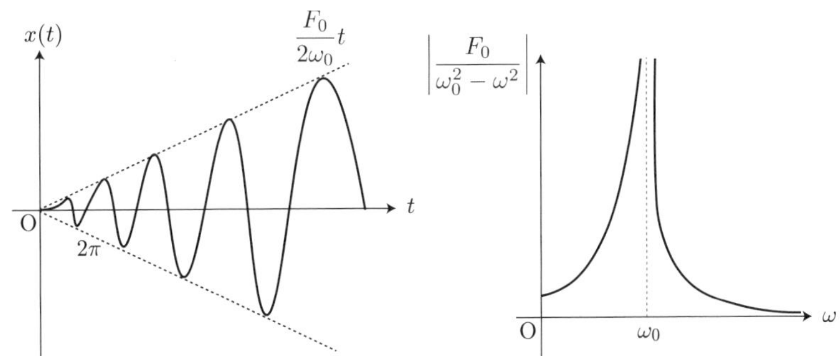

図 5.6 左：$x(0) = 0$ で質点をはなしたときの強制振動の解のふるまい，
右：特解 x_s の振幅の ω 依存性

5.3 連成振動

空間が2次元ということではないが2変数(=2自由度)の典型的な系ということで，図5.7にあるような2つの質点が大きさの無視できるバネによって連結している物理系を考える。本節では，バネを複数個つないで起きる振動現象(**連成振動**という)を扱う。

バネと質点は水平面上に置かれており，静止状態ではすべてのバネは自然長にあるとする。バネは直線状につながれておりその方向に x 軸をとる。質点はそれぞれ m_1, m_2 の質量をもち，静止した状態からの変位をそれぞれ u_1, u_2 とする。バネ定数を左から順に k_1, k_2, k_3 とする。

質点1には k_1 と k_2 による力が働くが，図5.7右より，向きまで含めて $-k_1u_1, k_2(u_2-u_1)$ であるから，運動方程式は

$$m_1\frac{d^2u_1}{dt^2} = -(k_1+k_2)u_1 + k_2u_2 \tag{5.20}$$

同様に質点2に対しては

$$m_2\frac{d^2u_2}{dt^2} = -(k_2+k_3)u_2 + k_2u_1 \tag{5.21}$$

まとめると

$$\frac{d^2}{dt^2}\begin{pmatrix} u_1 \\ u_2 \end{pmatrix} = \begin{pmatrix} -\dfrac{k_1+k_2}{m_1} & \dfrac{k_2}{m_1} \\ \dfrac{k_2}{m_2} & -\dfrac{k_2+k_3}{m_2} \end{pmatrix}\begin{pmatrix} u_1 \\ u_2 \end{pmatrix} \tag{5.22}$$

この式は

$$\boldsymbol{r} \equiv \begin{pmatrix} u_1 \\ u_2 \end{pmatrix}, \quad V \equiv \begin{pmatrix} -\dfrac{k_1+k_2}{m_1} & \dfrac{k_2}{m_1} \\ \dfrac{k_2}{m_2} & -\dfrac{k_2+k_3}{m_2} \end{pmatrix} \tag{5.23}$$

図5.7 連成振動(2つの質点にバネを直線上につないだ場合)

として

$$\frac{d^2\boldsymbol{r}}{dt^2} = -V\boldsymbol{r} \tag{5.24}$$

と書ける。$n \times n$ の正方行列はある $n \times n$ 正則行列 P を用いて

$$PVP^{-1} = \begin{pmatrix} a_1 & 0 & \cdots & 0 \\ 0 & a_2 & \cdots & 0 \\ \vdots & \vdots & \ddots & \vdots \\ 0 & 0 & \cdots & a_n \end{pmatrix} \tag{5.25}$$

と対角行列に変換できる。これを**対角化**という (対角化については付録 A.12, A.13 節参照)。厳密には対角化できるための条件があるが，ここでは詳細に立ち入らない。これを用いると

$$\begin{pmatrix} Q_1 \\ Q_2 \end{pmatrix} = P \begin{pmatrix} u_1 \\ u_2 \end{pmatrix} \tag{5.26}$$

として

$$\frac{d^2}{dt^2}\begin{pmatrix} Q_1 \\ Q_2 \end{pmatrix} = -\begin{pmatrix} {\omega_1}^2 & 0 \\ 0 & {\omega_2}^2 \end{pmatrix}\begin{pmatrix} Q_1 \\ Q_2 \end{pmatrix} = -\begin{pmatrix} {\omega_1}^2 Q_1 \\ {\omega_2}^2 Q_2 \end{pmatrix} \tag{5.27}$$

と書け，固有角振動数 ω_1, ω_2 の単振動 (固有モード) に分離することができる。この 2 つの単振動を**基準振動**という。この式変形では，式 (5.23) のトレースが負であることと行列式が正であることから，固有値がともに負の数になることを使った (問 5.1 参照)。なお便宜上 ω_1^2 のように書いたが，一般の行列に対しては正にも負にもなる量である。ただし，V が式 (5.23) で与えられている場合には正の数になることが示せるので，実際に 2 つの単振動に分離する。式 (5.27) の一般解は 4.1 節より，積分定数 A_i, δ_i を使って，$Q_i(t) = A_i \cos(\omega_i t + \delta_i)$ となるので，式 (5.26) を逆解きすることで

$$\begin{pmatrix} u_1 \\ u_2 \end{pmatrix} = P^{-1}\begin{pmatrix} A_1 \cos(\omega_1 t + \delta_1) \\ A_2 \cos(\omega_2 t + \delta_2) \end{pmatrix} \tag{5.28}$$

と求めることができる。

例題 5.2：連成振動の具体例

図 5.7 の系において，$m_1 = m_2 = m$, $k_1 = k_2 = k_3 = k$ となるような場合を考える。このとき次の問いに答えよ。

(1) この系の運動方程式を書け。

(2) 問 (1) で求めた方程式から行列を対角化することで，解を 2 つの基準振動に分離できることを確かめよ。

(3) $t = 0$ で質点を静かに離したとき，変位 $u_1(t)$, $u_2(t)$ を求めよ。

(4) 問 (2), (3) の結果を踏まえて，運動の様子について述べよ。

解答 (1) 式 (5.20), (5.21) より，この系の運動方程式は

$$m\frac{d^2u_1}{dt^2} = -2ku_1 + ku_2, \quad m\frac{d^2u_2}{dt^2} = ku_1 + 2ku_2$$

となる。よって，$\sqrt{k/m} = \omega$ とすると

$$\frac{d^2}{dt^2}\begin{pmatrix} u_1 \\ u_2 \end{pmatrix} = -\omega^2 \begin{pmatrix} 2 & -1 \\ -1 & 2 \end{pmatrix} \begin{pmatrix} u_1 \\ u_2 \end{pmatrix}$$

(2) 求める固有値を λ とおくと，固有方程式は問 (1) の結果から，

$$\begin{aligned} \det\begin{pmatrix} -2\omega^2 - \lambda & \omega^2 \\ \omega^2 & -2\omega^2 - \lambda \end{pmatrix} &= (-2\omega^2 - \lambda)^2 - \omega^2 \\ &= (\lambda + \omega^2)(\lambda + 3\omega^2) = 0 \end{aligned}$$

となる。よって，上式から得られる 2 つの固有値 (固有角振動数) を ω_1, ω_2 と表すと，それに対応した固有ベクトルは

$${\omega_1}^2 = 3\omega^2 \text{のとき：} \boldsymbol{e}_1 = \frac{1}{\sqrt{2}}\begin{pmatrix} 1 \\ -1 \end{pmatrix}$$

$${\omega_2}^2 = \omega^2 \text{のとき：} \boldsymbol{e}_2 = \frac{1}{\sqrt{2}}\begin{pmatrix} 1 \\ 1 \end{pmatrix}$$

となる。ここで，問 (1) で得られた行列は対称行列なので直交行列で対角化できる (付録 A.14 節参照)。すなわち，$P^{-1} = P^{\mathrm{T}}$ より

$$P^{\mathrm{T}} = \begin{pmatrix} \boldsymbol{e}_1 & \boldsymbol{e}_2 \end{pmatrix} = \frac{1}{\sqrt{2}}\begin{pmatrix} 1 & 1 \\ -1 & 1 \end{pmatrix}$$

となる。よって，式 (5.26) から

$$Q_1(t) = \frac{1}{\sqrt{2}}(u_1(t) - u_2(t)), \quad Q_2(t) = \frac{1}{\sqrt{2}}(u_1(t) + u_2(t))$$

が得られ，解が 2 つの基準振動に分離することがわかる。

(3) 式 (5.27) より，$Q_1(t), Q_2(t)$ の一般解は

$$Q_1(t) = A_1 \cos(\sqrt{3}\omega t + \delta_1), \quad Q_2(t) = A_2 \cos(\omega t + \delta_2)$$

である。以上から，$t=0$ で質点を静かに離したとき，変位 $u_1(t), u_2(t)$ は $t=0$ での振幅を適切に規格化して 1 とすると次のようになる。

$$u_1(t) = \frac{1}{2}(\cos\sqrt{3}\omega t + \cos\omega t), \quad u_2(t) = \frac{1}{2}(\cos\sqrt{3}\omega t - \cos\omega t)$$

(4) 物理的にはこの基準振動は安定な振動で，$Q_1(t)$ (あるいは $Q_2(t)$) に対する振動のみが存在する状況が実現する。たとえば $Q_2(t)=0$ を保ったまま，$Q_1(t)$ に対応する振動が実現する。この振動は変数の意味を考えれば，1 と 2 が互いに近づいたり遠ざかったりする振動に対応することがわかる (図 5.8)。

一方で 1 だけゆすってもその振動が 2 へ引き継いで往来が起こることはすぐに想像できる。それは問 (3) で得られた解が，直感に合う解になっていることはすぐに理解できるであろう。 ■

問 5.3 例題 5.2 の問 (4) では，$Q_2(t)=0$ を保ったまま $Q_1(t)$ に対応する振動についてみた。では，$Q_1(t)=0$ を保ったままにしたとき，$Q_2(t)$ に対応する振動はどのような挙動を示すのか答えよ。

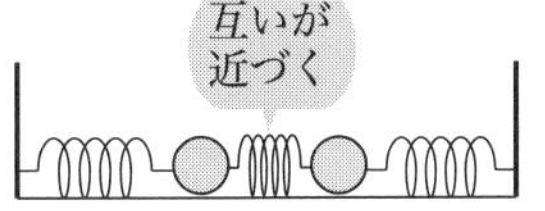

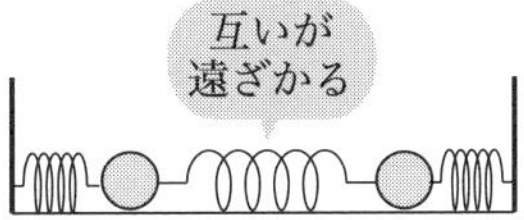

図 5.8 基準振動 ($Q_2(t)=0$ を保ったまま，$Q_1(t)$ に対応する振動が実現する場合)

連成振動と行列の縮尺・回転 行列の変換が一般に，縮尺を変える操作と回転 (向きを変える操作) に分けられることを使うと，どのように対角化すればよいか理解できる。それを連成振動の議論を通して見てみよう。

まず，u_2 の縮尺を変えることを考える。それは $u_1 \to u_1$，$u_2 \to au_2$ とすればよく，

$$\begin{pmatrix} u_1 \\ u_2 \end{pmatrix} \to \begin{pmatrix} U_1 \\ U_2 \end{pmatrix} = \begin{pmatrix} u_1 \\ au_2 \end{pmatrix} = \begin{pmatrix} 1 & 0 \\ 0 & a \end{pmatrix} \begin{pmatrix} u_1 \\ u_2 \end{pmatrix} \tag{5.29}$$

であるから，式 (5.22) に左から $\begin{pmatrix} 1 & 0 \\ 0 & a \end{pmatrix}$ を掛け，

$$\begin{pmatrix} 1 & 0 \\ 0 & 1 \end{pmatrix} = \begin{pmatrix} 1 & 0 \\ 0 & a^{-1} \end{pmatrix} \begin{pmatrix} 1 & 0 \\ 0 & a \end{pmatrix} \tag{5.30}$$

を使うと，

$$\frac{d^2}{dt^2}\begin{pmatrix} U_1 \\ U_2 \end{pmatrix} = \begin{pmatrix} -\dfrac{k_1+k_2}{m_1} & \dfrac{1}{a}\dfrac{k_2}{m_1} \\ \dfrac{ak_2}{m_2} & -\dfrac{k_2+k_3}{m_2} \end{pmatrix} \begin{pmatrix} U_1 \\ U_2 \end{pmatrix} \tag{5.31}$$

となる。ここで，式 (5.31) の行列を対称行列にしたいので，

$$\frac{ak_2}{m_2} = \frac{1}{a}\frac{k_2}{m_1} \tag{5.32}$$

となるように $a = \sqrt{m_2/m_1}$ と選ぶと

$$\frac{d^2}{dt^2}\begin{pmatrix} U_1 \\ U_2 \end{pmatrix} = \begin{pmatrix} -\dfrac{k_1+k_2}{m_1} & \dfrac{k_2}{\sqrt{m_1 m_2}} \\ \dfrac{k_2}{\sqrt{m_1 m_2}} & -\dfrac{k_2+k_3}{m_2} \end{pmatrix} \begin{pmatrix} U_1 \\ U_2 \end{pmatrix} \tag{5.33}$$

となる。式 (5.33) 右辺の行列は対称行列なので，直交行列 V をうまく選ぶことで対角化できる。これは一般に式 (5.25) の P が

$$P = V\begin{pmatrix} 1 & 0 \\ 0 & a \end{pmatrix} \tag{5.34}$$

と書けることを表している。つまり縮尺の変更と回転に分解できたことになる。

5.4　n 次元系の振動・波動

一般に質点が n 個存在すれば，我々が存在する空間は 3 次元なので系を記述するのに必要な変数の数は $3n$ 個となる。この数のことを**系の自由度**ということもある。ただし質点が特定の線上や面上のみを動くという条件 (拘束条件) がついている場合には，その分自由度が落ちる。たとえば，5.3 節の連成振動

の場合，質点が 2 つあるので原理的には $2 \times 3 = 6$ 自由度存在するが，バネによって直線上につながれている。つまり 1 次元的な運動に拘束されているので，$2 \times 1 = 2$ 自由度の系となっていた。

一方で自由度が大きくなると，すべての質点の運動を求めるのは現実的ではないし，そもそも必要ない。たとえば 6 章で見るように，惑星は大きさをもった物体なので無数といえるくらい多数の質点の集まりではあるが，1 つの質点の運動として十分よい精度でそのふるまいを記述できる。また空気の状態は，温度や体積，圧力のみを考えるだけでもよい精度で記述できることは高校物理でも学習することである。よりよい精度で記述するためには，変数を増やす必要が出てくるが，すべての分子の自由度を扱う必要がないことも明らかであろう。実際系の自由度が無限大になる極限を物理的条件に合うように定義することで，各時空点で与えられる量 (一般には**場の量**とよばれる) で状態を記述できる。気体の場合は密度 $\rho(t, \boldsymbol{x})$ などがそれに当てはまる。この詳細に立ち入ることは本書の範囲を超えるが，その例の 1 つとして，ここでは弦の振動を考える。これは系の自由度を無限大にする極限 (**連続的極限**という) を考える手法の原型となっている。

なお本節では，波の進む向きと振動の方向が同じ場合を扱う。このような波を**縦波**とよび，音波などがその代表である。一方，波の進む向きと振動の方向が垂直な場合，その波は**横波**とよばれ，楽器の弦の振動は単純な横波である。

5.4.1　波動方程式の導出

5.3 節では，各質点の変位を質点に対応した通し番号をつけ，$u_i(t)$ のように表した。この通し番号は質点の静止位置 (これを x_i とする) に対応するので，

$$u_i(t) \ \rightarrow \ u(t, x_i) \tag{5.35}$$

という置き換えをしても，本質は変わらない。この置き換えにより質点間の距離を縮めていく極限で，$u(t, x)$ という 2 変数関数で変位を表せることを意味する。これは高校で習う積分の定義で，$f(x_i) \rightarrow f(x)$ とするのと本質的に同じである。

一方でバネによる力を考えるにあたって，各バネの伸びが重要であったが，これは

$$u_{i+1}(t) - u_i(t) \ \rightarrow \ u(t, x_{i+1}) - u(t, x_i) \tag{5.36}$$

という置き換えに対応するが，$\Delta\ell$ を各バネの長さとすると，$x_{i+1}-x_i=\Delta\ell$ であり，偏微分の定義式 (1.23) を使うと，

$$u(t,x_{i+1})-u(t,x_i)=\frac{\partial u(t,x_i)}{\partial x}\Delta\ell \tag{5.37}$$

となることがわかる。

以下では，5.3 節で指定したバネ定数と質量を簡単のため

$$\begin{cases} k=k_1=k_2=\cdots \\ m=m_1=m_2=\cdots \end{cases} \tag{5.38}$$

として議論を進めよう。

まず，質点 i に働く力は左右のバネによる力は，図 5.9 左より，

$$\begin{aligned} &k\left\{(u(t,x_{i+1})-u(t,x_i))-(u(t,x_i)-u(t,x_{i-1}))\right\} \\ &=k\left(\frac{\partial u(t,x_i)}{\partial x}-\frac{\partial u(t,x_{i-1})}{\partial x}\right)\Delta\ell \\ &=k\frac{\partial^2 u(t,x_i)}{\partial x^2}(\Delta\ell)^2 \end{aligned} \tag{5.39}$$

となる。ここで $\Delta\ell\to 0$ の極限をとることを念頭に高次の微小量を無視し，$x_{i-1}\to x_i$ の置き換えを行った。あるいは同じことであるが，式 (5.39) の 1 行目の { } 内に対し，x_i を基準に 2 次までテイラー展開をとることでこの式が導出できる。

以上より，任意の質点 i に対する運動方程式は同じ形で書くことができる。

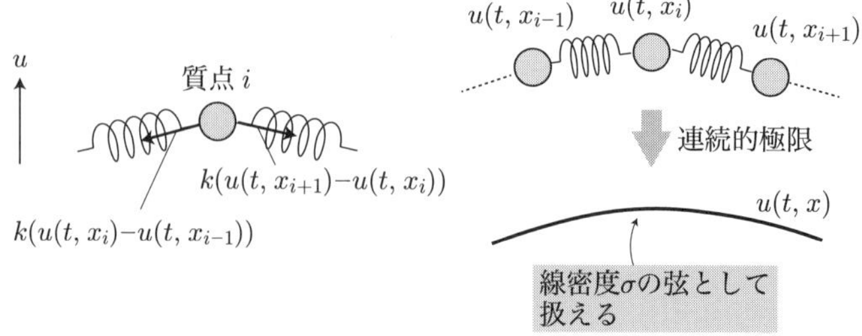

図 5.9　波動方程式の導出：左図では質点 i に働く力を，右図ではバネ・質点から成る n 次元系の連続的極限を表した。

静止位置 x_i を指定することで質点を指定できるので，その x_i を改めて x と書く (図 5.9 右)。よって，運動方程式は

$$m\frac{\partial^2 u(t,x)}{\partial t^2} = k(\Delta\ell)^2 \frac{\partial^2 u(t,x)}{\partial x^2} \tag{5.40}$$

となる。ここで変位 $u(t,x)$ が t, x の関数であることから，加速度が時間の 2 階の偏微分で与えられることに注意せよ。単位長さあたりの質量 (線密度) $\sigma = m/\Delta\ell$ とバネ定数に長さをかけた量 $\kappa = k\Delta\ell$ を導入すると

$$\sigma\frac{\partial^2 u(t,x)}{\partial t^2} = \kappa\frac{\partial^2 u(t,x)}{\partial x^2} \tag{5.41}$$

という運動方程式が得られる。なお $\kappa = k\Delta\ell$ はバネの長さが 2 倍になると，バネ定数が半分になることから $\Delta\ell \to 0$ の極限で定数になるであろうと予測できる。また一様な弦であれば σ は定数になる。

式 (5.41) に $v = \sqrt{\kappa/\sigma}$ という量を導入すると，

$$\left(\frac{1}{v^2}\frac{\partial^2}{\partial t^2} - \frac{\partial^2}{\partial x^2}\right) u(t,x) = 0 \tag{5.42}$$

という形の式となる。これは (1 次元の) **波動方程式**である。なお式 (5.42) の v が速さの次元をもつことはすぐに確かめられる。この式は波の振動を記述する方程式となっている。

問 5.4 式 (5.42) の v が速さの次元をもつことを確かめよ。

5.4.2 波動方程式の一般解

(1) ダランベールの解

波動方程式 (5.42) は

$$\left(\frac{1}{v}\frac{\partial}{\partial t} - \frac{\partial}{\partial x}\right)\left(\frac{1}{v}\frac{\partial}{\partial t} + \frac{\partial}{\partial x}\right) u(t,x) = 0 \tag{5.43}$$

と書け，微分の部分が因数分解できる。すなわち上式は，任意の微分可能な関数 $f(x)$ が

$$\left(\frac{1}{v}\frac{\partial}{\partial t} \pm \frac{\partial}{\partial x}\right) f(x \mp vt) = 0 \quad \text{(複合同順)} \tag{5.44}$$

を満たすことから，任意の関数 $F(x)$, $G(x)$ を用いて

$$\boxed{u(t,x) = F(x-vt) + G(x+vt)} \tag{5.45}$$

と一般解 (**ダランベールの解**) が求まる。平行移動の意味を考えれば，$F(x-vt)$ (または $G(x+vt)$) は x の正 (または負) の方向へ速さ v で動く波に対応することがわかる (図 5.10)。

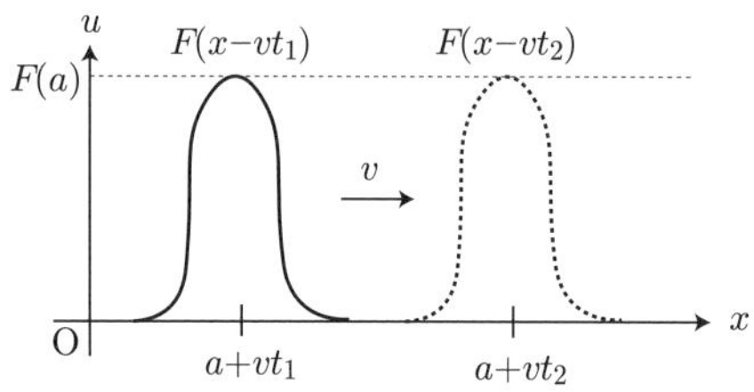

図 5.10　速さ v で正の方向へ動く波の概略

(2) 変数分離の方法

一方，波動方程式は線形な微分方程式なので，変数分離の方法で解くことができる。それは

$$u(t,x) = T(t)X(x) \tag{5.46}$$

のように，変数 t の関数と x の関数の積に書き直し，それを波動方程式に代入することで，

$$\frac{1}{v^2}\frac{1}{T}\frac{d^2T}{dt^2} = \frac{1}{X}\frac{d^2X}{dx^2} \tag{5.47}$$

となる。ここで左辺 (または右辺) がそれぞれ t (または x) の微分になっていることに注意せよ。

式 (5.47) の左辺は t のみの，右辺は x のみの関数なので，これが等しいことから定数であることがわかる。さらに $t, x \to \pm\infty$ で有限な変位を与えるためには，式 (5.47) の両辺が負の数であることが必要だということも導ける。つまり，k を任意の実数として

$$\frac{1}{T}\frac{1}{v^2}\frac{d^2T}{dt^2} = -k^2 = \frac{1}{X}\frac{d^2X}{dx^2} \tag{5.48}$$

となる。よって k を 1 つ定めるとそれに応じて

$$\begin{aligned}u_k(t,x) &= (A_k\cos kx + B_k\sin kx)(C_k\cos kvt + D_k\sin kvt)\\ &= a_k\cos k(x-vt) + b_k\sin k(x-vt)\\ &\quad + c_k\cos k(x+vt) + d_k\sin k(x+vt)\end{aligned} \tag{5.49}$$

が解となることが導かれる。k は任意なので，足し合わせることにより一般的な解が得られ，積分定数 a_k, b_k, c_k, d_k が一般に k に依ることから，

$$\begin{aligned}u(t,x) = \int dk\,[&a(k)\cos k(x-vt) + b(k)\sin k(x-vt)\\ &+ c(k)\cos k(x+vt) + d(k)\sin k(x+vt)]\end{aligned} \tag{5.50}$$

が式 (5.42) の一般解となる。

解法 (1), (2) で求まる解は一致するはずなので，

$$F(x-vt) = \int dk\,[a(k)\cos k(x-vt) + b(k)\sin k(x-vt)] \tag{5.51}$$

となる。これは一般に任意の関数が三角関数の線形和

$$f(x) = \int dk[a(k)\cos kx + b(k)\sin kx] \tag{5.52}$$

の形で書けることを意味する。これは**フーリエ積分**とよばれる形式で，三角関数を用いて関数を展開できることを意味する。これは 1.3 節で見たようにベクトルが基底ベクトルの線形和で書ける (＝展開できる) ことに対応している。数学的に厳密な話には立ち入らないが，この展開式 (5.52) は現代のデジタル技術の基礎を成している。より一般には，三角関数には限らずさまざまな関数の組を使って同様な展開ができる。このように展開できるのは線形方程式の解の特徴で，微分方程式と線形代数の対応などにもつながり，応用の広い形式となっている。今後，ありとあらゆるところでこのような展開式を見ることになるであろう。

▶ **5 章のまとめ**

(1) 安定点まわりでの運動 (→ p.133)：質点は位置エネルギーの停留点近傍で安定的に存在し，停留点まわりでの物理系の運動は必ず単振動で近似できる。これは，安定な停留点まわりでポテンシャルを展開すると $V(x) \sim (1/2)kx^2$ となり，バネの運動方程式に帰着するためである (式 (5.7) 参照)。

(2) 減衰振動と強制振動：実際の物理系では，保存力以外の力も働くため安定点まわりで単振動になるとは限らない。

- **減衰振動** (→ p.138)：系に何らかの減衰をもたらす力が働く場合。運動方程式の解は「減衰振動」「臨界減衰」「過減衰」の 3 つに分けられる。
- **強制振動** (→ p.140)：外部から力を加えて振動を引き起こした場合。系の固有振動数 ω_0 に近い振動数で系をゆすると，非常に大きな振幅で振動する (**共鳴**)。

(3) 連成振動 (→ p.142)：n 個の質点が大きさの無視できるバネによって連結している物理系 (n 自由度系) では連成振動が起こる。連成振動は系の固有振動数を使って，それぞれの質点に対する単振動に分離して運動を解析することができる (**基準振動**，式 (5.27) 参照)。

(4) 波動方程式 (→ p.146)：バネにつながれた n 個の質点に対して連続的極限 (系の自由度を無限大にする極限) をとると，波動方程式が得られる。変位を $u(t,x)$，振動の速さを v とすると，

$$\left(\frac{1}{v^2}\frac{\partial}{\partial t^2} - \frac{\partial}{\partial x^2}\right)u(t,x) = 0$$

が得られる。波動方程式の解は，次の 2 つの方法で考えることができる。

- 任意の関数 $F(x)$, $G(x)$ を用いて，$u(t,x) = F(x-vt) + G(x+vt)$ と求められる。$F(x-vt)$ (または $G(x+vt)$) は x の正 (または負) の方向へ速さ v で動く波に対応する (図 5.10 参照)。
- 変数分離によって微分方程式を解く：

$$u(t,x) = \int dk\,[a(k)\cos k(x-vt) + b(k)\sin k(x-vt) + c(k)\cos k(x+vt) + d(k)\sin k(x+vt)]$$

演習問題 5

5.1 ポテンシャルが

$$V = \frac{1}{2}ax_1^2 + bx_1x_2 + \frac{1}{2}cx_2^2 \qquad (5.53)$$

で与えられる系を考えてみよう。これは図 5.11 のようにラグビーボールを半分に切ったボウルの底近くでの，ポテンシャルの一般形となっている。

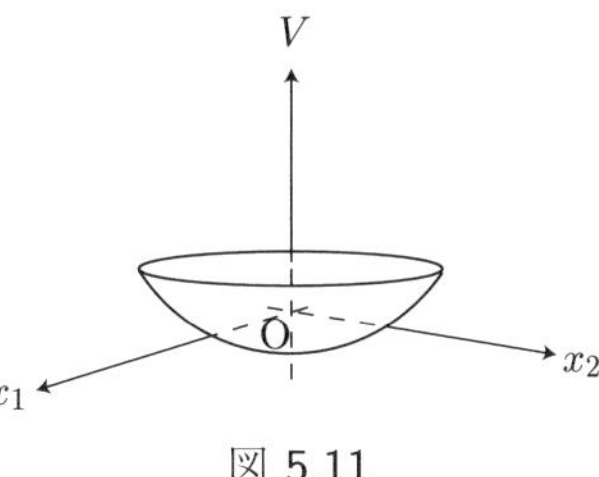

図 5.11

(1) 式 (5.53) のポテンシャルが安定点をもつための条件を答えよ。

(2) ポテンシャルを式 (5.7) の形で書き直せ。k_i と a, b, c および x_i と X_i の関係も明記すること。

(3) この新しい座標は実は図 5.11 においてどのような方向へ座標軸をとったことに対応するのか説明せよ。

5.2 n 個の成分をもつベクトル $\boldsymbol{u}$, $\boldsymbol{v}$ に対して，$n \times n$ 対称行列 V を用いて，1 章の内積の定義で導入したように，

$$(\boldsymbol{u}, \boldsymbol{v}) = u_i V_{ij} v_j \qquad (5.54)$$

を定義する。V の固有値がすべて正の数であるならば，1 章の内積の定義 (1) から (4) を満たすことを示せ。さらに，ベクトル $\boldsymbol{u}$, $\boldsymbol{v}$ の長さを適切にとり直すことで，式 (5.54) が $V_{ij} = \delta_{ij}$ とした場合と等価であることを示せ。

5.3 演習問題 4.1 と同じ系を考える。力とばねの力に加え，速度に比例する抵抗力 (比例係数を α とする) が質点に作用させる。このとき自然長からそっと手を離したときの運動を求めよ。

5.4 例題 4.2 と同じ系を考える。ただし，重力と張力以外にも速度に比例する抵抗力 (比例係数を α とする) が働くものとする。振れ角が小さいとして $t = 0$ で振り子が静止できる位置から速さ v_0 で振動を開始した場合の解を求めよ。

5.5 式 (5.13) に減衰項が加わった場合，すなわち運動方程式が

$$m\frac{d^2x}{dt^2} = -2m\gamma\frac{dx}{dt} - m\omega_0^2 x + mF(t) \qquad (5.55)$$

と与えられる場合について考える。ただし，5.2.2 項と同様に $F(t) = F_0 e^{i\omega t}$ と与えら

れるものとする。

(1) 式 (5.55) の特解を $x_s(t) = Xe^{i\lambda t}$ とおいて，元の運動方程式に代入することで X と λ を決定せよ。

(2) 式 (5.55) の特解の振幅 X と外から加えた角振動数 ω の関係性について議論せよ。

5.6 5.3 節で述べた連成振動について，運動方程式 (5.20), (5.21) を変形することで，この系で力学的エネルギーがどのように書けるのか論じよ。

5.7 図 5.12 のように，質量 m の 2 つの質点を長さ ℓ の糸でつり下げた系を考える (2 重振り子)。水平方向右向きに x 軸，鉛直下向きを正に y 軸をとり，y 軸を基準とする回転角を反時計回りを正として，それぞれ θ_1, θ_2 とする。2 つの質点の位置を $(x_1, y_1), (x_2, y_2)$ として次の問いに答えよ。

(1) 糸の張力を T_1, T_2 として，x_1, y_1, x_2, y_2 で成り立つ運動方程式を書け。

(2) この系で微小振動を仮定すると，2 つの質点は基準振動として取り扱うことができる。このとき得られる固有角振動数と固有モードを求めよ。

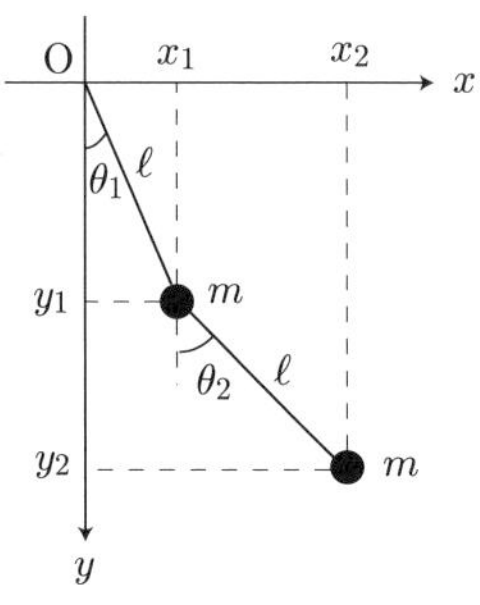

図 5.12

5.8 5.3 節では，質点 2 個とバネ 3 個の連成振動を扱った。本問では，質点 3 個とバネ 4 個に増やし，以下の設問に対する固有角振動数と固有モードを求めよ。

(1) 質点がすべて質量 m，バネ定数がすべて k で与えられる場合。

(2) 問 (1) の場合において，バネ定数はそのままで，3 つある質点のうち真ん中の質点の質量を M にした場合。

(3) 問 (1) の場合において，質量はそのままで，両端のバネ定数を k' に変えた場合。

5.9 5.4.2 項で導出した波動方程式を，異なる方法で示してみよう。図 5.13 にあるように x 軸をとり，5.4.2 項で議論したように，それに垂直に変位 $u(t, x)$ をとる。線密度 σ の弦の微小区間を考え，微小区間の左右で生じる張力をもとに波動方程式を導出せよ。また，波の伝わる速さを線密度 σ と T を使って表せ。

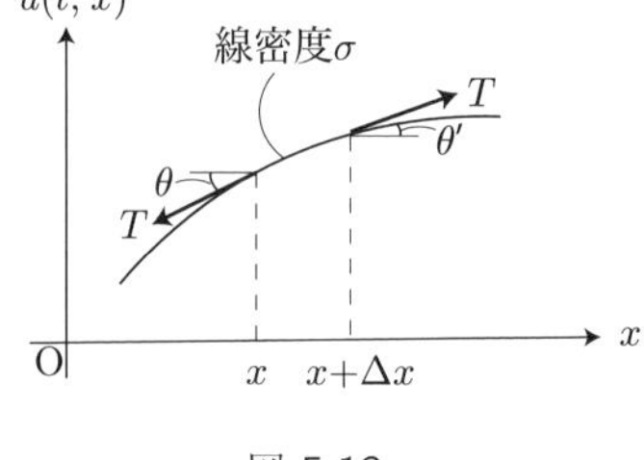

図 5.13

6 中心力

本章では中心力が働く場合の運動を考える。**中心力とは，力の中心となる定点が存在し，力は常にその定点の方を向き，大きさは距離のみの関数になるというのがその定義である。**中心力問題の対象は「太陽と地球」あるいは「原子核と電子」で，このときの定点は「太陽」や「原子核」である。これらは非常に重いので動かず一定の位置 (= 定点) に存在し，「地球」や「電子」にはその定点へ向かう力が働いている。そして，その力の大きさは距離のみに依存していればそれは中心力の定義を満たす。実際よく知られているように重力や電気力は距離の 2 乗に反比例する力が働くので，確かに中心力としての定義を満たしている。

中心力は実は，次章で説明する回転対称性を考えると，自然界に存在する力は必ずこの構造をもつことが示せる普遍的な力である。そして中心力が働く場合，角運動量保存則をはじめ特徴的な性質が存在することがわかる。我々の存在する空間が 3 次元ユークリッド空間だとすると，一般に中心力の大きさは距離の 2 乗に反比例，もしくは距離の 1 乗に比例することを示すことができ，そのような場合に成り立つ性質についても本章では見ていく。

さらに，作用・反作用の法則から「太陽が動かない」，つまり定点が存在するという主張は厳密にはあり得ないことがすぐにわかるが，そのような場合にどのような補正を入れていけばいいのかについても説明する。

6.1 ケプラーの法則

本章の議論を始めるにあたり，ケプラーの法則について紹介しよう。これはティコ・ブラーエ (1546-1601) が集めたデータをもとに，彼の弟子であるケプラー (1571-1630) が惑星の運動について帰納的に導いた法則である。

《ケプラーの法則》

第 1 法則 惑星の運動は太陽を焦点の 1 つとする楕円軌道を描く。

第 2 法則 太陽と惑星を結ぶ線が単位時間に通過する面積は一定である。(面積速度が一定，図 6.1)

第 3 法則 惑星の公転周期の 2 乗は楕円の長半径の 3 乗に比例する。

詳しくは 6.2 節以降で述べるが，まず第 2 法則 (面積速度が一定) から，力が太陽の方向を向く中心力であることが導ける。次に第 1 法則から，力が太陽と惑星の距離の 2 乗に反比例することがわかる。最後に第 3 法則から，各惑星が受ける力はその惑星の質量に比例することがわかるのである。このことは，太陽と惑星の間に働く力は惑星の質量と太陽の質量の積に比例することを示唆している。

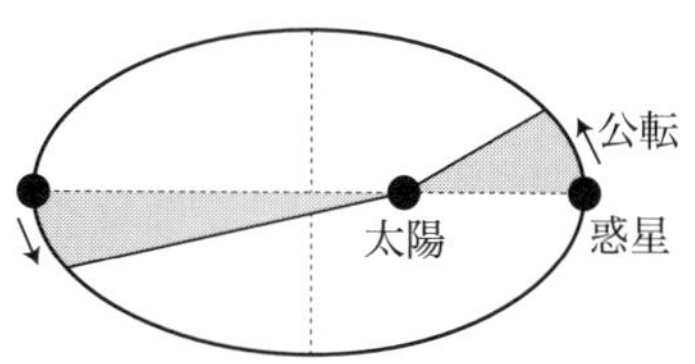

図 6.1 ケプラーの第 2 法則

これを推し進め，ニュートンは万有引力 (6.3.2 項参照) を発見するに至った。ここで注意してほしいのは，ケプラーの法則は太陽と惑星の間の関係であって，惑星間にどのような関係が成立しているかには言及していないことである。つまり，惑星間に働いているかもしれない力については無視したうえで，ニュートンは太陽から受ける力について考察をし，それを惑星間にも (そして地上の物体の間にも!) 万有引力が存在すると結論づけたのである。

6.2 角運動量保存則と平面運動

中心力が働いている場合，必ず力の中心に対する角運動量は保存する。そして角運動量が保存すると質点は平面運動になる。これは初期条件には依らない普遍的な性質である。多くの教科書では中心力を考えるとき，まず平面運動だと仮定し，そして運動方程式を解いた後で角運動量保存則を考え，仮定と無矛盾であることを見るが，これは論理としては転倒している。ではどのように論理を組み立てていくのが適切なのだろうか?

中心力を考えるには，座標系は力の中心を原点にとるのが最適だということ

はすぐわかる。なぜなら 2 次元極座標系をとると，中心力の定義から，

$$\boldsymbol{F} = F(r)\frac{\boldsymbol{r}}{r} = F(r)\boldsymbol{e}_r \tag{6.1}$$

と表現できる。$\boldsymbol{e}_r$ が確かに中心と質点を結ぶ方向を向く力であることを保証していて，実際の向きは $F(r)$ の符号により決まる。また中心力の大きさは $|F(r)|$ であり，中心力は定点からの距離のみに依存する関数として表される。

質点が原点に対してもつ角運動量 $\boldsymbol{L}$ が従う運動方程式を考えると，それは式 (3.36), (3.37) より

$$\frac{d\boldsymbol{L}}{dt} = \boldsymbol{r} \times \boldsymbol{F} = \boldsymbol{r} \times F(r)\frac{\boldsymbol{r}}{r} = 0 \tag{6.2}$$

となり，角運動量は保存することがわかる。つまり $\boldsymbol{L}$ は定ベクトルとなる。

一方で $\boldsymbol{L}$ の定義より，$\boldsymbol{L}$ が定ベクトルであるかどうかに依らず

$$\boldsymbol{r} \cdot \boldsymbol{L} = \boldsymbol{r} \cdot (\boldsymbol{r} \times \boldsymbol{p}) = 0 \tag{6.3}$$

が成立する (図 6.2 左)。これは $\boldsymbol{r}$ が原点を通り $\boldsymbol{L}$ に直交する平面上に存在することを示す。つまり，中心力を考えるとその力の詳細に依らず，運動は必ず平面内の運動となることがわかる。そこでこの平面を xy 平面にとり，2 次元極座標を考えると位置ベクトルは 1.3.3 項の式 (1.46) より

$$\boldsymbol{r} = r\boldsymbol{e}_r \tag{6.4}$$

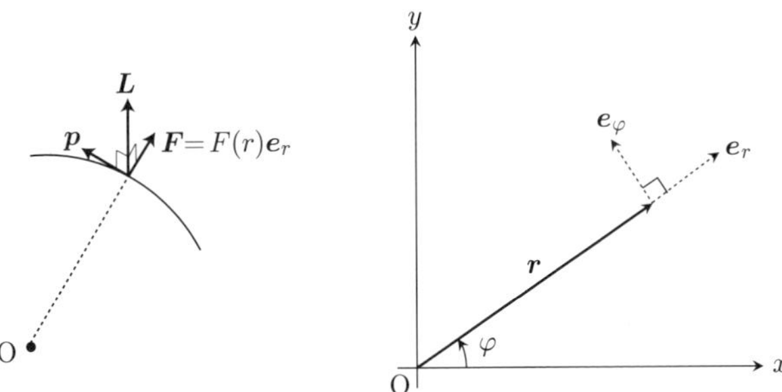

図 6.2　左：中心力 $\boldsymbol{F}$，運動量 $\boldsymbol{p}$，角運動量 $\boldsymbol{L}$ のベクトル図，右：力の中心を原点とする 2 次元極座標系

となる (図 6.2 右)。したがって，速度は時間で 1 回微分して得られるが，それは式 (2.10) より

$$\boldsymbol{v}(t) = \frac{d\boldsymbol{r}}{dt} = \frac{dr}{dt}\boldsymbol{e}_r + r\frac{d\varphi}{dt}\frac{\partial \boldsymbol{e}_r}{\partial \varphi} \\ = \dot{r}\boldsymbol{e}_r + r\dot{\varphi}\boldsymbol{e}_\varphi \tag{6.5}$$

で与えられる。ここで，$\dot{r} = \dfrac{dr}{dt}$ などと表した。同様に加速度は次のように与えられる。

$$\boldsymbol{a}(t) = \frac{d\boldsymbol{v}}{dt} = (\ddot{r} - r\dot{\varphi}^2)\boldsymbol{e}_r + (2\dot{r}\dot{\varphi} + r\ddot{\varphi})\boldsymbol{e}_\varphi \\ = (\ddot{r} - r\dot{\varphi}^2)\boldsymbol{e}_r + \frac{1}{r}\left(\frac{d}{dt}(r^2\dot{\varphi})\right)\boldsymbol{e}_\varphi \tag{6.6}$$

式 (6.6) より運動方程式は r 方向と φ 方向に分離し，力は式 (6.1) で与えられるので，質量 m の質点に対してその運動方程式は

$$r \text{ 方向}：\ddot{r} - r\dot{\varphi}^2 = \frac{F(r)}{m} \tag{6.7}$$

$$\varphi \text{ 方向}：\frac{d}{dt}(r^2\dot{\varphi}) = 0 \tag{6.8}$$

となる。式 (6.8) より**面積速度一定** (ケプラーの第 2 法則) が成り立つことがわかる：

$$\boxed{\frac{1}{2}r^2\dot{\varphi} = \text{一定}} \tag{6.9}$$

これが面積速度であることは微小時間に力の中心と質点がつくる面積を考えればすぐに理解できる。図 6.3 左に描いた図形の面積がそれにあたり，十分微小であれば三角形で近似できるので，微小量の 1 次までとると面積 dS は

$$dS = \frac{1}{2}(r + dr) \times r\sin d\varphi \cong \frac{1}{2}r^2 d\varphi = \frac{1}{2}r^2\frac{d\varphi}{dt}dt = \frac{1}{2}r^2\dot{\varphi}dt \tag{6.10}$$

となる。よって，式 (6.8) と合わせると

$$\boxed{\text{面積速度} = \frac{dS}{dt} = \frac{1}{2}r^2\dot{\varphi} = \text{一定} \equiv \frac{h}{2}} \tag{6.11}$$

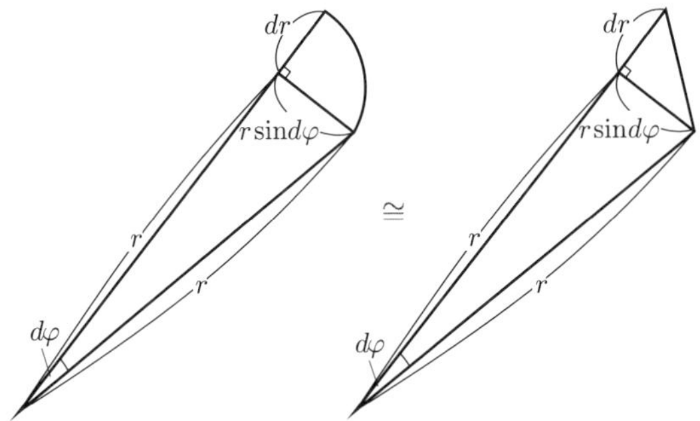

図 6.3 質点が微小時間につくる面積

となるからである。ここで後々の便宜のために $r^2\dot{\varphi} = h$ とおいた。これは，$r\dot{\varphi}$ が速度の $\boldsymbol{e}_\varphi$ 方向の成分であることを考えれば

$$r^2\dot{\varphi} = r \times r\dot{\varphi} \tag{6.12}$$

と分けることで，h が単位質量あたりの角運動量の大きさであることがわかる。つまり，**式 (6.8) が面積速度一定だけでなく角運動量保存則も表しているといえる**。この結果は例題 3.4 でも述べたことである。

さらに，式 (6.11) を使うと運動方程式の r 方向の成分の式 (6.7) は

$$\ddot{r} - \frac{h^2}{r^3} = \frac{F(r)}{m} \tag{6.13}$$

と書け，r のみの微分方程式となる。

このように中心力が働いている場合，質点の運動は平面運動になることを示すことができ，解くべき運動方程式も 1 変数の微分方程式として導出できた。この過程でケプラーの第 2 法則も自動的に導出できたが，これは角運動量保存則と等価であることがわかったのである。

問 6.1 中心力に関して次の問いに答えよ。

(1) 中心力のもとでは適切に定義された角運動量は保存する。これを示せ。

(2) 問 (1) において，「適切に定義されていない角運動量」の例を挙げ，実際に保存しないことを示せ。

(3) 適切に定義された角運動量が保存することから、運動が平面内であることがわかる。どのような平面になるかについてその理由を含めて説明せよ。

6.3 ケプラーの法則から $F(r) \propto -\frac{1}{r^2}$ を導く

運動方程式は，力が与えられたときどういう運動をするかということを見出すために使うこともできるし，逆に運動の様子が与えられたときどういう力が働くかを見出すという役割を与えることもできる。そのことを本節と 6.4 節で見ていく。

まず本節では，ケプラーの法則と運動の 3 法則が正しいと仮定すると何がいえるか，導けるのかを見ていく。6.2 節の議論から，ケプラーの第 1 法則から運動は平面運動であることがわかり，さらに，第 1 法則及び第 2 法則から太陽と惑星の間に次のような関係性があることがわかった。太陽を原点とする 2 次元極座標系での運動方程式を書くと，式 (6.7), (6.8) より，

$$\ddot{r} - r\dot{\varphi}^2 = \frac{F_r}{m}, \quad F_r \equiv \boldsymbol{F} \cdot \boldsymbol{e}_r \tag{6.14}$$

$$\frac{d}{dt}(r^2\dot{\varphi}) = \frac{F_\varphi}{m}, \quad F_\varphi \equiv \boldsymbol{F} \cdot \boldsymbol{e}_\varphi \tag{6.15}$$

となる。第 2 法則より式 (6.15) の左辺は 0 となるので φ 方向の力は働かない，つまり力は惑星から見て太陽の方向からしか受けないということがわかる。

ここまでの議論では，第 1 法則のうち「楕円軌道になっている」という主張と第 3 法則は使っていないので，さらにこれらを適用することで何がわかるのかをこの先で見ていく。結論を先にいうと，第 1 法則から力は距離の 2 乗に反比例する引力 (向きは太陽の方向) となることがわかり，第 3 法則からは万有引力を導出できる。

その前に楕円をはじめとした円錐曲線について，基本的な事柄をまとめておく。

▶ 物理のための数学：円錐曲線

一般に「楕円」「放物線」「双曲線」を総称して**円錐曲線**という。これは円錐を斜めに切り取ると，これらの曲線のどれかが実現することからそういわれる (図 6.4 左)。

● 楕円　図 6.4 右のように平面上の 2 点を F $(c, 0)$, F$'$ $(-c, 0)$ とする座標系を考え，任意の点を P(x, y) にとり，PF $= r$, PF$' = r'$ とする。$r + r' = 2a =$

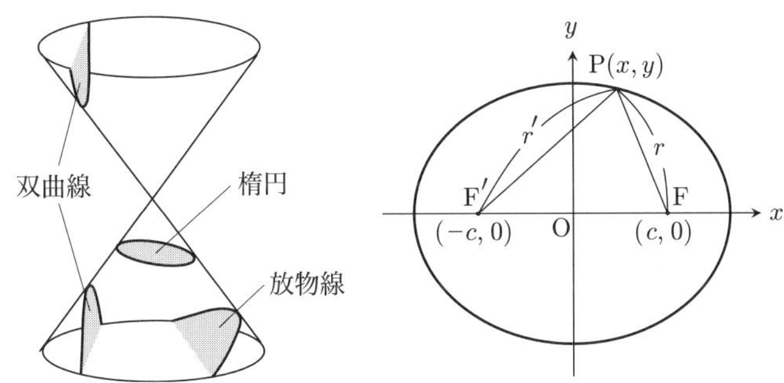

図 6.4　円錐曲線 (左) と F, F′ を焦点とする楕円 (右)。左図のように円錐の一部分を斜めに切り取ると,「楕円」「放物線」「双曲線」のいずれかが現れる。

一定が成り立つ場合，点 P の集合は楕円を描くことを示す。ただし $a > c$ とする。いま，図 6.4 右より

$$\mathrm{PF} = \sqrt{(x-c)^2 + y^2}, \quad \mathrm{PF}' = \sqrt{(x+c)^2 + y^2}$$

である。条件から，次の式が成り立つ。

$$2a = \sqrt{(x-c)^2 + y^2} + \sqrt{(x+c)^2 + y^2} \tag{6.16}$$

これを整理して

$$1 = \frac{x^2}{a^2} + \frac{y^2}{a^2 - c^2} = \frac{x^2}{a^2} + \frac{y^2}{b^2} \tag{6.17}$$

が得られる。これはよく知られているように，長径 a，短径 $b \equiv \sqrt{a^2 - c^2}$ の楕円を表す。

円の場合は焦点と中心が一致しているが，楕円の場合はそれがずれていて，そのずれ方の度合いを**離心率**という。楕円の離心率 ε は

$$\varepsilon \equiv \left|\frac{c}{a}\right| = \sqrt{1 - \frac{b^2}{a^2}} \tag{6.18}$$

と表される。はじめに仮定したように $a > c$ であるため，楕円の離心率は $\varepsilon < 1$ となる。また，円の場合 $(a = b)$ は離心率が $\varepsilon = 0$ となる。

さて，図 6.5 左のように右の焦点 F を原点とする 2 次元極座標系においてこ

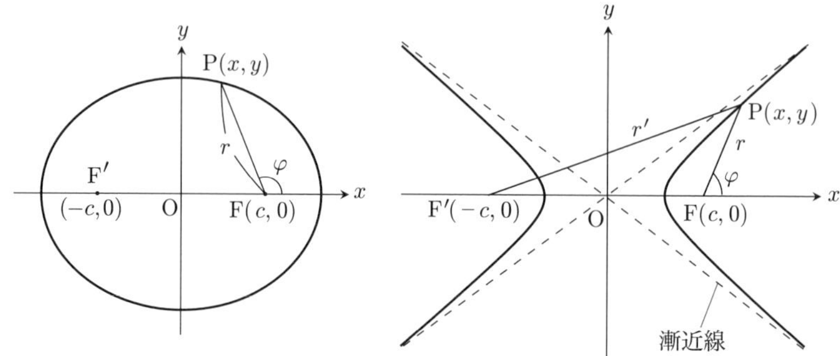

図 6.5　楕円と双曲線の極座標表示。右図の双曲線は，2 つの焦点からの距離の差が $|r - r'| = 2a =$ 一定の場合を表している。

の楕円がどのように表されるかを考える。元のデカルト座標系 (x, y) とは

$$x = c + r\cos\varphi, \quad y = r\sin\varphi \tag{6.19}$$

と関係がつくので，これを楕円の式に代入すると，

$$\frac{(c + r\cos\varphi)^2}{a^2} + \frac{r^2\sin\varphi^2}{a^2 - c^2} = 1$$

となる。これを r について解き，$r > 0$ であることを考慮すると

$$\boxed{\begin{aligned} r &= \frac{a^2 - c^2}{a + c\cos\varphi} = \frac{\ell}{1 + \varepsilon\cos\varphi}, \\ \ell &\equiv \frac{a^2 - c^2}{a} = \frac{b^2}{a} = a(1 - \varepsilon^2) \end{aligned}} \tag{6.20}$$

が得られる。なお $\varepsilon \to -\varepsilon$ とすると，F′ を原点とした楕円の方程式が得られる。また $\varphi \to \varphi - \varphi_0$ とすると，φ_0 だけ回転した楕円が得られる。

● **双曲線**　双曲線は，式 (6.17) において $b^2 \to -b^2$ と置き換えた式で表される (図 6.5 右)。すなわち，$c^2 = a^2 + b^2$ となり，双曲線の方程式は極座標表示で

$$\boxed{\begin{aligned} &r = \pm\frac{\ell}{(1 \mp \varepsilon\cos\varphi)}, \\ &\varepsilon = \frac{c}{a} = \sqrt{1 + \frac{b^2}{a^2}}, \quad \ell \equiv \frac{c^2 - a^2}{a} = \frac{b^2}{a} \end{aligned}} \tag{6.21}$$

と与えられることがわかる。ここで離心率の範囲は $|\varepsilon| > 1$ であり，$\varepsilon = \pm 1$ のとき放物線になる。

r の式に現れる ε の前の符号に応じて焦点 F または F$'$ を原点とした双曲線の式になる。また r の式の先頭に現れる符号は 2 本ある双曲線のどちらかを表す。たとえば

$$r = \frac{\ell}{1 + \varepsilon \cos \varphi} \tag{6.22}$$

は，図 6.5 右において F$'$ を原点とする 2 次元極座標であり，左右ある双曲線のうち左側の双曲線を表している。これは定義より，$r, \ell > 0$ であるから，$1 + \varepsilon \cos \varphi > 0$ である必要があることから明らかであろう。他の場合についても各自で確かめてほしい (演習問題 6.1)。また，全体の符号のどちらが引力に対応しどちらが斥力に対応するのかも双曲線と原点の位置関係からすぐに理解できるだろう (6.7 節，7.3 節参照)。

例題 6.1：楕円，双曲線と放物線の関係性

(1) 楕円

$$\frac{x^2}{a^2} + \frac{y^2}{b^2} = 1$$

について，原点を $(a, 0)$ に移す。このときの楕円の方程式を示せ。

(2) 問 (1) で得られた式について，

$$\frac{a}{b^2} = \frac{2}{k} = 一定$$

としたまま $a, b \to \infty$ とすると放物線になることを示せ。

(3) 問 (1) と同様に，双曲線

$$\frac{x^2}{a^2} - \frac{y^2}{b^2} = 1$$

について，原点を $(a, 0)$ に移す。このとき，

$$\frac{a}{b^2} = -\frac{2}{k} = 一定$$

としたまま $a, b \to \infty$ とすると放物線になることを示せ。

解答 (1) 全体を x 軸方向に $-a$ だけ移す操作をすればよい。これを行うと次式が得られる。

$$\frac{(x+a)^2}{a^2} + \frac{y^2}{b^2} = 1 \tag{6.23}$$

(2) 式 (6.23) を変形する。左辺第 1 項を右辺に移して，展開・整理すると放物線であることが導ける。

$$\frac{y^2}{b^2}=\frac{1}{a}\left(-\frac{x^2}{a}-2x\right)\Leftrightarrow\frac{2}{k}y^2=-\frac{x^2}{a}-2x\quad(\text{問題文の条件より})$$
$$\Leftrightarrow x=-\frac{y^2}{k}\quad(\because\ a\to\infty)$$

(3) 楕円の場合と同様の操作を行う。原点を $(a,0)$ に移し変形すると，放物線の式が得られる。

$$\frac{(x+a)^2}{a^2}-\frac{y^2}{b^2}=1\Leftrightarrow\ \frac{x^2}{a}+2x=\frac{a}{b^2}y^2$$
$$\Leftrightarrow\ \frac{x^2}{a}+2x=-\frac{2}{k}y^2\quad(\text{問題文の条件より})$$
$$\Leftrightarrow x=-\frac{y^2}{k}\quad(\because\ a\to\infty)$$

■

補足 数学としては解答のような変形で尽きているが，実は物理学の観点から見ると長さの基準が必要で，物理学的には意味づけできていない極限操作となっている。この意味づけについては 6.9 節で議論する。

6.3.1 ケプラーの第 1 法則・第 2 法則からわかること

楕円の式 (6.20) と第 1 法則より，r と φ の関係は

$$\frac{\ell}{r}=1+\varepsilon\cos\varphi \tag{6.24}$$

であるから，この両辺を時間で微分して

$$\frac{\ell}{r^2}\dot{r}=\varepsilon\dot{\varphi}\sin\varphi$$
$$\therefore\ \dot{r}=\frac{h}{\ell}\varepsilon\sin\varphi\quad(h=r^2\dot{\varphi}\text{ を用いた}) \tag{6.25}$$

となる。再度時間で微分して上と同様の変形を行うと (式 (6.11) より，h の時間微分が 0 であることに注意)，

$$\ddot{r}=\frac{h}{\ell}\varepsilon\dot{\varphi}\cos\varphi=\frac{h^2}{\ell}\frac{\varepsilon\cos\varphi}{r^2}$$
$$=\frac{h^2}{\ell}\left(\frac{\ell}{r^3}-\frac{1}{r^2}\right)=\frac{h^2}{r^3}-\frac{1}{r^2}\frac{h^2}{\ell} \tag{6.26}$$

となり，r の時間に関する 2 階微分を r で表すことができる。ここで 1 行目から 2 行目への式変形では楕円の式 (6.24) を代入した。

この結果を式 (6.13) に代入して整理すると力の大きさが

$$F(r) = -m\frac{h^2}{\ell}\frac{1}{r^2} \tag{6.27}$$

と与えられることが導かれる。このようにして**ケプラーの第 1 法則と第 2 法則から，運動方程式を使って $-1/r^2$ に比例する力が働いていることが導かれる。また，角度 φ には依存していないことと力の方向が原点を向いていることから，式 (6.27) で表される力は太陽の方向を向くことがわかった。**

6.3.2　ケプラーの第 3 法則からわかること

第 3 法則は「惑星の公転周期の 2 乗 (T^2) は楕円の長半径の 3 乗 (a^3) に比例する」という主張なので，これをここまでで得た知識を使いながら数式に直していく。楕円の面積が πab で与えられることと，面積速度 $h/2$ を用いると，周期 T は

$$T = \frac{\pi ab}{h/2} \tag{6.28}$$

となる。ここで，第 3 法則は

$$\frac{T^2}{a^3} = 一定 \tag{6.29}$$

と書ける。ここで「一定」が意味するのはどの惑星にも依らないということで，具体的には惑星に関する量 (たとえば惑星の質量) には依存しないという意味である。式 (6.20) を用いると

$$ab = \frac{\ell^2}{(1-\varepsilon^2)^{3/2}} = a^{3/2}\ell^{1/2} \tag{6.30}$$

という関係が得られるので，式 (6.28) より

$$T^2 = \frac{4\pi^2 a^2 b^2}{h^2} = \frac{4\pi^2 a^3 \ell}{h^2} \tag{6.31}$$

$$\therefore\ \frac{T^2}{a^3} = 4\pi^2\frac{\ell}{h^2} = 一定 \tag{6.32}$$

となる。このことから，力の大きさを表す式 (6.27) の右辺に出てくる量に対し，

$$\frac{h^2}{\ell} = \text{一定} \equiv GM \tag{6.33}$$

が得られる。ここで，G は**ニュートン定数** (万有引力定数，重力定数などともいう) といわれる重力の大きさの度合いを表す量で，

$$G = 6.67408 \times 10^{-11}\,\mathrm{m^3\,s^{-2}\,kg^{-1}} = 6.67408 \times 10^{-11}\,\mathrm{N\,m^2\,kg^{-2}} \tag{6.34}$$

である。また，M は太陽の質量 $(= 1.99 \times 10^{30}\ \mathrm{kg})$ である。式 (6.33) で質量を括り出す理由は，力が惑星の質量に比例すること (式 (6.27) 参照) と，作用・反作用の法則に従って惑星と太陽を対等に考えれば，同様の議論により太陽の質量に比例することがいえるはずだからである。

以上で得られた結果から，力の大きさは

$$F(r) = -G\frac{mM}{r^2} \tag{6.35}$$

と表すことができる。この力を**万有引力**とよぶ (**単に重力とよぶこともある**，図 6.6)。ニュートン定数に質量の積を掛け距離の 2 乗で割ると力になるという式であることから，式 (6.34) の単位の意味が理解できるだろう。ここまでの導出では，「厳密には太陽を起源とする力が存在していて，それが式 (6.35) の形に表すことができる」ということまでしか主張できない。しかし式 (6.35) は，「**質量をもつ物体が 2 つ存在すればその間に引力が働く，つまり質量を起源とする万有引力が存在している**」と解釈できる。

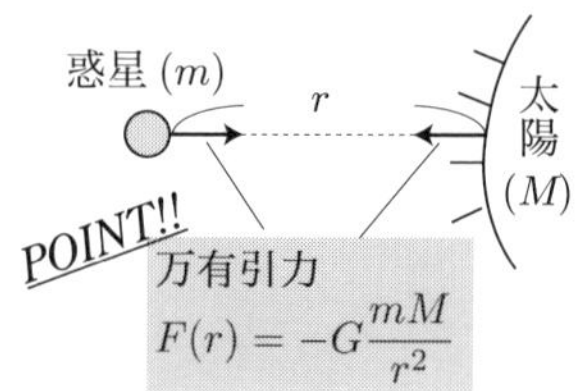

図 6.6　万有引力

例題 6.2：重力の大きさ

日常重力を感じているので勘違いしやすいが，重力は通常の物質間ではきわめて弱い。このことを定量的に説明せよ。

解答　たとえば 1 kg の物体を 2 つもってきて 10 cm 離して，その間に働く万有引力を計算するとその大きさは 6.674×10^{-9} N となる。同じように 1 kg のものを地表に置いたときにかかる力は 9.8 N で，およそ 9 桁ちがう。9 桁も小さい量は日常においては誤差の範囲なので，人間が近づいても力は全く感じない。地球からの引力が大

きいのはひとえに地球の質量が大きいからで通常の物体どうしの重力は大変小さいのである。 ■

NOTE：慣性質量と重力質量

実は上で導出した万有引力の式 (6.35) に現れる質量は，運動の第 2 法則に現れる質量と本来的には全く別の概念に由来する質量である。それぞれ慣性質量，重力質量とよばれる概念で実は全く別物である。

慣性質量は運動方程式において加速度と力の比例係数となる量で，直感的には動きにくさを表す。だから「慣性」質量とよばれていて，これは運動方程式における質量 (m) が該当する。日常生活で「動かしにくさ」として感じる質量が慣性質量である。

一方，太陽が重力源になっていることをケプラーの 3 法則から導いたわけだが，この重力をつくる物理的理由として，式 (6.33) で定義したように「質量」を無理矢理分離してもち出した。これを重力をつくり出す質量という意味で**重力質量**という。これは，概念的には電気的な力をつくる「電荷」に対応していて，慣性質量とは全く別物である。

にもかかわらず，この両者は実験精度 (おおよそ 13 桁) の範囲で完全に一致することが知られている。実験では慣性質量と重力質量が比例関係にあることしか示せない。しかし，重力定数の定義を上手にとれば比例係数を 1 にとることができる。したがって，万有引力の式 (6.35) で，通常は m も重力質量であると解釈する。なぜなら，この方が電気的な力との対応がよいからである。

アインシュタインはこれを原理であるとし (説明される類のことではない絶対的事実と認め)，一般相対性理論を構築した。この 2 つの質量が等しいという原理を等価原理という。一般相対性理論の本は必ず等価原理を説明するところから始めるが，これはこの 2 つの質量という概念のちがいを理解していないと強調する理由がわからなくなるだろう。

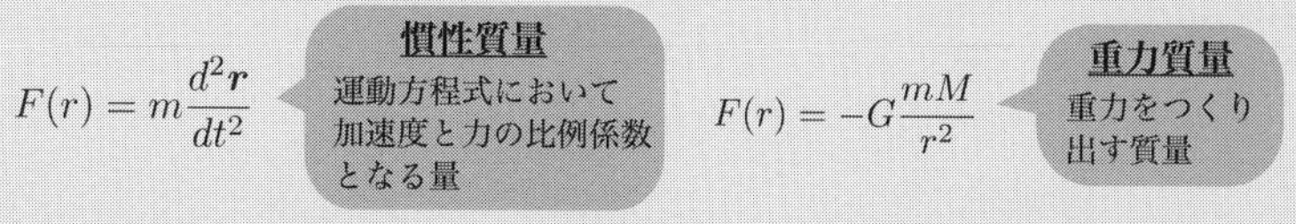

$$F(r) = m\frac{d^2\boldsymbol{r}}{dt^2}$$

慣性質量
運動方程式において加速度と力の比例係数となる量

$$F(r) = -G\frac{mM}{r^2}$$

重力質量
重力をつくり出す質量

図 6.7　慣性質量と重力質量

6.4 $F(r) \propto -\frac{1}{r^2}$ から惑星の運動を導く

今度は力が $-1/r^2$ に比例する場合 (逆 2 乗則), どのような運動が実現するのか見ていく。結論を先に述べると, 運動は円錐曲線を描くということがわかる。

前節では, 力の中心すなわち太陽からの力のみが働いているかのように議論を進めた。つまり, 地球は太陽にどういった影響を及ぼしていたのか全く考えないで議論を進めた。しかし, 作用・反作用の法則から, 太陽からの力が地球に働けば, 地球からの力が太陽に働くこともわかる。実際, 太陽が地球を引っ張り, 地球も太陽を引っ張っていることは万有引力からわかることでもある。本節ではその影響も考えて議論を進めていく。またこの説明を通して, 中心力という概念がいかに重要であるか, また太陽が非常に重いという極限でケプラーの法則が導出できることを見る。

6.4.1 重心座標と相対座標

まず, 太陽と地球という設定を忘れて, 図 6.8 で表されるように 2 つの質点に置き換えて考える。ここで質点の間には, 質量に比例し距離の 2 乗に反比例する引力, つまり万有引力が存在しているとする。

したがって, 図 6.8 よりそれぞれの質点に対する運動方程式は

$$m_1 \frac{d^2 \boldsymbol{r}_1}{dt^2} = -G \frac{m_1 m_2}{(\boldsymbol{r}_1 - \boldsymbol{r}_2)^2} \frac{\boldsymbol{r}_1 - \boldsymbol{r}_2}{|\boldsymbol{r}_1 - \boldsymbol{r}_2|} \tag{6.36}$$

$$m_2 \frac{d^2 \boldsymbol{r}_2}{dt^2} = -G \frac{m_1 m_2}{(\boldsymbol{r}_1 - \boldsymbol{r}_2)^2} \frac{\boldsymbol{r}_2 - \boldsymbol{r}_1}{|\boldsymbol{r}_1 - \boldsymbol{r}_2|} \tag{6.37}$$

となる。式 (6.36)+式 (6.37) より, 式 (3.10) を思い出せば

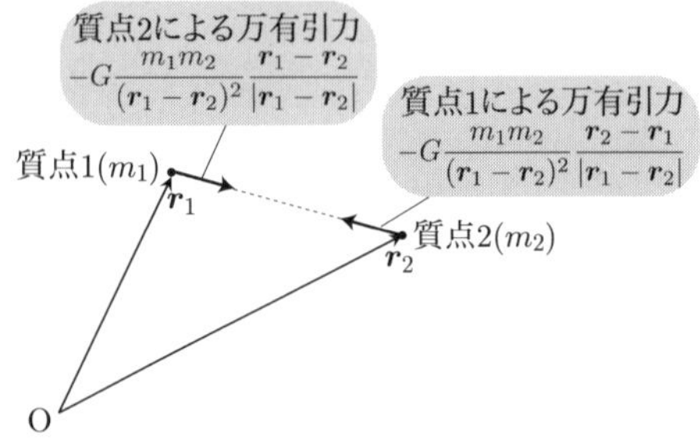

図 6.8 2 つの質点の間に万有引力が働く系

$$
M_{\mathrm{G}} \frac{d^2 \boldsymbol{r}_{\mathrm{G}}}{dt^2} = 0 \tag{6.38}
$$

という式が得られる。ここで，

$$
M_{\mathrm{G}} = m_1 + m_2, \quad \boldsymbol{r}_{\mathrm{G}} = \frac{m_1 \boldsymbol{r}_1 + m_2 \boldsymbol{r}_2}{m_1 + m_2} \tag{6.39}
$$

であり，G は 3.3 節で説明した重心を表し，実際 $\boldsymbol{r}_{\mathrm{G}}$ は式 (3.11) と同じである。3.3 節で説明したように，全体として外から力がかかっていない場合を考えているので，式 (6.38) からもわかるように，重心は等速度運動をするという結果が得られる。

式 (6.36) と (6.37) は連立方程式なので，式 (6.38) に対してもう 1 つ独立な式が得られるが，それは**相対座標** $\boldsymbol{r} = \boldsymbol{r}_1 - \boldsymbol{r}_2$ に対する方程式として得られる。式 (6.36) × $(1/m_1)$ − 式 (6.37) × $(1/m_2)$ を計算することで

$$
\frac{d^2 \boldsymbol{r}}{dt^2} = -G \frac{m_1 + m_2}{r^2} \frac{\boldsymbol{r}}{r} \tag{6.40}
$$

が導ける。この式で十分本質を表しているが，運動方程式のような形にするために両辺に**換算質量**

$$
\mu = \frac{m_1 m_2}{m_1 + m_2} \Longleftrightarrow \frac{1}{\mu} = \frac{1}{m_1} + \frac{1}{m_2} \tag{6.41}
$$

を掛けて

$$
\mu \frac{d^2 \boldsymbol{r}}{dt^2} = -G \frac{m_1 m_2}{r^2} \frac{\boldsymbol{r}}{r} \tag{6.42}
$$

を得る。この式は，力の大きさを表す式は変わらず，質点 1, 2 のどちらか (いまの場合は定義により質点 2 が基準になっているが，逆にしても同じ式が得られる) を中心と思ったときの中心力の運動方程式と同じになっている。ただし式 (6.42) は，左辺に出てくる質量 (換算質量) が右辺には現れていないという意味で万有引力の形からは少しずれている。

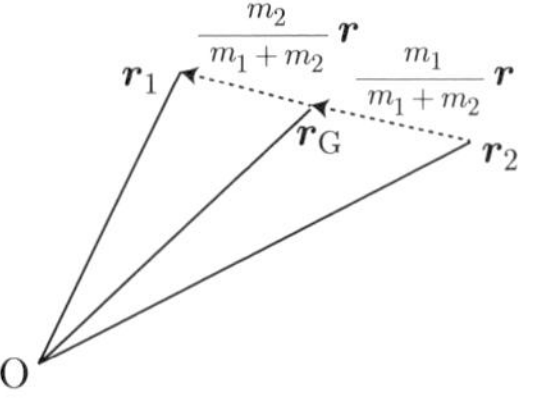

図 6.9 元の座標と重心座標・相対座標の関係性

また，元の座標系での解は逆解きすることで得られ，重心座標と相対座標の定義から

$$\begin{aligned}\boldsymbol{r}_1 &= \boldsymbol{r}_\mathrm{G} + \frac{m_2}{m_1+m_2}\boldsymbol{r} \\ \boldsymbol{r}_2 &= \boldsymbol{r}_\mathrm{G} - \frac{m_1}{m_1+m_2}\boldsymbol{r}\end{aligned} \tag{6.43}$$

となる。質量もその定義から同様に逆解きすることで

$$m^2 - M_\mathrm{G} m + \mu M_\mathrm{G} = 0 \tag{6.44}$$

の解として求めることができる。

NOTE：次元解析と中心力

一般に 2 つの物体の間の物理 (影響の与え方) を考えた場合，もしそれが位置のみに依るとすると，それは必ず $\boldsymbol{r}_1 - \boldsymbol{r}_2$ にしか依らない (関数になっている) ということがすぐわかる。つまり原点をずらす (位置を $\boldsymbol{a}$ だけずらす) と，そのずらし方に応じて新しい座標系での位置は $\boldsymbol{r}_i \to \boldsymbol{r}_i - \boldsymbol{a}$ となるので，$\boldsymbol{a}$ 以外の量は原点のとり方に依存するからである。さらに物理法則は座標軸のとり方にも依らないので，力の大きさは差の大きさ，つまり $\boldsymbol{r}\,(= \boldsymbol{r}_1 - \boldsymbol{r}_2)$ のみに依存するということもわかる。以上の条件を満たす力というのは原点を力の中心とする中心力であるから，一般に 2 つの物体を考えるとその間に働く力は中心力であるということがいえてしまう。

たとえば，ベクトル $\boldsymbol{u}$ は常に

$$\boldsymbol{u} = \alpha \boldsymbol{r}_1 + \beta \boldsymbol{r}_2 \quad (\alpha,\,\beta：定数) \tag{6.45}$$

のように展開できる。左辺がベクトルであるから，右辺もベクトルを使って表現されなければならない。これは「次元が合う (一致する) べし」という次元解析の考え方にも通底する。また，原点をずらしても $\boldsymbol{u}$ が値を変えないとすると，式 (6.45) は

$$\boldsymbol{u} = \alpha(\boldsymbol{r}_1 - \boldsymbol{r}_2) \tag{6.46}$$

という形をもつ。一方で α はベクトルの大きさに対応するので，スカラーである必要がある。2 つの質量 (質量はスカラーである) の積だけでなく，ベクトルの大きさ (内積) に依存することもあり得る。そして，上で説明したように本質的にベクトルは $\boldsymbol{r} = \boldsymbol{r}_1 - \boldsymbol{r}_2$ しかないので，$|\boldsymbol{r}| = r$ のみに依るということが一般にいえてしまう。

ここまで述べたことを踏まえて，互いに力を及ぼし合うような状況を考える。一

般に互いに力を及ぼし合う 2 体系は $\boldsymbol{r} = \boldsymbol{r}_1 - \boldsymbol{r}_2$ に対し，その力は

$$F(r)\frac{\boldsymbol{r}}{r} \tag{6.47}$$

と書ける。式 (6.36) は $F(r) = -Gm_1m_2/r^2$ の場合になっている。これに対し同様の式変形で

$$\mu\frac{d^2\boldsymbol{r}}{dt^2} = F(r)\frac{\boldsymbol{r}}{r} \tag{6.48}$$

を導出できることがわかる。つまり式 (6.1) と比べるとわかるように，一般に相対座標は中心力の構造をもつ。重心座標に対しては 2 体系を考えれば，外からは力が働いていないので，こちらも一般に同様の式変形で，重心は等速度運動するという式 (6.38) が得られる。

6.4.2 惑星の運動

ここでは 2 つの惑星の運動について考える。1 を惑星，2 を太陽とすると，質量が桁違いなので

$$m_1 \ll m_2 \implies \frac{m_1}{m_2} \ll 1, \quad \frac{m_2}{m_1 + m_2} \to 1 \tag{6.49}$$

であるから，式 (6.43) より，太陽の位置と重心の位置は非常に近くなることがわかる。重心は静止しているとみなすことができるので，ケプラーの法則にあるように太陽が静止しているという近似が妥当であることがわかる。

例題 6.3：太陽・惑星・重心の位置

太陽の位置と重心の位置が非常に近くなることを，具体的に地球と太陽の場合で見てみよう。

(1) 地球と太陽の 2 体系において，換算質量を求めよ。

(2) 太陽の中心から重心までの距離を求め，太陽の位置と重心の位置が非常に近くなることを確かめよ。

解答 (1) 地球 (e) と太陽 (s) の質量は $m_\mathrm{e} = 5.97 \times 10^{24}$ kg，$m_\mathrm{s} = 1.99 \times 10^{30}$ kg であるから，換算質量は有効数字 3 桁で

$$\frac{1}{\mu} = \frac{1}{m_\mathrm{e}} + \frac{1}{m_\mathrm{s}} = \left(\frac{m_\mathrm{e}m_\mathrm{s}}{m_\mathrm{e} + m_\mathrm{s}}\right)^{-1} \cong \left(5.97 \times 10^{24}\right)^{-1} \ [\mathrm{kg}^{-1}]$$

となり，地球の質量に一致する。

(2) 地球と太陽の距離 r は平均 $d_a = 1.50 \times 10^8\,\mathrm{km}$ であるから，太陽の中心から重心まで距離は，

$$r_{\mathrm{G}} = \frac{m_{\mathrm{e}} d_a}{m_{\mathrm{e}} + m_{\mathrm{s}}} = 450\,\mathrm{km}$$

と求まる。太陽半径は $6.96 \times 10^5\,\mathrm{km}$ であることから，r_{G} は太陽半径の $450/(6.96 \times 10^5) = 6.47 \times 10^{-4}$ 倍であることがわかる。つまり，実質太陽の中心と重心が一致していることが確かめられる。逆にいうと，地球の太陽に対する位置は，式 (6.42) の解として与えられることが確認できたことになる。 ■

問 6.2 例題 6.3 では，地球と太陽の 2 体系で換算質量や重心の位置について見たが，地球と月の 2 体系ではどうなるだろうか?

式 (6.40) を解く まず，6.2 節で説明したように $\boldsymbol{r}$ は平面内にある。平面内にあってかつ中心力なので，原点を中心とする 2 次元極座標系を用いてこの方程式を解いていく。この座標系では式 (6.7), (6.8) より，

$$\begin{cases} r \text{ 方向}: \ddot{r} - r\dot{\varphi}^2 = -\dfrac{GM}{r^2} & (6.50) \\ \varphi \text{ 方向}: r^2\dot{\varphi} = h = \text{一定} & (6.51) \end{cases}$$

と与えられる。これらを解くことで時刻の関数として $r(t)$, $\varphi(t)$ が求まり，惑星の運動が決まる。さらに t を消去することで $r(\varphi)$，つまり軌道の具体的な形が求まる。これが楕円の方程式 (6.20) を解としてもっていればケプラーの法則が導けたことになる。

では，具体的に解いていこう。方針は次の通りである。

(1) 式 (6.51) を用いて式 (6.50) から $\dot{\varphi}$ を消去する。

(2) これにより式 (6.50) を r と t の関係式にできるが，軌道が知りたいので，r と φ の関係式を導く。

そこで r の時間微分を次式のように φ の微分に直す：

$$\frac{dr}{dt} = \frac{d\varphi}{dt}\frac{dr}{d\varphi} = \frac{h}{r^2}\frac{dr}{d\varphi} = -h\frac{d}{d\varphi}\frac{1}{r} \tag{6.52}$$

ここで 2 つ目の等号は角運動量の保存則 (6.51) を使った。3 つ目の等号は一般に

$$x^m\dot{x} = \frac{1}{m+1}\frac{d}{dt}x^{m+1} \tag{6.53}$$

が成立することを使った。時刻に関しては 2 階微分だったので，これを求めるために同様の変形をすると

$$\frac{d^2r}{dt^2} = \frac{d}{dt}\frac{dr}{dt} = \frac{d\varphi}{dt}\frac{d}{d\varphi}\left(-h\frac{d}{d\varphi}\frac{1}{r}\right) = -\frac{h^2}{r^2}\frac{d^2}{d\varphi^2}\frac{1}{r} = -h^2u^2\frac{d^2u}{d\varphi^2} \tag{6.54}$$

となる。ただし，$u \equiv 1/r$ とした。r の 2 階微分が求まったので，式 (6.50) から $\dot{\varphi}$ を消去して r だけの式にした上で r を u で書き直すと

$$-h^2u^2\frac{d^2u}{d\varphi^2} - u^3h^2 = -GMu^2$$

$$\therefore \ \frac{d^2u}{d\varphi^2} + u = \frac{GM}{h^2} \tag{6.55}$$

という式が得られる。この式は非同次方程式になっている (p.108 参照)。非同次方程式の解を求めるには特解が必要となるが，この場合はわかりやすく

$$u_s = \frac{GM}{h^2} \tag{6.56}$$

となる。これを式 (6.55) に代入すれば，特解であることがすぐ確かめられる。同次方程式 (式 (6.55) の左辺 $= 0$ の式) の解は 2 階の微分方程式なので，単振動の場合 (4.1.3 項参照) と同じになり，一般解は

$$u_g = A\cos(\varphi - \varphi_0) \tag{6.57}$$

となる (A, φ_0 は積分定数)。ここで φ には単振動の振動数における場合の角振動数 ω に対応する係数が掛かっていないことに注意せよ。φ の係数が 1 になるのは，閉じた軌道内を 1 周したときに r が同じ値に戻るからであると理解できる。以上より，式 (6.55) の一般解は，特解と同次方程式の解を合わせて

$$u = u_g + u_s = A\cos(\varphi - \varphi_0) + \frac{GM}{h^2} \tag{6.58}$$

と求まる。これを r に戻すと

$$r = \frac{1}{\frac{GM}{h^2} + A\cos(\varphi - \varphi_0)} = \frac{\ell}{1 + \varepsilon\cos(\varphi - \varphi_0)} \tag{6.59}$$

$$\ell = \frac{h^2}{GM}, \quad \varepsilon = \frac{h^2A}{GM} \tag{6.60}$$

となる。2 つの積分定数のうち A は式 (6.60) のように ε を使って書く。また，

φ_0 は $t=0$ での軸の向きなので，この方向を改めて x 軸だとして座標軸を φ_0 だけ回転させると，一般解として

$$r = \frac{\ell}{1+\varepsilon\cos\varphi} \tag{6.61}$$

を得る。この式は，「**物理のための数学：円錐曲線**」(p.160) で説明したように，$|\varepsilon|<1$ なら楕円を表す式になっている。また，$|\varepsilon|>1$ なら双曲線，$|\varepsilon|=1$ なら放物線を表すので，力が $1/r^2$ に比例する中心力でかつ引力である場合，楕円軌道の解をもつという意味でケプラーの第 1 法則は成立するが，一般には力の中心 (＝太陽) を焦点とする円錐曲線を描くことがわかる。また，面積速度の一定は中心力を考えれば必ず成立するので，ケプラーの第 2 法則も成り立っていることがわかる。第 3 法則も，式 (6.60) の関係は式 (6.33) と同じであることから明らかに成立している。どの惑星を考えても GM は同じ量だからである。

本節では万有引力が働いているときに 2 質点の運動がどうなるかを見てきた。とくに，一方の質量が他方のそれを圧倒しているときに軽い方の物体の運動について詳細に調べたが，その運動は力が中心力なので面積速度が一定 (角運動量が一定) という第 2 法則が導かれた。さらに軌跡は円錐曲線ということもわかったので，その特別な場合としてケプラーの第 1 法則も満たされているということもわかった。そしてその軌道が楕円であれば，第 3 法則を満たすということも導けた。

また，式 (6.61) の cos の引数がただの φ であるということが導出の際に明らかになった。これがもし $a\varphi\,(a\neq 1)$ であったら 1 周回って戻ってきたとき $(\varphi : 0\to 2\pi)$ に，r は異なった値をもってしまう。つまり，軌道が閉じないということになる。軌道が閉じるというのは非常に重要な性質で，3 次元ユークリッド空間の特徴である。これは 6.8 節で見る離心率ベクトルが保存するということに対応している。このようになるのは力が $1/r^2$ に比例するとき，または r に比例するときだけで，他の場合はたとえ中心力であっても，このようにはならない。

6.5　重力の位置エネルギーと力学的エネルギー

重力が働いている場合の具体的な運動を求めたので，次に 3.6 節と同様の式変形を行い力学的エネルギーと重力の位置エネルギー (**重力ポテンシャル**) について考える。一般に中心力 $F(r)(\boldsymbol{r}/r)$ の場合，その回転は $\mathbf{0}$ になる (例題 6.4，問 6.3 参照)：

$$\nabla \times \left(F(r)\frac{\boldsymbol{r}}{r} \right) = 0 \tag{6.62}$$

したがって中心力が保存力の条件 (式 (4.120) 参照) を満たすので，一般に位置エネルギーを定義できる。

運動方程式 (6.40) と速度の内積をとり，時間で積分し積分定数を E として

$$\frac{m}{2}\boldsymbol{v}^2 - G\frac{mM}{r} = E, \quad U(r) = -G\frac{mM}{r} \tag{6.63}$$

という力学的エネルギー保存の式が得られる。$U(r)$ は位置エネルギーで，実際その勾配 (式 (4.87), (4.88) 参照) の逆向きは，$\nabla(1/r) = -\boldsymbol{r}/r$ より，

$$-\nabla U(r) = GmM\nabla\left(\frac{1}{r}\right) = -G\frac{mM}{r^2}\frac{\boldsymbol{r}}{r} \tag{6.64}$$

となり，式 (4.109) に代入すると万有引力の式が求められる。

式 (6.63) を仕事の観点から書き直すと，時刻 t_i $(i = \mathrm{A, B})$ で質点が A(B) 地点 $(\boldsymbol{r}_{\mathrm{A(B)}})$ にいたとして ($|\boldsymbol{r}_{\mathrm{A}}| = r_{\mathrm{A}}$, $|\boldsymbol{r}_{\mathrm{B}}| = r_{\mathrm{B}}$ とする)，

$$\frac{m}{2}\boldsymbol{v}_{\mathrm{B}}^2 - \frac{m}{2}\boldsymbol{v}_{\mathrm{A}}^2 = U(\boldsymbol{r}_{\mathrm{A}}) - U(\boldsymbol{r}_{\mathrm{B}}) = \int_{r_{\mathrm{A}}}^{r_{\mathrm{B}}} -G\frac{mM}{r^2}dr \tag{6.65}$$

となる。左辺は A 地点から B 地点まで行く際に増えた運動エネルギーを表す。ここで一般に，A 地点から B 地点まで行く際，仕事は

$$\int_{\mathrm{A}}^{\mathrm{B}} \boldsymbol{F}\cdot d\boldsymbol{r} \tag{6.66}$$

と書ける。よって，2 次元極座標系では重力と微小変位は

$$\boldsymbol{F} = -G\frac{mM}{r^2}\boldsymbol{e}_r, \quad d\boldsymbol{r} = dr\boldsymbol{e}_r + rd\varphi\boldsymbol{e}_\varphi \tag{6.67}$$

であることから，式 (6.66) は

$$\int_{\mathrm{A}}^{\mathrm{B}} \boldsymbol{F} \cdot d\boldsymbol{r} = \int_{r_{\mathrm{A}}}^{r_{\mathrm{B}}} -G\frac{mM}{r^2}dr \tag{6.68}$$

となり，式 (6.65) 最右辺が導けた。そして式 (6.65) 最右辺は，重力がなした仕事を表していることがわかった。

B 地点が力の中心 ($r \cong 0$) に近いとすれば，A 地点から B 地点まで動く際に，重力は質点を引っ張る (加速する) ので運動エネルギーは増すはずだが，実際そのような状況を表す式が得られている。このことから改めて，位置エネルギー (ポテンシャル) というのは，保存力が潜在的になし得る仕事であると理解できることがわかる。

例題 6.4：式 (6.62), (6.64) を示す

式 (6.62), (6.64) が成り立つことを以下の場合に対して示せ。

(1) 2 次元デカルト座標系 $\boldsymbol{r} = x\boldsymbol{e}_x + y\boldsymbol{e}_y$ の場合

(2) 3 次元デカルト座標系 $\boldsymbol{r} = x\boldsymbol{e}_x + y\boldsymbol{e}_y + z\boldsymbol{e}_z$ の場合

解答 (1) 式 (6.62) の導出：

$$F(r)\frac{\boldsymbol{r}}{r} = -G\frac{mM}{r^2}\frac{\boldsymbol{r}}{r} = \frac{x\boldsymbol{e}_x + y\boldsymbol{e}_y}{(x^2+y^2)^{3/2}}$$

に対して，4.3.3 項の式 (4.119) に代入すると，

$$\begin{aligned}(\nabla \times \boldsymbol{F})_z &= \frac{\partial F_y}{\partial x} - \frac{\partial F_x}{\partial y} \\ &= -GmM\left\{\frac{\partial}{\partial x}\left(\frac{y}{(x^2+y^2)^{3/2}}\right) - \frac{\partial}{\partial y}\left(\frac{x}{(x^2+y^2)^{3/2}}\right)\right\} \\ &= -GmM\left\{-\frac{3xy}{(x^2+y^2)^{5/2}} + \frac{3xy}{(x^2+y^2)^{5/2}}\right\} = 0\end{aligned}$$

となり，式 (6.62) が導出できた。

式 (6.64) の導出：

$$U(r) = -G\frac{mM}{r} = -G\frac{mM}{(x^2+y^2)^{1/2}}$$

において，4.2.1 項の式 (4.87) に代入すればよく，

$$-\nabla U(r) = GmM\nabla\left(\frac{1}{(x^2+y^2)^{1/2}}\right)$$

$$= -GmM\left\{\boldsymbol{e}_x\frac{\partial}{\partial x}\frac{1}{(x^2+y^2)^{1/2}} + \boldsymbol{e}_y\frac{\partial}{\partial y}\frac{1}{(x^2+y^2)^{1/2}}\right\}$$
$$= GmM\left\{-\boldsymbol{e}_x\frac{x}{(x^2+y^2)^{3/2}} - \boldsymbol{e}_y\frac{y}{(x^2+y^2)^{3/2}}\right\} = -G\frac{mM}{r^2}\frac{\boldsymbol{r}}{r}$$

となり，式 (6.64) が導出できた。

(2) 3 次元デカルト座標系での回転の表式は，式 (B.14) より，

$$\nabla\times\boldsymbol{F} = \boldsymbol{e}_x\left(\frac{\partial F_z}{\partial y} - \frac{\partial F_y}{\partial z}\right) + \boldsymbol{e}_y\left(\frac{\partial F_x}{\partial z} - \frac{\partial F_z}{\partial x}\right) + \boldsymbol{e}_z\left(\frac{\partial F_y}{\partial x} - \frac{\partial F_x}{\partial y}\right)$$

である。これに

$$F(r)\frac{\boldsymbol{r}}{r} = \frac{x\boldsymbol{e}_x + y\boldsymbol{e}_y + z\boldsymbol{e}_z}{(x^2+y^2+z^2)^{3/2}}$$

を代入すると，たとえば $\nabla\times\boldsymbol{F}$ の x 成分は

$$\begin{aligned}(\nabla\times\boldsymbol{F})_x &= \frac{\partial F_z}{\partial y} - \frac{\partial F_y}{\partial z}\\ &= \frac{\partial}{\partial y}\left(\frac{z}{(x^2+y^2+z^2)^{3/2}}\right) - \frac{\partial}{\partial z}\left(\frac{y}{(x^2+y^2+z^2)^{3/2}}\right)\\ &= -\frac{3yz}{(x^2+y^2+z^2)^{5/2}} + \frac{3yz}{(x^2+y^2+z^2)^{5/2}} = 0\end{aligned}$$

となる。同様に y, z 成分も計算すれば 0 になるので，$\nabla\times\boldsymbol{F} = \boldsymbol{0}$ が示された。また詳細は割愛するが，3 次元デカルト座標系の ∇U の表式は式 (4.88) なので，問 (1) と同様にして，式 (6.64) を導出することができる。■

問 6.3　例題 6.4 では，デカルト座標系に対して中心力が保存力の条件を満たすことを導出した。しかし，本章の議論は冒頭から極座標系を使っているので，本来は極座標系のナブラ演算子を使って導出されるべきである。そこで，中心力が保存力の条件を満たすことを以下の通り示せ。(付録 B を見て答えよ。)

(1) 2 次元の運動を考える場合は，2 次元極座標系のナブラ演算子を使う。中心力もこの座標系で表現し，保存力の条件を満たすことを示せ。

(2) 同様に問 (1) の 2 次元系を 3 次元系にして，中心力が保存力の条件を満たすことを示せ。

6.5.1　位置エネルギーの原点と力学的エネルギーの正負

式 (6.65) から (6.68) の議論をまとめよう。A → B へ質点が移動するとき，位置エネルギーは「潜在的に力 $\boldsymbol{F}$ がする仕事」を表す。つまり，逆向きに B → A へ移動するには，力 $\boldsymbol{F}$ を打ち消す力 $-\boldsymbol{F}$ を質点に及ぼすことになり，この力による仕事としてエネルギーを蓄える。したがって，重力に逆らって無

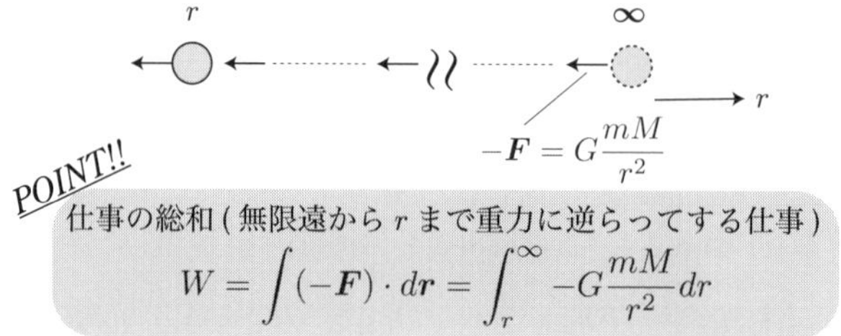

図 6.10 重力に逆らって無限遠から r まで質点を運ぶ際になす仕事

限遠 (B 地点) から r (A 地点) まで質点を運ぶ際になす仕事は

$$W = \int_\infty^r (-\boldsymbol{F})\cdot d\boldsymbol{r} = \int_\infty^r G\frac{mM}{r^2}dr = \int_r^\infty -G\frac{mM}{r^2}dr \tag{6.69}$$

となる (図 6.10)。

エネルギーの原点は自由にとれるが，**重力の位置エネルギーの場合は一般に無限遠に原点をとる**。無限遠を基準にとる理由は，力学的エネルギーの正負を見るだけで簡単に質点の運動の様子がわかるからである。では力学的エネルギーの正負によってどのように運動の様子は変わるのだろうか? それは次のようにまとめることができる：

- $E > 0$ の場合：無限遠で位置エネルギーは 0 だから，質点は運動エネルギーをもつことになる。無限遠でも運動エネルギーをもつということは，質点は無限遠まで飛び去ることができるので，軌道が閉じておらず，**質点は双曲線軌道を描くことになる**。
- $E < 0$ の場合：位置エネルギーは無限遠の手前で必ず全エネルギー E より大きくなってしまうので，より遠方へ行けないことがいえる。この場合軌道は閉じて，**質点は楕円軌道を描くことになる**。このことを 6.5.2 項で詳しく述べる。

以上で述べたことを数式にすると

$$\frac{m}{2}v^2 + U(r) = E, \quad U(\infty) = 0 \tag{6.70}$$

と書け，力学的エネルギー E と位置エネルギーの原点が与えられていて無限遠で U が 0 であるから，$E > 0$ なら $r \to \infty$ での運動エネルギーは

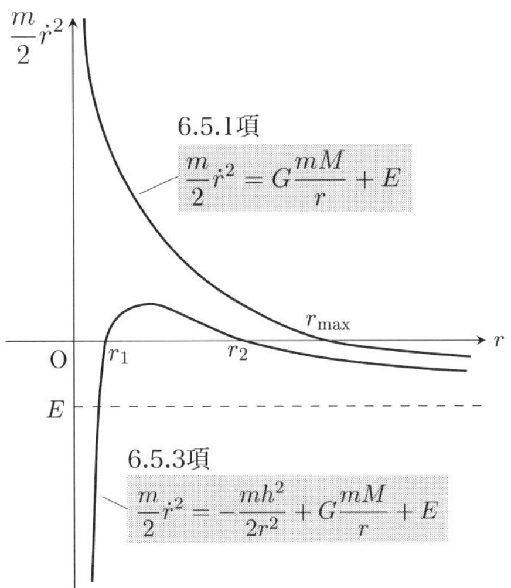

図 6.11　動径 r の範囲を決める「力学的エネルギー」(ただし $E < 0$)

$$\frac{m}{2}v^2(r \to \infty) = E - U(\infty) = E > 0 \tag{6.71}$$

となり，$r \to \infty$ まで運動できる。それに対してエネルギーが負 ($E < 0$) の場合は，図 6.11 に表したように，$r_{\max}$ で運動エネルギーが 0 になり，それより外には出ていけないので必ず力の中心のまわりを回る運動になる。これを**束縛状態**という。ただし厳密には，6.5.3 項で述べるように，実際は角運動量の保存があるので図 6.11 にある $r_{\max}$ より少し小さい r_2 より外には行けない。

例題 6.5：第 1 宇宙速度と第 2 宇宙速度

(1) 重力のみ働くとした場合，飛行体が地表すれすれを周回するときの最小速度を**第 1 宇宙速度**という。これを求めよ。

(2) 問 (1) と同様に重力のみ働くとした場合，飛行体が地球の重力圏から飛び出すために必要な速度を**第 2 宇宙速度**という。これを求めよ。

解答　(1) 地球の重心を中心とする，地球の半径 $R = 6.4 \times 10^6$ m，速度 v_1 の等速円運動を考えればよい。外力は重力のみなので，飛行体の質量を m，地球の質量を $M = 5.97 \times 10^{24}$ kg として運動方程式は

$$\frac{mv_1^2}{R} = G\frac{mM}{R^2}$$

となる。よって，これを解くと第 1 宇宙速度は次のようになる。

$$v_1 = \sqrt{\frac{GM}{R}} = 7.9\,\mathrm{km\,s^{-1}}$$

(2) 地球から無限遠を基準点とした力学的エネルギーの保存を考える。速度 v_2 を与えれば無限遠方まで到達すると考えると，

$$\frac{1}{2}mv_2^2 - G\frac{mM}{R} = 0$$

と書ける。よって，これを解くと第 2 宇宙速度は次のようになる。

$$v_2 = \sqrt{\frac{2GM}{R}} = 11.2\,\mathrm{km\,s^{-1}}$$ ■

6.5.2 離心率と力学的エネルギー

重力の位置エネルギーの原点を無限遠にとっておくと，力学的エネルギーの正負だけで束縛されている状態かどうかを判断できるので，一般に無限遠で定数になる位置エネルギーは無限遠をエネルギーの原点にとる。重力のみ働いている場合，軌道は円錐曲線 (6.61) を描くということを 6.4 節で見た。離心率 ε の絶対値が 1 より大きいかどうかで双曲線か楕円かが決まることから，前項で述べたことを踏まえると，

$$\boxed{|\varepsilon| < 1 \Longleftrightarrow E < 0} \tag{6.72}$$

が予想される。これを見ていこう。

力学的エネルギーを表す式 (6.63) は角運動量の保存 $h = r^2\dot{\varphi}$ を代入すると

$$\frac{m}{2}\dot{r}^2 + \frac{mh^2}{2r^2} - G\frac{mM}{r} = E \tag{6.73}$$

と書き直せる。この式は，動径方向の運動方程式 (6.50) に $h = r^2\dot{\varphi}$ を使い $\dot{\varphi}$ を消去した上で r の時間微分を掛けることで

$$\frac{m}{2}\frac{d}{dt}\dot{r}^2 = \left(\frac{mh^2}{r^2} - G\frac{mM}{r}\right)\frac{dr}{dt} \tag{6.74}$$

が得られ，これを t で積分しても同じ結果となる。

式 (6.74) に円錐曲線の式 (6.61) を代入し，$h = r^2\dot{\varphi}$ を再び用いると

$$\boxed{\varepsilon^2 = 1 + \frac{2h^2E}{G^2mM^2}} \tag{6.75}$$

という，離心率と力学的エネルギーの関係を表す式が得られる。

この式は，任意の場所で式 (6.73) が成立することを使うとより簡単に得られる。たとえば，曲線上の $\varphi = 0$ の点 (近日点という) において，式 (6.60), (6.61) から

$$\frac{1}{r} = \frac{1+\varepsilon}{\ell} = (1+\varepsilon)\frac{GM}{h^2} \tag{6.76}$$

が得られる。ここで，近日点は r が最小になる点なので $dr = 0$ と書ける。これは $\dot{r} = 0$ を意味するので，この r を式 (6.73) に代入すると

$$\frac{mh^2}{2}\left(\frac{1+\varepsilon}{\ell}\right)^2 - GmM\frac{1+\varepsilon}{\ell} = E \tag{6.77}$$

となる。これを整理して式 (6.75) を得る。

よって，式 (6.75) で得られた結果から式 (6.72) の対応が成立することがわかる。つまり，**質点が楕円軌道を描くことと力学的エネルギーが負であることが対応するといえる。**

6.5.3 楕円曲線における動径の範囲

角度方向の速さは，

$$r\dot{\varphi} = \frac{h}{r} \neq 0 \tag{6.78}$$

となり 0 にはなれない。これが力学的エネルギーに効いて，式 (6.78) の効果がない場合と比べて，質点が力の中心に近いところで束縛されることがわかる。このことを見よう。

まず式 (6.73) を書き換えて

$$\dot{r}^2 = \frac{2Er^2 + 2GMr - mh^2}{mr^2} = \frac{-2E(r-r_1)(r_2-r)}{mr^2} \tag{6.79}$$

を得る。ただし，$r_1, r_2\,(r_1 < r_2)$ は

$$-2E\left(-r^2 - \frac{GM}{E}r + \frac{mh^2}{2E}\right) = 0 \tag{6.80}$$

の解で，r_1 は近日点であり，r_2 は遠日点である。

式 (6.79) の $\dot{r}^2$ は正の量であるから，エネルギーが負であれば r のとり得る範囲が $r_1 < r < r_2$ となる。r_2 は E を一定とすると，$h \to 0$ で最大 (図 6.11 の $r_{\max}$) であることは式 (6.73) からすぐわかる。よって，h が有限である限り，式 (6.78) の効果がない場合と比べて，質点が力の中心に近いところで束縛されることがわかる。このように質点の運動が束縛される状態のことを**束縛状態**という (図 6.11)。

ここで，式 (6.73) の左辺第 1 項は，7 章で見るように「質点と同じ角速度で動く座標系から見た運動エネルギー」という意味をもたせることができる。その場合は式 (6.73) の左辺第 2 項は**遠心力によるポテンシャル**という解釈ができる。

問 6.4　人工衛星が地球のまわりを周回するとき，地球上の大気と接するため空気抵抗が生じる。空気抵抗を受けて人工衛星の周回速度が遅くなるように考えるかもしれないが，実はその逆で周回速度は速くなることがある。それはなぜなのか?

NOTE：位置エネルギーの利点

以上で見てきたように，位置エネルギーというのはいろいろ使い勝手がいい。重力以外の力を考える場合でも位置エネルギーが定義できる状況ではこの主張は成立する。その本質は，位置エネルギーはスカラーなので 1 つの関数で表せることにある。一方，力は 3 次元の場合 3 成分もつので，力を用いて系を議論するためには原理的には 3 個の連立 (微分) 方程式を扱うことになる。普通に考えれば連立方程式よりも 1 個の式の方が解きやすい。つまり，力そのものを議論するよりは位置エネルギーで考える方が系を理解しやすい。もちろん最終的には 3 成分で考える必要が出てくるが，系を理解するにあたっては，位置エネルギーを議論するのである。

6.6　有限な大きさの物体の重力ポテンシャル

前節では質点のつくる重力の位置エネルギー (重力ポテンシャル) を考えたが，実際にはどの物体も大きさをもっている。ここでは有限な大きさの物体の重力ポテンシャルはどうなるか考えよう。考え方は単純で，有限な物体を質点とみなせるくらい微小な部分に分割し質点の集合とする。図 6.12 にあるように位置 $\boldsymbol{R}$ にある微小部分の体積を dV，密度を $\rho(\boldsymbol{R})$ とすると質量は $\rho(\boldsymbol{R})dV$ となる。$\boldsymbol{r}$ に質量 m の質点が存在すると，位置 $\boldsymbol{R}$ の部分が $\boldsymbol{r}$ につくる重力ポ

テンシャルは

$$dU_R(\boldsymbol{r}) = -G\frac{m\rho(\boldsymbol{R})}{|\boldsymbol{r}-\boldsymbol{R}|}dV \tag{6.81}$$

となる。全体がつくる重力ポテンシャルは式 (6.81) を足し合わせることで得られるので

$$U(\boldsymbol{r}) = \int_V -G\frac{m\rho(\boldsymbol{R})}{|\boldsymbol{r}-\boldsymbol{R}|}dV \tag{6.82}$$

となる。積分記号の添字 V は物体が存在する領域を表し，領域 V で積分を実行することを意味する。

なお詳細は割愛するが，式 (6.82) にラプラシアン (付録 B.5 節参照) を作用させると，次式が得られる。

$$\nabla^2 U(\boldsymbol{r}) = 4\pi Gm\rho(\boldsymbol{r}) \tag{6.83}$$

この式は電磁気学を学習すると度々目にすることになる。

球対称な物体がつくる重力ポテンシャル

球対称な物体がつくる重力ポテンシャルは，球外で観測する場合，球の中心という 1 点にすべての質量が集中しているとした場合に等しいことを例題 6.6 で示そう。

一般には積分 (6.82) を厳密に行うことはできない。しかし，物体がたとえば球対称なら簡単に積分できる。球対称とは，原点をうまくとれば密度分布が

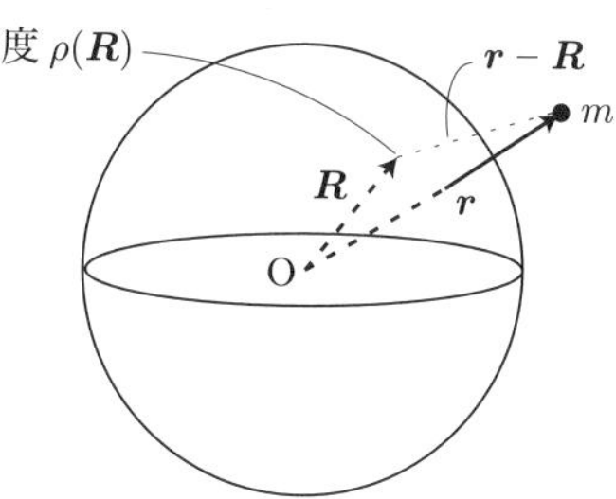

図 6.12　有限な大きさの物体がつくる重力ポテンシャル

$$\rho(\boldsymbol{R}) = \rho(R) \tag{6.84}$$

のように，角度方向の依存性はなく，中心からの距離だけの関数となる場合である。

例題 6.6：**一様球殻が内外につくる重力ポテンシャル**

図 6.12 に示した一様な球殻 (面密度を ρ，半径を R，球殻の厚さを dR とする) が，球殻の内外でつくる重力ポテンシャルを求めよ。

解答　球対称であることを活かして，質点 P (質量 m) が z 軸上に中心から距離 r にあるとする。図 6.13 に示した点 P, Q の間の距離を s とする。点 Q に仮想的な質点があるとすれば，その質量は ρdV である。よって，この部分がつくる重力ポテンシャルは

$$-Gm\frac{\rho dV}{s}$$

となる。これを足し合わせることで全体のポテンシャルが得られ，

$$\begin{aligned} U(r) &= -Gm\int\frac{\rho dV}{s} \\ &= -Gm\int\frac{\rho R^2\sin\theta dRd\theta d\varphi}{s} \end{aligned} \quad (6.85)$$

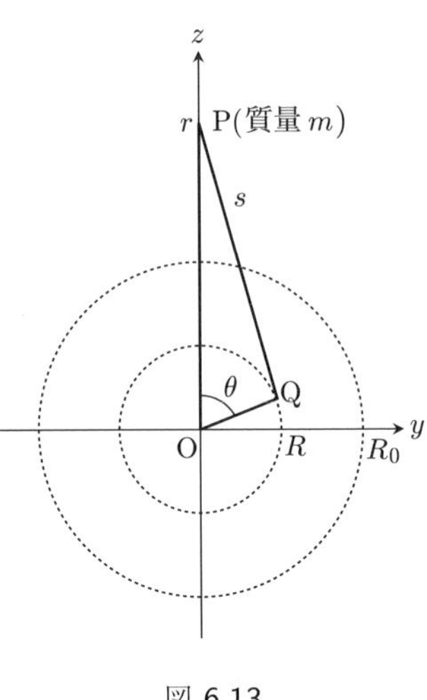

図 6.13

となる。ここで，3 次元極座標系での微小体積が $dV = R^2\sin\theta dRd\theta d\varphi$ と書けることを用いた (式 (2.63) 参照)。この積分を行うにあたって，まず余弦定理を使って s を

$$s^2 = r^2 + R^2 - 2Rr\cos\theta \quad (6.86)$$

と表す。被積分関数は φ に依らないので，φ による積分は単に 2π を与える。次に θ の積分を実行する。式 (6.86) の両辺を微分して

$$sds = Rr\sin\theta d\theta \quad \therefore\ ds = \frac{Rr\sin\theta}{s}d\theta \quad (6.87)$$

となる。式 (6.87) を使って，θ の積分を s の積分に置き換える。積分範囲を考えると，図 6.13 からわかるように質点 P が球外にある場合 ($r > R$) は θ の変化に合わせて

θ	0	$\rightarrow$	π
s	$r-R$	$\rightarrow$	$r+R$

のように s は変化する。よって，式 (6.85) の積分は

$$\begin{aligned} U(r) &= -\frac{Gm}{r}\rho RdR\int_0^{2\pi}d\varphi\int_{r-R}^{r+R}ds = -\frac{Gm}{r}4\pi R^2dR\cdot\rho \\ &= -G\frac{mM}{r} \end{aligned} \quad (6.88)$$

ただし，$M = 4\pi R^2dR\cdot\rho$ である。このように，球対称な物体がつくる重力ポテン

シャルは，球外にある物体にとっては全質量があたかも中心に存在する質点のそれとなっている。つまり外から見ると，球対称な物体というのは重力の意味では質点のように見える。したがって，ここまでに行ってきた計算というのは，太陽や地球が球対称だとみなせる限りは厳密に正しい計算だったといえる。

同様に質点 P が球殻の内側にある場合，$\theta : 0 \to \pi$ に対して，$s : R-r \to R+r$ であることから

$$U(r) = -\frac{Gm}{r}\rho R dR \int_0^{2\pi} d\varphi \int_{R-r}^{r+R} ds = -G\frac{mM}{R} \tag{6.89}$$

となる。したがって，球殻内部における重力ポテンシャルは r に依らないことが示せる。つまり，球殻の内部では力が働かない。よって，重力ポテンシャルは原点のとり方に依るので定数の自由度は存在するが，力を考える限り，球対称な物体に依る重力を考える場合重要なのは $R < r$ における密度分布だけであることがわかる。

ニュートンは地表の物体への地球の重力と，月への地球の重力を比較する際にもこのことを用いたが，発表までに数年を要した。その理由は，式 (6.88) や (6.89) の結果を導くのに時間がかかったからであるといわれている。 ■

問 6.5 例題 6.6 において，質量 m の質点を点 P においたとき，各点における力の大きさと向きを求めよ。

▶ 物理のための数学：ヤコビアン

例題 6.6 では，式 (2.63) の結果を用いて積分を実行した。式 (2.63) は幾何学的に求めた結果で，微小体積の意味合いがはっきりする導出法だった。一方，数学的には，n 次元空間において $(x_1, x_2, \cdots, x_n) \to (u_1, u_2, \cdots, u_n)$ という座標変換を考えると

$$dx_1 dx_2 \cdots dx_n = \frac{\partial(x_1, x_2, \cdots, x_n)}{\partial(u_1, u_2, \cdots, u_n)} du_1 du_2 \cdots du_n \tag{6.90}$$

という関係が成立することが示せる。ここで，$\dfrac{\partial(x_1, x_2, \cdots, x_n)}{\partial(u_1, u_2, \cdots, u_n)}$ は**ヤコビアン**とよばれ

$$\frac{\partial(x_1, x_2, \cdots, x_n)}{\partial(u_1, u_2, \cdots, u_n)} \equiv \det\left(\frac{\partial x_j}{\partial u_i}\right) = \det\begin{pmatrix} \frac{\partial x_1}{\partial u_1} & \cdots & \frac{\partial x_n}{\partial u_1} \\ \vdots & \ddots & \vdots \\ \frac{\partial x_1}{\partial u_n} & \cdots & \frac{\partial x_n}{\partial u_n} \end{pmatrix} \tag{6.91}$$

で定義される。具体例として $(x, y, z) \to (r, \theta, \varphi)$ を考えると

$$\det\begin{pmatrix} \frac{\partial x}{\partial r} & \frac{\partial y}{\partial r} & \frac{\partial z}{\partial r} \\ \frac{\partial x}{\partial \theta} & \frac{\partial y}{\partial \theta} & \frac{\partial z}{\partial \theta} \\ \frac{\partial x}{\partial \varphi} & \frac{\partial y}{\partial \varphi} & \frac{\partial z}{\partial \varphi} \end{pmatrix} = \det\begin{pmatrix} \sin\theta\cos\varphi & \sin\theta\sin\varphi & \cos\theta \\ r\cos\theta\cos\varphi & r\cos\theta\sin\varphi & -r\sin\theta \\ -r\sin\theta\sin\varphi & r\sin\theta\cos\varphi & 0 \end{pmatrix}$$
$$= r^2\sin\theta \tag{6.92}$$

となり，これに $drd\theta d\varphi$ を掛ければ式 (2.63) が再現される。

問 6.6 式 (2.58) が成り立つことを，ヤコビアンを使って示せ。

6.7 中心力が斥力の場合

斥力はこれまで扱ってきた引力とは異なり，中心から外へ向かう力のことである。よって，式 (6.1) において

$$F(r) = \frac{k}{r^2} \quad (k > 0) \tag{6.93}$$

と表される。軌道を表す式は，式 (6.50) 右辺で $GM \to -k/m$ とすることで得られる。式 (6.61) にこれを代入すると

$$r = \frac{\ell}{\varepsilon\cos\varphi - 1} \tag{6.94}$$

となる。ただし，

$$\ell = \frac{mh^2}{k}, \quad \varepsilon^2 = 1 + \frac{2mh^2E}{k^2} \tag{6.95}$$

であり，$\varphi = 0$ の方向は，質点が力の中心に一番近づいたときにその中心から質点へ向かう方向にとった。また，E は力学的エネルギーである。斥力の場合，6.5.3 項で見た束縛状態のようにはならない。実際力学的エネルギーを求めてみると

$$\frac{m}{2}\boldsymbol{v}^2 + \frac{k}{r} = E > 0 \tag{6.96}$$

となり，ε と力学的エネルギーの関係式 (6.95) から $|\varepsilon| > 1$ であり，式 (6.94) は双曲線を表すことがわかる。$\varepsilon > 1$ とした場合の質点の軌道が図 6.14 で与えられ，力の中心は左側の焦点となっている。$\varepsilon\cos\phi \to 1$ で $r \to \infty$ となるので

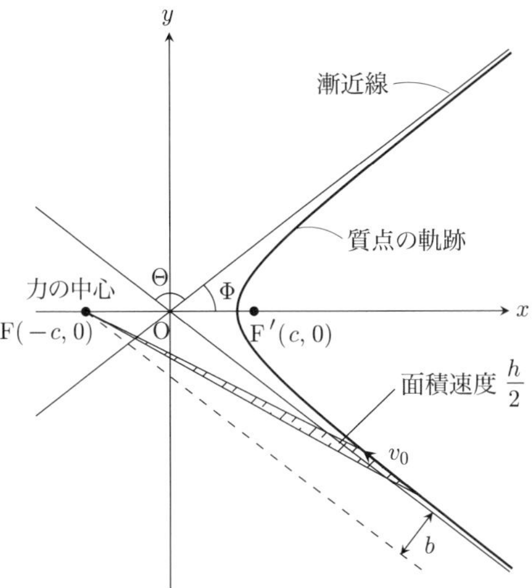

図 6.14　中心力が斥力の場合

$$\varphi = \cos^{-1}\left(\frac{1}{\varepsilon}\right) = \Phi \tag{6.97}$$

で与えられる直線に漸近する。双曲線の漸近線は 2 焦点間の中心を通る直線になっているが，この漸近線と式 (6.97) で与えられる直線 (図 6.14 の破線) は平行であることが示せる。

このことを示すには，まず十分遠方 $(r \to \infty)$ で $v \to v_0$ とすると，位置エネルギーは 0 となるので

$$E = \frac{1}{2}mv_0^2 \tag{6.98}$$

である。角運動量 mh に対して，長さ

$$b = \frac{mh}{mv_0} = \frac{h}{v_0} \tag{6.99}$$

を定義すると，これは図 6.14 の点線と双曲線の漸近線の距離となっていて，この b を**衝突パラメータ**という。点線と漸近線の間の距離になっていることは，十分遠方での角運動量を考えるとわかる。$r \to \infty$ で $\boldsymbol{r}$ と $\boldsymbol{v}$ のなす角を θ とすると，図 6.14 より

$$mh = |\boldsymbol{r} \times m\boldsymbol{v}| = mv_0 r \sin\theta = mv_0 b \tag{6.100}$$

が成立する。ここで角運動量が保存することと，十分遠方では力が働かないことから v_0 が一定になり，$r\sin\theta\,(\equiv b)$ も一定であることがわかる。

質点は斥力による反発で，ある角度で弾かれる (**散乱**される) が，この入射方向と散乱後の方向がなす角を**散乱角**といい，図 6.14 より，その角度は

$$\Theta = \pi - 2\Phi \tag{6.101}$$

となる。散乱角は系に現れるパラメータだけで表すことができる。まず，Φ の定義 (6.97)，ε とエネルギーの関係式 (6.95)，さらに初期条件 v_0 と b の定義式 (6.98), (6.100) を使って

$$\tan\Phi = \sqrt{\varepsilon^2 - 1} = \sqrt{\frac{2mh^2E}{k^2}} = \frac{mv_0^2 b}{k} \tag{6.102}$$

と書ける。これを散乱角との関係式 (6.101) に代入すると

$$\cot\frac{\Theta}{2} = \cot\left(\frac{\pi}{2} - \Phi\right) = \tan\Phi = \frac{mv_0^2 b}{k} \tag{6.103}$$

という関係式が得られる。ここで，以下の三角関数の関係式を用いた。

$$\cot\theta = \frac{1}{\tan\theta}, \quad \cot\left(\frac{\pi}{2} - \theta\right) = \tan\theta \tag{6.104}$$

例題 6.7：中心力が引力の場合の散乱

上の議論では中心力が斥力の場合の散乱について扱ったが，引力の場合の双曲線軌道，衝突パラメータはどうなるのか答えよ。

解答 引力の場合，図 6.15 のように標的粒子を取り囲むような軌道を描く。

$t = -\infty \sim +\infty$ において，斥力の場合の Φ の範囲は $-(\pi - \Theta)/2 \to (\pi - \Theta)/2$ であったが，引力の場合は $-(\pi + \Theta)/2 \to (\pi + \Theta)/2$ となる。しかし衝突パラメータには影響を与えず，斥力の場合と同様に式 (6.103) で与えられる。 ■

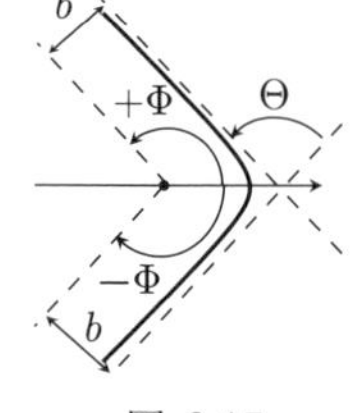

図 6.15

問 6.7 衝突パラメータの次元が長さになっていることを，本文中の数式を見て確かめよ。

問 6.8 アルファ粒子を金の原子核めがけて正面衝突させることを考える。アルファ粒子のもつ運動エネルギーがすべて位置エネルギーに変換されたとして，アルファ粒子の中心から金の原子核の中心までの距離を求めよ。ただし，アルファ粒子の速度を $1 \times 10^7\ \mathrm{m\,s^{-1}}$ とし，その他関係する物理量は各自文献にあたって調べること。なお，このようにクーロン力による散乱のことを**ラザフォード散乱**という。

6.8 離心率ベクトル

本章で示してきたように中心力

$$\boldsymbol{F} = -k\frac{\boldsymbol{r}}{r^3} \tag{6.105}$$

のもとでは軌道は円錐曲線となる。円錐曲線は焦点の位置を指定してはじめて意味をもつ曲線で，軌道が描く円錐曲線が一定であることから，この焦点を特徴づけるベクトルが存在し，それは時間に依らず一定であることがわかる。実際

$$\boldsymbol{\varepsilon} = \frac{1}{k}\boldsymbol{v} \times \boldsymbol{L} - \frac{\boldsymbol{r}}{r} \tag{6.106}$$

は定ベクトルとなる。これを**離心率ベクトル** (またはルンゲ・レンツベクトル，ラプラスベクトル) という。

このような定ベクトルが存在するのは 3 次元ユークリッド空間の特徴で，それゆえに我々も安定して存在できている。もしこのようなベクトルが存在しないとすれば，地球に決まった周期はなく四季が存在しないことになり，おそらく生物が生きていくのは圧倒的に困難な環境になったであろう。また，このベクトルが存在することは元素の成り立ちを考える上でも重要で，周期律がこのベクトルの存在と深く関わっていることを量子力学の計算から導ける。

例題 6.8：離心率ベクトル

離心率ベクトル (6.106) について次の問いに答えよ。

(1) 離心率ベクトルが時間に依らず一定であることを示せ。

(2) 離心率ベクトルの大きさが確かに離心率を与えることを示せ。

解答 (1) 中心力問題において角運動量 L は定ベクトルなので，

$$\frac{d}{dt}(\boldsymbol{v} \times \boldsymbol{L}) = \frac{d\boldsymbol{v}}{dt} \times \boldsymbol{L} = -\frac{1}{m}k\frac{\boldsymbol{r}}{r^3} \times \boldsymbol{L}$$

となる。一方，

$$\frac{d}{dt}\left(\frac{\boldsymbol{r}}{r}\right)=\frac{1}{r}\frac{d\boldsymbol{r}}{dt}-\frac{\boldsymbol{r}}{r^2}\frac{dr}{dt}=\frac{1}{r^3}(r^2\boldsymbol{v}-rv_r\boldsymbol{r})=\frac{1}{mr^3}\boldsymbol{L}\times\boldsymbol{r}$$

と変形できる。ここで，$v_r=\dot{r}$ は速度 $\boldsymbol{v}$ の動径成分を表す。また，運動量 $\boldsymbol{p}$ とその動径成分 p_r は $\boldsymbol{p}=m\boldsymbol{v}$，$p_r=mv_r$ なので，

$$\boldsymbol{r}\times\boldsymbol{L}=\boldsymbol{r}\times(\boldsymbol{r}\times\boldsymbol{p})=(\boldsymbol{r}\cdot\boldsymbol{p})\boldsymbol{r}-(\boldsymbol{r}\cdot\boldsymbol{r})\boldsymbol{p}=p_r r\boldsymbol{r}-r^2\boldsymbol{p}$$

と書けることを用いた。以上より，

$$\frac{d\boldsymbol{\varepsilon}}{dt}=\frac{1}{k}\frac{d}{dt}(\boldsymbol{v}\times\boldsymbol{L})-\frac{d}{dt}\left(\frac{\boldsymbol{r}}{r}\right)=-\frac{1}{k}\frac{1}{m}k\frac{\boldsymbol{r}}{r^3}\times\boldsymbol{L}-\frac{1}{mr^3}\boldsymbol{L}\times\boldsymbol{r}=\boldsymbol{0}$$

となり，$\boldsymbol{\varepsilon}$ が時間に依らず一定であることが示された。

(2) 問 (1) の結果から離心率ベクトルは保存するので，近日点で $|\boldsymbol{\varepsilon}|=\varepsilon$ を示せば十分である。近日点における動径座標を r_m，速度の大きさを v_m，角運動量の大きさを L とすると，面積速度の 2 倍は

$$h=r_m v_m=\frac{L}{m}$$

と表せる (近日点では $\boldsymbol{r}\perp\boldsymbol{v}$)。また，近日点における楕円の式は

$$r_m=\frac{\ell}{1+\varepsilon},\quad \frac{h^2}{\ell}=\frac{k}{m}$$

を満たす。したがって，

$$r_m v_m L=h^2 m=k\ell=k(1+\varepsilon)r_m$$

より，離心率ベクトルの大きさ $|\boldsymbol{\varepsilon}|$ は次のように離心率に等しくなる。

$$|\boldsymbol{\varepsilon}|=\frac{1}{k}(v_m L-k)=\varepsilon$$ ■

6.9 楕円運動の極限としての放物運動♣

地球は十分よい精度で球体であるから，地表付近の質点の運動は，地球の中心を力の中心とする，地球の全質量による重力を受けている場合の運動になることがわかる。そして，この場合の運動は 6.4 節で見たように一般に円錐曲線となる。

一方で，地表付近の運動はいわゆる放物線を描く。もちろん放物線も円錐

曲線ではあるが，6.4 節で見た放物線であれば離心率 ε は ± 1 であるから，式 (6.75) より，力学的エネルギーが $E = 0$ となり無限遠まで飛んでいく軌道になるので，我々が地表付近で観測する軌道とはちがう。

本節では，地表で投げた物体がなぜ放物線を描くのかを，例題を通して見ていこう。先に答えを述べておくと，楕円が十分細ければその端の部分は十分よい精度で放物線とみなせるからである。その説明の際，今後頻繁に出てくる「オーダー」という概念を用いる。

ただしここでは，正しく求める結果として出てくる運動は，地球に束縛された状態を表す楕円運動のみを考える。

例題 6.9：楕円運動の極限としての放物運動 ♣

時刻 $t = 0$ を地上から見て最高点にあるときにとる。まず，座標系は質点の初期位置 (最高点) から地球の中心に向かう方向に x 軸をとり，それに対して垂直に y 軸をとる。これに対して，質量 m の質点は地球の表面から測って高さ h の位置から，水平方向 (y 軸方向) に初速度 v_0 で投げたと考える。楕円軌道の方程式は，楕円の中心を原点とする座標系では，一般に $(x^2/a^2) + (y^2/b^2) = 1$ となり，それゆえ初期位置は $(-a, 0)$ となっている。地球の半径は R とおく。また，楕円の焦点のうち一方は地球の中心である。このとき次の問いに答えよ。

(1) 地球の中心は質点の初期位置から近い方の焦点 (近日点)，または遠い方の焦点 (遠日点) にある。近日点，遠日点それぞれの場合について，問題に与えられている座標系を図示するとともに，a, c, R, h の間に成り立つ関係式を求めよ。

(2) 長軸の両端で成り立つ力学的エネルギー保存の式と角運動量保存の式を答えよ。

(3) 問 (2) で得られた式より，長軸の長さ a の式を導け。

(4) v_0 に課される条件式を，初期位置が近日点，遠日点それぞれの場合について求めよ。

(5) 地表付近の質点の運動を表しているのは，初期位置が近日点，遠日点のどちらか? また，質点の運動が放物線になることを軌道の方程式を導くことで示せ。

解答 (1) 近日点の場合を図 6.16 左に，遠日点の場合を図 6.16 右に図示した。両図より，a, c, R, h の間に成り立つ関係式は次のようになる。

$$\text{近日点}：a - c = R + h, \quad \text{遠日点}：a + c = R + h$$

(2) 長軸の両端において，力学的エネルギーの保存を考えると

$$\frac{1}{2}mv_0^2 - G\frac{mM}{R+h} = \frac{1}{2}mv^2 - G\frac{mM}{2a-(R+h)}$$

となる。ただし，v は長軸を挟んで初期位置の逆側の点での速度である。また，角運動量保存の式は次のように与えられる。

$$(R+h)\,mv_0 = (2a-(R+h))\,mv$$

(3) 問 (2) で得られた 2 式を連立し整理すると，

$$\left(\frac{2a-(R+h)}{R+h}-1\right)\left[\left(\frac{1}{2}mv_0^2 - G\frac{mM}{R+h}\right)\left(\frac{2a-(R+h)}{R+h}\right)+\frac{1}{2}mv_0^2\right]=0 \tag{6.107}$$

となる。問 (1) より $c \neq 0$ なら $2a-2(R+h) \neq 0$ であり，式 (6.107) の先頭の括弧は $(\cdots) \neq 0$ となる。よって，長軸の長さと初期条件の関係は，$(\cdots)$ の次に現れる括弧 $[\cdots]=0$ で与えられ，次のように表される。

$$2a = \frac{G\frac{mM}{R+h}}{G\frac{mM}{R+h}-\frac{1}{2}mv_0^2}\,(R+h) \tag{6.108}$$

(4) 近日点の場合，$a-c=R+h<a$ より，

$$2(R+h) < \frac{G\frac{Mm}{R+h}}{G\frac{Mm}{R+h}-\frac{1}{2}mv_0^2}\,(R+h) \quad \to \quad v_0 > \sqrt{\frac{GM}{R+h}}$$

よって，初速度 v_0 に課される条件は

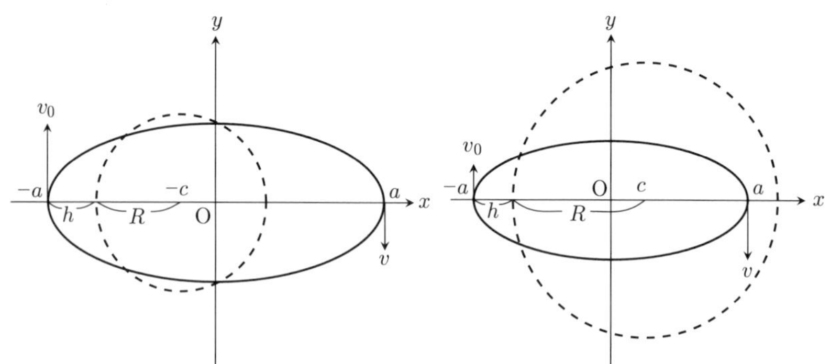

図 6.16　近日点の場合 (左，地球の中心が初期位置から近い焦点となっている場合) と遠日点の場合 (右，地球の中心が初期位置から遠い焦点となっている場合)

$$\sqrt{\frac{GM}{R+h}} < v_0 < \sqrt{\frac{2GM}{R+h}}$$

となる。ただし，速度の上限は式 (6.108) において $a > 0$ の条件から導かれる。この初速度の条件は例題 6.5 で見たように，人工衛星が満たすべき条件であり，したがって，軌道は地球を取り囲む楕円となる。

また遠日点の場合，$a < a + c = R + h$ より，初速度 v_0 に課される条件は近日点の場合と同様に変形して次のようになる。

$$0 < v_0 < \sqrt{\frac{GM}{R+h}}$$

(5) 近日点，遠日点どちらの場合も短軸の長さ b は

$$b^2 = a^2 - c^2 = \frac{\frac{1}{2}mv_0^2}{G\frac{mM}{R+h} - \frac{1}{2}mv_0^2}(R+h)^2 \tag{6.109}$$

と表される。**物体を「投げる」物理的状況として現実に近いのは問 (4) で求めた速度の条件から初期位置が遠日点の場合である**。ここで，例題 6.1 を適用しよう。$(b/a)^4 \ll (b/a)^2$ より，楕円の式

$$\frac{(x-a)^2}{a^2} + \frac{y^2}{b^2} = 1 \iff \frac{x^2}{a^2} - 2\frac{x}{a} + \frac{y^2}{b^2} = 0$$

はこのスケールにおいて

$$x = \frac{a}{2b^2}y^2 \tag{6.110}$$

という放物線になることがわかる。また，上の議論から a, b を物理量で表すと，運動のスケールは，式 (6.108), (6.109) から

$$a \cong \frac{R+h}{2}, \quad \left(\frac{b}{a}\right)^2 \cong \frac{2v_0^2(R+h)}{GM}$$

であることがわかるから

$$a\left(\frac{b}{a}\right)^2 = \frac{v_0^2}{GM}(R+h)^2 \cong \frac{v_0^2}{g}$$

となる。ただし g は重力加速度である。つまり，物体の楕円軌道は重力加速度 g が一定とみなせるようなスケールで見ると放物線として取り扱うことが可能であることを示している。また，これを式 (6.110) に代入すれば軌道の方程式は

$$x = \frac{g}{2v_0^2}y^2 = \frac{1}{2}g\left(\frac{y}{v_0}\right)^2 \tag{6.111}$$

となり，水平投射の式と一致することがわかる。■

補足 物体の運動を記述する**スケール** (長さの基準) について補足する。一般にものの大小を論じるには基準となる物理量が必要で，どのような物理系にもそれが与えられている。だからこそ次元解析が成立する。

いま考えたいのは長さの基準であるが，楕円の式に与えられている長さを表す量は長径と短径がある。長さの基準が 1 つしかなければ，それを基準に大小の目安を別途用意して論じなければならないが，いまは 2 つ存在しているので，何をもって小さいというかの基準も与えられていることになる。つまり長さの基準として有効なのは

$$\left\{a,\, a\left(\frac{b}{a}\right) = b,\, a\left(\frac{b}{a}\right)^2, \cdots\right\} \tag{6.112}$$

である。ここで比 b/a は十進数でいう 0.1 倍の役割をしている。通常我々は十進数を使っているので，1 つだけ基準が与えられた場合，大小を考えるときの目処は 10 倍あるいは 0.1 倍となるが，2 つ基準が与えられている場合はその比がこの目安を与える。また，実際の議論でどの「桁 (**オーダー**)」までを考えるのかを表す基準として ϵ で与えられていれば，n 桁の精度でものの大小を考えているとすると，オーダーを $O(\epsilon^n)$ のように表す。具体的に例題 6.9 に即して物体の軌道を各スケールで見ると以下のようになる。まず $a \gg b$ なので，基準となる長さは a とする。この場合，a 程度の長さは $O((b/a)^0)$ の量となる。

(1) $x,\, y \sim a$ あるいは $x, y \sim O((b/a)^0)$ の場合：このとき楕円の方程式を

$$\left(\frac{x}{a}\right)^2 - 2\left(\frac{x}{a}\right) + \left(\frac{a}{b}\right)^2\left(\frac{y}{a}\right)^2 = 0$$

と書き換え，$a \gg b$ を考慮すると第 3 項に比べて他の項は無視することができる。したがって，このスケールにおいて軌道の方程式は $y = 0$ という直線に見える。

(2) $x,\, y \sim a\,(b/a)$ あるいは $x,\, y \sim O((b/a)^1)$ の場合：次にこの物理系に現れるスケールは 1 次のスケールで，それぞれが長さ b 程度の場合である。楕円の方程式を

$$\left(\frac{b}{a}\right)^2\left(\frac{x}{b}\right)^2 - 2\left(\frac{b}{a}\right)\left(\frac{x}{b}\right) + \left(\frac{y}{b}\right)^2 = 0$$

と書き換えれば，先程と同様にこのスケールにおける軌道の方程式は $y = 0$ となる。

(3) $x, y \sim a\,(b/a)^2$，あるいは $x, y \sim O((b/a)^2)$ の場合：楕円の方程式は

$$\left(\frac{b}{a}\right)^4\left(\frac{x}{a(b/a)^2}\right)^2 - 2\left(\frac{b}{a}\right)^2\left(\frac{x}{a(b/a)^2}\right) + \left(\frac{b}{a}\right)^2\left(\frac{y}{a(b/a)^2}\right)^2 = 0$$

と書き換えられ，$(b/a)^4 \ll (b/a)^2$ であることから第 1 項のみ無視すればよい。したがって，このスケールにおける軌道の方程式は放物線になり，式 (6.110) と一致する：

$$x = \frac{a}{2b^2}y^2$$

▶ **6 章のまとめ**

(1) 中心力とは：力の中心となる定点が存在し，力は常にその定点の方を向き，大きさは距離のみの関数になっている力。

- 中心力は $\boldsymbol{F} = F(r)\boldsymbol{e}_r$ と表せる。
- 中心力が働いているとき，力の中心に対する角運動量は保存する。
- 角運動量が保存するとき，質点は平面運動をする。

(2) ケプラーの法則 (→ p.155)：

第 1 法則　惑星の運動は太陽を焦点の 1 つとする楕円軌道を描く。

第 2 法則　太陽と惑星を結ぶ線が単位時間に通過する面積は一定である。

第 3 法則　惑星の公転周期の 2 乗は楕円の長半径の 3 乗に比例する。

(3) ケプラーの法則からわかること (→ 6.2～6.4 節)：

- 中心力に対する運動方程式を立てることで，**面積速度一定** (ケプラーの第 2 法則) が成り立つことがわかる。面積速度一定と角運動量保存は等価である。

$$\frac{1}{2}r^2\dot{\varphi} = 一定$$

- さらに第 1 法則と第 3 法則から，太陽 (質量 M) と惑星 (質量 m) の間には中心力として**万有引力**が働くことがわかる：

$$F(r) = -G\frac{mM}{r^2}$$

- 逆に太陽と惑星の間に万有引力が働くこと出発点として議論を進めると，今度はケプラーの法則が成り立つことが導ける。

(4) 重力の位置エネルギー (→ p.175)：中心力の運動方程式と速度の内積をとることで，力学的エネルギー E が得られる。

$$\frac{m}{2}\boldsymbol{v}^2 - G\frac{mM}{r} = E, \quad U(r) = -G\frac{mM}{r}$$

上式を仕事の観点から書き直すこともできる。無限遠を基準点として，r まで質点を運ぶ際の仕事は次のように表せる。

$$W = \int_{\infty}^{r} (-\boldsymbol{F})\cdot d\boldsymbol{r} = \int_{r}^{\infty} -G\frac{mM}{r^2}dr = U(r)$$

(5) 有限な大きさの物体の重力ポテンシャル (→p.182)：有限な大きさの物体は，質点とみなせるくらい微小な部分に分割することで重力ポテンシャルが得られる。位置 $\boldsymbol{R}$ にある微小部分の体積を dV，密度を $\rho(\boldsymbol{R})$ とすると，質量 m の質点がある位置 $\boldsymbol{r}$ につくる重力ポテンシャルは次のように与えられる。

$$U(\boldsymbol{r}) = \int_V -G\frac{m\rho(\boldsymbol{R})}{|\boldsymbol{r}-\boldsymbol{R}|}\,dV$$

演習問題 6

6.1 $\ell > 0, \varepsilon > 1$ として，

$$\text{(a)}\ r = -\frac{\ell}{1-\varepsilon\cos\varphi}, \quad \text{(b)}\ r = -\frac{\ell}{1+\varepsilon\cos\varphi},$$
$$\text{(c)}\ r = \frac{\ell}{1+\varepsilon\cos\varphi}, \quad \text{(d)}\ r = \frac{\ell}{1-\varepsilon\cos\varphi}$$

はいずれも双曲線を表す。

(1) それぞれどのような双曲線か？ また，φ の定義域はどうなるか？

(2) 式 (6.21) において，$a > 0$ に対応する曲線はどれか？ $a < 0$ であればどうか？

6.2 水素原子 (水素原子核，つまり陽子と電子の 2 体系) について以下の問いに答えよ。ただし，相対運動はボーア半径に等しい半径を持つ円運動とする。

(1) この 2 体系の換算質量を求めよ。

(2) 陽子と電子の間に働く重力と電気力 (クーロン力) を計算し比較せよ。

(3) 陽子の中心から 2 体系の重心までの距離を求めよ。

6.3 球形の物体 1, 2 が存在する。質量，位置ベクトル，半径を m_i, $\boldsymbol{r}_i$, R_i と表す ($i = 1, 2$)。それぞれの物体の間には重力のみが働いているとする。このとき次の問いに答えよ。

(1) 作用・反作用の法則が成立していることを確かめよ。

(2) 物体 1, 2 に対して運動方程式を立て，これを重心運動と相対運動に分離せよ。

(3) 重心の速度は 0 とみなせる。理由を述べよ。

(4) 相対運動が半径 a の等速円運動になっているとする。このときの角速度 ω を求めよ。

(5) それぞれの物体の運動は，重心まわりに角速度 ω で回転しているとみなせる。もちろんこの回転運動の駆動力は相手の物体のつくる重力である。これを相対運動の運動方程式を変形することで示せ。

6.4 2 つの質点が自然長が ℓ の質量や太さのの無視できるバネ定数 k のバネでつながれているとする。さらに，このバネは折れ曲がったりせず常に直線の状態は保てるものとする。2 つの質点の質量をそれぞれ m_1, m_2 として次の問いに答えよ。

(1) それぞれの質点に対する運動方程式を立て，相対座標と重心座標の運動方程式に書き直せ。

(2) 角運動量が 0 の場合，初期条件にどのような制限がつくか答えよ。また，このときの解を求めよ。

6.5 地球からロケットを打ち上げる。次の問いに答えよ。

(1) 地球の近日点と遠日点において，太陽の重力から脱出するのに必要な速さを求めよ。

(2) 近日点と遠日点における地球の太陽に対する速さを求めよ。

(3) それぞれの点において，地球の重力の影響がないとして太陽の重力圏からロケットが脱出するためには地球に対してどれだけの速さが必要か?

(4) それぞれの点において物体に与えた運動エネルギーはいくらか?

(5) 地球の重力を考慮すると，太陽の重力圏からロケットが脱出するのに必要な速さはいくつになるか?

6.6 r^3 に逆比例する中心力を考える。どのような運動になるか議論せよ。

6.7 半径 R の球体内に一様に質量分布しているとする。球体内の密度を $\rho(r) = \rho\,(0 \leqq r \leqq R)$ として，球体の内外のポテンシャルを求めよ。ただし球体の外では $\rho(r) = 0$ とする。また球体の外に質量 m の質点をおいたとき，球体と質点の間で働く力を求めよ。

6.8 陽子と陽子の散乱を考える。

(1) それぞれの陽子の運動方程式を立て，相対座標と重心座標の運動方程式に書き直せ。

(2) 相対運動の方程式を解け。この結果は楕円運動を含まない。それはなぜか?

7
座標変換

同じ運動を見ていても，立ち位置がちがえば一見ちがった運動に見える。力学においては，具体的な運動は座標系を設定することで得られるが，座標系が変われば同じ運動に対しても解の形が変わるのである。このように座標系を変えることを**座標変換**という。いい換えると，座標変換とはものを見るときの基準のとり方を変えることで，その基準のとり方によって運動の見え方，すなわち解の形が変わるということである。その変わり方が計算により求められることを確かめ，それを理解するのが本章の目標である。

7.1 座標変換の基本

なぜ変換したのにも関わらず解を求めることができるかというと，どちらの座標系で見ようとも同じ運動だからである。座標系の間の関係を設定すればそれをもとに計算できる。実際に式変形をすると複雑なことをしているように見えるが，基本的な考え方は実は単純である。

7.1.1 慣性系の設定

力学では，運動の第 1 法則からとにかく慣性系があるということを信じて，第 2 法則により運動方程式を立てられるとして，それを解くことにより運動を求める。つまり慣性系 S を設定すると (図 7.1，以後「系 S」とよぶことにする)，速度は位置の時間微分

$$\frac{d\boldsymbol{r}}{dt} = \boldsymbol{v} \tag{7.1}$$

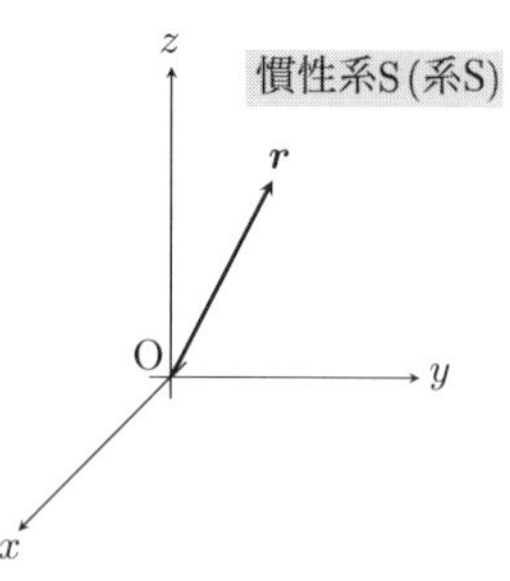

図 7.1　慣性系 S の設定

で与えられ，そこでは運動方程式

$$m\frac{d^2\boldsymbol{r}}{dt^2} = \boldsymbol{F} \tag{7.2}$$

が成立する。

実際にはどの座標系が慣性系にあるのかはわからない。日常生活であれば地表のあらゆる場所は慣性系としても問題ない。実際，自由落下を考える場合はそのように仮定している。しかし我々は地球が回転運動をしているのを知っており，より詳細に運動を記述する場合は地球の中心を慣性系とみなして運動方程式を立てる。

だが地球は太陽のまわりを周回しているのだから，「本当に地球の中心を慣性系とみなしてよいのだろうか?」という疑問が湧く。実際のところ，日常生活の時間間隔に比べて公転周期 1 年というのは十分長いので，地球の中心はかなりいい近似で慣性系だと考えてよい (図 7.2)。事実，そのように考えることによって，地上のより広範囲での物理現象を理解できる。たとえばコリオリの力 (7.6 節参照) などがその代表である。したがって，通常の地球表面での運動を考えるには地球の中心を慣性系と仮定して問題ないであろう。しかし，その地球の中心も太陽のまわりを回っていることを知っているので，厳密には地球の中心を慣性系の原点にとれない。たとえば，惑星探査機の運動を考える場合は、太陽の中心が慣性系にあると考えることはできても，地球の中心が慣性系であると考えることはできないであろう。このように辿っていくと，どこに慣性系が存在するのかわからなくなる。

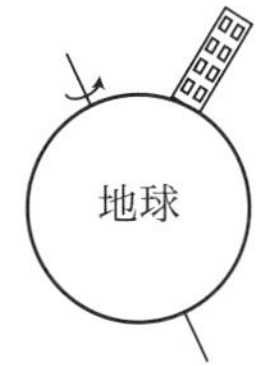

地球の回転運動によって
建物が加速度運動する
とは通常は考えない。

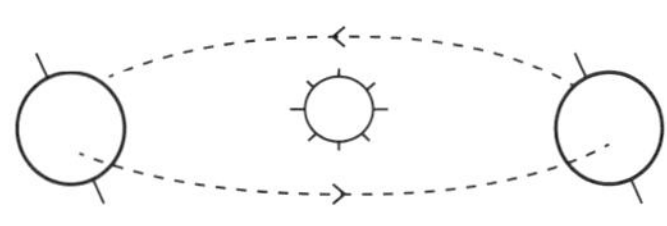

地球は太陽のまわりを回っている。
しかし地球の中心を慣性系とすれば，
地上での広範の物理現象は理解できる。

図 7.2　地球の中心は慣性系とみなせるのだろうか?

7.1.2　慣性系と動座標系の変換

そこでそのような連鎖を考えるのではなく，観測者が物体を見ている動座標系 S′ (以後「系 S′」とよぶことにする) が慣性系なのかどうかはわからないが，系 S の位置ベクトル $\boldsymbol{r}$ と

$$\boldsymbol{r} = \boldsymbol{r}_0 + \boldsymbol{r}' \tag{7.3}$$

のようにつながっている場合を考える (図 7.3)。ここで，系 S の原点から系 S′ の原点までを $\boldsymbol{r}_0$，系 S′ における物体の位置を $\boldsymbol{r}'$ としている。

観測者にとって重要なのは，系 S での物体のふるまいではなく系 S′ でのふるまい，つまり $\boldsymbol{r}'$ が時間の関数としてどのようにふるまうかである。たとえば我々が地表から物体を見た場合，我々が立っているところから見た物体の運動に興味があるわけで，我々が立っているところが系 S′ の原点に対応する。それに対し，地球の中心の運動は等速直線運動であると仮定 (あるいは近似) し，地球の中心を慣性系の原点とする。それに固定した座標系，つまり基底ベクトルが定ベクトルとなるような座標系が系 S となる。

式 (7.3) を時間で微分すると，古典力学の世界ではどちらの系でも時間の進み方は同じであるから (1.1 節参照)，よく知られている速さの合成の式が出てくる。

$$\boldsymbol{v} = \boldsymbol{v}_0 + \boldsymbol{v}' \tag{7.4}$$

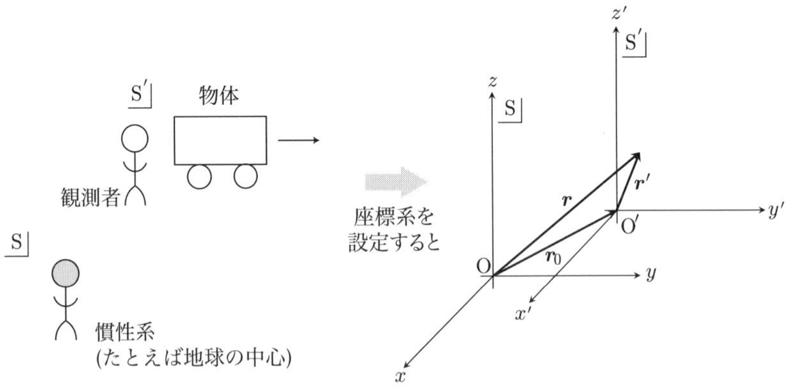

図 7.3　慣性系 S と動座標系 S′ の関係。座標軸は互いに平行とは限らない。

本当に知りたいのは観測者にとっての速度 $\boldsymbol{v}'$ であるから，式 (7.4) を移項して

$$\boldsymbol{v}' = \boldsymbol{v} - \boldsymbol{v}_0 \tag{7.5}$$

となる。つまり，系 S から見た物体の速度 $\boldsymbol{v}$ から，系 S′ の系 S に対する速度 (系 S, S′ の相対速度) $\boldsymbol{v}_0$ を引くことで得られる。日常の経験に合う式だと思うが，この結果はあくまで，論理の帰着として出てくることに注意してほしい。

運動方程式は式 (7.5) をもう一度微分することで得られる。

$$\begin{aligned} m\frac{d^2\boldsymbol{r}'}{dt^2} &= m\frac{d^2\boldsymbol{r}}{dt^2} - m\frac{d^2\boldsymbol{r}_0}{dt^2} \\ &= \boldsymbol{F} - \boldsymbol{F}_0 \end{aligned} \tag{7.6}$$

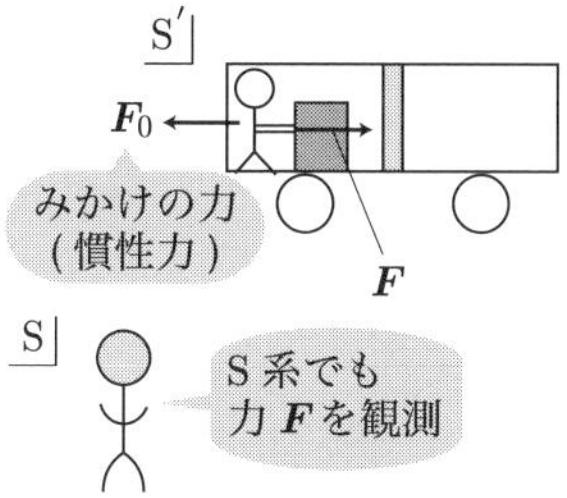

系 S′ では，本来の力 $\boldsymbol{F}$ 以外にみかけの力 $-\boldsymbol{F}_0$ (**慣性力**) が存在しているように見える。電車に乗っているときのことを考えれば，日常の経験に合う式であろう (図 7.4)。

図 7.4 慣性力の存在

動座標系と基底ベクトル 原理的には式 (7.6) を $\boldsymbol{r}'$ について解けば運動の様子がわかるのだが，ここでもう 1 つ考えなければいけないことが生じる。系 S′ の基底ベクトルを $\boldsymbol{e}'_x, \boldsymbol{e}'_y, \boldsymbol{e}'_z$ とすると，我々が知りたい $\boldsymbol{r}'$ は

$$\boldsymbol{r}' = x'\boldsymbol{e}'_x + y'\boldsymbol{e}'_y + z'\boldsymbol{e}'_z \tag{7.7}$$

と展開できる。しかし系 S と S′ で基底ベクトルが同じ (たとえば $\boldsymbol{e}_x \parallel \boldsymbol{e}'_x$) であるとは限らない。このようにとって差し支えない場合もあるが，一般論としてはこれは成立しない。一般に系 S と S′ が平行でないなら，系 S で見た x, y, z の情報が混ざって系 S′ での x' の値が得られる。このとき系 S′ での基底を定ベクトルととれる状況であれば，軸を合わせることで単純な対応が得られるが，軸が時々刻々と変化することで基底を定ベクトルにとれない場合も想定できる。そこで軸が時々刻々と変化することをあらわにするために，

$$\boldsymbol{e}_x = \boldsymbol{e}_x(t) \tag{7.8}$$

と書く。つまり，$\boldsymbol{r}'$ の速度を考えるとき，x' の時間微分だけでなく基底ベクトルの時間微分も考える必要が出てくる：

$$\frac{d\boldsymbol{r}'}{dt} = \frac{dx'}{dt}\boldsymbol{e}'_x(t) + \frac{dy'}{dt}\boldsymbol{e}'_y(t) + \frac{dz'}{dt}\boldsymbol{e}'_z(t) + x'\frac{d\boldsymbol{e}'_x(t)}{dt} + y'\frac{d\boldsymbol{e}'_y(t)}{dt} + z'\frac{d\boldsymbol{e}'_z(t)}{dt} \tag{7.9}$$

これが慣性系で見た速度に対応するが，一方でこの式を系 S′ の基底で無理やり展開すると

$$\frac{d\boldsymbol{r}'}{dt} = \tilde{v}_x\boldsymbol{e}'_x(t) + \tilde{v}_y\boldsymbol{e}'_y(t) + \tilde{v}_z\boldsymbol{e}'_z(t) \tag{7.10}$$

という形になる。では，系 S′ にいる我々が実際には何を速度と認識しているのだろうか？　我々は地上では自分たちが動いているとは認識していない。逆にいうと，系 S では $\boldsymbol{r}'$ が実際には動いていなかったとしても，我々の座標系が動いているので，系 S′ にいるとこの物体は動いていると感じてしまう。なぜなら，座標系が動く分だけ x' が動かないとつじつまが合わないからである。つまり，実際の $\boldsymbol{r}'$ の変化は座標系の変化まで取り入れる必要があるが，我々は自分が動いているなんて思ってもいないので，x' が動いたという情報しか見ていないのである。

地球上での運動と座標変換　地球を真球とし，地球の中心を原点，そこから北極方向を z 方向とし，x, y 軸を適切にとった 3 次元極座標系 (r, θ, φ) を考える (図 7.5)。地表にいる (系 S′ にいる) 観測者にとっての原点は地表のある地点 O′ となるが，日常の感覚からすると，多くの場合

$$\begin{cases} \boldsymbol{e}_\varphi & : \text{東向き} \to \boldsymbol{e}'_x \\ -\boldsymbol{e}_\theta & : \text{北向き} \to \boldsymbol{e}'_y \\ \boldsymbol{e}_r & : \text{上向き} \to \boldsymbol{e}'_z \end{cases} \tag{7.11}$$

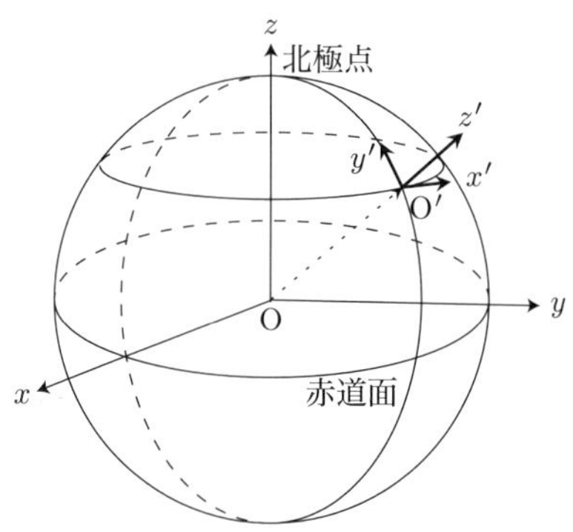

図 7.5　地表での「デカルト座標系」の設定

と暗黙のうちに了解している。厳密なことをいうと，z' 軸は鉛直上向きであり，7.6 節で述べるように遠心力が働くのでそこでの $\boldsymbol{e}_r$ とはわずかながらずれるが (演習問題 7.6 参照)，本質には関係ないのでこのようにとる。この軸は慣性系から見れば地球の回転にために時々刻々と動くので，式 (7.8) で与えられる

座標軸の例になっている。また，式 (7.11) は $(\boldsymbol{e}_\varphi, -\boldsymbol{e}_\theta, \boldsymbol{e}_r)$ はこの順番に右手系をつくり，その意味でも正しい「直交座標系」になっていることがわかる。

つまり，S′ 系にいる我々は位置ベクトルを

$$\boldsymbol{r}' = x'\boldsymbol{e}_\varphi + y'(-\boldsymbol{e}_\theta) + z'\boldsymbol{e}_r \tag{7.12}$$

というように認識していることになる。このように，我々から見て固定されている物体は慣性系から見ると動いていることになる。

例題 7.1：地球上に系 S′ をとったときの運動

式 (7.12) で与えられる系 S′ の位置ベクトルについて次の問いに答えよ。

(1) 慣性系から見た速度の表式を導け。

(2) 慣性系で速度 **0** の物体を観測したとき，観測者にはどのような速度でその物体が観測されるのか答えよ。

解答　(1) 慣性系から見た速度の表式は式 (7.12) を時間微分すると

$$\begin{aligned}
\frac{d\boldsymbol{r}'}{dt} &= \frac{dx'}{dt}\boldsymbol{e}_\varphi + \frac{dy'}{dt}(-\boldsymbol{e}_\theta) + \frac{dz'}{dt}\boldsymbol{e}_r + x'\frac{d\boldsymbol{e}_\varphi}{dt} + y'\frac{d(-\boldsymbol{e}_\theta)}{dt} + z'\frac{d\boldsymbol{e}_r}{dt} \\
&= \left(\frac{dx'}{dt} - y'\frac{d\varphi}{dt}\cos\theta + z'\frac{d\varphi}{dt}\sin\theta\right)\boldsymbol{e}_\varphi \\
&\quad + \left(\frac{dy'}{dt} + x'\frac{d\varphi}{dt}\cos\theta - z'\frac{d\theta}{dt}\right)(-\boldsymbol{e}_\theta) \\
&\quad + \left(\frac{dz'}{dt} - x'\frac{d\varphi}{dt}\sin\theta + y'\frac{d\theta}{dt}\right)\boldsymbol{e}_r
\end{aligned} \tag{7.13}$$

となる。ここで 1.3.3 項，2.1.3 項の議論から

$$\frac{d\boldsymbol{e}_\varphi}{dt} = (\cos\theta(-\boldsymbol{e}_\theta) - \sin\theta\boldsymbol{e}_r)\frac{d\varphi}{dt}$$

などが成り立つことを用いた。1 行目が式 (7.9) に，2 行目以降が式 (7.10) に対応する。また 2 行目以降の括弧内が式 (7.10) で $\tilde{v}_{x,y,z}$ と書いた量に対応している。地表にいる観測者にとって「静止している」という状態は x', y', z' が定数という状態であるが，そのような状態は慣性系では明らかに静止していないことをこの式は表している。

(2) 慣性系で速度 **0** (式 (7.13)$=\mathbf{0}$) の物体を観測したとすると，地表の観測者には

$$\frac{dx'}{dt} = y\frac{d\varphi}{dt}\cos\theta - z\frac{d\varphi}{dt}\sin\theta$$

$$\frac{dy'}{dt} = -x\frac{d\varphi}{dt}\cos\theta + z\frac{d\theta}{dt}$$
$$\frac{dz'}{dt} = x\frac{d\varphi}{dt}\sin\theta - y\frac{d\theta}{dt}$$

という速度で動くように見えるということである。実際には，さらに式 (7.3) の $\boldsymbol{r}_0$ が動くことによる影響が加わり，運動はもっと複雑になる。 ■

問 7.1 エレベータの中ではかりを使って質量 m の物体の重さを測る。このとき次の場合について，はかりにかかる力を求めよ。

(1) 一定の速さ $v\,(>0)$ で上昇または下降したとき

(2) 一定の加速度 $a\,(>0)$ で上昇または下降したとき

(3) エレベータをつるすロープが切れたとき

7.2 相対速度が一定の場合

本節では，一般の座標系では運動はどのように見えるのか，どのように解いていけばよいのかを，前節で説明した事情を踏まえて理解していく。

まずは簡単な場合を考える。系 S と我々が観測している系 S′ の間の関係は図 7.6 で与えられており，くり返しになるが，位置ベクトルの関係は

$$\boldsymbol{r} = \boldsymbol{r}_0 + \boldsymbol{r}' \tag{7.14}$$

という関係が成立しているとする。本節で考える簡単な場合というのは，相対速度が一定：

$$\frac{d\boldsymbol{r}_0}{dt} = \boldsymbol{v}_0 = \text{一定} \tag{7.15}$$

という条件が成立している場合である。このとき式 (7.6) において

$$\boldsymbol{F}_0 = m\frac{d^2\boldsymbol{r}_0}{dt^2} = 0 \tag{7.16}$$

となり，みかけの力は存在しない。したがって

$$m\frac{d^2\boldsymbol{r}}{dt^2} = m\frac{d^2\boldsymbol{r}'}{dt^2} = \boldsymbol{F} \tag{7.17}$$

であるから，系 S, S′ ともに同じ運動方程式が成立する。これは，**互いに等速度運動で結ばれる系というのは，一方が慣性系であればもう一方も慣性系である**ということを意味している。

ガリレイ変換　式 (7.16) より

$$\boldsymbol{r}_0 = \boldsymbol{v}_0 t \tag{7.18}$$

と書け，$t = 0$ で $\mathrm{O} = \mathrm{O}'$ となるように原点をとると

$$\boldsymbol{r} = \boldsymbol{r}' + \boldsymbol{v}_0 t' \quad \text{あるいは} \quad \boldsymbol{r}' = \boldsymbol{r} - \boldsymbol{v}_0 t \tag{7.19}$$

となる。厳密には特殊相対性理論のように系 S と S′ で時間の進み方がちがう可能性があるので，そのことを意識した表式にした。

原点を一致させない ($t = 0$ で系 S と S′ が $\boldsymbol{c}$ だけずれている) 場合も含めると，系 S と我々が観測している系 S′ の間には次の関係が成り立つ。

$$\begin{aligned} \boldsymbol{r} &= \boldsymbol{r}' + \boldsymbol{v}_0 t' + \boldsymbol{c} \\ t &= t' \end{aligned} \tag{7.20}$$

これを**ガリレイ変換**という (図 7.6)。ただし，この式にあるように古典力学においては $t = t'$ と仮定されているので，t と t' を混同しても問題は起こらないし，そのことを意識した上で

$$\boldsymbol{r} = \boldsymbol{r}' + \boldsymbol{v}_0 t \tag{7.21}$$

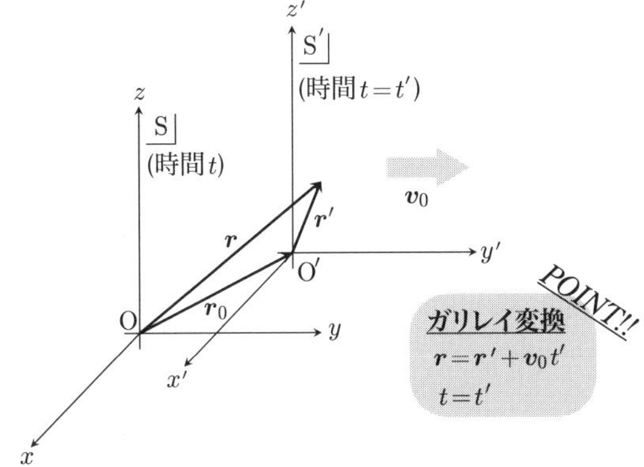

図 7.6　ガリレイ変換 ($\boldsymbol{c} = \boldsymbol{0}$ の場合)

と書くことが多い。本書でも以下では式 (7.21) を採用する。しかし，一般には変換を考える場合は式の同じ側に変換前の物理量と変換後の物理量が来ないように習慣づけておいた方がよい。

さて物理学では，**ある変換 A に対して基本となる方程式 (力学でいえば運動方程式) が不変 (形を変えないこと，共変ともいう) であることを要請することが理論構築の基本原理になる**。現代流に見れば，古典力学はガリレイ変換に対して不変であることを要請して構築した理論という見方ができる。これに対して，詳細は述べないが，ローレンツ変換 (ポアンカレ変換) という変換に対して不変性を要請した理論がアインシュタイン (1879-1955) による特殊相対性理論で，この変換はガリレイ変換とはちがう変換であるから，2 つの理論の間には一致しない点が存在するのは当然のことであった。

7.3 重心系と実験室系

本節では 6.7 節で扱った 2 体系の散乱を，座標変換という視点から捉え直そう。

7.3.1 重心系

重心系とは，重心 (より正確には質量中心) を原点とする座標系のことである (図 7.7 左)。往々にして慣性系であることが仮定されているが，必ずしもその必要はない。

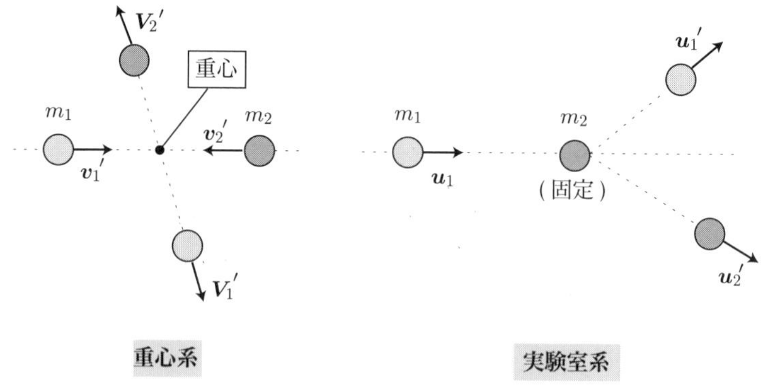

図 7.7 重心系と実験室系

重心系は6.4節でも互いに重力を及ぼし合う系を扱うのに便利なものとして出てきたが，ここではその一般論を2体系の場合に考える。この2体の位置ベクトルを $\boldsymbol{r}_1$, $\boldsymbol{r}_2$ とすると，重心の座標 $\boldsymbol{r}_{\mathrm{G}}$ は式 (3.11) と同じく

$$\boldsymbol{r}_{\mathrm{G}} = \frac{m_1\boldsymbol{r}_1 + m_2\boldsymbol{r}_2}{m_1 + m_2} \tag{7.22}$$

と定義される。次章で見るように，3個以上の物体が出てくるときは同じように足すことで一般の系の重心が定義される。なお3章でも述べたが，厳密なことをいうと重心系は質量中心系というべきであり，実際英語ではCM (=Center of Mass) 系のようにいうが，日本語では重心系ということの方が多い。

系の外からは力がかかっていないとしてよい2体系の場合，式 (6.38) からわかるように重心は等速度運動する：

$$\boldsymbol{v}_{\mathrm{G}} = \frac{m_1\boldsymbol{v}_1 + m_2\boldsymbol{v}_2}{m_1 + m_2} = 一定 \tag{7.23}$$

したがって，$\boldsymbol{r}_1$, $\boldsymbol{r}_2$ を定めた座標系が慣性系 (運動方程式を立てることができる系) だとすると重心系も慣性系になる。元の慣性系から重心系へのガリレイ変換は，式 (7.14), (7.15) において，$\boldsymbol{r}_0 \to \boldsymbol{r}_{\mathrm{G}}$, $\boldsymbol{v}_0 \to \boldsymbol{v}_{\mathrm{G}}$ という置き換えをすれば得られ，この変換で重心系に移ることができる。

重心系の特徴　元の座標系に対して重心系での座標は式 (7.14) より

$$\begin{aligned} \boldsymbol{r}'_1 &= \boldsymbol{r}_1 - \boldsymbol{r}_{\mathrm{G}} \\ \boldsymbol{r}'_2 &= \boldsymbol{r}_2 - \boldsymbol{r}_{\mathrm{G}} \end{aligned} \tag{7.24}$$

で与えられる。よって重心系での速度は式 (7.23) より，

$$\begin{aligned} \boldsymbol{v}'_1 &= \boldsymbol{v}_1 - \boldsymbol{v}_{\mathrm{G}} = \frac{m_2}{m_1 + m_2}(\boldsymbol{v}_1 - \boldsymbol{v}_2) \\ \boldsymbol{v}'_2 &= \boldsymbol{v}_2 - \boldsymbol{v}_{\mathrm{G}} = \frac{m_1}{m_1 + m_2}(\boldsymbol{v}_2 - \boldsymbol{v}_1) \end{aligned} \tag{7.25}$$

であり，運動量は

$$\boldsymbol{p}'_1 = m_1\boldsymbol{v}'_1 = \frac{m_1 m_2}{m_1 + m_2}(\boldsymbol{v}_1 - \boldsymbol{v}_2) = -m_2\boldsymbol{v}'_2 = -\boldsymbol{p}'_2 \tag{7.26}$$

となる。運動量 $\boldsymbol{p}'_1$ は $\boldsymbol{p}'_2$ と大きさは等しく逆向きになっている。ここまでは単なる式変形だが，一般論として，**重心系は運動量の大きさが互いに等しく向**

きが逆向きに見える系というい方ができる。**いい換えると，2 体の重心系は全運動量が 0 になる系といえる**。この性質により重心系では様々な物理量の計算がとても簡単にできる。したがって，通常まずは物理量を重心系で考え、それを式 (7.24) を逆解きすることによって元の系での物理量に変換する。

さて，十分遠方で初速度がそれぞれ $\boldsymbol{v}_1', \boldsymbol{v}_2'$ だったとする。質点が互いに近づくと互いに力を及ぼし合うのでその方向を変える。この方向を変える現象を一般に**散乱**という。この力は作用・反作用の法則により大きさは同じで逆向きであることから，重心系においては重心は静止したままとなる。よって，散乱後の速度を $\boldsymbol{V}_1', \boldsymbol{V}_2'$ とすると依然として運動量は $\boldsymbol{0}$ であるから

$$m_1\boldsymbol{V}_1' + m_2\boldsymbol{V}_2' = \boldsymbol{0} = \boldsymbol{P}_1 + \boldsymbol{P}_2 \tag{7.27}$$

が成立する。

散乱の前後でエネルギーも保存するので

$$\frac{m_1}{2}\boldsymbol{v}_1'^2 + \frac{m_2}{2}\boldsymbol{v}_2'^2 = \frac{m_1}{2}\boldsymbol{V}_1'^2 + \frac{m_2}{2}\boldsymbol{V}_2'^2 \tag{7.28}$$

あるいは運動量で書き直すと

$$\frac{\boldsymbol{p}_1'^2}{2m_1} + \frac{\boldsymbol{p}_2'^2}{2m_2} = \frac{\boldsymbol{P}_1'^2}{2m_1} + \frac{\boldsymbol{P}_2'^2}{2m_2} \tag{7.29}$$

となる。式 (7.26) から (7.28) を解くと衝突の前後で速さを変えない，すなわち

$$|\boldsymbol{v}_1'| = |\boldsymbol{V}_1'|,\ |\boldsymbol{v}_2'| = |\boldsymbol{V}_2'| \tag{7.30}$$

ということがわかる。速さを変えないのは全運動量が $\boldsymbol{0}$ だからで，そのため計算が楽になる。

問 7.2 重心系で見た 2 体系の運動方程式を，式 (7.24) から導出せよ。とくにこの 2 体の間で働く力が $-1/r^2$ で与えられる場合，運動方程式はどのように書けるのか答えよ。

7.3.2 実験室系

実験装置が固定してある系を**実験室系**とよび，通常は我々もこの系の中にいる (図 7.7 右)。

大型の加速器を使った衝突実験，たとえばスイスにある加速器 LHC (=Large

Hadron Collider) の実験などは，(ほぼ) 重心系と実験室系が同じになるが，一般には異なる。そこで，この 2 つの系の間をつなぐ変換を考えてみよう。話を具体的にするために，固定標的 (質量 m_1 の粒子 1) に他の粒子 (質量 m_2 の粒子 2) を当てるという実験を考える。この具体例として有名なのは，問 6.8 でも見たガイガー・マースデン・ラザフォードによる α 線の散乱実験だろう。この実験による α 線の散乱の様子から，原子の内部には原子核という構造があることがわかった。この場合に固定標的となる粒子 (粒子 1) は金属箔の中の原子核であり，当てる粒子 (粒子 2) は α 粒子 (ヘリウム原子核) である。実験装置に対して標的が固定されているので，$\boldsymbol{r}_1 = \boldsymbol{0}$ (粒子 1 を原点とする系) が実験室系になる。また，固定されているという状況を再現するために，質量を十分大きくとる $m_1/m_2 \to \infty$ という極限を考える必要がある。

例題 7.2：散乱角の表式

重心系と実験室系それぞれの散乱角の間に成り立つ関係式を導く。図 7.8 に示したように，粒子 1 と 2 の散乱を考える。図 7.8 のうち左図は一般の座標系での粒子の散乱 (粒子 2 の散乱角は ϕ) を，右図は重心系で見た場合 (粒子 2 の散乱角は ϕ') を表している。ここで，粒子 1, 2 の質量は散乱の前後で変化はなく，それぞれ m_1, m_2 とする。このとき，散乱角 ϕ, ϕ' の間の関係式が

$$\tan\phi = \frac{\sin\phi'}{\cos\phi' + (m_2/m_1)}$$

と与えられることを示せ。

解答　図 7.8 右のように $\boldsymbol{v}_2' = (-v_2', 0)$ とすると，散乱後の速度は

$$\boldsymbol{V}_2' = (-v_2'\cos\phi', v_2'\sin\phi') \tag{7.31}$$

で与えられる。座標軸の方向のとり方に依らない量で書き直すには，内積が座標軸のとり方に依らないことを使って

$$\cos\phi' = \frac{\boldsymbol{v}_2' \cdot \boldsymbol{V}_2'}{|\boldsymbol{v}_2'||\boldsymbol{V}_2'|} = \frac{\boldsymbol{v}_2'}{|\boldsymbol{v}_2'|} \cdot \frac{\boldsymbol{V}_2'}{|\boldsymbol{V}_2'|} \tag{7.32}$$

と書ける。最後の式変形は，ベクトルをベクトルの大きさで割った量は方向を表すベクトル (基底ベクトル) であることを強調するために行った。こうすることで 2 つの方向の間の角度であることがはっきりするからである。

一般の座標系での散乱前と散乱後の速度は，式 (7.24), (7.25) より

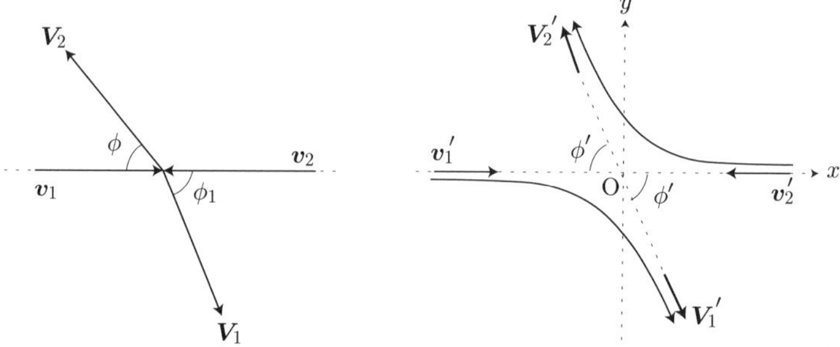

図 7.8 粒子 1, 2 の散乱の様子。左：一般の座標系での粒子の散乱 (粒子 1, 2 の散乱角は一般に異なる)，右：衝突点付近での散乱の様子を重心系で見た場合。

$$\begin{cases} \boldsymbol{v}_1 = \boldsymbol{v}_1' + \boldsymbol{v}_\mathrm{G}, \quad \boldsymbol{V}_1 = \boldsymbol{V}_1{}' + \boldsymbol{v}_\mathrm{G} \\ \boldsymbol{v}_2 = \boldsymbol{v}_2' + \boldsymbol{v}_\mathrm{G}, \quad \boldsymbol{V}_2 = \boldsymbol{V}_2' + \boldsymbol{v}_\mathrm{G} \end{cases} \tag{7.33}$$

とそれぞれ与えられるから，この座標での (質点 2 の) 散乱角は式 (7.32) と同様に

$$\cos\phi = \frac{\boldsymbol{v}_2 \cdot \boldsymbol{V}_2}{|\boldsymbol{v}_2||\boldsymbol{V}_2|} = \frac{(\boldsymbol{v}_2' + \boldsymbol{v}_\mathrm{G}) \cdot (\boldsymbol{V}_2' + \boldsymbol{v}_\mathrm{G})}{|\boldsymbol{v}_2' + \boldsymbol{v}_\mathrm{G}||\boldsymbol{V}_2' + \boldsymbol{v}_\mathrm{G}|}$$

で与えられる (図 7.8 左)。

とくに固定標的の場合，標的が固定されているので，

$$\boldsymbol{v}_1 = \boldsymbol{0} = \boldsymbol{v}_\mathrm{G} + \boldsymbol{v}_1'$$

と書け，$\boldsymbol{v}_\mathrm{G} = -\boldsymbol{v}_1' = (-v_1', 0)$ となる。よって，式 (7.31) に対応して，

$$\begin{cases} \boldsymbol{v}_2 &= (-v_2' - v_1', 0) \\ \boldsymbol{V}_2 &= (-v_2'\cos\phi - v_1', v_2'\sin\phi) \end{cases}$$

と速度が与えられ，実験室系における散乱角は，内積をとることで求められ，

$$\cos\phi = \frac{v_2'\cos\phi' + v_1'}{\sqrt{(v_2'\cos\phi' + v_1')^2 + v_2'^2\sin^2\phi}}$$

$$\therefore \quad \tan\phi = \frac{v_2'\sin\phi'}{v_2'\cos\phi' + v_1'}$$

となる。式 (7.25) より，$v_1'/v_2' = m_2/m_1$ であるから，重心系と実験室系それぞれにおける散乱角は

$$\tan\phi = \frac{\sin\phi'}{\cos\phi' + (m_2/m_1)} \tag{7.34}$$

と質量比だけで関係がつく。非常に重い標的に非常に軽い質点を衝突させる場合 $(m_2/m_1 \cong 0)$，明らかに標的はほとんど動くはずはなく，したがって，重心系と実験室系は同じになることを考えれば，この結果は自然に理解できるであろう。　■

補足：相対座標 $\boldsymbol{r} = \boldsymbol{r}_2 - \boldsymbol{r}_1$ での散乱角を考えよう。重心系における座標 $\boldsymbol{r}'_2$ は

$$\boldsymbol{r}'_2 = \boldsymbol{r}_2 - \boldsymbol{r}_{\mathrm{G}} = \frac{m_1}{m_1+m_2}\boldsymbol{r} \tag{7.35}$$

である (同じことであるが，式 (7.25) より $\boldsymbol{v}'_2 \propto \boldsymbol{v}$ となることからもわかる)。よって散乱角の定義式 (7.32) より，相対座標と重心系の散乱角は同じになる。

7.3.3　スイングバイ

スイングバイとは天体に引きずってもらうことで物体を加速減速する機構のことで，遠くに宇宙船を飛ばすときに使われる (図 7.9)。天体といっても具体的には惑星または月のことで，原理は本節の式変形で理解できる。

ここで働く力は万有引力であり，惑星は宇宙船に対して事実上無限大の質量をもっているので，惑星の静止系を考えれば，それはすなわち惑星と物体の重心系となっている。したがって，惑星によって軌道が曲げられる際に惑星の静止系では物体の速さは変わらない。散乱角は本質的には 6.7 節の説明と同じように与えられ，引力であることを考慮すると，図 7.9 のように軌道は惑星を回りこむようになる。また衝突パラメータを b とすると，散乱角 Θ は b と v_i の関数として与えられるので，衝突パラメータを制御することで，惑星を回りこんだ後に宇宙船が出てくる方向を制御できる。

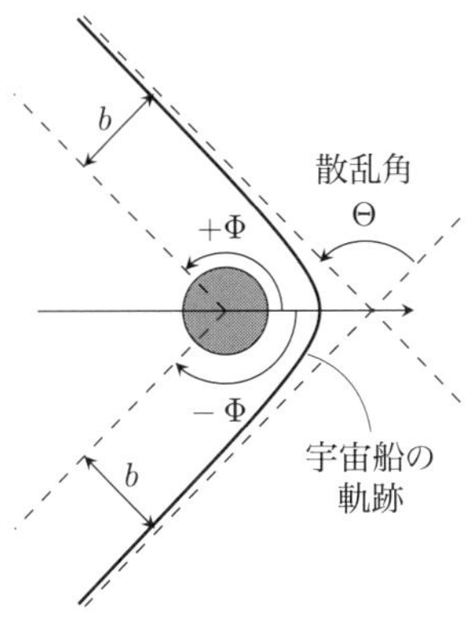

図 7.9　スイングバイ (引力による散乱)

「散乱後」の宇宙船の方向が我々から見て惑星が動いている方向と同じであれば，宇宙船は我々から見れば加速されたように見える。厳密に同じ方向でなくても，入射方向と惑星の運動方向がなす角 θ_i と，「散乱後」の方向と惑星の運動方向がなす角 θ_f に対し $\theta_i > \theta_f$ であれば加速される。

また惑星が十分重いということは，我々から見た重心の速度は惑星の速度と

同じである。よって式 (7.33) より，$\boldsymbol{V}_2'$ と $\boldsymbol{v}_{\mathrm{G}}$ が同じ方向を向いていれば，散乱後の速さは大きくなることがわかる。この場合，惑星の速さを v_{G} とすると，宇宙船は入射するときの速さ v_i は $V_2 = v_i + 2v_{\mathrm{G}}$ へと加速される。この原理を用いて宇宙船を加速して遠くの天体まで少ない燃料で飛ばしているのである。

例題 7.3：スイングバイ

惑星の近くを通過する宇宙船の運動を考える。このとき次の問いに答えよ。

(1) 惑星が速度 $\boldsymbol{V}$ で動いているように見える系での宇宙船の運動を考える。この系で宇宙船は速度 $\boldsymbol{v}$ で惑星に近づくとすると，惑星から十分遠方での宇宙船の速さ v_i はどのように表されるか答えよ。

(2) 惑星の大きさが十分小さく無視できる場合，惑星の横を通過した後の宇宙船の最大の速さを求めよ。

(3) 惑星を土星とし，球状であると近似する。土星に近づくときの速さを $10.0\,\mathrm{km\,s^{-1}}$ として以下の問いに答えよ。

(i) 土星が太陽に対して平均半径の円運動を行うものとして，太陽に対する速さを求めよ。

(ii) 土星の大きさを無視できる場合，宇宙船が土星近傍を通過した後の最大の速さはいくつか?

解答　(1) 惑星が静止している系での宇宙船の速度は $\boldsymbol{v} - \boldsymbol{V}$ なので，$v_i = |\boldsymbol{v} - \boldsymbol{V}|$.
(2) 大きさを無視できる場合，衝突パラメータを調節することで，宇宙船が出てくる方向を惑星の運動する方向に一致させることができる。問 (1) の系では，惑星に近づくときと遠ざかるときで速さは変わらないので，速さは $|\boldsymbol{V}| = V$ として，

$$V + |\boldsymbol{v} - \boldsymbol{V}|$$

(3) (i) 土星の軌道半径を $R = 1.4 \times 10^9\,\mathrm{km}$，太陽の質量を $2.0 \times 10^{30}\,\mathrm{kg}$ とすると，例題 6.5 の問 (1) で求めたように，次のようになる。

$$V = \sqrt{\frac{GM}{R}} = 9.76\cdots \cong 9.8\,\mathrm{km\,s^{-1}}$$

(ii) 近づくときの最大の速さは，前問の結果から，

$$v_i = \sqrt{v^2 + V^2} = \sqrt{10.0^2 + 9.76^2} = 13.9\cdots \cong 14\,\mathrm{km\,s^{-1}}$$

である。よって，宇宙船が土星近傍を通過した後の最大の速さは次のようになる。

$$13.9 + 10 = 23.9 \cong 24\,\mathrm{km\,s^{-1}}$$ ■

7.4 座標回転♣

ここまでは，複数の座標系の間で基底 (軸) の向きが同じ場合，あるいはそれを気にしなくてもよい場合を扱ってきた。しかし，7.1 節の後半 (式 (7.7) 以降) でも説明したように，一般に座標軸のとり方は系によって異なる。異なっていてもそれが時刻に依らなければ扱いは簡単だが，地上での観測を考えればすぐわかるように，一般には軸が時々刻々動いていく。本節では軸がちがうということを数学的に表すための手段について見る。

ここで議論した事実をもとに 7.5 節以降の議論を組み立てていくので，興味のある読者は一度読み飛ばしたとしても元に戻ってくることをおすすめする。

7.4.1 基底の変換

原点が異なることは平行移動で表すことができるので，ここでは原点を一致させたまま，慣性系で基底を変換することを考える。

$$(\boldsymbol{e}_1, \boldsymbol{e}_2, \boldsymbol{e}_3) \xrightarrow{\text{変換}\ a} (\boldsymbol{e}'_1, \boldsymbol{e}'_2, \boldsymbol{e}'_3)$$

3 次元空間を考えているので基底は 3 つあり，それを通し番号で 1, 2, 3 としている。それをちがう基底に変換する操作を a として，新しい基底は「′」つきで表している。簡単のため変換前の基底も変換後の基底も正規直交基底 (p.12 参照) であるとする。さらに右手系をなしていることも仮定する。これらを数式で表現すると

$$\text{正規直交基底である (式 (1.15))：} \boldsymbol{e}_i \cdot \boldsymbol{e}_j = \delta_{ij} \tag{7.36}$$

$$\text{右手系をなす (式 (3.30))：} (\boldsymbol{e}_i \times \boldsymbol{e}_j) \cdot \boldsymbol{e}_k = \varepsilon_{ijk} \tag{7.37}$$

となる。δ_{ij} は式 (1.15) で出てきたクロネッカーのデルタで，$i = j$ のとき 1 で，$i \neq j$ のとき 0 となる。式 (7.37) の ε_{ijk} は 3.4 節で導入した完全反対称テンソルである。外積の性質とこのテンソルの性質から，基底ベクトルが式 (7.37) を満たせば $1 \to 2 \to 3 \to 1$ の順に右手系をなすことがわかる。

▶ 物理のための数学：基底の変換

(1) 正規直交性

式 (1.8) で見たように，任意のベクトルは正規直交基底で展開できる。任意のベクトルを正規直交基底とし，それを $\boldsymbol{e}'_i\,(i=1,\,2,\,3)$ とすると，

$$\boldsymbol{e}'_i = (\boldsymbol{e}_1\cdot\boldsymbol{e}'_i)\boldsymbol{e}_1 + (\boldsymbol{e}_2\cdot\boldsymbol{e}'_i)\boldsymbol{e}_2 + (\boldsymbol{e}_3\cdot\boldsymbol{e}'_i)\boldsymbol{e}_3 = \sum_{j=1}^{3} a_{ij}\boldsymbol{e}_j \tag{7.38}$$

と必ず書ける。ここで $a_{ij}\equiv\boldsymbol{e}'_i\cdot\boldsymbol{e}_j$ であり，a_{ij} は 3×3 行列になっている。また，p.75 で説明したようにアインシュタインの縮約を使って 2 回以上出てくる添字 (この場合は j) について，式 (7.38) 最右辺で出てくる和の記号は省略できる (物理学では和の記号を省略することのほうが多い)。この行列が満たすべき性質は次のように理解できる。まず $\boldsymbol{e}'_i$ も正規直交基底なので，式 (7.36) を満たすことに注意する。a_{ij} の成分をもつ行列を a として

$$\begin{aligned}\boldsymbol{e}'_i\cdot\boldsymbol{e}'_j &= \delta_{ij}\\ &= \sum_{k,\ell}(a_{ik}\boldsymbol{e}_k)\cdot(a_{j\ell}\boldsymbol{e}_\ell) = \sum_{k,\ell} a_{ik}a_{j\ell}\underbrace{\boldsymbol{e}_k\cdot\boldsymbol{e}_\ell}_{\delta_{k\ell}} = \sum_k a_{ik}a_{jk} = (aa^{\mathrm{T}})_{ij}\end{aligned}$$

$$\therefore\ (aa^{\mathrm{T}})_{ij} = \delta_{ij} \tag{7.39}$$

と書ける。ここで T は行列の転置を表す記号で，$(a^{\mathrm{T}})_{ij}=a_{ji}$ であり，

$$(aa^{\mathrm{T}})_{ij} = \delta_{ij}, \quad aa^{\mathrm{T}} = a^{\mathrm{T}}a = I \tag{7.40}$$

を満たす。ここで I は (3×3 の) 単位行列を表す。式 (7.39) を満たす行列 a のことを一般に**直交行列**といい，式 (7.40) を満たすと式 (7.39) も満たすことが数学的に示される。

逆に元の基底 $\boldsymbol{e}_i$ を変換後の基底 $\boldsymbol{e}'_i$ で表すこともできて，それは式 (7.38) の両辺に a の逆行列 a^{-1} を掛けることで得られるから，

$$\boldsymbol{e}_i = \sum_j (a^{\mathrm{T}})_{ij}\boldsymbol{e}'_j \tag{7.41}$$

という関係が得られる。ここで a は直交行列なので，$a^{\mathrm{T}}=a^{-1}$ であることを用いた。

一般のベクトルは基底ベクトルで展開できるので，それぞれの基底ベクトルを使って，

$$\boldsymbol{A} = \sum_i A_i \boldsymbol{e}_i = \sum_i A'_i \boldsymbol{e}'_i \tag{7.42}$$

と書ける。このとき，ベクトルの成分 A_i, A'_i の間の関係は

$$\begin{aligned}\sum_i A_i \boldsymbol{e}_i = \sum_{i,k} A_i \delta_{ik} \boldsymbol{e}_k &= \sum_{i,j,k} A_i (a^{\mathrm{T}})_{ij} a_{jk} \boldsymbol{e}_k \\ &= \sum_{i,j,k} (a_{ji} A_i)(a_{jk} \boldsymbol{e}_k) = \sum_j A'_j \boldsymbol{e}'_j\end{aligned}$$

となることから

$$A'_j = \sum_k a_{jk} A_k = (aA)_j \tag{7.43}$$

と求まる。ここでは直交行列の取り扱いに慣れてもらうために少し回りくどい導出を行った。また，n 成分縦ベクトルは $n \times 1$ 行列であるから，aA は $n \times n$ 行列と $n \times 1$ 行列の積 $n \times 1$ 行列，すなわち n 成分縦ベクトルになることに注意すること。基底の場合と同じ変形を行うことで

$$A_k = \sum_\ell a^{\mathrm{T}}_{k\ell} A'_\ell = (a^{\mathrm{T}} A')_k \tag{7.44}$$

と書け，変換前の成分を変換後の成分で表すことができる。

(2) 右手系から右手系への変換

a が直交行列であることから，a の行列式の値は

$$I = aa^{\mathrm{T}} \iff \det I = \det(aa^{\mathrm{T}}) = (\det a)(\det a^{\mathrm{T}}) = (\det a)^2$$

$$\therefore \ \det a = \pm 1 \tag{7.45}$$

と求まる。さらにこの変換が右手系から右手系の変換であるとすると，式 (7.37), (7.38) より，

$$\begin{aligned}\boldsymbol{e}'_i \times \boldsymbol{e}'_j \cdot \boldsymbol{e}'_k &= \left(\sum_\ell a_{i\ell} \boldsymbol{e}_\ell\right) \times \left(\sum_m a_{jm} \boldsymbol{e}_m\right) \cdot \left(\sum_n a_{kn} \boldsymbol{e}_n\right) \\ &= \sum_{\ell,m,n} a_{i\ell} a_{jm} a_{kn} \boldsymbol{e}_\ell \times \boldsymbol{e}_m \cdot \boldsymbol{e}_n\end{aligned}$$

$$
\begin{aligned}
&= \sum_{\ell,m,n} a_{i\ell}a_{jm}a_{kn}\varepsilon_{\ell mn} \\
&= (\det a)\varepsilon_{ijk} \qquad (7.46)
\end{aligned}
$$

となる。最後の等式は行列式の定義である (付録 A.6 節の式 (A.43) 参照)。よって，変換後の基底が右手系を構成しているという要請は

$$\det a = 1 \qquad (7.47)$$

を意味する。つまり右手系から右手系の変換は，変換行列の行列式が 1 であることが導かれた。

(3) 内積 $(\boldsymbol{u}\cdot\boldsymbol{v})$ の成分表示とその不変性

基底の変換は，式 (1.10) で定義される内積を不変に保つ。導出は簡単で，内積の定義に成分の変換の関係式 (7.44) を代入すると

$$
\begin{aligned}
\sum_i u_i v_j = \sum_{i,k,\ell}(a^{\mathrm{T}})_{i\ell}u'_\ell(a^{\mathrm{T}})_{ik}v'_k &= \sum_{i,k,\ell}(a_{\ell i}(a^{\mathrm{T}})_{ik})u'_\ell v'_k \\
&= \sum_{k,\ell}\delta_{\ell k}u'_\ell v'_k = \sum_\ell u'_\ell v'_\ell \qquad (7.48)
\end{aligned}
$$

となり，変換前の成分で書いても変換後の成分で書いても同じ形式で内積を表せる。このように，内積を不変に保つ変換のことを**直交変換**とよぶ。

(4) 外積 $(\boldsymbol{u}\times\boldsymbol{v})_i$

3.4 節では天下り的に外積を定義し，それがベクトルとしてふるまうことを示した。本来，数学的には議論の順番は逆で，位置ベクトルは「その成分は座標系の回転に対して式 (7.43) で変換する量」としてまず定義する。そしてこのような変換をする量を (位置) ベクトルとよぶのである。

式 (3.28) より，2 つのベクトル $\boldsymbol{u},\boldsymbol{v}$ の外積の i 成分として改めて

$$(\boldsymbol{u}\times\boldsymbol{v})_i = \sum_{j,k}\varepsilon_{ijk}u_j v_k \qquad (7.49)$$

という量を考える。もし $(\boldsymbol{u}\times\boldsymbol{v})_i$ がベクトルであるならば

$$(\boldsymbol{u}'\times\boldsymbol{v}')_i = \sum_j a_{ij}(\boldsymbol{u}\times\boldsymbol{v})_j \qquad (7.50)$$

が成立している必要があり，実際例題 7.4 の解答に示したように成立することがわかる。つまり，外積はベクトルとしてふるまうのである。外積がベクトルになるのは 3 次元空間の特徴で他の次元ではそうはならない。たとえば 4 次元空間になると，行列が 4×4 になるので，完全反対称テンソルは添字を 4 個もつと推測できよう。したがって，式 (7.50) と似たような量を考えると，3 次元空間の場合，式 (7.50) で添字が 1 つ残ったのが，4 次元空間だと添字が 2 つ残ること予想でき，実際にこれは正しい。そのため 4 次元空間では 2 つのベクトルの積からベクトルはつくれない (その代わりに 3 つのベクトルがあれば式 (3.28) の拡張としてつくれる)。

例題 7.4：式 (7.50) が成り立つことを示す

式 (7.43) と ε_{ijk} の性質を使って，式 (7.50) が成り立つことを示せ。

解答　式 (7.43) と ε_{ijk} の性質を使うと，以下のように式 (7.50) が成り立つことを示せる。ただし，ここでは添字の数が多い数式を含むため，アインシュタインの縮約を使い，和の記号を省略して数式を書いている。

$$\begin{aligned}
(\boldsymbol{u}' \times \boldsymbol{v}')_i = \varepsilon_{ijk} u'_j v'_k &= \varepsilon_{ijk}(a_{j\ell} u_\ell)(a_{km} v_m) \\
&= \varepsilon_{ijk} a_{j\ell} a_{km} u_\ell v_m \\
&= \varepsilon_{ajk} \delta_{ai} a_{j\ell} a_{km} u_\ell v_m \ (\because \varepsilon_{ijk} = \varepsilon_{ajk}\delta_{ai}) \\
&= \varepsilon_{ajk} a_{an} a_{in} a_{j\ell} a_{km} u_\ell v_m \ (\because \text{式 } (7.39)) \\
&= (\det a) a_{in} \varepsilon_{n\ell m} u_\ell v_m \ (\because \text{式 } (7.46)) \qquad (7.51) \\
&= a_{in} (\boldsymbol{u} \times \boldsymbol{v})_n \ (\because \text{外積の定義}) \qquad (7.52)
\end{aligned}$$

ただし，最後の変形では直交行列 a の行列式が 1 であることを用いた。 ■

NOTE：軸性ベクトル

上の「**物理のための数学：基底の変換**」の (2) で見たように，右手系が右手系に移ることから，式 (7.47) のように a の行列式が 1 になるとした。しかし，単に内積を不変に保つという要請だけであれば行列式は -1 もとり得る。ベクトルの変換はあくまで式 (7.43) で定義されるが，概念を拡張して式 (7.51) のように $\det a$ を掛けた変換をする量を考えることができる。このような量を**軸性ベクトル**といい，代表的な物理量は角運動量である。このような量は空間反転 (直感的には鏡の中の世界)

を調べるときなどに積極的に利用される。なぜなら空間反転というのは，位置ベクトルを $\boldsymbol{r} \to -\boldsymbol{r}$ とする変換で，3 次元では行列で表すと $a = -I$ より $\det a = -1$ となるからである (図 7.10)。

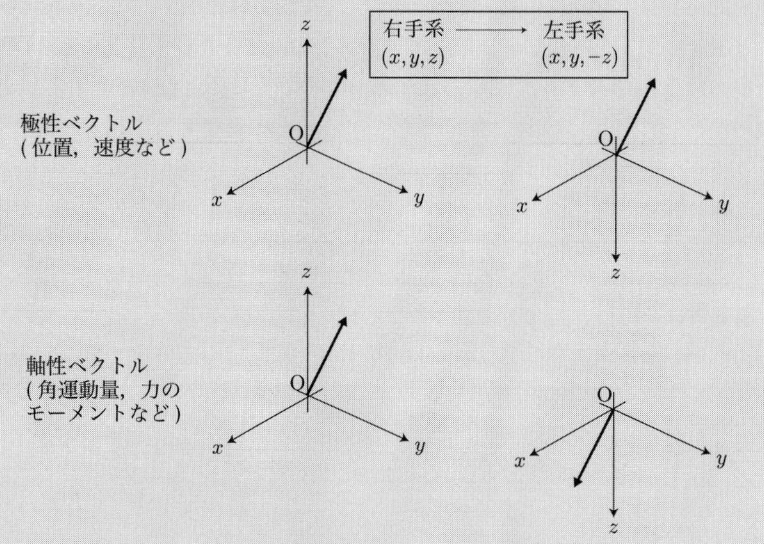

図 7.10 極性ベクトルと軸性ベクトル：右手系から左手系の変換 $((x, y, z) \to (x, y, -z))$ に対して不変なベクトルを**極性ベクトル**，鏡映しに反転するベクトルを**軸性ベクトル**という。

7.4.2 ベクトルの回転

前項では，「式 (7.42) のように，同じベクトルを 2 つの異なる基底ベクトルで表すとはどういうことか?」という観点から直交行列の性質を論じてきた。次節以降で説明する回転系を理解するのにこの概念を用いるからである。

一方，数学的には式 (7.43) は成分を変換する式であるという解釈もできる：

$$\boldsymbol{A} = \sum_i A_i \boldsymbol{e}_i \to \boldsymbol{A}' = \sum_i A'_i \boldsymbol{e}_i = \sum_i (aA)_i \boldsymbol{e}_i \tag{7.53}$$

この変換によってベクトルは明らかにちがうベクトルへ変換されている。しかし内積は変わらない。そして内積が不変であることから，この変換はベクトルの長さを変えないことがわかる。なぜなら，ベクトルの長さの 2 乗はベクトル

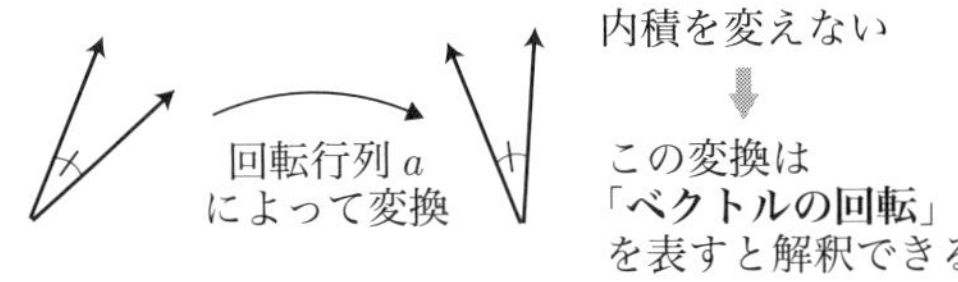

図 7.11　直交行列 (回転行列) による変換は内積の不変性を保つ

自身の内積で表されるからである (p.10 参照)。長さを変えずに，ちがうベクトルへと変えるわけであるから，これはベクトルの回転を表すと解釈できる。この意味で a を**回転行列**とよぶこともある (図 7.11)。

実は一般の 3×3 行列によって式 (7.43) と同じ形で成分が変換するとしたうえで，内積が不変であるという要請をおくことで基底の変換を定義することもできる。むしろ一般に変換の集合を定義する際にはこのような手法を用いる。つまり，**対称性が存在するということはある種の操作に対して不変な量が存在することを意味していて，それを不変に保つ変換の集合を考えるのである。**

平面内での回転と回転角　行列 a は $3 \times 3 = 9$ 成分もつ，つまり自由度が 9 である。しかし，この行列は直交行列なので，式 (7.40) にあるように $6\,(={}_3\mathrm{C}_2 + 3)$ 個の関係式が存在し，自由度は 3 つになる。これは，直感的には 3 次元の回転を表すには 3 つの「回転角」が必要であることに対応している。すなわち 1, 2, 3 軸まわりの回転に対応する回転角である。軸を決めるということは軸に垂直な平面を決めるということなので，一般の n 次元には

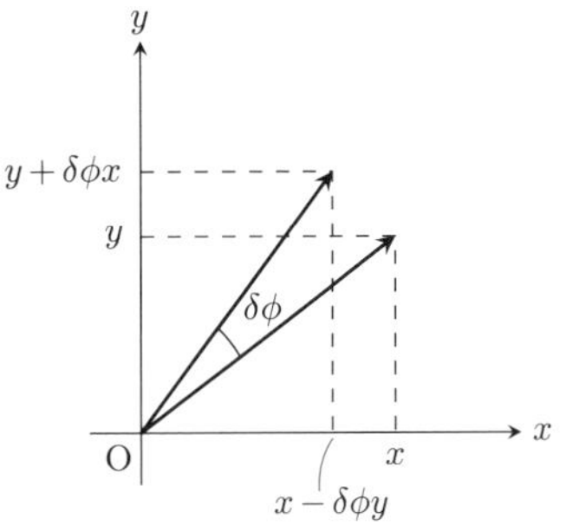

図 7.12　ベクトルの微小回転

$$ {}_n\mathrm{C}_2 = \frac{n(n-1)}{2}\ \text{個} \tag{7.54} $$

の独立な回転角が存在する。実際，2 次元は明らかに 1 つしか平面がないので回転角は 1 つである。3 次元では 3 つになることもこの式からすぐに確かめられる。

では，この平面内での回転がどのように表されるのかを考えていこう。話を具体的にするため，$z = 3$ 軸まわりの回転を考える (図 7.12)。回転角 $\delta\phi$ が微

小であるとすると，図 7.12 からわかるように，この回転は

$$\begin{pmatrix} x \\ y \\ z \end{pmatrix} \to \begin{pmatrix} x \\ y \\ z \end{pmatrix} + (r\delta\phi)\frac{1}{r}\begin{pmatrix} -y \\ x \\ 0 \end{pmatrix}$$

$$= \begin{pmatrix} x - y\delta\phi \\ y + x\delta\phi \\ z \end{pmatrix} = \left\{ I + \delta\phi \begin{pmatrix} 0 & -1 & 0 \\ 1 & 0 & 0 \\ 0 & 0 & 0 \end{pmatrix} \right\} \begin{pmatrix} x \\ y \\ z \end{pmatrix} \tag{7.55}$$

という変換をする。ここで $r = \sqrt{x^2 + y^2}$ はベクトルの長さを表す。無限小の回転であるから，移動方向はベクトルに垂直な方向，すなわち

$$\frac{1}{r}\begin{pmatrix} -y \\ x \\ 0 \end{pmatrix} \tag{7.56}$$

であり，その移動距離は円周の長さ $r\delta\phi$ で与えられるので，式 (7.55) のように書ける。

2.2 節で説明したように，無限小変換を無限回行うと有限な変化が得られ，それは指数関数の形で表される。今の例でいえば，式 (2.23) に対応するのが式 (7.55) であり，その対応関係は

$$T_z \equiv \begin{pmatrix} 0 & -1 & 0 \\ 1 & 0 & 0 \\ 0 & 0 & 0 \end{pmatrix} \tag{7.57}$$

とおくと

$$f \leftrightarrow \begin{pmatrix} x \\ y \\ z \end{pmatrix}, \quad h = \frac{a}{n} \leftrightarrow \delta\phi, \quad \frac{d}{dx} \leftrightarrow T_z \tag{7.58}$$

と読み取れる。よって，z 軸まわりの回転は式 (2.26) に対応して

$$e^{\phi T_z} = \exp\left[\phi \begin{pmatrix} 0 & -1 & 0 \\ 1 & 0 & 0 \\ 0 & 0 & 0 \end{pmatrix}\right] = \begin{pmatrix} \cos\phi & -\sin\phi & 0 \\ \sin\phi & \cos\phi & 0 \\ 0 & 0 & 1 \end{pmatrix} \tag{7.59}$$

と計算される。具体的な計算は

$$T_z^2 = -\begin{pmatrix} 1 & 0 & 0 \\ 0 & 1 & 0 \\ 0 & 0 & 0 \end{pmatrix}, \quad T_z^3 = -T_z \tag{7.60}$$

を使って，ネイピア数の指数関数の定義通りに展開すればよく，三角関数のテイラー展開の表式から

$$\begin{aligned} e^{\phi T_z} &= I + \phi T_z + \frac{1}{2}\phi^2 T_z^2 + \cdots \\ &= \begin{pmatrix} 0 & 0 & 0 \\ 0 & 0 & 0 \\ 0 & 0 & 1 \end{pmatrix} + \sum_{n=0}^{\infty} \frac{(-1)^n}{(2n)!}\phi^{2n} \begin{pmatrix} 1 & 0 & 0 \\ 0 & 1 & 0 \\ 0 & 0 & 0 \end{pmatrix} + \sum_{n=0}^{\infty} \frac{(-1)^n}{(2n+1)!}\phi^{2n+1} T_z \\ &= (\text{式 (7.59) の左辺}) \end{aligned} \tag{7.61}$$

となる。式 (7.59) は 2 次元平面 (xy 平面) での回転行列と本質的に同じであることはすぐにわかるであろう。

同様に

$$T_x \equiv \begin{pmatrix} 0 & 0 & 0 \\ 0 & 0 & -1 \\ 0 & 1 & 0 \end{pmatrix}, \quad T_y \equiv \begin{pmatrix} 0 & 0 & 1 \\ 0 & 0 & 0 \\ -1 & 0 & 0 \end{pmatrix} \tag{7.62}$$

が，それぞれ $x = 1$ ($y = 2$) 軸まわりの微小回転に対応する回転行列になっている。なお次節で具体的に使うが，これらの回転行列はその成分が完全反対称テンソル ε_{ijk} を使って

$$(T_i)_{jk} = -\varepsilon_{ijk} \tag{7.63}$$

で与えられていることを確認してほしい。

さて，3 次元極座標表示は

$$\begin{cases} x = r\sin\theta\cos\varphi \\ y = r\sin\theta\sin\varphi \\ z = r\cos\theta \end{cases} \tag{7.64}$$

であり，テイラー展開をネイピア数の指数関数として表したときの式 (2.26) を

使うと

$$\begin{cases} \exp\left(\phi\frac{\partial}{\partial\varphi}\right)x = r\sin\theta\cos(\varphi+\phi) \\ \exp\left(\phi\frac{\partial}{\partial\varphi}\right)y = r\sin\theta\sin(\varphi+\phi) \\ \exp\left(\phi\frac{\partial}{\partial\varphi}\right)z = z \end{cases} \tag{7.65}$$

であるから，この右辺の量を変換後の量として「$'$」付きで表すと

$$\begin{pmatrix} x' \\ y' \\ z' \end{pmatrix} = \exp\left(\phi\frac{\partial}{\partial\varphi}\right)\begin{pmatrix} x \\ y \\ z \end{pmatrix} = \begin{pmatrix} \cos\phi & -\sin\phi & 0 \\ \sin\phi & \cos\phi & 0 \\ 0 & 0 & 1 \end{pmatrix}\begin{pmatrix} x \\ y \\ z \end{pmatrix} \tag{7.66}$$

という関係が得られる。これは z 軸まわりの回転を表す式 (7.59) と同じであるから，式 (7.57), (7.66) は

$$\frac{\partial}{\partial\varphi} \longleftrightarrow \begin{pmatrix} 0 & -1 & 0 \\ 1 & 0 & 0 \\ 0 & 0 & 0 \end{pmatrix} \tag{7.67}$$

の対応があることがわかる。本書ではこれ以上立ち入らないが，物理学においてこの対応関係は非常に重要で便利に用いられていることを指摘しておく。

問 7.3 式 (7.59), (7.63), (7.65), (7.66) が成り立つことを示せ。

問 7.4 z 軸まわりの回転行列を式 (7.66) に示したが，x, y 軸まわりの回転行列はどう書けるのか?

7.5 角速度ベクトル

7.1 節で説明したように，通常我々は軸が動いている座標系にいるにもかかわらず，動いていないかのように錯覚している。したがって，実際の運動を考えるには，この座標軸が動いていることの影響を正しく取り入れる必要がある。それを表すのに有用な概念が角速度ベクトルである。角速度ベクトルは，平面上の円運動に出てくる角速度の概念を 3 次元に一般化した量である。

これを見るため，回転系に固定された質点を慣性系にいる人から見たらどう見えるのかを議論しよう。質点の位置ベクトルは動いているので時間に依存する。これを慣性系に固定された基底 $\boldsymbol{e}_i$ と回転系に固定された基底 $\boldsymbol{e}'_i$ を用いて

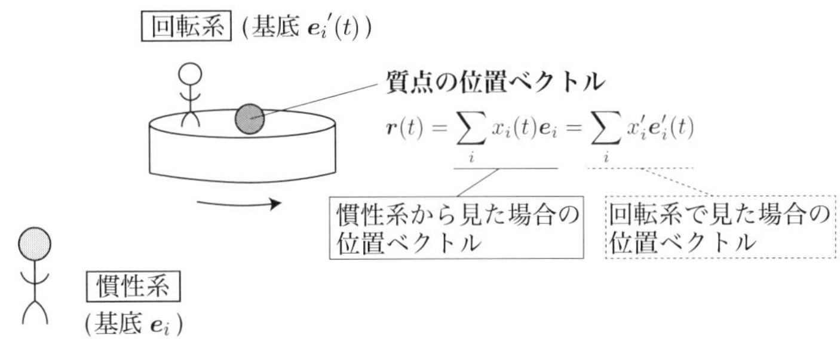

図 7.13 回転系で固定された質点を慣性系から見た場合と，回転系に乗った人が見た場合のちがい：両者のちがいが結果として，みかけの力をもたらすことを以下で詳述する。

表現する。つまり，

$$\boldsymbol{r}(t) = \sum_i x_i(t)\boldsymbol{e}_i = \sum_i x_i' \boldsymbol{e}_i'(t) \tag{7.68}$$

と書け，x_i と x_i' がそれぞれの座標系での座標値である (図 7.13)。式 (7.68) を見て理解できなかった読者は，位置ベクトル $\boldsymbol{r}$ が

$$\begin{aligned} \boldsymbol{r} &= x\boldsymbol{e}_x + y\boldsymbol{e}_y + z\boldsymbol{e}_z \\ &= x_1\boldsymbol{e}_1 + x_2\boldsymbol{e}_2 + x_3\boldsymbol{e}_3 = \sum_i x_i\boldsymbol{e}_i \end{aligned} \tag{7.69}$$

と書けたことを思い出そう。

さて慣性系から見れば質点が動いているように見える。そのため，慣性系の基底は固定されているので時間依存しないが，質点の座標値が時間に依存する。つまり $x_i = x_i(t)$ となる。一方，回転系に固定されている人から質点を見ると，質点が固定されていることが観測されている。よって，x_i' は動かず (＝時間依存性がなく)，動いている事実は基底の時間変化により表されるので $\boldsymbol{e}_i' = \boldsymbol{e}_i'(t)$ となる。式 (7.68) の時間依存性はこれを反映したものとなっている。

慣性系から見たときの質点の速度は式 (7.68) の $\boldsymbol{r}(t)$ を微分することで求まる：

$$\frac{d\boldsymbol{r}}{dt} = \sum_i \frac{dx_i(t)}{dt}\boldsymbol{e}_i = \sum_i x_i' \frac{d\boldsymbol{e}_i'(t)}{dt} \tag{7.70}$$

7.5.1 $x_i(t)$ の動き

まず慣性系で見た位置ベクトルの時間依存性がどのようになるのかを考えよう。これは $x_i(t)$ の動きを考えることに対応する。回転を物理学の視点から記述するには，回転軸と回転角を用いる。これは，たとえば円運動の場合，運動面を xy 平面に，回転の中心を原点にとれば z 軸まわりに回転するということになる。回転軸が時々刻々と変化する場合も，これまでに説明してきた考え方からすると，各瞬間における回転軸とその微小時間における回転角を指定することで全体の回転が表せると推測できる。

これを具体的に見るために，ある瞬間の回転軸が z 方向 (x_3 軸方向) を向いている場合を考える。

時刻 $t=t$ で (x_1, x_2) にいた質点が，時刻 $t=t+\delta t$ で $(x_1+\delta x_1, x_2+\delta x_2)$ に移ったとする。時間 δt の間の回転角を $\delta\phi$ とすると，式 (7.55) より

$$\delta x_1 = -\delta\phi\cdot x_2, \quad \delta x_2 = \delta\phi\cdot x_1$$

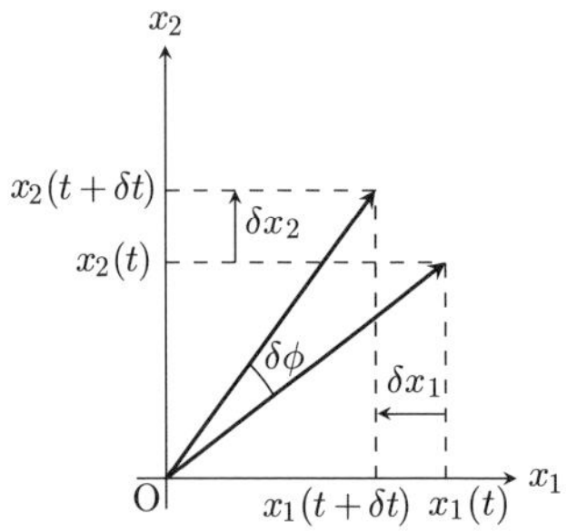

図 7.14 基底の 3 軸まわりの微小回転

となるので，これを行列で書くと

$$\begin{pmatrix} x_1(t+\delta t) \\ x_2(t+\delta t) \\ x_3(t+\delta t) \end{pmatrix} = \begin{pmatrix} 1 & -\delta\phi & 0 \\ \delta\phi & 1 & 0 \\ 0 & 0 & 1 \end{pmatrix} \begin{pmatrix} x_1(t) \\ x_2(t) \\ x_3(t) \end{pmatrix} \tag{7.71}$$

と表せる (図 7.14)。この行列の ij 成分を考えると，式 (1.15) で出てきたクロネッカーのデルタ δ_{ij} と 3.4 節で説明した完全反対称テンソル ε_{ijk} を用いて

$$\begin{pmatrix} 1 & -\delta\phi & 0 \\ \delta\phi & 1 & 0 \\ 0 & 0 & 1 \end{pmatrix}_{ij} = \delta_{ij} - \delta\phi\varepsilon_{3ij} \tag{7.72}$$

となる。ここで，ε の添字に 3 が出てきたことが z 軸 (3 軸) まわりの回転ということを表している (式 (7.63) 参照)。したがって，座標値の時間微分は

$$\frac{dx_i(t)}{dt} = -\sum_j \frac{\delta\phi}{\delta t}\varepsilon_{3ij}x_j = -\sum_j \omega(t)\varepsilon_{3ij}x_j = \sum_j \omega(t)\varepsilon_{i3j}x_j, \tag{7.73}$$

$$\omega \equiv \frac{\delta\phi}{\delta t} \tag{7.74}$$

となる。ε の添字に 3 が出ているので

$$\boldsymbol{\omega} = \begin{pmatrix} 0 \\ 0 \\ \omega(t) \end{pmatrix} \tag{7.75}$$

という置き換えをすると，式 (3.28) よりこれは外積の式になり，

$$\frac{dx_i(t)}{dt} = (\boldsymbol{\omega} \times \boldsymbol{r})_i \tag{7.76}$$

と書ける。よって，座標値の微分，つまり速度の成分が与えられることがわかる。ここで，式 (7.75) で与えた大きさ $\omega(t)$ のベクトルを**角速度ベクトル**という。図 7.15 では，角速度ベクトル $\boldsymbol{\omega}$ と $\boldsymbol{r}(t)$ の時間変化を模式的に表した。

一般の微小回転を表す行列は，単位行列から微小な分だけずれた行列であること，式 (7.40) を満たすことから，$\delta\phi_i$ $(i = 1, 2, 3)$ を微小な量として

$$a_{ij} = \delta_{ij} - \sum_k \delta\phi_k \varepsilon_{kij} = \begin{pmatrix} 1 & -\delta\phi_3 & \delta\phi_2 \\ \delta\phi_3 & 1 & -\delta\phi_1 \\ -\delta\phi_2 & \delta\phi_1 & 1 \end{pmatrix} \tag{7.77}$$

となる。よって，一般化された角速度ベクトルを

$$\boldsymbol{\omega} = \sum_k \frac{d\phi_k}{dt} \boldsymbol{e}_k \tag{7.78}$$

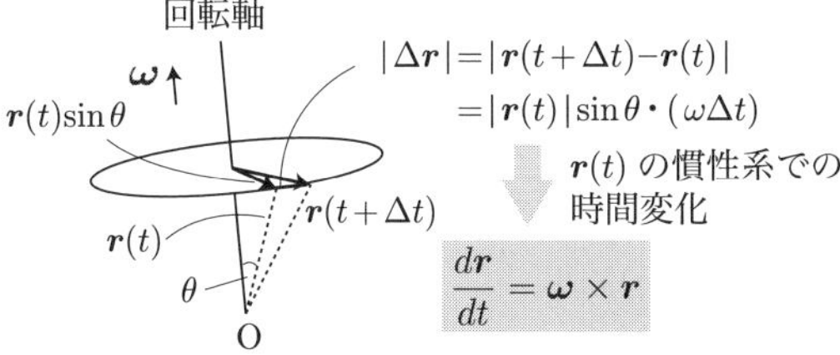

図 7.15　角速度ベクトルと $\boldsymbol{r}(t)$ の時間変化

と定義すると，一般に速度は式 (7.73), (7.78) より

$$\sum_i \frac{dx_i}{dt}\boldsymbol{e}_i = \sum_{i,j,k}\boldsymbol{e}_i\left(-\frac{d\phi_k}{dt}\varepsilon_{kij}x_j\right) = \sum_{i,j,k}\boldsymbol{e}_i\varepsilon_{ikj}\omega_k x_j = \boldsymbol{\omega}\times\boldsymbol{r} \tag{7.79}$$

となることがわかる。なお変形に際して，式 (3.28) を用いた。これが慣性系から見た速度を表す式で，角速度ベクトルと位置ベクトルの外積として一般に表すことができる。

7.5.2　$\boldsymbol{e}'_i(t)$ の動き

次に回転系で静止している質点が，慣性系からどのように見えるのかを回転系の軸の動き，つまり $\boldsymbol{e}'_i(t)$ の時間変化という観点から考える。まずは 3 軸が共通で固定されている場合の 1, 2 軸の動きを考える。

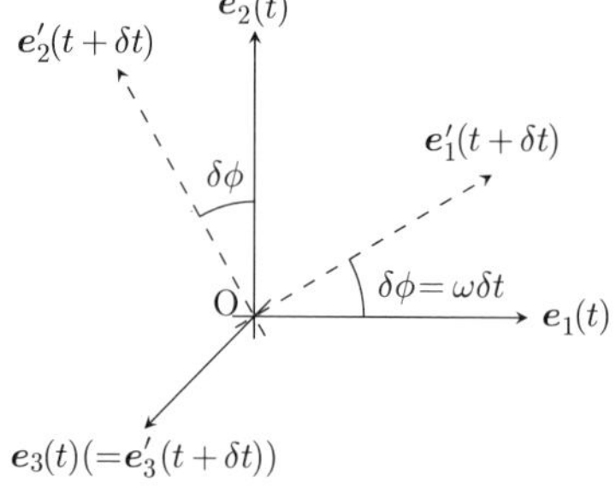

図 7.16　3 軸まわりの 1, 2 軸の微小回転

この見方では軸が動くので，基底ベクトルの時間変化をどのように扱うか考える必要があるが，それは図 7.16 より

$$\begin{pmatrix}\boldsymbol{e}'_1(t+\delta t)\\ \boldsymbol{e}'_2(t+\delta t)\\ \boldsymbol{e}'_3(t+\delta t)\end{pmatrix} = \left\{\begin{pmatrix}1&0&0\\0&1&0\\0&0&1\end{pmatrix}+\begin{pmatrix}0&\delta\phi&0\\-\delta\phi&0&0\\0&0&0\end{pmatrix}\right\}\begin{pmatrix}\boldsymbol{e}'_1(t)\\ \boldsymbol{e}'_2(t)\\ \boldsymbol{e}'_3(t)\end{pmatrix}$$

$$\rightarrow\ \boldsymbol{e}'_i(t+\delta t) = \sum_j\left(\delta_{ij}+\delta\phi\varepsilon_{3ij}\right)\boldsymbol{e}'_j(t) \tag{7.80}$$

となる。座標が動く場合と比べると微小回転角 $\delta\phi$ の符号が異なることに注意せよ。よって，基底ベクトルの変化率は式 (7.74) を使って

$$\frac{d\boldsymbol{e}'_i}{dt} = \sum_j \omega(t)\varepsilon_{3ij}\boldsymbol{e}'_j = -\sum_j \varepsilon_{i3j}\omega(t)\boldsymbol{e}'_j \tag{7.81}$$

となる。一般の回転に対しては，同様に

$$\frac{d\boldsymbol{e}'_i(t)}{dt} = -\sum_{j,k}\varepsilon_{ikj}\omega_k\boldsymbol{e}'_j \tag{7.82}$$

となるので，慣性系から見た質点の速度は，式 (3.28) より

$$\boldsymbol{v} = \sum_i \frac{d}{dt}(x'_i \boldsymbol{e}'_i(t)) = \sum_i x'_i \frac{d\boldsymbol{e}'_i(t)}{dt} = -\sum_{i,j,k} x'_i \varepsilon_{ikj} \omega_k \boldsymbol{e}'_j(t) = \boldsymbol{\omega} \times \boldsymbol{r} \tag{7.83}$$

となって，式 (7.79) と同じ形に表すことができる。形は同じだが，ここでの角速度ベクトルを定義する基底は $\boldsymbol{e}'_i(t)$ である。軸は各時刻で一致しているわけではないので成分の値としては慣性系で見た角速度ベクトルとは異なるが，各瞬間で角速度ベクトルが定義できて，それを用いれば質点の速度は同じ形に書けるということである。

7.6 回転系と運動方程式

7.6.1 回転系における運動方程式の導出

一般的な観測者にとって運動方程式がどのように導出されるかを見ていこう。

観測者のいる場所を原点とすると，観測者にとっての位置座標が $x_i(t)$ のとき，慣性系にとっての位置 $\boldsymbol{r}(t)$ は一般に

$$\boldsymbol{r}(t) = \sum_i x_i(t) \boldsymbol{e}_i(t) \tag{7.84}$$

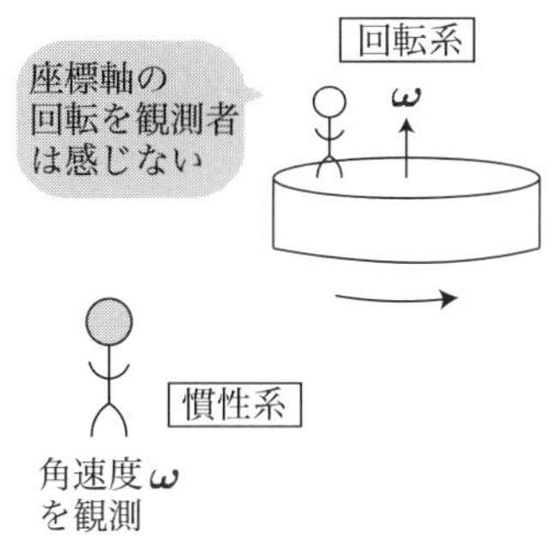

図 7.17　座標軸の回転を回転系の観測者は感じない

と書ける (式 (7.68) 参照)。くり返しになるが，一般には観測者にとっての軸 $\boldsymbol{e}_i(t)$ は，慣性系から見ると動いていることに対応して，時間依存性をもっている。原点に静止している座標系 (＝軸が回転していない座標系) から見れば，質点の速度は式 (7.84) を時間で微分することで得られ，それは 7.5.2 項での議論から

$$\begin{aligned}\frac{d\boldsymbol{r}}{dt} &= \sum_i \left(\frac{dx_i(t)}{dt} \boldsymbol{e}_i(t) + x_i(t) \frac{d\boldsymbol{e}_i(t)}{dt} \right) \\ &= \sum_i \frac{dx_i(t)}{dt} \boldsymbol{e}_i(t) + \boldsymbol{\omega} \times \boldsymbol{r}\end{aligned} \tag{7.85}$$

となる。ここで x_i は定数ではないことに注意せよ。$\boldsymbol{\omega}$ は慣性系から見ないと

測れないが，慣性系から見る人にとっては式 (7.85) で与えられる速度をもっているように見える。しかし，回転系に乗っている人にとっての速度は，座標軸の回転を観測者は感じないので (図 7.17)，式 (7.85) の第 1 項の効果しか見えない。この成分のみの微分を

$$\frac{d^*\boldsymbol{r}}{dt} \equiv \sum_i \frac{dx_i(t)}{dt}\boldsymbol{e}_i(t) = \frac{d\boldsymbol{r}}{dt} - \boldsymbol{\omega} \times \boldsymbol{r} \tag{7.86}$$

で定義する。

一般には慣性系 S と回転系 S′ の関係は図 7.3 で与えられ，位置ベクトルの関係は式 (7.3) となる。慣性系にとっての $\boldsymbol{v}$ は $\boldsymbol{r}$ の時間微分であるから，式 (7.86) を用いて，

$$\boldsymbol{v} = \frac{d\boldsymbol{r}}{dt} = \frac{d\boldsymbol{r}_0}{dt} + \frac{d\boldsymbol{r}'}{dt} = \frac{d\boldsymbol{r}_0}{dt} + \frac{d^*\boldsymbol{r}'}{dt} + \boldsymbol{\omega} \times \boldsymbol{r}' \tag{7.87}$$

となる。しかし，回転系 S′ にいる観測者が知りたい情報は $\boldsymbol{r}'$ の成分の変化である。いい換えると観測者にとっての速度は，慣性系から見た量で表すと，

$$\frac{d^*\boldsymbol{r}'}{dt} = \boldsymbol{v} - \frac{d\boldsymbol{r}_0}{dt} - \boldsymbol{\omega} \times \boldsymbol{r}' \tag{7.88}$$

で書けるということである。ここで第 2 項は原点が動く分の寄与で，第 3 項は座標が回転していることの影響である。

運動方程式は慣性系での位置ベクトルの 2 階微分と力の関係として与えられる。慣性系での加速度は式 (7.87) を微分して

$$\boldsymbol{\alpha} = \frac{d\boldsymbol{v}}{dt} = \frac{d^2\boldsymbol{r}_0}{dt^2} + \frac{d^{*2}\boldsymbol{r}'}{dt^2} + 2\boldsymbol{\omega} \times \frac{d^*\boldsymbol{r}'}{dt} + \frac{d\boldsymbol{\omega}}{dt} \times \boldsymbol{r}' + \boldsymbol{\omega} \times (\boldsymbol{\omega} \times \boldsymbol{r}') \tag{7.89}$$

と与えられる (例題 7.5 参照)。この式に質量を掛けた量が力 $\boldsymbol{F}$ に等しいというのが運動方程式だが，動く観測者にとっての運動方程式は $\dfrac{d^{*2}\boldsymbol{r}'}{dt^2}$ を左辺にもってくることで得られる。

$$\begin{aligned} m\frac{d^{*2}\boldsymbol{r}'}{dt^2} = \boldsymbol{F} - m\frac{d^2\boldsymbol{r}_0}{dt^2} - 2m\left(\boldsymbol{\omega} \times \frac{d^*\boldsymbol{r}'}{dt}\right) \\ - m\boldsymbol{\omega} \times (\boldsymbol{\omega} \times \boldsymbol{r}') - m\dot{\boldsymbol{\omega}} \times \boldsymbol{r}' \end{aligned} \tag{7.90}$$

右辺第 1 項はいわゆる外力で第 2 項は慣性力である。第 3 項がコリオリの力で，

第 4 項が**遠心力**である。第 5 項は回転が一定でない，つまり角速度ベクトルが一定でないことの影響を表す。

> **例題 7.5：式 (7.89) の導出**
> 式 (7.86), (7.87) を使って，式 (7.89) が成り立つことを示せ。

解答 慣性系での加速度は式 (7.87) を微分すればよい。

$$\boldsymbol{\alpha} = \frac{d\boldsymbol{v}}{dt} = \frac{d\boldsymbol{v}_0}{dt} + \frac{d\boldsymbol{v}'}{dt}$$

さらに，上式の右辺第 2 項は式 (7.86) を使うと次のようになる。

$$\begin{aligned}
\frac{d\boldsymbol{v}'}{dt} &= \frac{d^*\boldsymbol{v}'}{dt} + \boldsymbol{\omega} \times \boldsymbol{v}' \\
&= \frac{d^*}{dt}\left(\frac{d^*\boldsymbol{r}'}{dt} + \boldsymbol{\omega} \times \boldsymbol{r}'\right) + \boldsymbol{\omega} \times \left(\frac{d^*\boldsymbol{r}'}{dt} + \boldsymbol{\omega} \times \boldsymbol{r}'\right) \\
&= \frac{d^{*2}\boldsymbol{r}'}{dt^2} + 2\boldsymbol{\omega} \times \frac{d^*\boldsymbol{r}'}{dt} + \frac{d\boldsymbol{\omega}}{dt} \times \boldsymbol{r}' + \boldsymbol{\omega} \times (\boldsymbol{\omega} \times \boldsymbol{r}')
\end{aligned}$$

ここで，

$$\frac{d\boldsymbol{\omega}}{dt} = \frac{d^*\boldsymbol{\omega}}{dt} + \boldsymbol{\omega} \times \boldsymbol{\omega} = \frac{d^*\boldsymbol{\omega}}{dt}$$

を使った。外積は順序が大事なので括弧は忘れないようにしよう。以上から式 (7.89) が成り立つ。 ■

7.6.2 地上での運動方程式

地球が回転していることで地上での運動方程式がどうなるかを導出する。

地上にいる観測者にとって常識的な座標軸のとり方は，図 7.5 で見たように，東西が x' 軸 (東方向が正の方向，以下同じ意味で方向を指定)，北南が y' 軸，上下が z' 軸というとり方であろう。また観測者にとっての原点は観測者の足下にとろう。この軸の向きは，地球の中心を原点とし地軸方向に z' 方向をとった極座標系 (r, θ, φ) を考えると，観測者のいる系は動座標系なので改めてダッシュ付きで軸を表すことにして，基底ベクトルは 7.1.2 項でも述べたように，

$$\begin{aligned}
&\text{東西方向 } (x \text{ 軸}) \quad \boldsymbol{e}'_x = \boldsymbol{e}_\varphi \qquad \text{北南方向 } (y \text{ 軸}) \quad \boldsymbol{e}'_y = -\boldsymbol{e}_\theta \\
&\text{上下方向 } (z \text{ 軸}) \quad \boldsymbol{e}'_z = \boldsymbol{e}_r
\end{aligned} \tag{7.91}$$

という対応がつくことがわかる。

運動方程式を立てるには，慣性系を指定する必要があるが，7.1.1 項で述べたように，地球の中心に慣性系を設定する。また簡単のため地球は真球で，回転は地軸まわりに一定であると仮定する。

さらに，回転系の運動を求めるために必要なのは角速度ベクトルである。角速度ベクトルは，角速度の大きさ ω と軸の向き $\boldsymbol{e}_\mathrm{A}$ を指定することで得られる。角速度の大きさは，地球が 1 日 (= 86400 s) で 1 回転することから

$$\omega = \frac{2\pi}{86400}[\mathrm{s}^{-1}] \tag{7.92}$$

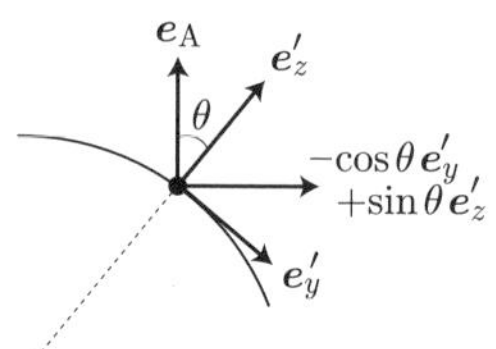

図 7.18

と与えられる。軸の向きは地表も地軸まわりに 1 日で 1 回転するので，南極から北極に向かう方向の単位ベクトルで与えられる。よって $\boldsymbol{e}_\mathrm{A}$ と $\boldsymbol{e}'_z$ の内積は $\cos\theta$，$\boldsymbol{e}_\mathrm{A}$ と $\boldsymbol{e}'_y$ の内積は $\cos(\frac{\pi}{2}-\theta)$ であり，x' 軸とは明らかに直交するので

$$\begin{aligned}\boldsymbol{e}_\mathrm{A} &= \cos\left(\frac{\pi}{2}-\theta\right)\boldsymbol{e}'_y + \cos\theta\boldsymbol{e}'_z \\ &= \sin\theta\,\boldsymbol{e}'_y + \cos\theta\,\boldsymbol{e}'_z\end{aligned} \tag{7.93}$$

となる (図 7.18)。よって角速度ベクトルは

$$\boldsymbol{\omega} = \omega\boldsymbol{e}_A = \omega\sin\theta\boldsymbol{e}'_y + \omega\cos\theta\boldsymbol{e}'_z \tag{7.94}$$

と書ける。角速度ベクトルが求まったので，あとは式 (7.90) に代入することで，地表の観測者にとっての運動方程式が得られる。

観測者にとっての原点 $\boldsymbol{r}'_0$ は軸まわりに回転している。地球の中心から見た座標 $\boldsymbol{r}'_0$ は地球半径 R を用いて，$\boldsymbol{r}'_0 = R\boldsymbol{e}'_z$ で与えられるから，その加速度は式 (7.89) の導出から

$$\frac{d^2\boldsymbol{r}'_0}{dt^2} = \boldsymbol{\omega}\times(\boldsymbol{\omega}\times\boldsymbol{r}'_0) \tag{7.95}$$

と表される。これより原点が動いていることによる慣性力は遠心力として現れることがわかる。動座標系における基底を用いて成分表示すると，

$$\frac{d^2\boldsymbol{r}'_0}{dt^2} = R\omega^2\sin\theta(-\sin\theta\,\boldsymbol{e}'_z + \cos\theta\,\boldsymbol{e}'_y) \tag{7.96}$$

となる。この表式において $\sin\theta$ をくくりだした理由は，1 つは括弧の中身が

$\boldsymbol{e}_{\mathrm{A}}$ に垂直だからで，もう 1 つは θ の位置にいる観測者の地軸に対する回転半径は $R\sin\theta$ であるから，遠心力が $R\omega^2\sin\theta$ (半径 $R\sin\theta$ の円運動の遠心力) で表される。

コリオリの力　原点 O′ から測った位置 $\boldsymbol{r}'$ を考えると，簡単な計算により

$$\boldsymbol{\omega}\times\frac{d^*\boldsymbol{r}'}{dt}=\left(\omega\sin\theta\frac{dz'}{dt}-\omega\cos\theta\frac{dy'}{dt}\right)\boldsymbol{e}'_x+\omega\cos\theta\frac{dx'}{dt}\boldsymbol{e}'_y-\omega\sin\theta\frac{dx'}{dt}\boldsymbol{e}'_z \tag{7.97}$$

となるから，コリオリの力はこれに $-2m$ を掛けることで導ける。このみかけの力により，北半球では北向きに砲弾を撃つと東向きにそれることがわかる。なぜならまっすぐ北上するということは

$$\frac{dy'}{dt}>0,\quad \frac{dx'}{dt}=\frac{dz'}{dt}=0 \tag{7.98}$$

であり，北半球では $\cos\theta>0$ であるから，コリオリの力は x 方向，つまり東方向の力となるからである (図 7.19)。

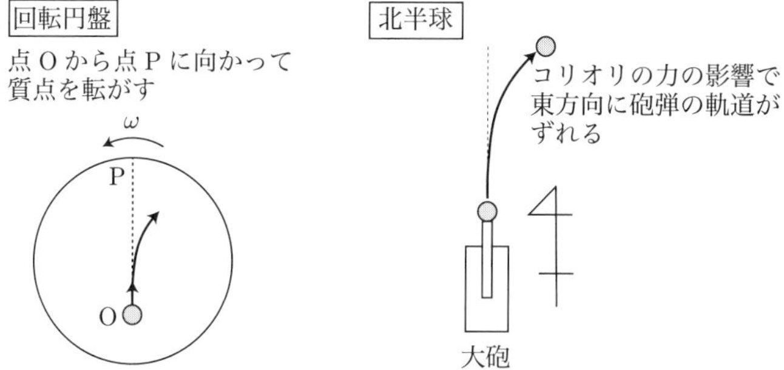

図 7.19　コリオリの力：左図に示したように，回転する円盤に乗った系で質点の運動を観測すると，コリオリの力によって，軌跡がずれていくように見える。地球上でコリオリの力の効果が見える代表例は，右図に示したように砲弾を撃った場合である。

遠心力　式 (7.95) で見た遠心力は観測者の足元，つまり原点が動いていることによるみかけの力であった。ここでいう遠心力は質点が観測者の足元，つまり原点に対して相対的な位置 $\boldsymbol{r}'$ をとることによって，質点が動いていなくても生じる「力」である。$\boldsymbol{r}'$ は任意のベクトルで z' 方向だけを向いているわけではないので，式の形にちがいは存在して，その結果は

$$
\begin{aligned}
&\boldsymbol{\omega} \times (\boldsymbol{\omega} \times \boldsymbol{r}') \\
&= -\omega^2 x' \boldsymbol{e}'_x + \omega^2 \cos\theta (z' \sin\theta - y' \cos\theta) \boldsymbol{e}'_y \\
&\qquad\qquad + \omega^2 \sin\theta (y' \cos\theta - z' \sin\theta) \boldsymbol{e}'_z \\
&= -\omega^2 x' \boldsymbol{e}'_x + \omega^2 (y' \cos\theta - z' \sin\theta)(-\cos\theta \boldsymbol{e}'_y + \sin\theta \boldsymbol{e}'_z)
\end{aligned}
\tag{7.99}
$$

となる。遠心力は赤道面に平行になっていることが最後の式からすぐにわかるであろう (図 7.18)。なお地球の中心から見た質点の位置は $\boldsymbol{r}_0 + \boldsymbol{r}'$ であるから，地球の中心から見た遠心力は，当たり前ではあるが，式 (7.95) と (7.99) を足した量 (に $-m$ を掛けた量) として求まる。

地上にいる観測者にとっての運動方程式　以上より，自転が一定であるとすると，式 (7.90) に式 (7.95), (7.97), (7.99) を代入することで地上にいる観測者にとっての運動方程式は得られ，

$$
\begin{aligned}
m\frac{d^2x}{dt^2} &= F_x - 2m\omega \sin\theta \frac{dz}{dt} + 2m\omega \cos\theta \frac{dy}{dt} + m\omega^2 x \\
m\frac{d^2y}{dt^2} &= F_y - mR\omega^2 \sin\theta \cos\theta - 2m\omega \cos\theta \frac{dx}{dt} \\
&\qquad - m\omega^2 \cos\theta (z \sin\theta - y \cos\theta) \\
m\frac{d^2z}{dt^2} &= F_z + mR\omega^2 \sin^2\theta + 2m\omega \sin\theta \frac{dx}{dt} \\
&\qquad - m\omega^2 \sin\theta (y \cos\theta - z \sin\theta)
\end{aligned}
\tag{7.100}
$$

となる。ただし地上から見た座標は「$'$」を外して書いた。

他の動座標系での運動方程式も，まず慣性系がどこにあるか (慣性系の設定) を考え，その慣性系から見て観測者がどこにいるかを設定 ($\boldsymbol{r}_0$ の設定) し，その観測者から見た質点の位置がどう表されるか ($\boldsymbol{r}'$ の設定) と，その観測者にとっての座標軸が慣性系から見ているとどのような運動をしているか (角速度ベクトルの設定) を行うことで機械的に導出できる。

問 7.5　次に述べた現象が地球の自転に起因するものであるかどうか考察せよ。

(1) 北半球では台風の渦は反時計回りになり，南半球では時計回りになる。

(2) 北半球の河川は右岸の，南半球のそれは左岸の侵食が強くなる。

(3) お風呂のお湯を抜くと，北半球では反時計回りの，南半球では時計回りの渦をつくる。

7.7 回転系から見た運動の例

本節では，回転系で運動がどのように記述されるのか観測されるのかについて例題を通して見ていく。

例題 7.6：回る円盤の上から見る運動

図 7.20 のように半径 a の円盤の上に中心から l の位置に細いパイプを取りつけ，その中を大きさを無視できる質量 m の質点が通過する際の運動を，パイプの中心に乗っている人が見る運動を考える。円盤は水平に置かれており，角速度 $\omega =$ 一定で動いているものとする。このとき次の問いに答えよ。

(1) パイプ方向を x 軸，それに垂直な方向を y 軸と見立て，運動方程式を立てよ。

(2) $x(0) = x_0$，$v_x(0) = v_0$ とする。質点が円盤を出て行くまでの運動を求めよ。

(3) 問 (2) の初期条件のもとで，コリオリの力はどのように与えられるのか答えよ。

(4) パイプが質点に及ぼす力はどのような寄与をするか答えよ。

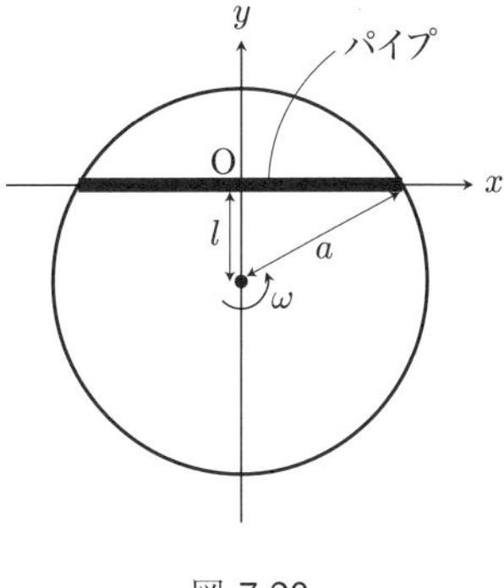

図 7.20

解答 (1) 座標系を図 7.20 のように張ると，角速度ベクトルは一定であるから，回転系において，運動方程式は式 (7.90) より次のように表される。

$$m\frac{d^2\boldsymbol{r}}{dt^2} = \boldsymbol{F} - m\frac{d^2\boldsymbol{r}_0}{dt^2} + 2m\boldsymbol{v}\times\boldsymbol{\omega} - m\boldsymbol{\omega}\times(\boldsymbol{\omega}\times\boldsymbol{r})$$

ここで $\boldsymbol{r}_0$ は慣性系から見た観測者の座標で，いまの問題設定であれば，たとえば円の中心を原点とする慣性系における観測者の位置と考えればよい。また $\boldsymbol{r}$ は観測者から見た物体の位置を表す。さらに左辺の微分はあくまで回転系にいる観測者にとっての微分であることを指摘しておく。観測者は半径 l，角速度 ω で等速円運動をしているので

$$m\frac{d^2\boldsymbol{r}_0}{dt^2} = -ml\omega^2\boldsymbol{e}_y$$

である。角速度ベクトルは $\boldsymbol{\omega} = \omega\boldsymbol{e}_z$ であるから，上記の定義に則りコリオリの力と遠心力を計算すると，質点がパイプの中で拘束されていることを考慮して

$$\boldsymbol{v}\times\boldsymbol{\omega} = v_y\omega\boldsymbol{e}_x - v_x\omega\boldsymbol{e}_y$$

$$\boldsymbol{\omega}\times(\boldsymbol{\omega}\times\boldsymbol{r})=(\boldsymbol{\omega}\cdot\boldsymbol{r})\boldsymbol{\omega}-(\boldsymbol{\omega}\cdot\boldsymbol{\omega})\boldsymbol{r}=-x\omega^2\boldsymbol{e}_x$$

となる。ただし，$\boldsymbol{v}=(v_x,v_y)$ とした。これより運動方程式は一般に次のようになる。

$$m\frac{d^2x}{dt^2}=F_x+2mv_y\omega+mx\omega^2$$
$$m\frac{d^2y}{dt^2}=F_y-2mv_x\omega+ml\omega^2$$

ここで，いま設定した座標系では，パイプは y 軸に垂直に設置されており，質点の y 軸方向への変位は常に 0 と考えられる。また，F_x, F_y はパイプからの抗力を表しているが，これもパイプが y 軸に垂直に設置されることから y 軸方向にしか力が働かないと考えられる。よって，y 軸方向の抗力を N とすると，運動方程式は次のようになる。

$$m\frac{d^2x}{dt^2}=mx\omega^2,\quad 0=N-2mv_x\omega+ml\omega^2 \tag{7.101}$$

(2) 式 (7.101) で得られた運動方程式を解くと，

$$x(t)=Ae^{\omega t}+Be^{-\omega t},\quad v_x(t)=\omega Ae^{\omega t}-\omega Be^{-\omega t}$$

が得られる。これが初期条件を満たすように積分定数を決めると，$0<t<t_1$ で

$$x(t)=x_0\cosh\omega t+\frac{v_0}{\omega}\sinh\omega t$$

と与えられることがわかる。ただし t_1 は円盤の中に質点が存在している時刻の上限で，$\sqrt{a^2-l^2}=x(t_1)$ により与えられる。

(3) 問 (2) の解のもとでは，コリオリの力は運動方程式より次の形で与えられる。

$$-2m\omega^2\left(x_0\sinh\omega t+\frac{v_0}{\omega}\cosh\omega t\right)\boldsymbol{e}_y$$

(4) パイプは質点がパイプ内にとどまるよう作用する。その大きさは運動方程式より y 軸方向に

$$N=2m\omega^2\left(x_0\sinh\omega t+\frac{v_0}{\omega}\cosh\omega t\right)-ml\omega^2$$

となることがわかる。 ■

例題 7.7：フーコーの振り子

地上にいる我々は普段自転の影響を感じていない。しかし知識として，地球が自転していることを知っている。それを証明するのが振り子の運動で，振り子を長時間振れさせていると振り子の運動面が少しずつ回転していく。これを考えついた人の名前を取って通常，**フーコーの振り子**とよぶ (図 7.21)。振り子の長さを l として次の問いに答えよ。

(1) この場合の運動方程式を記述せよ。
(2) 復元力が十分強いと仮定し，はじめ x 軸に平行に動いていたとした場合，この質点が動く方向がどのように変化するか求めよ。
(3) 北極点で観測したとき，振り子の運動面はどれくらいの長さで 1 回転するのか答えよ。

解答 (1) 回転の影響を見たいので，角速度ベクトルが関わる部分の影響が大きく出る運動を考えればよい。地上付近では自転は振り子の振れる時間に比べて遅いので，効くとすればコリオリの力であると推測できる。そこで，振り子の振れ角が小さいとして振り子の位置に対する運動方程式を考えると，

$$m\frac{d^2x}{dt^2} = -m\Omega^2 x + 2m\omega\dot{y}\cos\theta, \quad m\frac{d^2y}{dt^2} = -m\Omega^2 y - 2m\omega\dot{x}\cos\theta$$

となる。ただし l を振り子の長さ，重力加速度を g として $\Omega^2 = l/g$ である。なお振り子の振れる時間が地球の自転に比べて早いので，$\Omega \gg \omega$ である。

(2) 問 (1) で求めた運動方程式は $\xi = x + iy$ とすれば方程式を 1 つにまとめられる。

$$\frac{d^2\xi}{dt^2} + i2\omega_0\frac{d\xi}{dt} + \Omega^2\xi = 0$$

ここで $\omega_0 = \omega\cos\theta$ とした。これは 2 階同次線形微分方程式であるから 4.1.3 項の説明に従って特性方程式の解を求めると

$$\lambda_\pm = -i(\omega_0 \pm \sqrt{\omega_0^2 + \Omega^2}) \cong -i(\omega_0 \pm \Omega)$$

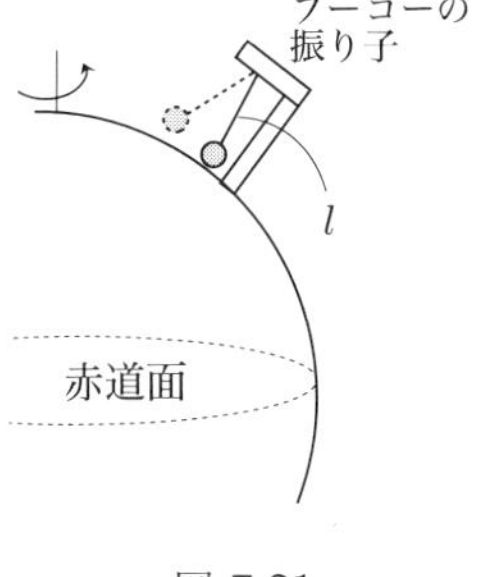

図 7.21

となる。よって一般解は

$$\xi(t) = C_1 \exp\lambda_+ t + C_2 \exp\lambda_- t$$

であり，$x(t)$, $y(t)$ はそれぞれ ξ の実部と虚部であることから A, B, C, D を任意の実数として

$$\begin{aligned} x(t) &= A\cos(\omega_0 + \Omega)t + B\cos(\omega_0 - \Omega)t \\ &\qquad + C\sin(\omega_0 + \Omega)t + D\sin(\omega_0 - \Omega)t \\ y(t) &= C\cos(\omega_0 + \Omega)t + D\cos(\omega_0 - \Omega)t \\ &\qquad - A\sin(\omega_0 + \Omega)t - B\sin(\omega_0 - \Omega)t \end{aligned}$$

となる。問題の設定に対応した初期条件は

$$x(0) = y(0) = 0, \quad \dot{x}(0) = v_0, \quad \dot{y}(0) = 0$$

であるので，これを満たすように積分定数を決めると

$$x(t) = \frac{v_0}{\Omega}\cos\omega_0 t \sin\Omega t, \quad y(t) = -\frac{v_0}{\Omega}\sin\omega_0 t \sin\Omega t$$

という解が得られる。この解は $y(t) = -x(t)\tan\omega_0 t$ を満たすが，これは運動面が角振動数 ω_0 で反時計回りに回転することを意味している。

(3) 北極点は $\cos 0 = 1$ であるから，運動面が 1 日で反時計回りに 1 回転することを意味する。これは慣性系，たとえば地球の外でかつ地球の中心に対して静止している系から見れば当然のことである。つまり，その系においては振り子の運動面は一定の面内にあり，地上の観測者が時計回りに 1 日で 1 回転している。したがって，相対的な運動として地上の観測者には振り子の運動面が 1 日で反時計回りに 1 回転しているように見えるのである。■

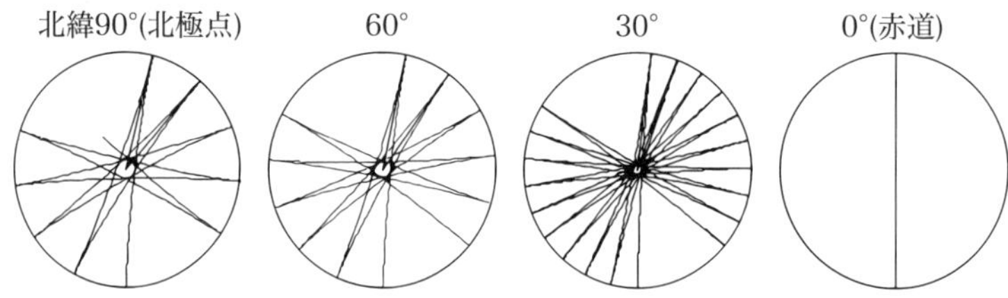

図 7.22　フーコーの振り子が描く軌跡 (初速は 0 とした)。赤道では振動面が回転しないことがわかる。なお本問では，緯度は $90° - \theta$ で与えられることに注意せよ。

▶ 7章のまとめ

ある物体が運動している様子を異なる2つの座標系で観測すると，それぞれちがった運動をしているように見える。座標系の間の関係を設定することで，ある座標系で記述された運動を別の座標系での記述に書き換えることができる。これを**座標変換**という。

(1) 並進運動の座標変換 (→7.1, 7.2節)
下図において，系 S′ にいる観測者から見た物体の運動方程式は

$$m\frac{d^2\boldsymbol{r}'}{dt^2} = m\frac{d^2\boldsymbol{r}}{dt^2} - m\frac{d^2\boldsymbol{r}_0}{dt^2} = \boldsymbol{F} - \boldsymbol{F}_0$$

となり，系 S′ では，本来の力 $\boldsymbol{F}$ 以外にみかけの力 $-\boldsymbol{F}_0$ (**慣性力**) が存在するように見える。

• **ガリレイ変換** (→p.204)：上式で相対速度 $\boldsymbol{v}_0$ が一定のとき，系 S と S′ での運動方程式は一致する。つまり互いに等速度運動で結ばれる2つの系は，一方が慣性系ならば他方も慣性系である。

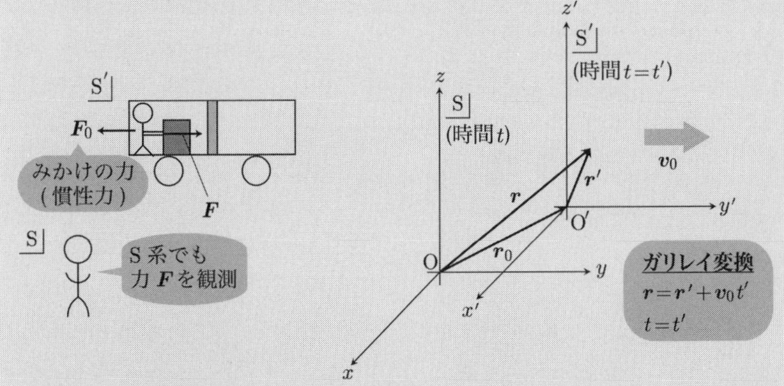

(2) 重心系と実験室系 (→7.3節)：2つ以上の質点からなる系の見方として，主に重心系と実験室系が用いられる。

- **重心系** (→p.206)：重心を原点とする座標系。運動量の大きさが等しく，互いに逆向きに運動して見える (系の全運動量が $\mathbf{0}$ となる)。
- **実験室系** (→p.208)：実験装置や標的粒子などが固定されている座標系。

(3) 座標回転とベクトル (→ 7.4 節)

● **ベクトル**：回転行列 a_{ij} を用いて，$v_i \to v'_i = \sum_j a_{ij} v_j$ と変換する量。

(例) 角運動量がベクトルであることは次のようにしてわかる：

$$L_i \to L'_i = \sum_{j,k} \varepsilon_{ijk} r'_j p'_k = \sum_{j,k,\ell,m} \varepsilon_{ijk} a_{j\ell} r_\ell a_{km} p_m = \sum_j a_{ij} L_j$$

(4) 回転系の運動

● **回転系の運動の特徴** (→ 7.5 節)：回転系に固定された質点を，慣性系から見た場合と回転系に乗った人が見た場合とでは，質点の位置ベクトルに表記のちがいが現れる。

- 慣性系から質点を見た場合：質点も回転していることが観測できる。そのため，慣性系での基底は固定されているので時間に依存しないが，質点の座標値は時間に依存する。
- 回転系で質点を見た場合：質点が固定されていることが回転系では確認できる。したがって質点の座標値は時間依存しないが，回転しているという事実から基底は時間変化する。

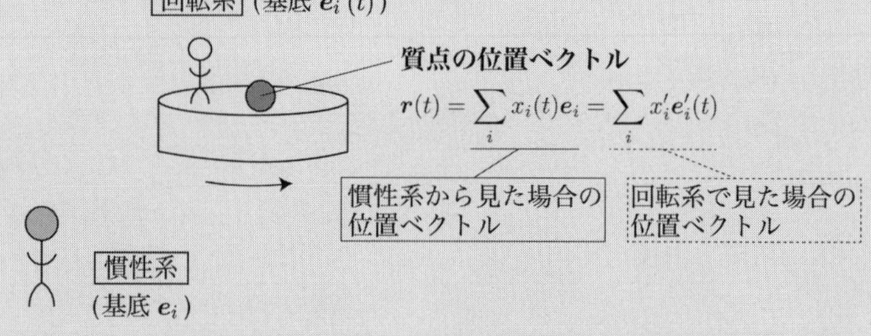

● **角速度ベクトル** (→ 7.5 節)：z 軸を回転軸として角速度 $\omega(t)$ で回転する物体の運動は，角速度ベクトルを $\boldsymbol{\omega} = (0, 0, \omega(t))$ とすると，慣性系から見た物体の座標値の時間微分は次のように与えられる。

$$\frac{dx_i(t)}{dt} = (\boldsymbol{\omega} \times \boldsymbol{r})_i \quad (\text{ただし } i = x,\ y,\ z)$$

● **回転系と運動方程式** (→ 7.6 節)：慣性系と回転系の視点のちがいから，みかけの力として**コリオリの力**や**遠心力**が運動方程式に現れる (式 (7.90) 参照)。

演習問題 7

7.1 水平な一直線上を電車が走っている。このとき次の問いに答えよ。

(1) 水平な一直線上を一定の加速度 $a\,(>0)$ で電車が走っている。電車の天井から長さ ℓ の糸の先に質量 m の質点を静かにつるしたとき，糸に加わる張力を求めよ。

(2) 一定の速さ V で走る電車の中で初速度 v_0 でボールを真上に投げ上げた。電車の中と外でボールの軌跡がどのように変わるのか説明せよ。

7.2 7.3 節で見た重心系と実験室系の議論を踏まえて次の問いに答えよ。

(1) 粒子 1, 2 をともに陽子とする。このとき重心系と実験室系で見られる結果のちがいについて議論せよ。

(2) 粒子 1, 2 を陽子と電子とする。このとき重心系と実験室系で見られる結果のちがいについて議論せよ。

7.3 7.3.3 項で述べたスイングバイについて改めて考察する。例題 7.3 では惑星の大きさが無視できるものとして考えたが，ここでは惑星の大きさを考慮に入れて考え直す。惑星は半径 a の球状物体で，質量 M(質量分布は球対称) とする。宇宙船は質量 m の質点として扱う。また $M \gg m$ とする。まず本問では衝突パラメータが満たす条件を求める。次の問いに答えよ。

(1) $M \gg m$ を考慮して，宇宙船の従う運動方程式を書け。

(2) 惑星から十分遠方で宇宙船の速さは v_i であり，衝突パラメータ b で惑星に近づいているとして問 (1) の運動方程式を解け。また解の様子を図示せよ。

(3) いま衝突パラメータが自由に変えられるパラメータだとする。このとき宇宙船が惑星に衝突しないために衝突パラメータが満たすべき条件を求めよ。

7.4 例題 7.3 と演習問題 7.3 の結果を用いて次の問いに答えよ。

(1) 土星の大きさを調べ，土星にぶつからないという条件から衝突パラメータの範囲を求めよ。

(2) 土星を通過した後の宇宙船の太陽に対する速さと，通過する前の速さは 2 次元の回転行列によって対応づけられる。散乱角を Θ として，土星を通過した後の宇宙船の太陽に対する速さを求めよ。

(3) 散乱角 Θ と衝突パラメータ b の間で成り立つ関係式を書け。

(4) 問 (2), (3) の結果から，衝突パラメータの関数として，土星を通過した後の宇宙船の太陽に対する速さを図示せよ。

(5) いま考えている系で，太陽系からの脱出速度に達し得るか考察せよ。

(6) 以上の計算 (モデル) の持つ誤差，裏を返せば改善点について議論せよ。

7.5 水平な xy 平面上に，原点を中心として反時計回りに角速度 ω (一定) で回転する棒がある。この棒に質量 m の物体が拘束されている。時刻 $t=0$ では棒は x 軸と一致しており，物体は $x(0)=x_0\,(x_0>0)$ の位置にある。このとき，時刻 t での物体の原点からの距離を求めよ。ただし，棒と物体の間に摩擦はなく，物体が棒から受ける力は常に棒と垂直な方向に働くものとする。(**注意**：問題を解くにあたり，座標系の設定には十分注意すること。)

7.6 厳密には遠心力のため重力の方向と鉛直の方向はずれる。そのことを本問で見てみよう。

地球を真球とし，地球の回転軸を北極側を正にとった z 軸とする 3 次元極座標系をとる。地球の角速度は $\omega=$ 一定とする。また地球の半径を R とする。さらに地球の中心は慣性系にあると仮定する。

(1) 地上にいる観測者自体が加速度運動しているので，その観測者にとっては重力の方向は地球の中心を向かない。ここでいう重力の方向とは，「観測者のごく近傍から物体を落としたときの物体が落ちる方向」であり，「静止している観測者に働く抗力の方向 (正確には逆向き)」でもある。まずは本章の議論と同様に，φ, $-\theta$, r の方向を x', y', z' 方向とする座標系 (つまり地球による重力は $-\boldsymbol{e}_r$ を向く) を考えて，その座標系での運動方程式を立てよ。また，原点においた質点が静止するべきという条件から抗力の方向を求め，全体としての重力の方向を求めよ。

(2) 重力の方向と鉛直の方向のずれがどれくらいになるのか求めよ。

7.7 自由落下する物体はコリオリの力の影響により鉛直下向きに落ちるのではなく，**ナイルの放物線**とよばれる軌跡を描く。高さ h から静かに物体を落とすものとして次の問いに答えよ。

(1) 運動方程式を立て，これを解け。

(2) 東京スカイツリー ($h=634$ m) の一番上からものを落としたとき，どこに落ちるか具体的な数値で答えよ。

(3) 以上の話を慣性系（地球の中心に対して静止している人）から見るとどのような運動であると解釈できるか? そしてそれがここで求めたような運動に見える理由は何か?

8 質点系と剛体

質点系は，簡潔に述べると質点の集まりのことである。最小の集まりは2質点系で，3.3節，6.4.1項や7.3節で詳しく見た。これをより多くの質点が存在する場合について見ていこうというのが本章の主題である。

力学では，有限の大きさをもつ物体も十分小さく分けて質点の集まりとみなし，その小さく分けた部分の運動の総体として全体のふるまいを記述する。その意味では身のまわりに存在する物体は質点系といえる。実際，有限の大きさの物体がつくる重力ポテンシャルが，このような考えのもと計算できることを6.6節で見た。

本章ではまず，質点系で成り立つ性質を見る。有限の大きさをもつ物体も質点系なので，この性質は身のまわりのあらゆる物体がもつ性質となる。しかし，具体的な物体の詳細を知るにはさらに付加的な条件が必要となる。付加的な条件を付したものとして，**剛体**といわれる物体について本書では扱う。剛体は文字から連想されるように直感的には堅い物体で，身のまわりの多くの物体が日常的な力のもとでは剛体としてふるまう。本章ではこの剛体についての一般的な性質の説明と，その応用として具体的な物理現象についても取り扱う。

8.1 重心の運動と重心まわりの相対運動

対象として取り扱う質点が n 個あるとする。このとき，どの質点かを明示するために1から順番に n まで番号を割り当てる (図8.1)。有限な大きさをもつ物体も細かく n 個に分割してそこに順番づけをする。十分小さい分割だと思って，$n \to \infty$ の極限をとれば有限な物体を扱えるということになる。原理的には，それぞれの質点に対して，他の質点や外部からどのような力が働くかを考え (与え)，その運動方程式を解けば全体の運動も決まる。

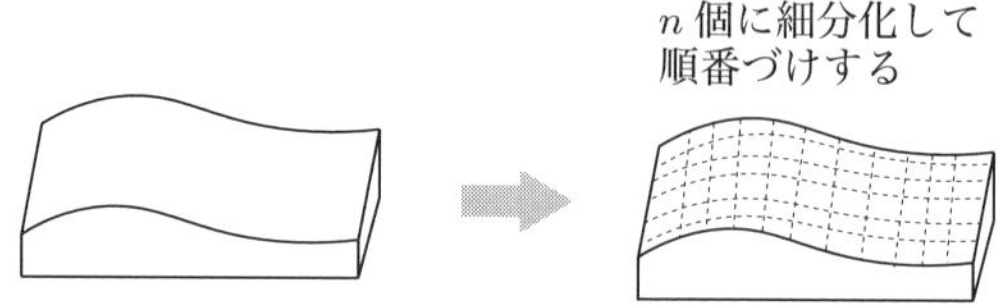

図 8.1 質点系：有限な大きさをもつ物体を細かく n 個に分割して順番づけする。

まず，質点間に働く力を $\boldsymbol{F}_{ki}$ と定義する (図 8.2)。これは質点 k が質点 i に及ぼす力という意味である。作用・反作用の法則から，この力がどのような力であったとしても

$$\boldsymbol{F}_{ki} + \boldsymbol{F}_{ik} = 0 \tag{8.1}$$

が成り立つ。このような力を**内力**という。これからすぐにわかるのは，自分自身に及ぼす力は存在しないということである。

図 8.2 質点 i と k の間に働く力

$$\boldsymbol{F}_{ii} = 0 \tag{8.2}$$

互いに力を及ぼすという意味で，このようなはたらきを**相互作用**という。これらの相互作用とは別に，質点 i には外力 $\boldsymbol{F}_i$ が働く。よって質点 i の運動方程式は，対応する質量と運動量と位置をそれぞれ m_i, $\boldsymbol{p}_i$, $\boldsymbol{r}_i$ として次のように書ける。

$$\frac{d\boldsymbol{p}_i}{dt} = m_i \frac{d^2\boldsymbol{r}_i}{dt^2} = \boldsymbol{F}_i + \sum_k \boldsymbol{F}_{ki} \tag{8.3}$$

さて，作用・反作用の法則を表す式 (8.1) より，すべての質点について和をとると

$$\sum_{i,j} \boldsymbol{F}_{ij} = \sum_{i,j} \boldsymbol{F}_{ji} = \sum_{i,j} \frac{1}{2}(\boldsymbol{F}_{ij} + \boldsymbol{F}_{ji}) = \boldsymbol{0} \tag{8.4}$$

であるから，内力の和は $\boldsymbol{0}$ になる。よって，運動方程式 (8.3) をすべての質点について和をとると

$$\frac{d}{dt}\left(\sum_i \boldsymbol{p}_i\right) = \frac{d^2}{dt^2}\left(\sum_i m_i \boldsymbol{r}_i\right) = \sum_i \boldsymbol{F}_i \tag{8.5}$$

となって，これは

$$\frac{d\boldsymbol{P}}{dt} = M\frac{d^2\boldsymbol{r}_{\mathrm{G}}}{dt^2} = \boldsymbol{F} \tag{8.6}$$

と書き換えることができる。ここで

$$\boldsymbol{P} = \sum_i \boldsymbol{p}_i \quad \text{：全運動量} \qquad \boldsymbol{F} = \sum_i \boldsymbol{F}_i \quad \text{：全外力}$$

$$M = \sum_i m_i \quad \text{：全質量} \qquad \boldsymbol{r}_{\mathrm{G}} = \frac{\sum_i (m_i \boldsymbol{r}_i)}{M} \quad \text{：重心 (質量中心) の位置}$$

であり，$N = 2$ のときは 3.3 節の結果を再現する。たとえば，系に外から力が働かない場合

$$\boldsymbol{F} = 0 \to \frac{d\boldsymbol{P}}{dt} = \boldsymbol{0} \to \boldsymbol{P} = \text{一定} \tag{8.7}$$

となり，全運動量は保存する。あるいは同じことであるが重心は等速度運動することがわかる。運動方程式 (8.6) が意味することはもっと広く，外力が $\boldsymbol{0}$ でない場合も含めて，全体として，運動は全質量が重心に集まった質点として扱えるということである。したがって，7.3 節のときと同様，座標は

$$\boldsymbol{r}_j = \boldsymbol{r}_{\mathrm{G}} + \boldsymbol{r}'_j \tag{8.8}$$

のように，重心の座標と重心を原点としたときの座標 $\boldsymbol{r}'_j$ に分けると便利であることも推測がつく。さて，重心の定義から

$$\sum_j m_j \boldsymbol{r}'_j = \boldsymbol{0} \tag{8.9}$$

が成立する。これは重心の定義と表裏一体の関係で，重心からの相対座標の定義式 (8.8) の両辺 m_j を掛けて足し合わせることで導ける。この式から重心まわりの全運動量が

$$\boldsymbol{P}' = \sum_j \boldsymbol{p}'_j = \sum_j m_j \frac{d\boldsymbol{r}'_j}{dt} = \boldsymbol{0} \tag{8.10}$$

であることも導かれる。

質点系の運動エネルギー　質点系の運動エネルギー K は

$$
\begin{aligned}
K &= \frac{1}{2}\sum_j m_j \left(\frac{d\boldsymbol{r}_j}{dt}\right)^2 \\
&= \frac{1}{2}\sum_j m_j \left(\frac{d\boldsymbol{r}_{\mathrm{G}}}{dt}\right)^2 + \sum_j m_j \frac{d\boldsymbol{r}_{\mathrm{G}}}{dt}\cdot\frac{d\boldsymbol{r}'_j}{dt} + \frac{1}{2}\sum_j m_j \left(\frac{d\boldsymbol{r}'_j}{dt}\right)^2 \\
&= \frac{1}{2}\sum_j m_j \left(\frac{d\boldsymbol{r}_{\mathrm{G}}}{dt}\right)^2 + \frac{1}{2}\sum_j m_j \left(\frac{d\boldsymbol{r}'_j}{dt}\right)^2 \qquad (8.11)
\end{aligned}
$$

となる。この結果をまとめると，質点系の運動エネルギー K は

$$
\boxed{K = K_{\mathrm{G}} + K'} \qquad (8.12)
$$

のように，重心の運動エネルギー

$$
K_{\mathrm{G}} = \frac{1}{2}M\left(\frac{d\boldsymbol{r}_{\mathrm{G}}}{dt}\right)^2 \qquad (8.13)
$$

と重心まわりの運動エネルギー

$$
K' = \frac{1}{2}\sum_j m_j \left(\frac{d\boldsymbol{r}'_j}{dt}\right)^2 \qquad (8.14)
$$

に分離される。式 (8.11) 2 行目の第 2 項が 0 になることは，重心を原点とする質点の位置 $\boldsymbol{r}_i$ が満たすべき式 (8.9) を代入することで容易に確かめられる。

具体的なイメージは，ボールを転がすことを考えればつかめるのではないだろうか (図 8.3)。ボールが転がる場合，まずはその中心，つまり重心の動きを考える。ボールは回転しているが，それは重心まわりの回転になっている。つまり，運動エネルギーは重心の運動エネルギーと重心まわりに回転することによるエネルギーによって表せると直感できる。そしてそれを定式化したのが上記の関係である。

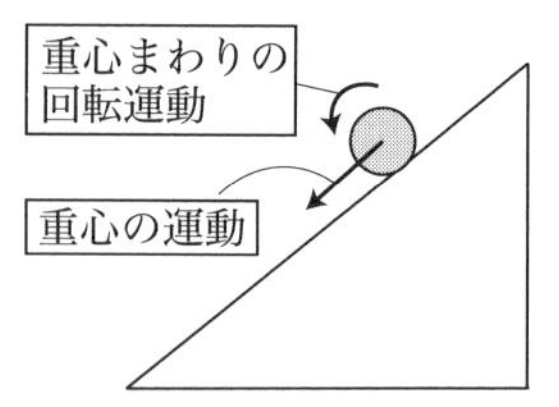

図 8.3　質点系の運動エネルギー (イメージ)

質点系の角運動量 さて，このボールのイメージからわかるように角運動量も同様に分離できて，重心の角運動量と重心まわりの角運動量は

$$\boldsymbol{L}_{\mathrm{G}} = \boldsymbol{r}_{\mathrm{G}} \times \boldsymbol{P}_{\mathrm{G}} \quad \text{：重心の角運動量} \tag{8.15}$$

$$\boldsymbol{L}' = \sum_j \boldsymbol{r}'_j \times \boldsymbol{p}'_j \quad \text{：重心まわりの角運動量} \tag{8.16}$$

と与えられるが，全角運動量は全質量の表式と式 (8.9), (8.10) を用いて，

$$\begin{aligned}
\boldsymbol{L} &= \sum_j (\boldsymbol{r}_j \times \boldsymbol{p}_j) = \sum_j (\boldsymbol{r}_{\mathrm{G}} + \boldsymbol{r}'_j) \times (m_j \boldsymbol{v}_{\mathrm{G}} + \boldsymbol{p}'_j) \\
&= \boldsymbol{r}_{\mathrm{G}} \times \sum_j (m_j \boldsymbol{v}_{\mathrm{G}}) + \sum_j \boldsymbol{r}'_j \times \boldsymbol{p}'_j + \boldsymbol{r}_{\mathrm{G}} \times \sum_j \boldsymbol{p}'_j + \sum_j \boldsymbol{r}'_j \times m_j \boldsymbol{v}_{\mathrm{G}} \\
&= \boldsymbol{L}_{\mathrm{G}} + \boldsymbol{L}'
\end{aligned} \tag{8.17}$$

となり，確かに分離できることがわかる。

> **例題 8.1：力のモーメントの分離**
> 角運動量の時間発展の式 (3.37) を用いることで，力のモーメントも重心部分と重心まわりのそれに分離することができる。これを示せ。

解答 まずは全角運動量を時間で微分する：

$$\begin{aligned}
\frac{d\boldsymbol{L}}{dt} = \boldsymbol{N} &\equiv \sum_k \boldsymbol{r}_k \times \left(\boldsymbol{F}_k + \sum_j \boldsymbol{F}_{kj} \right) \\
&= \sum_k \boldsymbol{r}_{\mathrm{G}} \times \left(\boldsymbol{F}_k + \sum_j \boldsymbol{F}_{kj} \right) + \sum_k \boldsymbol{r}'_k \times \left(\boldsymbol{F}_k + \sum_j \boldsymbol{F}_{kj} \right)
\end{aligned} \tag{8.18}$$

1 行目から 2 行目の変形は式 (8.8) を使った。式 (8.18) の第 1 項は式 (8.4) を使い，$\boldsymbol{N}_{\mathrm{G}} \equiv \boldsymbol{r}_{\mathrm{G}} \times \boldsymbol{F}$ とおけば，式 (8.15) より重心の回転を表す方程式が得られる：

$$\frac{d\boldsymbol{L}_{\mathrm{G}}}{dt} = \boldsymbol{N}_{\mathrm{G}} \tag{8.19}$$

式 (8.18) の第 2 項が重心まわりの力のモーメントになることは次のようにわかる。

$$\begin{aligned}
\sum_k \boldsymbol{r}'_k \times \left(\boldsymbol{F}_k + \sum_j \boldsymbol{F}_{kj} \right) &= \sum_k \boldsymbol{r}'_k \times \boldsymbol{F}_k + \sum_{j,k} \frac{1}{2} \left(\boldsymbol{r}'_k - \boldsymbol{r}'_j \right) \times \boldsymbol{F}_{kj} \\
&= \sum_k \boldsymbol{r}'_k \times \boldsymbol{F}_k \equiv \boldsymbol{N}'
\end{aligned}$$

1 行目から 2 行目の変形には内力の性質 (8.4) を使った。最後の等式は，一般に力学系においては内力 $\boldsymbol{F}_{ki}$ が $\boldsymbol{r}_k - \boldsymbol{r}_i$ に比例することを用いることで示せる。6.4.1 項の「**NOTE：次元解析と中心力**」(p.170) でも説明したように，力学は原点のとり方にその法則が依存しないということを仮定していて，その帰結として 2 つの質点の間の力は式 (6.46) のように書けるので，力の詳細に依らず内力の影響は無くなるのである。

重心まわりの角運動量の定義式 (8.16) を時間で微分すると

$$\frac{d\boldsymbol{L}'}{dt} = \sum_j \boldsymbol{r}'_j \times \boldsymbol{F}_j = \boldsymbol{N}'$$

となる。以上より，確かに全角運動量の方程式は，重心の角運動量の方程式と重心まわりの角運動量の方程式の和に分離し，$N = N_{\mathrm{G}} + N'$ と表せることがわかった。■

問 8.1 xy 平面上の原点に質点 1 (質量 m_1)，点 $(a, 0)$ に質点 2 (質量 m_2) がある。さらに，一辺が a の正三角形になるように質点 3 (質量 m_3) を置いた。このとき，質点 1, 2, 3 の重心の位置を求めよ。

8.2 剛　体

原理的にはあらゆる物体が質点系であるから，あとは内力が決まれば (内力を決める方程式が得られれば)，あらゆる物体の運動がわかることになる。

しかし，様々な形状をとる物体についてそのような計算を行うことは大変難しい。歴史をひもとくと，オイラーは古典力学を体系化するにあたり，様々な形状をとる物体のうち剛体に着目した。

8.2.1 剛体の定義と自由度

剛体は無限に固い物体で変形しない。身の回りにある通常「固い」と認識される物体は，日常的な強さの力を加えても見ている限り変形しないので，そのような物体はおおよそ剛体とみなしてよいことがわかる。理想的な状況としては固くて変形しない，つまり**剛体を質点の集まりだと考えたときに，剛体内の質点は互いの位置関係が変わらないという性質をもつ物体である**。実際の物理としてはそうなるように，内力が式 (8.1) のように理想的に働くとしていることに対応するが，剛体を定義づけるには，互いの位置関係が変わらないということを要求するだけで十分である。

5.4 節の冒頭で述べたように，N 個の質点系では，系の自由度 (系全体を記述するのに必要な変数の個数) は $3N$ であった。では剛体の自由度は一体いくつになるのだろうか?

剛体は相対的な位置関係が決まっているので，剛体に張りついた (剛体とともに動く) 座標系では各質点の位置は一意 (＝定ベクトル) になる。つまり，剛体に張りついた座標を指定できれば剛体の状態は決まる。そして座標系を設定することとは，原点の位置と座標軸の張り方を指定することであるから，原点の位置を決めるために必要な自由度 (＝ 3 自由度) と軸の張り方を指定するために必要な自由度 (＝ 3 自由度) の**合計 6 自由度**，つまり 6 個の変数をもつ物理系であるということがわかる (図 8.4)。ここで「座標系の軸を指定する」とは，たとえば z 軸の向きを定めるためには 1 つの方向を表すベクトルが必要で長さは 1 であるから，3 次元空間においては 2 つの情報 (自由度) をもつことになる。さらに x 軸を定めるには z 軸に垂直な平面内で 1 つの方向を定めることになるので，1 つの情報 (自由度) が必要で，残った y 軸は $\boldsymbol{e}_z \times \boldsymbol{e}_x$ で決まるので，任意性はないから以上の 3 自由度を定めることに対応する。

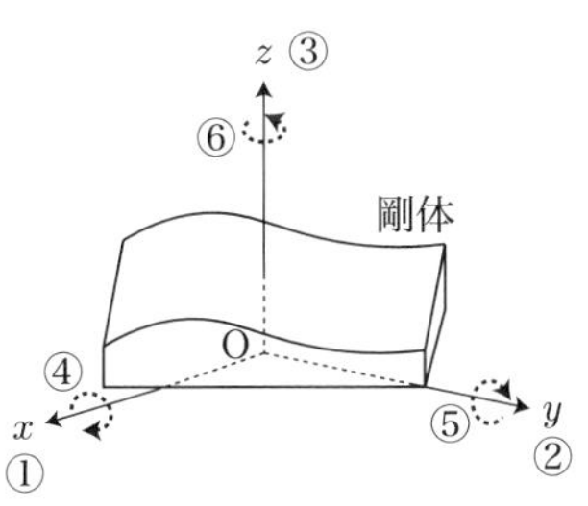

図 8.4　剛体の自由度

また，原点は剛体中のどこに置いてもよいが，回転軸が決まっている場合は回転軸上の計算が便利になる点にとり，さらにそれを z 軸とすることが多い。そうでない場合は重心にとると便利なことが多い。

剛体は互いの位置関係が固定されている質点系なので，8.1 節での説明をなぞると，剛体の質量が M であれば重心の運動方程式は全外力を $\boldsymbol{F}$ として

$$M\frac{d^2\boldsymbol{r}_{\mathrm{G}}}{dt^2} = \boldsymbol{F} \tag{8.20}$$

となる。さらに位置関係が変わらないので回転する場合，回転の角速度は各点で共通になる：

$$\frac{d\phi_j}{dt} = \frac{d\phi}{dt} = \omega \tag{8.21}$$

8.2.2 慣性モーメント

回転軸を z 軸にとりその軸まわりの運動を考えよう。相対的な位置が変わらないということは各点の角速度が一定ということを意味していたので，質点 j の回転軸からの距離を r_j とすると角運動量の z 成分は

$$L_z = \sum_j r_j \times p_j = \sum_j r_j \times m_j(r_j\omega) = \sum_j m_j r_j^2 \omega = I\omega \qquad (8.22)$$

となる。ここで，運動量における質量に対応する量として，剛体の回転運動における回りにくさを表す**慣性モーメント** I を導入する。

$$I = \sum_j m_j r_j^2 \qquad (8.23)$$

直感的には角運動量 L_z は回転の強さである。実際我々は，早く回っていれば (ω が大きければ)，回転の度合いは強いと感じるだろう。したがって，慣性モーメント I は運動の強さを表す運動量における質量に対応する量であると理解できる。つまり，剛体の回りにくさを表すと理解できる。回転軸からの距離は xy 平面をどこにとるかによらず

$$r_j^2 = x_j^2 + y_j^2 \qquad (8.24)$$

であるから，慣性モーメントは

$$I = \sum_j m_j (x_j^2 + y_j^2) \qquad (8.25)$$

と書き直すことができる。この式の感覚をつかむため具体的に慣性モーメントを計算してみよう。

例題 8.2：慣性モーメントの求め方

質量 M，厚さ Δ，半径 a の一様な円板の中心軸まわりの慣性モーメントを求めよ。

解答 図 8.5 で与えられる状況を考える。この円板の質量 M は密度 ρ に体積を掛けたものであるから

$$\pi a^2\Delta\rho = M \quad \therefore\ \rho = \frac{M}{\pi a^2\Delta}$$

と密度が求まる。この円板を質点の集まりとして考えるため，全体を小さな部分に分割しそれに通し番号を与える。質点とみなせる小さな部分の体積が ΔV_j で与えられるとすると，質量は $\rho\Delta V_j$ で与えられる。よって，慣性モーメント I は

$$I = \sum_j m_j r_j^2 = \int \rho dV(x^2+y^2)$$

であり，これを円柱座標系で計算すると，$x^2+y^2=r^2$ より

$$\begin{aligned} I &= \rho\int_0^\Delta dz\int_0^a 2\pi r dr r^2 = \frac{\rho\Delta\pi a^4}{2} \\ &= \frac{M}{2}a^2 \end{aligned} \tag{8.26}$$

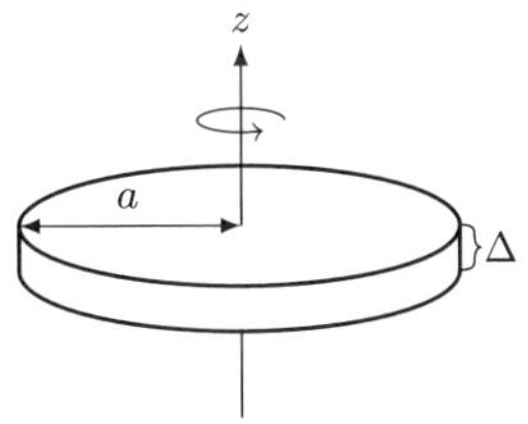

図 8.5

を得る。直感的には，質量が重いほどまた半径が大きいほど回りづらいとわかるが，この式にそれが現れている。図 8.6 には主な形状の剛体に対する中心軸まわりの慣性モーメントをまとめた。これらも上と同様のやり方で求めることができる。■

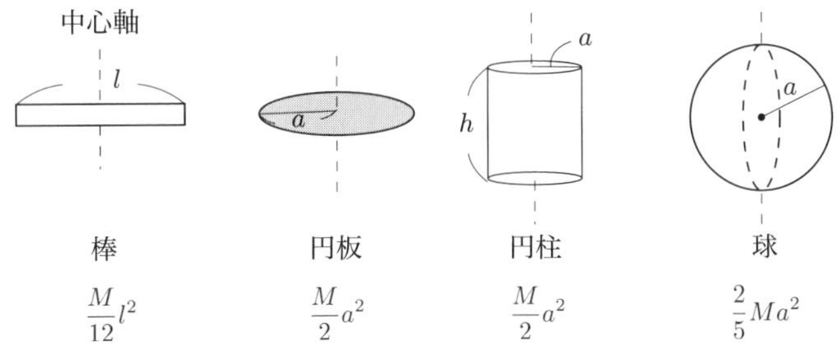

図 8.6　主な形状の剛体に対する中心軸まわりの慣性モーメント

問 8.2　慣性モーメントの次元が $\mathrm{kg\,m^2}$ で与えられることを，式 (8.22), (8.23) より確かめよ。

問 8.3　図 8.6 に記した慣性モーメントを例題 8.2 のやり方に沿って導出せよ。

剛体の回転を記述する方程式　8.2.1 項で説明したように剛体の自由度は 6 であるので，6 個の方程式を立ててそれを解けば，剛体の運動を完全に記述できることになる。しかし，6 個の方程式を解くのはさすがに大変だ。そこで実際

は，剛体に拘束条件を課すなどして，自由度を減らして剛体の運動を解析する。

たとえば図 8.3 に示した系の場合，斜面を下る方向しか剛体が運動できないとすれば比較的簡単に解ける。このとき自由度は重心の運動 (1 自由度) と重心まわりの回転運動 (1 自由度) の計 2 自由度である。したがって，方程式を 2 個立てることで運動を解析することができる。重心の運動に対しては式 (8.20) のように運動方程式を立てればよい。では重心まわりの回転運動はどのような方程式を立てればよいのだろうか?

外力を加えれば回転の様子が変化するが，これは剛体かどうかに関わらず回転の駆動力は力のモーメントで与えられる。z 軸が固定されているとすると，z 方向の力のモーメント N_z がわかれば回転の変化率がわかり，回転運動の方程式は

$$\frac{dL_z}{dt} = N_z \tag{8.27}$$

となる。L_z は式 (8.22) で与えられるので，運動方程式は N_z を改めて N とおいて

$$I\frac{d\omega}{dt} = N \tag{8.28}$$

となるが，ω は角速度であるから式 (8.21) より，

$$\boxed{I\frac{d^2\phi}{dt^2} = N} \tag{8.29}$$

という式を得る。この式は運動方程式との対応がよく，慣性モーメント I が大きければ力のモーメントを加えても回りづらいということを表していて，運動方程式 $m\alpha = F$ と同じ形になっている。つまり動きにくさ (慣性) と慣性質量の対応に対して，回りにくさと慣性モーメントが対応することがわかる。

8.3 剛体の運動を記述する

剛体振り子 振り子というと重りを糸で吊るしてそれを揺らすものを思い描くことが多いだろうが，剛体の振れに対しても同じ結果が得られる。

> **例題 8.3：剛体振り子**
> 軸まわりの慣性モーメント I の剛体振り子 (図 8.7) の角振動数を求めよ。

解答　回転軸を z 軸にとる。それは図 8.7 からわかるように，z 軸は紙面に裏から表方向に垂直にとっていることを意味する。

したがって，力のモーメント N_z は重力によるモーメントであり，さらに鉛直下向きに x 方向をとるとすると

$$N_z = \sum_j (\boldsymbol{r}_j \times \boldsymbol{F}_j)_z = -g \sum_j m_j y_j = -gMy_{\mathrm{G}}$$

となる。これは通常の振り子に対する力のモーメントと同じである。角運動量から運動方程式を立てる議論は例題 4.2 と同じで，軸から重心までの距離を h とすると $y_{\mathrm{G}} = h \sin\varphi$ であるから運動方程式は

$$I \frac{d^2\varphi}{dt^2} = -gMh\sin\varphi$$

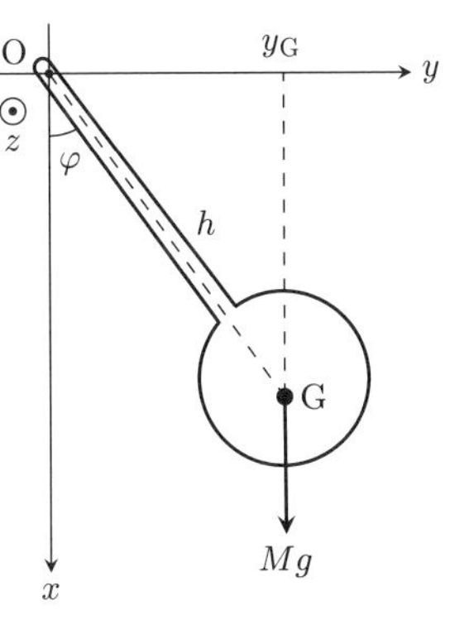

図 8.7

となる。つまり張力を導入せずに角運動量だけを考慮して導いた式になっている。よって式 (4.40) との対応で，角振動数が

$$\omega = \sqrt{\frac{Mgh}{I}} \tag{8.30}$$

で与えられる運動を行うことがわかる。■

補足　例題 4.2 での議論 (単振り子) は例題 8.3 の特殊な状況を考えていたことになる。ひもに吊るされたおもりを考えたときはひもの質量はないと仮定していた。この仮定のもとでは重心はおもりの位置にある。逆にいうとひもに質量がある場合，重心の位置がずれる。このように考えると，剛体振り子というのは，実は質量を無視できるひもに吊るされた重りの振り子を含んでいることがわかる。つまり，質点は先端にのみ存在しているとして重心の位置や慣性モーメントが計算でき，それを代入した場合に対応しているのである。

対応関係という意味では式 (4.41) と (8.30) を比べることで

$$\ell = \frac{I}{Mh} \tag{8.31}$$

の長さの振り子と剛体振り子は同等であると解釈することもできる。

剛体の運動エネルギー　剛体のときも運動エネルギーは簡単に求めることができる。$v_j = r_j\omega$ なので，慣性モーメントが式 (8.23) で与えられることを思い出すと，

$$K = \frac{1}{2}\sum_j m_j (r_j \omega)^2 = \frac{1}{2} I \omega^2 \tag{8.32}$$

で与えられる。例題 8.3 で議論した剛体振り子の運動エネルギーが単振り子とどう対応するか各自で確認してほしい。

斜面を転がる剛体球の運動　次に斜面を転がる剛体球の運動について見てみよう。この後の例題 8.4 では，球ははじめ静止していて，球と斜面の間にはすべりがないものとして運動を記述するが，斜面に沿って初速 v_0 で転がす場合，回転をつける場合，両方を初期条件としてもたせる場合など順次複雑化していくと，例題 8.4 とはちがった結果が得られる (演習問題 8.3 参照)。一般にはすべりがあるので，斜面による動摩擦力が球に対して仕事をしてしまい力学的エネルギーは保存しなくなる。

例題 8.4：斜面を転がる剛体球の運動

角度 θ の斜面を転がる質量 M，半径 a の一様な剛体球の運動を考える。静止摩擦係数を μ，動摩擦係数を μ_0 とする。球ははじめ静止している。このとき次の問いに答えよ。

(1) 球の中心軸まわりの慣性モーメントを求めよ。

(2) 球の重心が従う運動方程式を立てよ。

(3) 重心まわりの回転に対する方程式を立てよ。

(4) 滑りがないとすると角速度と球の速さの間に関係がつく。それも使って問 (2), (3) で立てた式から摩擦力の影響を消去し，v の時間変化を与える式を導け。また，v の時間変化を与える式よりどのような運動が得られるのか答えよ。

(5) 力学的エネルギーの変化量が位置エネルギーの変化で与えられることを示せ。また，このことから摩擦力について何がいえるか?

解答　(1) 密度を ρ とすると，球の質量 M は

$$M = \int_0^a dr \int r^2 \sin\Theta d\Theta d\phi \, \rho = \frac{4}{3}\pi a^3 \rho \tag{8.33}$$

と表せる。z 軸まわりの慣性モーメント I は

$$I = \int dV (x^2 + y^2) \rho$$

であるが，球のもつ対称性より

$$\int dV\, x^2 = \int dV\, y^2 = \int dV\, z^2$$

が成り立つので，$x^2 + y^2 + z^2 = r^2$ より

$$\begin{aligned} I &= \frac{2}{3}\int dV(x^2 + y^2 + z^2)\rho \\ &= \frac{2}{3}\rho\int_0^a dr\int_0^\pi d\Theta\int_0^{2\pi} d\varphi\, r^2 \sin\Theta\; r^2 = \frac{8}{15}\pi a^5 \rho \end{aligned}$$

となる。ここで，$dV = r^2 \sin\Theta dr d\Theta d\varphi$ を用いた (式 (2.63) 参照)。式 (8.33) を用いて ρ を消去すると，中心軸まわりの慣性モーメントは

$$I = \frac{2}{5}Ma^2 \tag{8.34}$$

と求まる。なお，円板の中心軸まわりの慣性モーメントを表す式 (8.26) からも求めることができる。つまり z と $z + dz$ の間にある円盤は厚さ dz で半径 $\sqrt{a^2 - z^2}$ である。つまり $\Delta \to dz$, $a^2 \to a^2 - z^2$ の対応がある。これを $-a < z < a$ で積み重ねると球になるので，その慣性モーメントは

$$I = \frac{1}{2}\int_{-a}^{a} \rho\pi(a^2 - z^2)^2 dz = \text{式 (8.34) の右辺}$$

と求めることもできる。

(2) 図 8.8 のように x 軸をとる。斜面に沿った方向の速度を v とすると，全体として働く力は重力と摩擦力であるから

$$M\frac{dv}{dt} = Mg\sin\theta - F \tag{8.35}$$

となる。F は球に働く摩擦力である。

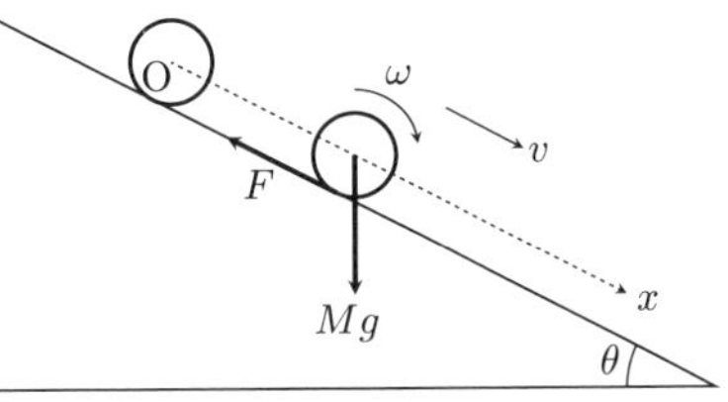

図 8.8

(3) 回転の角速度を ω とすると，回転の駆動力は摩擦力のみで，中心から a のところに作用するから力のモーメントの大きさは Fa となる。重心まわりの回転に対する方程式は式 (8.28) より次のように与えられる。

$$I\frac{d\omega}{dt} = Fa \quad \therefore\ \frac{d\omega}{dt} = \frac{5}{2Ma}F \tag{8.36}$$

(4) 滑りがないとは，斜面との接地面の速度が 0 であることから $v = a\omega$ が成り立つ。これを式 (8.35), (8.36) に代入してまとめると次のようになる。

$$\frac{dv}{dt} = g\sin\theta - \frac{2a}{5}\frac{d\omega}{dt} \tag{8.37}$$

$$\left(1+\frac{2}{5}\right)\frac{dv}{dt}=g\sin\theta \tag{8.38}$$

$$\frac{dv}{dt}=\frac{5}{7}g\sin\theta \tag{8.39}$$

得られる運動は等加速度運動となっているが，質点の場合は $Mg\sin\theta$ が重力加速度の斜面に沿う成分なのでそれより加速の度合いが小さい。その分回転が増していることがわかる。

(5) 式 (8.37) に Mv を掛けて変形すると

$$Mv\frac{dv}{dt}+\frac{I}{a}v\frac{d\omega}{dt}=Mg\sin\theta v$$

$$\therefore\ \frac{M}{2}\frac{dv^2}{dt}+\frac{I}{2}\frac{d\omega^2}{dt}=Mg\sin\theta v$$

が得られる。これを t について積分することで，

$$\frac{M}{2}v(t)^2+\frac{I}{2}\omega(t)^2-\frac{M}{2}v(0)^2-\frac{I}{2}\omega(0)^2=Mg\sin\theta(x(t)-x(0))$$

が得られるが，左辺が運動エネルギーの変化量，右辺が位置エネルギーの変化量を表している。またこのことから摩擦力が仕事をしていないことがわかる。 ■

問 8.4 フィギュアスケーターはリンク上で自在にスピンの回転速度を操ることができる。ここまでの剛体の議論を踏まえて，フィギュアスケーターのスピンの原理を説明せよ。

8.4 慣性モーメントと慣性モーメントテンソル

慣性モーメントは軸を指定して初めて意味をもつが，それとは別に重心は特別な意味をもつ。このことは 8.1 節の議論から明らかであるが，これを改めて見ていこう。

式 (8.8) のように座標を重心と重心を原点とする相対位置に分ける。これを慣性モーメントの定義式 (8.25) に代入し，式 (8.9) を用いると，

$$I=\sum_j m_j\{(x_\mathrm{G}+x'_j)^2+(y_\mathrm{G}+y'_j)^2\}=Mh^2+I_\mathrm{G}$$

となる。ただし，

$$h^2=x_\mathrm{G}^2+y_\mathrm{G}^2,\quad I_\mathrm{G}=\sum_j m_j(x_j'^2+y_j'^2) \tag{8.40}$$

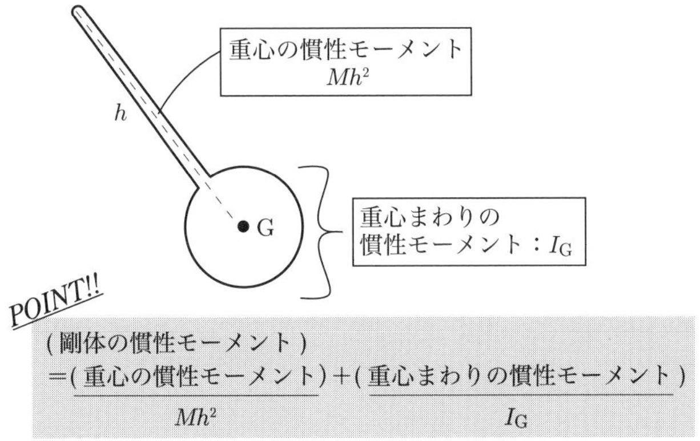

図 8.9　平行軸の定理：剛体の慣性モーメントは重心と重心まわりの慣性モーメントに分離できる。

であり，**重心まわりの慣性モーメント I_G と重心の慣性モーメント Mh^2 の和にに分離できる** (**平行軸の定理**，図 8.9)。ここで h は軸と重心の距離で，I_G は重心まわりの慣性モーメントである。いい換えると，一般の軸まわりの慣性モーメントは，重心まわりの慣性モーメントと，軸と重心の間の距離がわかれば計算できることを意味している。たとえば，斜面を転がる球の運動を考えると球の回転軸というのは球の表面になり，このとき球の表面を軸とする慣性モーメントが必要になるが，それは式 (8.40) を使って簡単に求められる。

例題 8.5：球の表面に対する慣性モーメント
球の半径を a とする。上の議論を踏まえて，球の重心まわりの慣性モーメントを用いて球の表面に対する慣性モーメントを求めよ。

解答　式 (8.34) より重心まわりの慣性モーメントは

$$I_G = \frac{2}{5}Ma^2$$

である。球の中心は重心であるから，式 (8.40) における h は半径 a となるので，球の表面に対する慣性モーメントは

$$I = I_G + Ma^2 = \frac{7}{5}Ma^2 \tag{8.41}$$

と簡単に求められる。 ■

補足 実は式 (8.38) の左辺に出てきた 7/5 は式 (8.41) 右辺のそれである。同じ回転を各時刻で球の表面に対する回転運動と考えると，力のモーメントは重力によるモーメントだけを考えればよい。それは $Mga\sin\theta$ で与えられ，各瞬間の角速度は同じ ω で与えられるので，回転の運動方程式は

$$I\frac{d\omega}{dt} = \frac{7}{5}Ma^2\frac{d\omega}{dt} = Mga\sin\theta \tag{8.42}$$

となる。これに $v = a\omega$ を代入すれば確かに式 (8.38) を再現する。

問 8.5 問 8.3 では，剛体棒 (図 8.6 の左端) の中心軸まわりの慣性モーメント I_{G} を求めた。では，棒の端点に垂直な軸に対する慣性モーメント I_{E} はどうなるだろうか? また，I_{G} と I_{E} の関係を求めよ。

慣性モーメントテンソル♣ 剛体の運動は一般に軸が固定されていない。たとえばボールは回転しながら飛んでいく。ラグビーボールの運動を思い浮かべるとわかりやすいだろう。そのような軸が定まらないで飛んで行く物体の運動を表すのに有用な概念が慣性モーメントテンソルである。

剛体が原点のまわりに角速度 $\boldsymbol{\omega}$ で回転しているとする。このとき各質点の速度は

$$\boldsymbol{v}_j = \boldsymbol{\omega}\times\boldsymbol{r}_j \tag{8.43}$$

と表せるので角運動量は

$$\begin{aligned}\boldsymbol{L} &= \sum_j \boldsymbol{r}_j\times m_j\boldsymbol{v}_j = \sum_j m_j\boldsymbol{r}_j\times(\boldsymbol{\omega}\times\boldsymbol{r}_j)\\ &= \sum_j\{(m_j r_j^2)\boldsymbol{\omega} - m_j\boldsymbol{r}_j(\boldsymbol{\omega}\cdot\boldsymbol{r}_j)\}\end{aligned} \tag{8.44}$$

となる。ただし変形に際して式 (3.19) を用いた。ここでクロネッカーのデルタ δ_{ab} (式 (1.15) 参照) を使って，以下の 3×3 の行列を考える。

$$\begin{aligned}I_{ab} &= \left(\sum_j m_j r_j^2\right)\delta_{ab} - \sum_j m_j(r_{ja}r_{jb})\\ &= \begin{pmatrix} \sum_j m_j(y_j^2+z_j^2) & -\sum_j m_j(x_jy_j) & -\sum_j m_j(x_jz_j)\\ -\sum m_j(y_jx_j) & \sum_j m_j(z_j^2+x_j^2) & -\sum_j m_j(y_jz_j)\\ -\sum_j m_j(z_jx_j) & -\sum_j m_j(z_jy_j) & \sum_j m_j(x_j^2+y_j^2)\end{pmatrix}\end{aligned} \tag{8.45}$$

これが**慣性モーメントテンソル**とよばれる量で，これを用いると角運動量の a

成分は

$$L_a = \sum_b I_{ab}\omega_b \tag{8.46}$$

と書ける。z 軸が固定されている場合の慣性モーメントは，このテンソルの $zz\,(=33)$ 成分により与えられるが (式 (8.25) 参照)，それは角速度ベクトルと角運動量が z 成分しかもたないことから理解できる。以上から，慣性モーメントテンソルは慣性モーメントの一般化だといえる。

テンソルはベクトルを拡張した概念で，電磁気学や相対論をはじめとして，ベクトルの代わりにテンソルを用いる理論形式は多い。実は角運動量は 2 つのベクトルから成るテンソルなのだが，大学で学ぶ物理学において，具体的に名前を伴ってテンソルという概念が最初に出てくるのは，多くの場合この慣性モーメントテンソルを通してであろう。

慣性モーメントテンソルを用いると，剛体の運動エネルギーは

$$K = \frac{1}{2}\sum_j m_j \left(\frac{d\boldsymbol{r}_j}{dt}\right)^2 = \frac{1}{2}\sum_{a,b} \omega_a I_{ab}\omega_b \tag{8.47}$$

となり，慣性モーメントテンソルと角速度で書き表すことができる。

この式のように行列をベクトル 2 つで挟んだ形を **2 次形式**という。複数の質点が連結したバネに固定された系を考えると，バネによるポテンシャルもこれと同じ形式で表される。質点の質量が互いにちがう場合は多少操作が必要になるが，大雑把にはこの行列に対応する部分の固有値が固有振動に対応する (5.3 節参照)。

主軸変換 (直交変換，対角化)♣　慣性モーメントテンソルは明らかに対称な行列 $(I_{ab} = I_{ba})$ であるから，線形代数の知識により 7.4 節で説明した直交行列 V をうまく選べば

$$I \to I' = VIV^{\mathrm{T}} = \begin{pmatrix} I'_1 & 0 & 0 \\ 0 & I'_2 & 0 \\ 0 & 0 & I'_3 \end{pmatrix} \tag{8.48}$$

の形にもっていくことができる。ここで，変換後の慣性モーメントテンソル I' の対角成分 I'_{11} などを I'_1 などとした。なお I'_{11} の添字は慣性モーメントテンソルの添字 a, b だが，新たに付け直した I'_1 の添字は i, j に対応することに注

意せよ。

　変換 (8.48) は数学的には直交変換であるが，慣性モーメント I を構成するのが座標であったことからわかるように，物理的には座標回転に相当する。したがって，この座標系では角速度ベクトルも

$$\boldsymbol{\omega} \to \boldsymbol{\omega}' = V\boldsymbol{\omega} \tag{8.49}$$

と回転する。この座標系では角運動量は次のように変換される。式 (8.46) の両辺に左から V を掛け，$L' = VL$ とすれば，

$$\begin{aligned} \sum_a V_{ca} L_a &= \sum_{a,b} V_{ca} I_{ab} \omega_b \\ L'_c &= \sum_{a,b,d,e} V_{ca} I_{ab} (V^{\mathrm{T}})_{bd} V_{de} \omega_e \equiv \sum_d I'_{cd} \omega'_d \end{aligned} \tag{8.50}$$

となる。ただし変形に際して，式 (8.48), (8.49) を用いた。式 (8.48) と同様に，$I'_{11} = I'_1$ などとすれば，角運動量の i 成分目は次のような変換を受けたことになる：

$$L_i \to L'_i = I'_i \omega'_i \tag{8.51}$$

同様の式変形により，運動エネルギーも次のように変換されることがわかる (問 8.7 参照)：

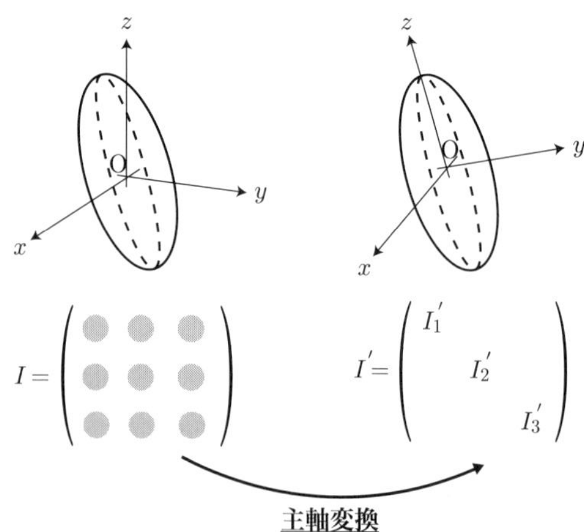

図 8.10　主軸変換のイメージ

$$K \to K' = \frac{1}{2}\sum_i I'_i {\omega'_i}^2 \tag{8.52}$$

とくに，慣性モーメントテンソルに対する以上のような座標変換を**主軸変換**という (図 8.10)。直観的には自然な回転が起こる軸を座標軸に選び出す変換になっている。まず軸が固定されていなければ，回転の中心は重心にとればよいことは明らかであろう。重心まわりの慣性モーメントテンソルは任意の座標軸に対しては一般に 3×3 行列で計算されるが，とくに安定して回転する軸があるというのは経験上理解できると思う。つまり，回転軸を選ぶ変換が主軸変換であるといえる。

主軸変換をイメージするには，たとえばラグビーボールを思い浮かべればよい。ラグビーボールの自然な軸は原点はボールの中心にあり，軸の 1 つは明らかに長い方の端と端を結ぶ線であることに異論は無いだろう。残りの 2 軸はその長軸に対して直交するようにとると，長軸まわりの対称性から慣性モーメントテンソルが対角的になることはすぐにわかる。つまり主軸変換を行った後のテンソルが得られるのである。式 (8.48) はこれの一般化である。

コマも軸対称な形をしておりその軸を第 3 軸とすると慣性モーメントテンソルは

$$I = \begin{pmatrix} I_1 & 0 & 0 \\ 0 & I_1 & 0 \\ 0 & 0 & I_3 \end{pmatrix} \tag{8.53}$$

という形になる。ラグビーボールも同じである。I_1, I_2, I_3 の中に等しい対があるとき，その剛体を対称コマ，すべて異なる剛体を非対称コマとよぶことがある。

問 8.6♣ 図 8.11 に示した剛体に対して，重心 G を原点にとり座標軸を設定した

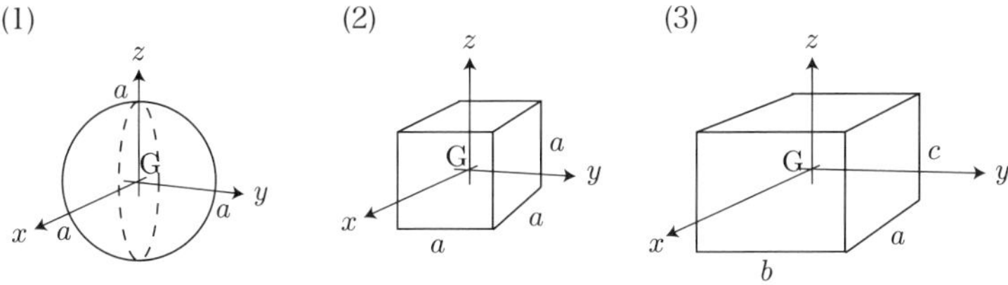

図 8.11

ときの慣性モーメントテンソルを求めよ。

(1) 質量 M，半径 a の一様な球

(2) 質量 M，一辺の長さが a の立方体

(3) 質量 M，x 軸方向の長さが a，y 軸方向の長さが b，z 軸方向の長さが c の直方体

問 8.7 ♣ 式 (8.51) の導出を踏まえて，式 (8.52) が成り立つことを示せ。

8.5 歳差運動

本章の締めくくりにコマの運動を考えよう。コマを軸のまわりに回転させ鉛直線に対して少し斜めにした状態で床の上に置くと，この軸がゆっくり円を描くように回転する。一般に回転軸がこのように回転する現象を**歳差運動**という (図 8.12)。地球も地軸を回転軸として歳差運動をしている。以下の例題では，本章の復習を兼ねてこのような運動が実際に運動方程式の解になっていることを導こう。

例題 8.6：歳差運動

コマの運動について考える。ここでは支点を原点にとることにする。コマの支点から重心までの距離を h，鉛直方向からのコマの傾きを角度 θ，コマの質量を m とする。コマの重心が角速度 Ω で回転しているとき，次の問いに答えよ。

(1) コマの重心の力のモーメント N_{G}，重心まわりの力のモーメント N_{top} をそれぞれ求めよ。

(2) コマの重心の角運動量 $\boldsymbol{L}_{\mathrm{G}}$ と重心まわりの角運動量 $\boldsymbol{L}_{\mathrm{top}}$ の間に成り立つ関係式を導け。

(3) 以上から角速度 Ω を求め，Ω が小さいときの角運動量について議論せよ。

解答　(1) 図 8.12 のように座標系を設定する。重心には鉛直下向き ($-z$ 方向) に大きさ mg の力が働く。一方で重心は高さ $h\cos\theta$ の位置で等速円運動を行うので，重心の垂直方向の力は全体としては 0 であるから，支点には鉛直上向きに同じ大きさの垂直抗力がかかる。また，重心は円運動を行うのでその運動を引き起こす力 (**向心力**という) が働くこともわかるが，これも支点に働く外力で，具体的には摩擦力が向心力となる。重心が角速度 Ω で回転しているとすれば，この向心力の大きさは，円運動を行うことから $mh\sin\theta\Omega^2$ で与えられることがわかる。

支点を原点とすると支点まわりの力のモーメントは，支点以外に働く力，すなわち重力のみを考えればよいので

$$N = mgh\sin\theta \qquad (8.54)$$

と与えられ，向きは重心が回転する方向を向く。しかし，回転の方程式は，8.1 節で見たように，重心の回転に対する方程式 (8.19) と重心まわりの回転の方程式 (8.1) に分離する。重心に働く力は全体としては向心力のみであるから，力のモーメントは，その大きさが

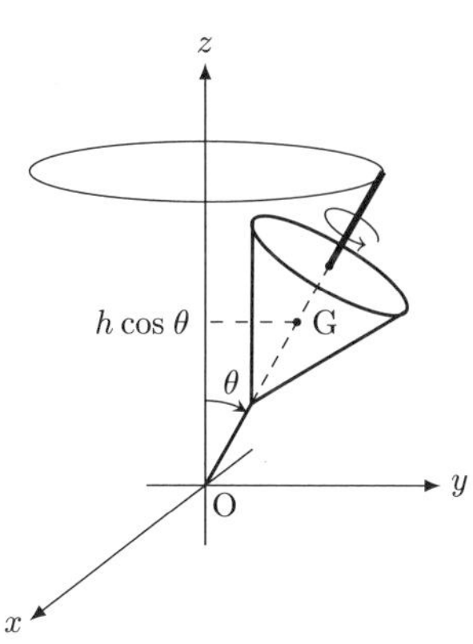

図 8.12

$$\begin{aligned} N_{\mathrm{G}} &= (mh\sin\theta\Omega^2)\cdot(h\cos\theta) \\ &= mh^2\Omega^2\sin\theta\cos\theta \end{aligned}$$

で，方向は重心が回転する方向の逆となる。一方で重心まわりの力のモーメントは支点に働く力，すなわち垂直抗力と摩擦力を考えればよいので

$$N_{\mathrm{top}} = mgh\sin\theta + mh^2\Omega^2\sin\theta\cos\theta \qquad (8.55)$$

で向きは重心が回転する方向を向く。ただし，全体としては式 (8.54) で表される力のモーメントになることに注意せよ。

(2) それぞれの力のモーメントの方向がそれぞれの角運動量の方向と垂直であることから

$$\boldsymbol{L}_{\mathrm{G}}\cdot d\boldsymbol{L}_{\mathrm{G}} = \boldsymbol{L}_{\mathrm{top}}\cdot d\boldsymbol{L}_{\mathrm{top}} = 0$$

を満たすが，これは書き直すと

$$d\boldsymbol{L}_{\mathrm{G}}^2 = d\boldsymbol{L}_{\mathrm{top}}^2 = 0$$

となる。この式の意味はそれぞれの角運動量の大きさが保存量となっているということである。

(3) いま考えている運動では時間 dt 後には軸が Ωdt 回転しているが，これは

$$N_{\mathrm{top}}dt = L_{\mathrm{top}}\sin\theta\Omega dt$$

を意味する。式 (8.55) を代入すると Ω が満たすべき式を得る。

$$mgh + mh^2\Omega^2\cos\theta = L_{\mathrm{top}}\Omega \qquad (8.56)$$

$$\therefore \quad \Omega = \frac{L_{\mathrm{top}} \pm \sqrt{L_{\mathrm{top}}^2 - 4m^2gh^3\cos\theta}}{2mh^2\cos\theta}$$

となるが，Ω が十分小さいとすると，それは式 (8.56) において Ω^2 の項が無視できることを意味するので，

$$\Omega = \frac{mgh}{L_{\rm top}}$$

とコマの回転の角速度が求まる。支点に対する重心の角運動量が

$$L_{\rm G} = mh^2 \sin\theta\Omega$$

であるから，Ω^2 の項が無視できるということは $L_{\rm G} \ll L_{\rm top}$ という仮定をおいたことと等価であることがわかる。 ■

補足　座標原点として，支点の鉛直線上の高さが $h\cos\theta$ の位置，つまり重心と同じ高さの位置を選んでも同様に簡単な式変形でコマの運動を理解できる (演習問題 8.4)。通常のコマの運動からすると，コマの重心の回転軸は鉛直線にあり，かつ一定というイメージをもつ向きも多いと思う。この原点の選び方はこのイメージを再現する。ぜひどのように式が変わるのか各自で見てほしい。

▶ **8 章のまとめ**

(1) 質点系の運動 (→ 8.1 節)

有限な大きさをもつ物体は，物体を n 個の質点の集まり (**質点系**) とみなし，それぞれの質点にどのような力が働くかを考えて運動方程式を解くことで，その運動を決めることができる。

- 質点系の運動は，「重心の運動」と「重心まわりの運動」によって記述される (図 8.3 参照)。
- つまり質点系の運動エネルギー K は，重心の運動エネルギーを K_{G}，重心まわりの運動エネルギーを K' とすると，$K = K_{\mathrm{G}} + K'$ によって表される。角運動量や力のモーメントも同様に記述できる。

(2) 剛体の運動 (→ 8.2, 8.3 節)

変形しない物体 (物体を構成する質点が互いの位置関係を変えないような物体) のことを**剛体**とよぶ。

1. 慣性モーメント (→ p.248)
   各質点の角速度 ω は一定であるから，回転軸を z 軸にとり，質点 j の回転軸からの距離を $\boldsymbol{r}_j$ とすると，角運動量の z 成分は次のように書ける。

$$L_z = \sum_j r_j \times p_j = \sum_j m_j r_j^2 \omega \equiv I\omega$$

   ここで，I は**慣性モーメント**とよばれ，剛体の回転運動における回りにくさを表す量である。

2. 剛体の運動方程式 (→ p.249)
   質点系と同様，剛体も「重心の運動」と「重心まわりの運動 (回転運動)」によって記述できる。「重心の運動」は質点のときと同様に運動方程式を立てればよい。一方，回転運動は角運動量と力のモーメントを使って表される。回転軸を z 軸方向にとると，回転の運動方程式は回転角 ϕ を用いて次のように表される。

$$\frac{dL_z}{dt} = N_z \implies I\frac{d^2\phi}{dt^2} = N_z$$

3. 運動エネルギーは $K = \dfrac{1}{2}I\omega^2$ で与えられる (→ p.251)。

(3) 剛体の慣性モーメント (→ p.254, 図 8.9)
剛体の慣性モーメントは重心と重心まわりの慣性モーメントに分離できる。回転軸を座標系の z 軸にとると，回転軸まわりの慣性モーメントは次のように表される。

$$I = \sum_j m_j \left\{(x_\mathrm{G} + x'_j)^2 + (y_\mathrm{G} + y'_j)^2\right\} \equiv Mh^2 + I_\mathrm{G}$$

ただし，$h^2 = x_\mathrm{G}^2 + y_\mathrm{G}^2$ は重心から回転軸までの距離の 2 乗である。また，$I_\mathrm{G} = \sum_j m_j(x_j'^2 + y_j'^2)$ は重心まわりの慣性モーメント，Mh^2 は重心の慣性モーメントを表す。

演習問題 8

8.1 演習問題 6.3 の系に物体 3 を導入する。物体 3 は質点として扱う。また，物体 3 の物体 1, 2 に対する重力相互作用は考えなくていいものとする。はじめに物体 1 と物体 2 を結ぶ線上に物体 3 を置く。

(1) 物体 3 に働く重力を求めよ。

(2) 置く位置を選べば，物体 3 は物体 1, 2 と同じ角速度 ω で重心に対して回転する。つまり物体 1, 2, 3 の相対位置は変わらない。どこに置けばよいか?

(3) 物体 1, 2 が地球と月であるとしてそれぞれどの位置になるか，具体的な数値を求めよ。

8.2 前問 8.1 に引き続き物体 3 の静止位置を新たに求める。回転軸に垂直な平面内にはもう 2 点，物体 3 が物体 1, 2 に対して静止できる点が存在する。この点は 1, 2 を結ぶ線に対して対象の位置にあるので，片方だけ求めればよい。

(1) 物体 1, 2 の重力の合力が物体 1, 2 の重心を向くための条件を求めよ。

(2) さらに物体 3 が角速度 ω で重心に対して等速円運動するとして，遠心力と合力がつり合うという条件が成立する点を求めよ。

(3) 問 (2) で求めた位置は，$\boldsymbol{r}_2 - \boldsymbol{r}_1$ を底辺とする正三角形のもう 1 つの頂点になっている。これを示せ。

(4) 物体 1, 2 が地球と月であるとして，具体的な位置を求めよ。

8.3 例題 8.4 で議論した「斜面を転がる球」について改めて考える。ただし本問では，初速度 v_0 で球を転がすものとする。

(1) $t = 0$ で角速度 $\omega_0 = 0$ の場合について，例題 8.4 の設問に沿って，どのような運動になるのか説明せよ。

(2) 一般の ω_0 について球がどのような運動になるのか説明せよ。

8.4 例題 8.6 で議論した系で，座標原点をコマの重心と同じ高さの位置に選んだ場合について考える。このとき，改めて例題 8.6 の問 (1) から (3) に答えよ。

8.5 水平な床に質量 M，半径 a の一様な剛体球を静かに置く。このとき，剛体球の中心を含む鉛直面内で，床から高さ h の点に撃力を水平に与える。撃力が，剛体球と床との間に働く摩擦力に比べて十分大きいものとして次の問いに答えよ。

(1) 球が滑ることなく転がり始める高さ h_0 を求めよ。

(2) $h > h_0$ のとき，球がどのように運動するのか説明せよ。

(3) $h < h_0$ のとき，球がどのように運動するのか説明せよ。

8.6 質量 m_{A} の物体 A と質量 $m_{\mathrm{B}}\,(> m_{\mathrm{A}})$ の物体 B を軽くて伸びない糸でつなぎ，質量 M，半径 a の固定された円形滑車にそれをかける。このとき物体 A, B の加速度を求めよ。ただし，滑車と糸の間で生じる滑りは無視する。また，円形滑車の質量を無視したときに得られる結果と比較せよ。

8.7 軸を水平にして固定した内半径 a の中空円筒の粗い面内において，軸を水平にして置いた質量 M，半径 b の円柱状の物体が滑ることなく転がる。円柱状物体が中空円筒の最下点近傍で運動するとき，円柱状物体の角振動数を求めよ。

8.8 質量 M，長さ l の均質な細長い剛体棒が，鉛直な壁と水平な床に立てかけられている。棒と壁の間の角度を θ とし，棒と壁との間および棒と床との間の静止摩擦係数はいずれも μ，動摩擦係数はいずれも 0 である。

(1) 棒が静止している状態から傾き角 θ を大きくしていくと，ある角度 θ_{c} を超えると棒は滑り落ち始める。このときの角度 θ_{c} を求めよ。

(2) 棒の傾き角を $\theta_0\,(> \theta_{\mathrm{c}})$ として，棒を静止させた状態から静かに離した。その後，棒が床と壁への接触を保ちながら滑り落ちる間で成り立つ棒の運動方程式を求めよ。またこれを解いて，棒の回転角加速度 $\ddot{\theta}$ と θ の間の関係，および棒の回転角速度 $\dot{\theta}$ と θ, θ_0 の間の関係を求めよ。

(3) 傾き角が θ_1 になると棒は壁から離れる。θ_1 を求めよ。

行列入門

行列は物理学のあらゆるところに顔を出す「数」である。一見通常の数とは異なる形式，表現をもつが，現実の我々の世界においてすべての物理量は行列としての性質をもつことが知られている。つまり，行列は物理学のみならず自然科学一般を理解するのに必要不可欠な数学といえる。それにもかかわらず行列は高校数学の学習指導要領から削除されてしまった。そこで本書では，従来の高校数学の教科書に掲載されていた内容＋大学で必要になる知識の橋渡しになる内容を簡単にまとめた付録を用意した。

A.1　行列の定義

次のように数を n 行 m 列の形に並べたもの

$$A = \begin{pmatrix} a_{11} & \cdots & a_{1j} & \cdots & a_{1m} \\ \vdots & \ddots & \vdots & \iddots & \vdots \\ a_{i1} & \cdots & a_{ij} & \cdots & a_{im} \\ \vdots & \iddots & \vdots & \ddots & \vdots \\ a_{n1} & \cdots & a_{nj} & \cdots & a_{nm} \end{pmatrix} i\text{ 行} \quad (A.1)$$

j 列

を $n \times m$ **行列**または (n, m) **行列**という。縦方向に「行」，横方向に「列」である。ここで，n と m はもちろん自然数である。たとえば，

$$B = \begin{pmatrix} 3 & -2 \\ 4 & 1 \end{pmatrix} \quad (A.2)$$

は 2×2 行列または $(2, 2)$ 行列，

$$C = \begin{pmatrix} 4.6 & -2 & -5.1 & 2.99 \\ -3.1 & -2.6 & 10.2 & -99.1 \end{pmatrix} \tag{A.3}$$

は 2×4 行列である。

行列の中のそれぞれの要素 (= 成分) を i 行と j 列を指定して (i,j) 成分のようにいい，行列 A の (i,j) 成分を A_{ij} のように表す。たとえば，式 (A.2), (A.3) では

$$B_{11} = 3, \quad C_{23} = 10.2 \tag{A.4}$$

などである。なお A_{ij} という表現は，文脈に応じて行列 A の (i,j) 成分を指す記号として使ったり，その値を意味する記号として使ったりするが，両者を取りちがえることがない場合は区別することはしない。

また，要素が実数に限られているときは**実行列**，複素数であるときは**複素行列**という。

(n,m) 行列 A と (k,ℓ) 行列 D が等しいとは，次の 1, 2 を満たすことである。

1. A と D がともに同じ大きさ (型) の行列である。同じ型とは行数と列数がそれぞれ等しいということである。つまり，$n = k, \quad m = \ell$ が成り立つ。
2. A と D の各成分がすべて等しい。つまり，すべての $i = 1, 2, \cdots, n, \ j = 1, 2, \cdots, m$ に対して $A_{ij} = D_{ij}$ が成り立つ。

行列 A と D が等しいことを $A = D$ と表す。なお式 (A.1) を $A_{ij} = a_{ij}$ と書くこともあるが，これは行列 A の (i, j) 成分が a_{ij} という数に等しいという意味である。ただし通常は，行列 B, C のように，成分が具体的に与えられていない限り，A_{ij} といえば文脈に応じて行列 A の (i, j) 成分を指す記号として使ったり，その値を意味する記号として使ったりする。式 (A.2) のように行と列の数が同じ行列を**正方行列**という。物理学で出てくる行列のほとんどは正方行列である。

A.2 行列の演算 (一般の場合)

(1) 定数倍

(n, m) 行列 E の a 倍を次の式で定義する。

$$aE \equiv \begin{pmatrix} aE_{11} & \cdots & aE_{1j} & \cdots & aE_{1m} \\ \vdots & \ddots & \vdots & \iddots & \vdots \\ aE_{i1} & \cdots & aE_{ij} & \cdots & aE_{1m} \\ \vdots & \iddots & \vdots & \ddots & \vdots \\ aE_{n1} & \cdots & aE_{nj} & \cdots & aE_{nm} \end{pmatrix} \tag{A.5}$$

つまり，すべての要素を a 倍することで定義する。aE 全体で 1 つの行列を表す記号という理解もできることに注意せよ。

たとえば，式 (A.2) の行列 B の 3 倍は

$$3B = \begin{pmatrix} 3\times 3 & 3\times(-2) \\ 3\times 4 & 3\times 1 \end{pmatrix} = \begin{pmatrix} 9 & -6 \\ 12 & 3 \end{pmatrix} \tag{A.6}$$

となる。なお，わざわざ間に 1 つ式をはさんだ意味はよく考えること。

(2) 足し算 (加法)

行列 A, F の足し算は，A と F がともに同じ大きさ (型) の行列であるときのみに定義できる。A と F が同じ型 (つまり F も (n, m) 行列) であるとき，

$$A + F \equiv \begin{pmatrix} A_{11}+F_{11} & \cdots & A_{1j}+F_{1j} & \cdots & A_{1m}+F_{1m} \\ \vdots & \ddots & \vdots & \iddots & \vdots \\ A_{i1}+F_{i1} & \cdots & A_{ij}+F_{ij} & \cdots & A_{im}+F_{im} \\ \vdots & \iddots & \vdots & \ddots & \vdots \\ A_{n1}+F_{n1} & \cdots & A_{nj}+F_{nj} & \cdots & A_{nm}+F_{nm} \end{pmatrix} \tag{A.7}$$

により和を定義する。つまり，同じ成分を足すことで $A + F$ という行列を定義する。したがって，

$$G = \begin{pmatrix} -6 & 11 \\ 9 & -8 \end{pmatrix} \tag{A.8}$$

と B の和は

$$B+G=\begin{pmatrix}3+(-6) & (-2)+11\\ 4+9 & 1+(-8)\end{pmatrix}=\begin{pmatrix}-3 & 9\\ 13 & -7\end{pmatrix} \tag{A.9}$$

となる。ここでもわざわざ間に式をはさんだことの意味は考えること。

一方で，型のちがう B と C の間に和は定義されない。間違っても

$$B+C=\begin{pmatrix}7.6 & -4 & -5.1 & 2.99\\ 0.9 & -1.6 & 10.2 & -99.1\end{pmatrix}$$

などと書かないように (計算できると思わないように) 注意せよ。また，どのように間違えているかは各自できちんと考えること。

(3) 零行列 O とマイナス

任意の行列 A に対して

$$A+O=O+A=A \tag{A.10}$$

となる行列 O を**零行列**といい，O で表す。和の定義 (A.7) により O は A と同じ (n,m) 行列であることが自動的に仮定される。さらに，和の定義 (A.7) より O はすべての要素が 0 の行列であることがわかる。

また，

$$A+A'=A'+A=O \tag{A.11}$$

を満たす (n,m) 行列 A' を通常は $-A$ と書く。つまり，

$$A+(-A)=(-A)+A=O \tag{A.12}$$

である。ここでは $-A$ を 1 つの記号としていることに注意せよ。零行列と同様に和の定義 (A.7) より

$$(-A)=\begin{pmatrix}-A_{11} & \cdots & -A_{1j} & \cdots & -A_{1m}\\ \vdots & \ddots & \vdots & \iddots & \vdots\\ -A_{i1} & \cdots & -A_{ij} & \cdots & -A_{im}\\ \vdots & \iddots & \vdots & \ddots & \vdots\\ -A_{n1} & \cdots & -A_{nj} & \cdots & -A_{nm}\end{pmatrix} \tag{A.13}$$

とわかる。あるいは

$$(-A)_{ij} = -A_{ij} \tag{A.14}$$

と書くこともできる。くり返しになるが，左辺は「$(-A)$ という行列の (i,j) 成分」であり，右辺は「A という行列の (i,j) 成分に -1 を掛けたもの」である。左辺と右辺の形は似ているが，本来的な意味づけは似て非なることに注意せよ。ただし，式 (A.14) のように表せるので，通常の和が $a+(-b)=a-b$ と書けるのと同様に

$$A+(-F) = A-F = \begin{pmatrix} A_{11}-F_{11} & \cdots & A_{1j}-F_{1j} & \cdots & A_{1m}-F_{1m} \\ \vdots & \ddots & \vdots & \iddots & \vdots \\ A_{i1}-F_{i1} & \cdots & A_{ij}-F_{ij} & \cdots & A_{im}-F_{im} \\ \vdots & \iddots & \vdots & \ddots & \vdots \\ A_{n1}-F_{n1} & \cdots & A_{nj}-F_{nj} & \cdots & A_{nm}-F_{nm} \end{pmatrix} \tag{A.15}$$

と書けることになり，往々にして $A+(-B)$ を $A-B$ と書く。

(4) 掛け算 (乗法)

行列 A, H がそれぞれ $n \times m$ 行列，$m \times \ell$ 行列であるとき，

$$AH \equiv \begin{pmatrix} \sum_{k=1}^{m} A_{1k}H_{k1} & \cdots & \sum_{k=1}^{m} A_{1k}H_{kj} & \cdots & \sum_{k=1}^{m} A_{1k}H_{k\ell} \\ \vdots & \ddots & \vdots & \iddots & \vdots \\ \sum_{k=1}^{m} A_{jk}H_{k1} & \cdots & \sum_{k=1}^{m} A_{ik}H_{kj} & \cdots & \sum_{k=1}^{m} A_{ik}H_{k\ell} \\ \vdots & \iddots & \vdots & \ddots & \vdots \\ \sum_{k=1}^{m} A_{nk}H_{k1} & \cdots & \sum_{k=1}^{m} A_{nk}H_{kj} & \cdots & \sum_{k=1}^{m} A_{nk}H_{k\ell} \end{pmatrix} \tag{A.16}$$

により積を定義する。つまり，AH という行列の (i,j) 成分 $(AH)_{ij}$ は

$$(AH)_{ij} = \sum_{k=1}^{m} A_{ik}H_{kj} = A_{i1}H_{1j} + A_{i2}H_{2j} + \cdots + A_{im}H_{mj} \tag{A.17}$$

で与えられる。重要なことは，積の左にくる行列の列数と右にくる行列の行数が同じであることである。したがって，ここでの例で $n \neq \ell$ であれば，AH は

存在するが HA は存在しない。また，でき上がりの行列 EA は $n\times\ell$ 行列となる。たとえば，BC は存在するが CB は存在しない。式 (A.2) の行列 B と式 (A.3) の行列 C の積は

$$(BC)_{11} = B_{11}\times C_{11} + B_{12}\times C_{21} = 20 \tag{A.18}$$

となる。

A.3　転置，複素共役，エルミート共役

これらの概念は高校数学の旧課程にも存在しないが，力学では頻繁に使うので簡単に説明する。

(1) 転　　置

$n\times m$ 行列 A から $m\times n$ 行列

$$A^{\mathrm{T}} \equiv \begin{pmatrix} a_{11} & \cdots & a_{n1} \\ \vdots & & \vdots \\ a_{1m} & \cdots & a_{nm} \end{pmatrix} \tag{A.19}$$

をつくる操作を**転置**という。つまり，転置を施した行列は元の行列の行と列を入れ替えた行列になり，成分で書くと A^{T} の (i,j) 成分は $(A^{\mathrm{T}})_{ij}\equiv A_{ji}$ で与えられるといってもよい。左辺は「A^{T} という行列の (i,j) 成分」という意味で，右辺は「A という行列の (j,i) 成分」という意味である。したがって，式 (A.2) の行列 B の転置行列 B^{T} は，具体的に次のようになる。

$$(B^{\mathrm{T}})_{12} = B_{21} = 4 \tag{A.20}$$

なお一般に行列 X, Y に対して，次のような関係式が成立する。

$$(X^{\mathrm{T}})^{\mathrm{T}} = X,\ \ (aX)^{\mathrm{T}} = aX^{\mathrm{T}},\ \ (X+Y)^{\mathrm{T}} = X^{\mathrm{T}}+Y^{\mathrm{T}},\ \ (XY)^{\mathrm{T}} = Y^{\mathrm{T}}X^{\mathrm{T}} \tag{A.21}$$

ただし，式 (A.21) での行列 X, Y は各々，式中の演算が定義できる型であることに注意せよ。また，a は通常の数である。

(2) 複 素 共 役

複素行列 Z に対して各成分の複素共役をとることで行列 Z の**複素共役** Z^*

を定義する。つまり，

$$Z^* \equiv \begin{pmatrix} Z_{11}^* & \cdots & Z_{1j}^* & \cdots & Z_{1m}^* \\ \vdots & \ddots & \vdots & \iddots & \vdots \\ Z_{i1}^* & \cdots & Z_{ij}^* & \cdots & Z_{im}^* \\ \vdots & \iddots & \vdots & \ddots & \vdots \\ Z_{n1}^* & \cdots & Z_{nj}^* & \cdots & Z_{nm}^* \end{pmatrix} \tag{A.22}$$

により複素行列 Z の複素共役 Z^* を定義する。成分で書くと $(Z^*)_{ij} \equiv (Z_{ij})^*$ となる。左辺は「Z^* という行列の (i,j) 成分」という意味で，右辺は「Z という行列の (i,j) 成分の複素共役」という意味である。きちんとその意味をとれるように注意深く式を見ること。たとえば，

$$Z = \begin{pmatrix} i & 1+i \\ 2-i & 1+3i \end{pmatrix} \tag{A.23}$$

の複素共役 Z^* は次のようになる。

$$Z^* = \begin{pmatrix} -i & 1-i \\ 2+i & 1-3i \end{pmatrix} \tag{A.24}$$

行列の複素共役に対しては，以下の関係式が成立する。

$$\begin{aligned} &(X^*)^* = X, \quad (aX)^* = a^*X^*, \quad (X+Y)^* = X^* + Y^*, \\ &(XY)^* = X^*Y^*, \quad (X^{\mathrm{T}})^* = (X^*)^{\mathrm{T}} \end{aligned} \tag{A.25}$$

(3) エルミート共役

転置をとって複素共役をとることを**エルミート共役**をとるという。†(ダガー)という記号により定義する。一般に，

$$Z^\dagger \equiv (Z^*)^{\mathrm{T}} = (Z^{\mathrm{T}})^* = \begin{pmatrix} Z_{11}^* & \cdots & Z_{n1}^* \\ \vdots & & \vdots \\ Z_{1m}^* & \cdots & Z_{nm}^* \end{pmatrix} \tag{A.26}$$

または $(Z^\dagger)_{ij} \equiv (Z_{ji})^*$ により定義できる。左辺は「$Z^\dagger$ という行列の (i,j) 成分」という意味で，右辺は「Z という行列の (j,i) 成分の複素共役」という意味である。括弧の位置を含めて慎重に書いてあるので，これらの意味を正しく

理解すること。具体例の式 (A.23) に則していうと次のように書ける。

$$(Z^\dagger)_{11} = (Z_{11})^* = -i, \qquad (Z^\dagger)_{12} = (Z_{21})^* = 2+i \tag{A.27}$$

エルミート共役は，行列において通常の複素数の複素共役に対応する概念となることをそのうち理解するはずである。いい換えると，行列の単なる複素共役は，通常の複素数がもつ複素共役に含まれる重要な性質の 1 つを落とすことになっているのである。

エルミート共役に対しても次のような関係式が成り立つ。

$$(X^\dagger)^\dagger = X, \ \ (aX)^\dagger = a^* X^\dagger, \ \ (X+Y)^\dagger = X^\dagger + Y^\dagger, \ \ (XY)^\dagger = Y^\dagger X^\dagger \tag{A.28}$$

A.4　行列とベクトルの関係

論理の流れが見える人にはここまでの定義で理解できたと思うが，高校数学でいう n 次元縦ベクトルは $n \times 1$ 行列であり，n 次元横ベクトルは $1 \times n$ 行列である。また，n 次元ベクトル

$$\boldsymbol{a} = \begin{pmatrix} a_1 \\ a_2 \\ \vdots \\ a_n \end{pmatrix} \equiv a, \qquad \boldsymbol{b} = \begin{pmatrix} b_1 \\ b_2 \\ \vdots \\ b_n \end{pmatrix} \equiv b \tag{A.29}$$

の内積

$$\boldsymbol{a}\cdot\boldsymbol{b} = a_1 b_1 + a_2 b_2 + \cdots + a_n b_n = \sum_{i=1}^{n} a_i b_i \tag{A.30}$$

は次のように表すことができる。

$$\boldsymbol{a}\cdot\boldsymbol{b} = a^{\mathrm{T}} b = \begin{pmatrix} a_1 & a_2 & \cdots & a_n \end{pmatrix} \begin{pmatrix} b_1 \\ b_2 \\ \vdots \\ b_n \end{pmatrix} \tag{A.31}$$

つまり，$1 \times n$ 行列と $n \times 1$ 行列の掛け算から 1×1 行列をつくるという操作

になっている。逆の見方をすると，$m \times n$ 行列というのは m 次元の縦ベクトル $\boldsymbol{v}_i\,(i = 1, 2, \cdots, n)$ が n 個並んだもの

$$\begin{pmatrix} \boldsymbol{v}_1 & \boldsymbol{v}_2 & \cdots & \boldsymbol{v}_n \end{pmatrix} = \begin{pmatrix} (v_1)_1 & \cdots & (v_j)_1 & \cdots & (v_n)_1 \\ \vdots & \ddots & \vdots & \iddots & \vdots \\ (v_1)_i & \cdots & (v_j)_i & \cdots & (v_n)_i \\ \vdots & \iddots & \vdots & \ddots & \vdots \\ (v_1)_m & \cdots & (v_j)_m & \cdots & (v_n)_m \end{pmatrix} \tag{A.32}$$

あるいは n 次元横ベクトル $\boldsymbol{u}_i\,(i = 1, 2, \cdots, m)$ が m 個並んだもの

$$\begin{pmatrix} \boldsymbol{u}_1 \\ \boldsymbol{u}_2 \\ \vdots \\ \boldsymbol{u}_m \end{pmatrix} = \begin{pmatrix} (u_1)_1 & \cdots & (u_1)_j & \cdots & (u_1)_n \\ \vdots & \ddots & \vdots & \iddots & \vdots \\ (u_i)_1 & \cdots & (u_i)_j & \cdots & (u_i)_n \\ \vdots & \iddots & \vdots & \ddots & \vdots \\ (u_m)_1 & \cdots & (u_m)_j & \cdots & (u_m)_n \end{pmatrix} \tag{A.33}$$

とみなすことができる。なお，上の定義ではこれまでと添字の並び方が一見ちがうので戸惑う人もいるかもしれないが，式の意味を考えてそのようなことがないように注意せよ。また，式 (A.16) の AF というのは m 次元の横ベクトル n 個からなる行列 A と m 次元の縦ベクトル ℓ 個からなる行列 F からつくられる $n\ell$ 個の内積を並べたものと解釈できる。

A.5 正方行列の演算

A.5.1 正方行列と掛け算の非可換性

行と列の数が同じ行列を**正方行列**という。たとえば $n \times n$ 行列であれば n 次正方行列ということもある。

n 次正方行列 K, L に対しては KL と LK の両方が定義できる。ただし，重要なのは $KL \neq LK$ のように一般にはちがう行列となることである。このように演算の順番を入れ替えると結果が異なる性質を**非可換**という。つまり，正方行列の掛け算は「**交換可能に非ず**」である。この非可換は非常に重要な性質であるが，これまで積み重ねてきた日常の感覚とは異なるために，初学者はつ

いつい $KL = LK$ としてしまいがちであるが，このようなことは K と L が相当に特殊な関係にない限り成立しないことなので，絶対に $KL = LK$ のような式変形をしないように細心の上に細心の注意を払うこと。たとえば，

$$M = \begin{pmatrix} -6 & 1 \\ -7 & 12 \end{pmatrix} \tag{A.34}$$

とすると，式 (A.2) の行列 B との積は

$$BM = \begin{pmatrix} -4 & -21 \\ -31 & 16 \end{pmatrix}, \quad MB = \begin{pmatrix} -14 & 13 \\ 27 & 26 \end{pmatrix} \tag{A.35}$$

となり，明らかに $BM \neq MB$ である。

A.5.2 正方行列の累乗

$m \times n$ 行列 A に対しては，$m \neq n$ であれば AA という積は定義できない。一方，n 次正方行列 K に対しては KK という積を定義できる。ここで，KK も n 次正方行列になるので，$(KK)K$ あるいは $K(KK)$ という積も定義でき，結合法則により KKK と書くこともできる。このような積を通常の数に対する累乗 $3 \times 3 \times 3 = 3^3$ と同じように，

$$K^2 \equiv KK, \quad K^3 \equiv KKK \tag{A.36}$$

と書くことにする。一般に，自然数 m に対して正方行列 K の累乗を

$$K^m \equiv \underbrace{KK \cdots K}_{m\text{ 個}} \tag{A.37}$$

により定義する。指数法則については通常の数と同様である。

A.6 行 列 式

2 次正方行列 N に対して

$$\det N \equiv N_{11}N_{22} - N_{12}N_{21} \tag{A.38}$$

で定義される量 $\det N$ を N の**行列式**という。N の行列式を $|N|$ と書くこともある。たとえば，式 (A.2) の行列 B の行列式は

$$\det B = 3 \times 1 - (-2) \times 4 = 11 \tag{A.39}$$

である。また，3 次正方行列

$$P = \begin{pmatrix} P_{11} & P_{12} & P_{13} \\ P_{21} & P_{22} & P_{23} \\ P_{31} & P_{32} & P_{33} \end{pmatrix} \tag{A.40}$$

に対する行列式は

$$\begin{aligned} \det P \equiv P_{11}P_{22}P_{33} - P_{11}P_{23}P_{32} \\ + P_{12}P_{23}P_{31} - P_{12}P_{21}P_{33} \\ + P_{13}P_{21}P_{32} - P_{13}P_{22}P_{31} \end{aligned} \tag{A.41}$$

となる。右辺はあえて 3 行に分けて書いた。

実は 2 × 2 行列の行列式は以下の関係式を満たす。2 次元反対称テンソル ε_{ij} (値は $\varepsilon_{11} = \varepsilon_{22} = 0$, $\varepsilon_{12} = -\varepsilon_{21} = 1$ をとる) を用いて

$$\sum_{\ell,m} \varepsilon_{\ell m} N_{i\ell} N_{jm} = \varepsilon_{ij} \det N \tag{A.42}$$

と書け，同様に 3 章の式 (3.24) に出てきた 3 次元反対称テンソル ε_{ijk} を用いて

$$\sum_{\ell,m,n} \varepsilon_{\ell mn} P_{j\ell} P_{jm} P_{kn} = \varepsilon_{ijk} \det P \tag{A.43}$$

となる。式 (A.42), (A.43) が成立していることは具体的に確かめられるので，各自確かめてほしい。

4 次以上の正方行列に対しては式 (A.38) や (A.41) のように簡単には書き下せないので，線形代数の授業あるいは各自で学習するように。しかし式 (A.42), (A.43) を見ればどのように定義できるか推測できるのではないだろうか。

また，行列式には「行列の掛け算の行列式は，それらの行列式の掛け算に等しい」という著しい性質がある。すなわち，n 次正方行列を K, L とすると次式が成り立つ。

$$\det(KL) = (\det K)(\det L) \tag{A.44}$$

A.7 トレース

n 次正方行列 Q に対する**トレース** $\mathrm{tr}\,Q$ は

$$\mathrm{tr}\,Q \equiv \sum_{i=1}^{n} Q_{ii} = Q_{11} + Q_{22} + \cdots + Q_{nn} \tag{A.45}$$

により定義される。たとえば，式 (A.2) の行列 B のトレースは

$$\mathrm{tr}B = 3 + 1 = 4 \tag{A.46}$$

である。行列式とトレースは行列の性質を規定する重要な指標である。実際，物理学に出てくる変換では行列式とトレースの値は変わらいことが多い。

A.8 単位行列と定数倍

任意の n 次正方行列 N に対して

$$NI = IN = N \tag{A.47}$$

を満たす行列を**単位行列**といい，通常 $1, I$ もしくは E の記号で表す。掛け算の定義により，単位行列は自動的に n 次正方行列であることが要請され，この n 次を強調する意味で I_n, E_n などと記すこともある。I_n と掛け算の定義により，n 次単位行列は

$$I_n = \begin{pmatrix} 1 & 0 & \cdots & 0 & 0 \\ 0 & 1 & \cdots & 0 & 0 \\ \vdots & \vdots & \ddots & \vdots & \vdots \\ 0 & 0 & \cdots & 1 & 0 \\ 0 & 0 & \cdots & 0 & 1 \end{pmatrix} \tag{A.48}$$

のように対角成分が 1 でそれ以外は 0 となる行列になる。

また，単位行列を表すのに便利な記号が定義されている。

$$\delta_{ij} = \begin{cases} 1 & (i = j) \\ 0 & (i \neq j) \end{cases} \tag{A.49}$$

ここで，i, j は 1 から n までの値をとる。n の値は状況に応じて判断され，無

限大となることもある。この δ_{ij} を**クロネッカーのデルタ**といい，単位行列と同値なので I や I_n あるいは I_{ij} などと書く代わりに δ_{ij} と書くことも多い。

この単位行列を使うと，定数倍というのは aI という行列を掛けることと同じであることがわかる。

$$aI = \begin{pmatrix} a & 0 & \cdots & 0 & 0 \\ 0 & a & \cdots & 0 & 0 \\ \vdots & \vdots & \ddots & \vdots & \vdots \\ 0 & 0 & \cdots & a & 0 \\ 0 & 0 & \cdots & 0 & a \end{pmatrix} \tag{A.50}$$

aI はこれで 1 つの行列であるとしているが，定数倍の定義，I の定義，掛け算の定義により $(aI)A = a(IA) = aA$ なので，実際は掛け算の実行順序は気にする必要がなく，通常の掛け算のように括弧を外して表記する。

A.9　正則性と逆行列

n 次正方行列 R に対して

$$RR' = R'R = I_n \tag{A.51}$$

を満たす R' が存在するとき，行列 R は**正則**であるという。このとき，R' を R^{-1} と書き，R の**逆行列**という。R^{-1} をあえて $1/R$ と書くこともあるが，

$$\frac{1}{R} \neq \begin{pmatrix} \frac{1}{R_{11}} & \cdots & \frac{1}{R_{1j}} & \cdots & \frac{1}{R_{1n}} \\ \vdots & \ddots & \vdots & \iddots & \vdots \\ \frac{1}{R_{i1}} & \cdots & \frac{1}{R_{ij}} & \cdots & \frac{1}{R_{in}} \\ \vdots & \iddots & \vdots & \ddots & \vdots \\ \frac{1}{R_{n1}} & \cdots & \frac{1}{R_{nj}} & \cdots & \frac{1}{R_{nn}} \end{pmatrix} \tag{A.52}$$

である。つまり，逆行列の各要素は，**元の行列の各成分の逆数で与えられるわけではない**。$1/R$ は決して式 (A.52) 右辺のように書けない。

2 次正方行列 N が正則であるとき，その逆行列は

$$N^{-1} = \frac{1}{\det N} \begin{pmatrix} N_{22} & -N_{12} \\ -N_{21} & N_{11} \end{pmatrix} \tag{A.53}$$

と書ける。この式からわかるように,

$$\det N \neq 0 \tag{A.54}$$

は正則である (= 逆行列が存在する) ための必要条件であり，実は十分条件でもある。

3 次以上の正方行列の逆行列については割愛する。行列式と同様に大学の授業あるいは各自で学習するように。

A.10　連立 1 次方程式と行列

未知数 $x_1, x_2, \cdots, x_n$ に対する連立 1 次方程式

$$\begin{cases} a_{11}x_1 + a_{12}x_2 + \cdots + a_{1n}x_n = y_1 \\ a_{21}x_1 + a_{22}x_2 + \cdots + a_{2n}x_n = y_2 \\ \qquad \vdots \\ a_{n1}x_1 + a_{n2}x_2 + \cdots + a_{nn}x_n = y_n \end{cases} \tag{A.55}$$

は行列を用いて

$$\begin{pmatrix} a_{11}x_1 + a_{12}x_2 + \cdots + a_{1n}x_n \\ a_{21}x_1 + a_{22}x_2 + \cdots + a_{2n}x_n \\ \vdots \\ a_{n1}x_1 + a_{n2}x_2 + \cdots + a_{nn}x_n \end{pmatrix} = \begin{pmatrix} y_1 \\ y_2 \\ \vdots \\ y_n \end{pmatrix} \tag{A.56}$$

と表すことができ，さらに

$$A = \begin{pmatrix} a_{11} & a_{12} & \cdots & a_{1n} \\ a_{21} & a_{22} & \cdots & a_{2n} \\ \vdots & \vdots & \ddots & \vdots \\ a_{n1} & a_{n2} & \cdots & a_{nn} \end{pmatrix}, \quad \boldsymbol{x} = \begin{pmatrix} x_1 \\ x_2 \\ \vdots \\ x_n \end{pmatrix}, \quad \boldsymbol{y} = \begin{pmatrix} y_1 \\ y_2 \\ \vdots \\ y_n \end{pmatrix} \tag{A.57}$$

とすると，式 (A.56) は

$$A\boldsymbol{x} = \boldsymbol{y} \tag{A.58}$$

というように，$n \times n$ 行列 A と $n \times 1$ 行列 ($= n$ 次元の縦ベクトル) $\boldsymbol{x}$ の積が $n \times 1$ 行列 ($= n$ 次元の縦ベクトル) $\boldsymbol{y}$ に等しいという形で書ける。A のことを**係数行列**ということもある。したがって，A が正則であれば $\boldsymbol{x}$ の解は，逆行列 A^{-1} を用いて

$$\boldsymbol{x} = A^{-1}\boldsymbol{y} \tag{A.59}$$

により与えられる。また，A が正則でないときには「解が無数に存在する」もしくは「解が存在しない」のいずれかになる。

A.11 ベクトルの回転

図 A.1 のような 2 次元位置ベクトル $\boldsymbol{r}$ に対する原点まわりの角度 θ の回転を考える。

回転する前の 2 次元平面上の位置ベクトル $\boldsymbol{r}$ を

$$\boldsymbol{r} = \begin{pmatrix} x \\ y \end{pmatrix} \tag{A.60}$$

とすると，$\boldsymbol{r}$ を原点まわりに角度 θ だけ回転させた後の位置ベクトル $\boldsymbol{r}'$ は

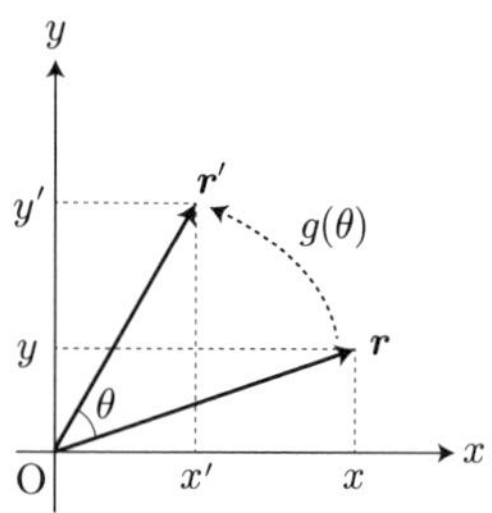

図 A.1 位置ベクトルの回転

$$\boldsymbol{r}' = \begin{pmatrix} x' \\ y' \end{pmatrix} = \begin{pmatrix} \cos\theta x - \sin\theta y \\ \sin\theta x + \cos\theta y \end{pmatrix} = \begin{pmatrix} \cos\theta & -\sin\theta \\ \sin\theta & \cos\theta \end{pmatrix} \begin{pmatrix} x \\ y \end{pmatrix} = g(\theta)\boldsymbol{r} \tag{A.61}$$

と書くことができる。ここで，$g(\theta)$ は原点まわりの角度 θ の 2 次元回転を表す行列であり

$$g(\theta) \equiv \begin{pmatrix} \cos\theta & -\sin\theta \\ \sin\theta & \cos\theta \end{pmatrix} \tag{A.62}$$

と書き表せる。式 (A.62) の $g(\theta)$ は次のような性質をもつ。

$$g(\theta_1)g(\theta_2) = g(\theta_2)g(\theta_1) = g(\theta_1 + \theta_2) \tag{A.63}$$

$$[g(\theta)]^{\mathrm{T}} g(\theta) = g(\theta)[g(\theta)]^{\mathrm{T}} = I_2 \tag{A.64}$$

$g(\theta)$ は角度 θ の 2 次元回転を表すので**回転行列**という。

また，式 (A.64) より $g(\theta)$ は直交行列であることがわかる。一般に，n 次正方行列 S が

$$S^{\mathrm{T}}S = SS^{\mathrm{T}} = I_n \tag{A.65}$$

を満たすとき，S を n 次の**直交行列**という。また，n 次元のベクトルの回転を表す n 次正方行列は式 (A.65) を満たすような n 次の直交行列である。

ここで，n ($\geqq 3$) 次元では回転行列は可換でないことに注意すること。回転行列が可換なのは 2 次元の場合だけである。

A.12　固有値と固有ベクトル

2 次元実空間から 2 次元実空間への (線形) 変換 T について考えてみよう。この線形変換 T の表現行列を

$$U = \begin{pmatrix} 1 & 2 \\ 2 & -2 \end{pmatrix} \tag{A.66}$$

とする。このとき，ベクトル

$$\boldsymbol{v}_1 = \begin{pmatrix} 2 \\ 1 \end{pmatrix}, \quad \boldsymbol{v}_2 = \begin{pmatrix} -1 \\ 2 \end{pmatrix} \tag{A.67}$$

に線形変換 T の表現行列 U を作用させると，次のように計算できる。

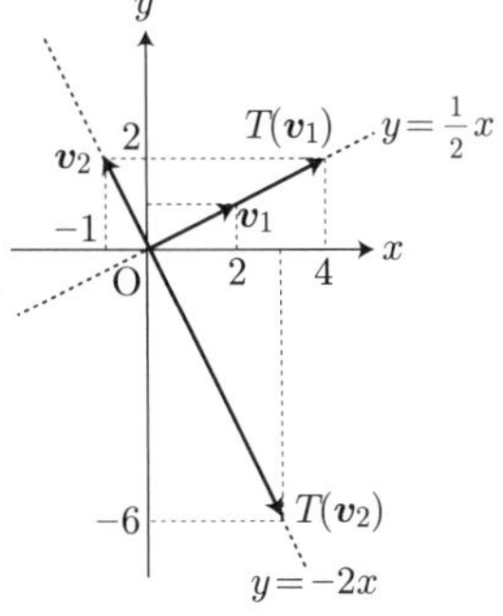

図 A.2

$$T(\boldsymbol{v}_1) = A\boldsymbol{v}_1 = \begin{pmatrix} 1 & 2 \\ 2 & -2 \end{pmatrix}\begin{pmatrix} 2 \\ 1 \end{pmatrix} = \begin{pmatrix} 4 \\ 2 \end{pmatrix} = 2\boldsymbol{v}_1, \tag{A.68}$$

$$T(\boldsymbol{v}_2) = A\boldsymbol{v}_2 = \begin{pmatrix} 1 & 2 \\ 2 & -2 \end{pmatrix}\begin{pmatrix} -1 \\ 2 \end{pmatrix} = \begin{pmatrix} 3 \\ -6 \end{pmatrix} = -3\boldsymbol{v}_2 \tag{A.69}$$

つまり，k を実数とすると，

$$T(k\boldsymbol{v}_1) = 2(k\boldsymbol{v}_1), \quad T(k\boldsymbol{v}_2) = -3(k\boldsymbol{v}_2) \tag{A.70}$$

と書けることがわかる。以上の計算結果を xy 平面上に図示すると，図 A.2 のようになる。よって，図 A.2 と式 (A.70) より，表現行列 U で与えられる線形変換 T は xy 平面上において，ベクトル $\boldsymbol{v}_1$ を直線 $y = (1/2)x$ 上の 1 点へ，

ベクトル $\boldsymbol{v}_2$ を直線 $y = -2x$ 上の 1 点へ移す変換といえる。

では，このように「特別な」ベクトル $\boldsymbol{v}_1$ や $\boldsymbol{v}_2$ を体系立てて見つける方法はないのだろうか?

「特別な」ベクトル $\boldsymbol{v}_1$, $\boldsymbol{v}_2$ を見つける問題は，

$$U\boldsymbol{v} = \lambda\boldsymbol{v} \iff (U - \lambda I)\boldsymbol{v} = \boldsymbol{0} \tag{A.71}$$

の λ と $\boldsymbol{v}$ を見つける問題といい換えることができる。つまり，式 (A.71) を解くことができれば，我々の求めている答えが得られる。ここで，式 (A.71) の $\boldsymbol{v} \neq \boldsymbol{0}$ となる非自明な解は

$$\det(U - \lambda I) = 0 \tag{A.72}$$

によって得られ，これを解くと

$$\begin{aligned} \det(U - \lambda I) &= \det\begin{pmatrix} 1-\lambda & 2 \\ 2 & -2-\lambda \end{pmatrix} = 0 \\ \iff& (\lambda - 2)(\lambda + 3) = 0 \end{aligned} \tag{A.73}$$

となる。よって，$\lambda = 2, -3$ が得られる。この λ を元の式 (A.71) に代入すれば，式 (A.67) のベクトル $\boldsymbol{v}_1$, $\boldsymbol{v}_2$ が見つかり，望みの答えが得られる。

式 (A.71) の λ を**固有値**，$\boldsymbol{v}$ を**固有ベクトル**という。つまり，式 (A.66) で与えた行列 U の固有値は 2, -3，固有値が 2 のときの固有ベクトルは式 (A.67) の $\boldsymbol{v}_1$，固有値が -3 のときのそれは $\boldsymbol{v}_2$ である。

A.13 対角化

前節の式 (A.66) で与えた行列 U について，さらなる考察を加えよう。まず，行列 U の固有ベクトルを大きさ 1 に規格化する：

$$\boldsymbol{v}_1 \to \boldsymbol{v}_1' = \frac{1}{\sqrt{5}}\begin{pmatrix} 2 \\ 1 \end{pmatrix}, \quad \boldsymbol{v}_2 \to \boldsymbol{v}_2' = \frac{1}{\sqrt{5}}\begin{pmatrix} -1 \\ 2 \end{pmatrix} \tag{A.74}$$

このベクトル $\boldsymbol{v}_1'$, $\boldsymbol{v}_2'$ を使って，次の行列 V を構成する：

$$V = \frac{1}{\sqrt{5}}\begin{pmatrix} 2 & -1 \\ 1 & 2 \end{pmatrix} \tag{A.75}$$

このとき，$U' = V^{-1}UV$ を計算すると，

$$U' = V^{-1}UV = \frac{1}{\sqrt{5}}\begin{pmatrix} 2 & 1 \\ -1 & 2 \end{pmatrix}\begin{pmatrix} 1 & 2 \\ 2 & -2 \end{pmatrix}\cdot\frac{1}{\sqrt{5}}\begin{pmatrix} 2 & -1 \\ 1 & 2 \end{pmatrix}$$
$$= \begin{pmatrix} 2 & 0 \\ 0 & -3 \end{pmatrix} \tag{A.76}$$

となり，前節で得られた固有値を成分にもつ対角行列が得られる。このように，$U' = V^{-1}UV$ が対角行列になるような正則行列 V と対角行列 U' を求めることを行列 U の**対角化**という。

行列の対角化は「ベクトルの変換」という視点から次のように捉え直すことができる。行列 U を 2 次元ベクトル $\boldsymbol{x}, \boldsymbol{y}$ を使って，$\boldsymbol{y} = A\boldsymbol{x}$ と表せるとしよう。このとき行列 V を使って，次のように座標変換 (基底の変換) させる。

$$\boldsymbol{y}' = V^{-1}\boldsymbol{y}, \quad \boldsymbol{x}' = V^{-1}\boldsymbol{x} \tag{A.77}$$

上式のように座標を変換させるのだから，行列 U にも変化を加えなければならない。座標変換後の行列を U' とおくと，座標変換後の表式は $\boldsymbol{y}' = U'\boldsymbol{x}'$ と書け，これを変形することで行列 U' が次のように書けることがわかる。

$$\begin{aligned} \boldsymbol{y}' = U'\boldsymbol{x}' \iff (V^{-1}\boldsymbol{y}) &= U'(V^{-1}\boldsymbol{x}) \\ V^{-1}A\boldsymbol{x} &= U'V^{-1}\boldsymbol{x} \end{aligned} \tag{A.78}$$

よって，式 (A.78) で $\boldsymbol{x} \neq 0$ とすると，$V^{-1}U = U'V^{-1}$ と書け，両辺の右から V を掛けると，

$$U' = V^{-1}UV \tag{A.79}$$

が得られる。この結果から，対角化とは「**ベクトルの基底の変換によって，行列を変換する操作である**」といえる。物理学ではたびたび行列の対角化が顔を出すが，それは基底の変換によって，目の前の問題が劇的に解きやすくなるからである。本書でも，安定点まわりでの運動 (5.1 節参照) や複数の質点にバネをつなげた物理系の解析 (連成振動，5.3 節参照) に，行列の対角化を用いる。

A.14 対称行列の対角化と直交行列

A.12, A.13 節で取り上げた，式 (A.66) の行列 U は，$U = U^{\mathrm{T}}$ が成り立つ。このような行列を**対称行列**という。「**対称行列の相異なる固有値に属する固有ベクトルは互いに直交する**」という性質がある。これについて見ていこう。

行列 U の相異なる固有値を λ_i, λ_j とし，それぞれに属する固有ベクトルを $\boldsymbol{v}_i, \boldsymbol{v}_j$ とする。このとき次式が成り立つ。

$$\begin{aligned}\boldsymbol{v}_i^{\mathrm{T}} U \boldsymbol{v}_j &= \boldsymbol{v}_i^{\mathrm{T}}(U\boldsymbol{v}_j) = \boldsymbol{v}_i^{\mathrm{T}}(\lambda_j \boldsymbol{v}_j) = \lambda_j \boldsymbol{v}_i^{\mathrm{T}} \boldsymbol{v}_j \\ \boldsymbol{v}_j^{\mathrm{T}} U \boldsymbol{v}_i &= \boldsymbol{v}_j^{\mathrm{T}}(U\boldsymbol{v}_i) = \boldsymbol{v}_j^{\mathrm{T}}(\lambda_i \boldsymbol{v}_i) = a_i \boldsymbol{v}_j^{\mathrm{T}} \boldsymbol{v}_i = \lambda_i \boldsymbol{v}_i^{\mathrm{T}} \boldsymbol{v}_j\end{aligned} \tag{A.80}$$

ここで，$U = U^{\mathrm{T}}$ と式 (A.21) より

$$\boldsymbol{v}_i^{\mathrm{T}} U \boldsymbol{v}_j = \boldsymbol{v}_j^{\mathrm{T}} U \boldsymbol{v}_i \tag{A.81}$$

が成り立つことから，式 (A.80) で 2 式の差をとると，

$$(\lambda_j - \lambda_i)\boldsymbol{v}_i^{\mathrm{T}} \boldsymbol{v}_j = 0 \tag{A.82}$$

となる。よって，$\lambda_i \neq \lambda_j$ より，固有ベクトルが直交することが示された。実際，式 (A.66) の行列 U から構成される固有ベクトル $\boldsymbol{v}_1, \boldsymbol{v}_2$ (式 (A.67) 参照) の内積は 0 で直交している。

一方，行列 U の固有ベクトルによって構成された行列 V は

$$V^{-1} = V^{\mathrm{T}}, \quad VV^{\mathrm{T}} = V^{\mathrm{T}}V = I \tag{A.83}$$

が成り立つことがわかる。このような性質を満たすということは，行列 V は A.11 節で紹介した直交行列である。前節の議論からわかるように，対称行列 U は直交行列 V によって対角化された。これは単なる偶然ではなく，「U が対称行列である」ことと「U がある直交行列 V によって対角化される」ことが同値であることが示せる。この証明は割愛するので，各自で証明に取り組むか線形代数の教科書を参照してほしい。

ナブラ演算子

4 章の議論で紹介したナブラ演算子について詳述する。デカルト座標系でのナブラ演算子は

$$\nabla = \boldsymbol{e}_x \frac{\partial}{\partial x} + \boldsymbol{e}_y \frac{\partial}{\partial y} + \boldsymbol{e}_z \frac{\partial}{\partial z} \tag{B.1}$$

と書ける。多くの教科書ではこの式を出発点にその意味を説明するが，ここではもう少し根源的な説明を試みる。さらに，ナブラ演算子から構成される量「勾配」「回転」「発散」「ラプラシアン」についても順を追って紹介する。

B.1 勾　　配

B.1.1 ナブラ演算子の定義と勾配

演算子とは，何か対象となる量があってその対象に働きかける (=演算する，作用する) もので，異なる量をつくり出す役割を担う。具体的には，関数 $\phi(\boldsymbol{r})$ に対してナブラ演算子が作用すると，**勾配** (gradient) とよばれる量になる：

$$\boxed{\nabla\phi = \boldsymbol{e}_x \frac{\partial \phi}{\partial x} + \boldsymbol{e}_y \frac{\partial \phi}{\partial y} + \boldsymbol{e}_z \frac{\partial \phi}{\partial z}} \tag{B.2}$$

$\nabla\phi$ の代わりに $\mathrm{grad}\,\phi$ と書くことも多い。ほとんどの教科書では式 (B.1) をナブラ演算子の定義としているが，本来の定義はそうではない。$\boldsymbol{r} \to \boldsymbol{r} + d\boldsymbol{r}$ と動かしたときに関数 $\phi(\boldsymbol{r})$ は

$$d\phi(\boldsymbol{r}) = \phi(\boldsymbol{r} + d\boldsymbol{r}) - \phi(\boldsymbol{r}) \equiv (\nabla\phi) \cdot d\boldsymbol{r} \tag{B.3}$$

のように書ける。この関係を満たしたベクトル量をつくる演算子が**ナブラ演算**

子である。式 (B.2) 最右辺への変形は次のように理解することができる。

(1) 変化量 $d\phi(\boldsymbol{r})$ は $\boldsymbol{r}$, $d\boldsymbol{r}$ と ($d\boldsymbol{r}$ が微小量であることに対応して) $\phi(\boldsymbol{r})$ の関数である。

(2) $d\boldsymbol{r}$ は微小量なので，$d\phi(\boldsymbol{r})$ はその 1 次式で書ける。

(3) $d\phi(\boldsymbol{r})$ はスカラー量であるが，$d\boldsymbol{r}$ はベクトル量なので，$\phi(\boldsymbol{r})$ を使って表現できるベクトル量 (これを $\nabla\phi(\boldsymbol{r})$ と表現する) と $d\boldsymbol{r}$ の内積によって $d\phi(\boldsymbol{r})$ は表される。

上の (1) から (3) で述べたことは，本来的な意味での次元解析になっている。具体的には $\boldsymbol{r}$ をデカルト座標系で表すと，式 (1.28) からわかるように

$$d\phi(\boldsymbol{r}) = \frac{\partial\phi}{\partial x}dx + \frac{\partial\phi}{\partial y}dy + \frac{\partial\phi}{\partial z}dz \tag{B.4}$$

となる。$d\boldsymbol{r}$ はデカルト座標系の場合，式 (2.39) で与えられるので，この式と定義式 (B.3) を比べて，勾配の定義式 (B.2) を得る。

B.1.2　極座標系でのナブラ演算子

(1) 円柱座標系 (2 次元極座標系)(r, φ, z)

$\phi(\boldsymbol{r})$ の変化量は

$$d\phi(\boldsymbol{r}) = \frac{\partial\phi}{\partial r}dr + \frac{\partial\phi}{\partial\varphi}d\varphi + \frac{\partial\phi}{\partial z}dz \tag{B.5}$$

で与えられる。位置ベクトルは式 (1.46) で与えられ，したがって微小変位 $d\boldsymbol{r}$ は，基底ベクトルの微分が式 (1.43) で与えられることに気をつけつつ，式 (2.39) と同様の変形を行うことで $d\boldsymbol{r} = \boldsymbol{e}_r dr + \boldsymbol{e}_\varphi r d\varphi + \boldsymbol{e}_z dz$ が得られる。これを使うと，円柱座標系でのナブラ演算子の表示が

$$\nabla = \boldsymbol{e}_r\frac{\partial}{\partial r} + \boldsymbol{e}_\varphi\frac{1}{r}\ \frac{\partial}{\partial\varphi} + \boldsymbol{e}_z\frac{\partial}{\partial z} \tag{B.6}$$

となることがわかる。基底ベクトルを微分演算子の前に書くのは，一般に基底ベクトルは座標に依るからで，たとえば第 2 項において基底ベクトルを微分の左に書くか右に書くかで意味が変わってしまうからである。デカルト座標系の場合には問題にならないが，一般には意味が変わってしまうので，この順番には細心の注意を払ってほしい。

なお，第 2 項に $1/r$ が掛かっていることは，次元解析をすれば当然のことで

あることがわかる。式 (B.3) の定義からナブラ演算子は (長さ)$^{-1}$ の次元をもつことがわかる。角度は無次元量なので角度による微分は必ず (長さ)$^{-1}$ の次元をもつ量を伴うのである。これは $d\boldsymbol{r}$ において $d\varphi$ の係数に r が掛かることと対をなす。

(2) 3 次元極座標系 (r, θ, φ)

同様にして 3 次元極座標系でのナブラ演算子の表示を導くことができる：

$$\nabla = \boldsymbol{e}_r \frac{\partial}{\partial r} + \boldsymbol{e}_\theta \frac{1}{r}\frac{\partial}{\partial \theta} + \boldsymbol{e}_\varphi \frac{1}{r\sin\theta}\frac{\partial}{\partial \varphi} \tag{B.7}$$

B.1.3 勾配の意味づけ

ではなぜ勾配というのか? 勾配を説明するために，関数 $\phi(\boldsymbol{r})$ の「等高線」に着目しよう。それを模式的に描いたのが図 B.1 で，$\phi_i =$ 一定 の曲線が「等高線」を表している。ただし $\boldsymbol{r}$ が 3 次元のベクトルであるから，$\phi_i =$ 一定 の曲線は，実際は 4 次元空間での「等高線」になることに注意しよう。

$\boldsymbol{r}$ から $\boldsymbol{r}+d\boldsymbol{r}$ の位置に動いたとき $\phi(\boldsymbol{r})$ の変化は式 (B.3) で与えられる。変位は任意の方向でよいので，まずは等高線に沿った移動，つまり $\phi(\boldsymbol{r}+d\boldsymbol{r})$ と $\phi(\boldsymbol{r})$ が等しくなるように移動しよう。このとき ϕ の値は 2 点で同じなので

$$0 = d\phi = (\nabla\phi)\cdot d\boldsymbol{r} \tag{B.8}$$

となり右辺の量は 0 となるが，$d\boldsymbol{r}$ は $\boldsymbol{0}$ ではないので，式 (B.8) の意味するところは $\nabla\phi$ は $\phi =$ 一定の曲線と直交するということである。直交するという

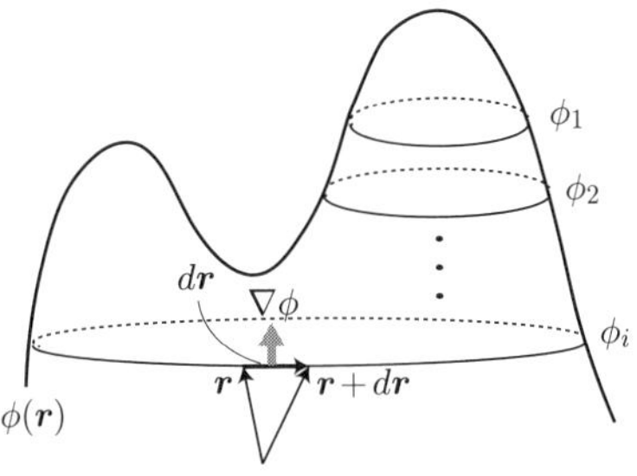

図 B.1　関数 $\phi(\boldsymbol{r})$ の「等高線」: 位置 $\boldsymbol{r}$ を決めるとその地点の標高 (関数の値) がわかる。

ことは，$\nabla\phi$ は等高線の最も密な方向，つまり傾斜が最大の方向を向くということである。さらに，$d\phi$ の定義が ϕ の増加分であるので，$\nabla\phi$ は増える方向を指すということもわかる。

さて，位置エネルギー $U(\boldsymbol{r})$ と力 $\boldsymbol{F}$ の関係は式 (4.109)

$$\boldsymbol{F} = -\nabla U(\boldsymbol{r}) \tag{B.9}$$

で与えられていたが，これは直感的には以下のように理解できる。位置エネルギーは標高が高いところにいればいるほど高くなる。つまり，U が増える方向は上を向く。山の上から物体を転がすことを考えればすぐにわかるが，力はその逆の方向 (U の値が減る方向) を向く。したがって，**保存力は位置エネルギーを減らすように働く力であるということである。**

なお，位置エネルギーのように，位置 $\boldsymbol{r}$ の関数として 1 つの要素から成る物理量を**スカラー場**という。**場**というのは空間の各点に張りついている物理量という意味で，電場や磁場のように張りついている量がベクトルである場合は**ベクトル場**という。

B.1.4 勾配と基底ベクトル

勾配は増える方向を表すことを説明したが，1 章の「**物理のための数学：ベクトルのまとめ② ～ ベクトルの微分**」(p.14) で述べたように，基底ベクトルは変数が増える方向を表すので，このことを使って基底ベクトルを求めることができる。具体的に 3 次元極座標の基底ベクトルを求めてみよう。

$r = \sqrt{x^2 + y^2 + z^2}$ を考えると，これが増える方向は ∇r と表され，デカルト座標系では

$$\nabla r = \boldsymbol{e}_x \frac{x}{r} + \boldsymbol{e}_y \frac{y}{r} + \boldsymbol{e}_z \frac{z}{r} \tag{B.10}$$

が得られる。これは確かに式 (1.52) で与えた $\boldsymbol{e}_r$ と同じで，r の増える方向を表している。同様に

$$\nabla\theta \propto \boldsymbol{e}_\theta, \quad \nabla\varphi \propto \boldsymbol{e}_\varphi \tag{B.11}$$

である。ただし長さが 1 とは限らないので，基底ベクトルとするには規格化 (長さを 1 にすること) が必要になる。

1.3.3 項では，位置ベクトル $\boldsymbol{r}$ が (r, θ, φ) の関数だとしたときに，$\dfrac{\partial \boldsymbol{r}}{\partial r}$ が r の増える方向だと説明したが，このようにナブラ演算子を使って $\boldsymbol{e}_r$, $\boldsymbol{e}_\theta$, $\boldsymbol{e}_\varphi$ が

それぞれ r, θ, φ が増える方向であることを示すこともできる。

これらの複合的な理解の仕方として，r と θ, φ は独立であることを用いることもできる。すなわち

$$0 = \frac{\partial r}{\partial \theta} = (\nabla r) \cdot \frac{\partial \boldsymbol{r}}{\partial \theta}, \quad 0 = \frac{\partial r}{\partial \varphi} = (\nabla r) \cdot \frac{\partial \boldsymbol{r}}{\partial \varphi} \tag{B.12}$$

が成立する。それぞれの式の 1 つ目の等号は，これらの変数 r が θ, ϕ とは独立であるので，偏微分が 0 になることを表している。2 つ目の等号へ至る変形は偏微分の連鎖律 (式 (1.35) 参照) を用いた。これらの式が意味するのは，∇r は $\dfrac{\partial \boldsymbol{r}}{\partial \theta}, \dfrac{\partial \boldsymbol{r}}{\partial \varphi}$ と直交し，そのような方向は $\dfrac{\partial \boldsymbol{r}}{\partial r}$ であり，r の増える向きとなっているということである。

B.2 回　　転

ベクトル場

$$\boldsymbol{A}(\boldsymbol{r}) = \boldsymbol{e}_x A_x + \boldsymbol{e}_y A_y + \boldsymbol{e}_z A_z \tag{B.13}$$

に対して，デカルト座標系では**回転** (rotation) $\nabla \times \boldsymbol{A}$ は ∇ と $\boldsymbol{A}(\boldsymbol{r})$ の外積の計算をすれば得られ，

$$\begin{aligned}\nabla \times \boldsymbol{A} = \boldsymbol{e}_x \left(\frac{\partial A_z}{\partial y} - \frac{\partial A_y}{\partial z} \right) + \boldsymbol{e}_y \left(\frac{\partial A_x}{\partial z} - \frac{\partial A_z}{\partial x} \right) \\ + \boldsymbol{e}_z \left(\frac{\partial A_y}{\partial x} - \frac{\partial A_x}{\partial y} \right)\end{aligned} \tag{B.14}$$

と与えられる。これは言葉通りベクトル場 $\boldsymbol{A}(\boldsymbol{r})$ の回転の強さと方向を表す。

B.2.1　極座標系での回転

極座標系ではどのように回転の表式が与えられるのだろうか? 多くの教科書では式 (B.14) を定義として，そこから変数変換で他の座標系での表式を得るという手法をとる。しかし，回転の定義はあくまで座標系に依らず外積の形で表されるので，最初から考えたい座標系でナブラ演算子もベクトル場も表現してしまえばよい。具体的に 2 次元極座標系で考える。ナブラ演算子は式 (B.6) で与えられ，ベクトル場は

$$\boldsymbol{A}(\boldsymbol{r}) = \boldsymbol{e}_r A_r + \boldsymbol{e}_\varphi A_\varphi \tag{B.15}$$

であるから

$$\begin{aligned}\nabla \times \boldsymbol{A} &= \left(\boldsymbol{e}_r \frac{\partial}{\partial r} + \boldsymbol{e}_\varphi \frac{1}{r}\ \frac{\partial}{\partial \varphi}\right) \times (\boldsymbol{e}_r A_r + \boldsymbol{e}_\varphi A_\varphi) \\ &= \boldsymbol{e}_r \frac{\partial}{\partial r} \times (\boldsymbol{e}_r A_r + \boldsymbol{e}_\varphi A_\varphi) + \boldsymbol{e}_\varphi \frac{1}{r} \frac{\partial}{\partial \varphi} \times (\boldsymbol{e}_r A_r + \boldsymbol{e}_\varphi A_\varphi)\end{aligned} \tag{B.16}$$

となり，あとは順を追って計算していけばよい。式 (B.16) の第 1 項は，基底ベクトルが r に依らないことと $\boldsymbol{e}_r \times \boldsymbol{e}_\varphi = \boldsymbol{e}_z$ であることを使えばすぐ計算できて

$$\text{第 1 項} = \boldsymbol{e}_z \frac{\partial A_\varphi}{\partial r} \tag{B.17}$$

が得られる。第 2 項は基底ベクトルが φ に依存するので注意が必要で

$$\begin{aligned}\text{第 2 項} &= \boldsymbol{e}_\varphi \frac{1}{r} \frac{\partial}{\partial \varphi} \times (\boldsymbol{e}_r A_r) + \boldsymbol{e}_\varphi \frac{1}{r} \frac{\partial}{\partial \varphi} \times (\boldsymbol{e}_\varphi A_\varphi) \\ &= \boldsymbol{e}_\varphi \times \frac{1}{r} \frac{\partial \boldsymbol{e}_r}{\partial \varphi} A_r + \boldsymbol{e}_\varphi \times \boldsymbol{e}_r \frac{1}{r} \frac{\partial A_r}{\partial \varphi} \\ &\quad + \boldsymbol{e}_\varphi \times \frac{1}{r} \frac{\partial \boldsymbol{e}_\varphi}{\partial \varphi} A_\varphi + \boldsymbol{e}_\varphi \times \boldsymbol{e}_\varphi \frac{1}{r} \frac{\partial A_\varphi}{\partial \varphi} \\ &= \boldsymbol{e}_\varphi \times \boldsymbol{e}_\varphi \frac{1}{r} A_r - \boldsymbol{e}_z \frac{1}{r} \frac{\partial A_r}{\partial \varphi} + \boldsymbol{e}_\varphi \times (-\boldsymbol{e}_r) \frac{1}{r} A_\varphi + \boldsymbol{0} \\ &= \boldsymbol{e}_z \left(-\frac{1}{r} \frac{\partial A_r}{\partial \varphi} + \frac{1}{r} A_\varphi\right)\end{aligned} \tag{B.18}$$

となる。よってまとめると，2 次元極座標系での回転の表式は次のようになる。

$$\nabla \times \boldsymbol{A} = \boldsymbol{e}_z \left(\frac{1}{r} \frac{\partial (r A_\varphi)}{\partial r} - \frac{1}{r} \frac{\partial A_r}{\partial \varphi}\right) \tag{B.19}$$

同様に考えると円柱座標系では，

$$\begin{aligned}\nabla \times \boldsymbol{A} &= \boldsymbol{e}_r \left(\frac{1}{r} \frac{\partial A_z}{\partial \varphi} - \frac{\partial A_\varphi}{\partial z}\right) + \boldsymbol{e}_\varphi \left(\frac{\partial A_r}{\partial z} - \frac{\partial A_z}{\partial r}\right) \\ &\quad + \boldsymbol{e}_z \left(\frac{1}{r} \frac{\partial (r A_\varphi)}{\partial r} - \frac{1}{r} \frac{\partial A_r}{\partial \varphi}\right)\end{aligned} \tag{B.20}$$

となる。また，3 次元極座標系では

$$\nabla \times \boldsymbol{A}(\boldsymbol{r}) = \boldsymbol{e}_r \frac{1}{r^2 \sin\theta} \left\{ \frac{\partial(r \sin\theta A_\varphi)}{\partial\theta} - \frac{\partial(r A_\theta)}{\partial\varphi} \right\} + \boldsymbol{e}_\theta \frac{1}{r \sin\theta} \left\{ \frac{\partial A_r}{\partial\varphi} - \frac{\partial(r \sin\theta A_\varphi)}{\partial r} \right\} + \boldsymbol{e}_\varphi \frac{1}{r} \left\{ \frac{\partial(r A_\theta)}{\partial r} - \frac{\partial A_r}{\partial\theta} \right\} \tag{B.21}$$

となる。くり返しになるが，一般に基底は定ベクトルではないので，ナブラ演算子が微分演算子であるにもかかわらず，単純な外積のように表現できるデカルト座標系の結果 (B.14) が特殊なのであり，他の座標系ではそうならないことを指摘しておく。

B.3　発　　散

ナブラ演算子とベクトル場との内積は**発散** (divergence) とよばれる量で，デカルト座標系では

$$\nabla \cdot \boldsymbol{A} = \frac{\partial A_x}{\partial x} + \frac{\partial A_y}{\partial y} + \frac{\partial A_z}{\partial z} \tag{B.22}$$

となる。$\mathrm{div}\,\boldsymbol{A}$ と書くこともある。デカルト座標系では基底ベクトルが定ベクトルなので通常の意味での内積と同じ形になっているが，一般には基底ベクトルは座標に依るので，ナブラ演算子は成分だけではなく基底ベクトルにも作用することを考慮して計算する必要がある。具体的な計算手法は回転の場合と同じなので結果だけ記すと，円柱座標系の場合は

$$\nabla \cdot \boldsymbol{A} = \frac{\partial(r A_r)}{\partial r} + \frac{1}{r}\frac{\partial A_\varphi}{\partial\varphi} + \frac{\partial A_z}{\partial z} \tag{B.23}$$

であり，3 次元極座標系の場合は次のように与えられる。

$$\nabla \cdot \boldsymbol{A} = \frac{1}{r^2}\frac{\partial(r^2 A_r)}{\partial r} + \frac{1}{r \sin\theta}\frac{\partial(\sin\theta A_\theta)}{\partial\theta} + \frac{1}{r \sin\theta}\frac{\partial A_\varphi}{\partial\varphi} \tag{B.24}$$

B.4　ナブラ演算子を使った有用な恒等式

ナブラ演算子を使った 2 つの有用な恒等式を紹介する。それぞれの式は簡単

な式変形で示すことができるが，ここではその物理的な意味を見ておこう。1つ目が

$$\nabla\cdot(\nabla\times\boldsymbol{A})=0 \qquad {}^{\forall}\boldsymbol{A} \quad (\forall\text{ は「任意の」という意味}) \tag{B.25}$$

で，回転が右ねじの進む方向に対応することを考えれば，回転は入った分だけ出ていく量であることがわかり，発散が 0 になるということを表している。もう 1 つが

$$\nabla\times\nabla\phi=0 \qquad {}^{\forall}\phi \tag{B.26}$$

で，$\nabla\phi$ は流出する方向しかないので，回転の成分はもたないということを意味している。これは山の上から水を流すことを想像すれば直感的に理解できるだろう。この水の流れは明らかに渦の成分はもたないからである。

B.5　ラプラシアン

ナブラ演算子どうしの内積からつくられる演算子はとくに有用な演算子なので，**ラプラシアン** (ラプラス演算子，Laplacian) という名前がついている。

デカルト座標系での表示は簡単に得られて

$$\Delta\equiv\nabla\cdot\nabla=\left(\boldsymbol{e}_x\frac{\partial}{\partial x}+\boldsymbol{e}_y\frac{\partial}{\partial y}+\boldsymbol{e}_z\frac{\partial}{\partial z}\right)\cdot\left(\boldsymbol{e}_x\frac{\partial}{\partial x}+\boldsymbol{e}_y\frac{\partial}{\partial y}+\boldsymbol{e}_z\frac{\partial}{\partial z}\right) \tag{B.27}$$

を計算することで，

$$\boxed{\Delta=\frac{\partial^2}{\partial x^2}+\frac{\partial^2}{\partial y^2}+\frac{\partial^2}{\partial z^2}} \tag{B.28}$$

となる。極座標系では，基底ベクトルの変化も考える必要があるので単純な内積の形で得られるわけでなく，円柱座標系では

$$\Delta=\frac{\partial^2}{\partial r^2}+\frac{1}{r}\frac{\partial}{\partial r}+\frac{1}{r^2}\frac{\partial^2}{\partial\varphi^2}+\frac{\partial^2}{\partial z^2}=\frac{1}{r}\frac{\partial}{\partial r}r\frac{\partial}{\partial r}+\frac{1}{r^2}\frac{\partial^2}{\partial\varphi^2}+\frac{\partial^2}{\partial z^2} \tag{B.29}$$

であり，3 次元極座標系では次のように与えられる。

$$\begin{aligned}\Delta&=\frac{\partial^2}{\partial r^2}+\frac{2}{r}\frac{\partial}{\partial r}+\frac{1}{r^2}\left(\frac{\partial^2}{\partial\theta^2}+\frac{\cos\theta}{\sin\theta}\frac{\partial}{\partial\theta}+\frac{1}{\sin^2\theta}\frac{\partial^2}{\partial\varphi^2}\right)\\&=\frac{1}{r}\frac{\partial^2}{\partial r^2}r+\frac{1}{r^2}\left\{\frac{1}{\sin\theta}\frac{\partial}{\partial\theta}\left(\sin\theta\frac{\partial}{\partial\theta}\right)+\frac{1}{\sin^2\theta}\frac{\partial^2}{\partial\varphi^2}\right\}\end{aligned} \tag{B.30}$$

B.6 積分定理

ここまで議論してきたナブラ演算子を，2.4 節で紹介した線積分や面積分，体積積分と対応させることができる。本節では，物理学の様々な場面で顔を出す，2 つの積分定理を紹介する。なお証明はページ数の制約上省略するので，興味のある読者は「ベクトル解析」の本を手に取って参照してほしい。

(1) ガウスの定理

ベクトル場 $\boldsymbol{A}(\boldsymbol{r})$ を含む領域 V とその境界面 S を考え，S の単位法線ベクトル $\boldsymbol{n}\,(|\boldsymbol{n}|=1)$ を S の外側に向くように選ぶ (図 B.2 左)。このとき，S は閉曲面であり，次式が成り立つ。

$$\int_V \nabla\cdot\boldsymbol{A}\,dV = \int_S \boldsymbol{A}\cdot\boldsymbol{n}\,dS \tag{B.31}$$

ここで左辺は領域 V 上での体積積分，右辺は境界面 S 上の面積分を表している。

(2) ストークスの定理

ベクトル場 $\boldsymbol{A}(\boldsymbol{r})$ を含む曲面をとり，その境界線を C とする。このとき C は閉曲線である。曲面 S の単位法線ベクトル $\boldsymbol{n}$ の向きと閉曲線 C の向きを図 B.2 右のように選んだとき，次式が成り立つ。

$$\int_S (\nabla\times\boldsymbol{A})\cdot\boldsymbol{n}\,dS = \int_C \boldsymbol{A}\cdot d\boldsymbol{r} \tag{B.32}$$

ここで左辺は曲面 S 上の面積分，右辺は閉曲線 C 上の線積分を表している。

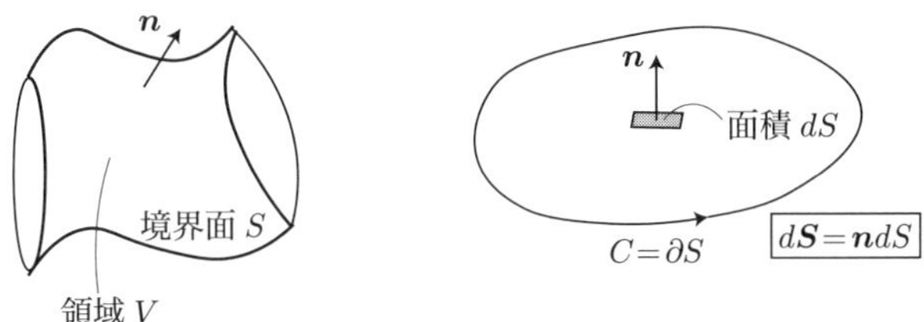

図 B.2 ガウスの定理とストークスの定理

付　表

表 C.1　主な物理定数

名　称	記号と数値	単　位
真空中の光速	$c = 2.997\,924\,58 \times 10^{8}$ (定義値)	$\mathrm{m\,s^{-1}}$
真空中の透磁率	$\mu_0 = 1.256\,637\,\cdots \times 10^{-6}$	$\mathrm{N\,A^{-2}}$
真空中の誘電率 †2	$\varepsilon_0 = \dfrac{1}{\mu_0 c^2} = 8.854\,187\,8\,\cdots \times 10^{-12}$	$\mathrm{F\,m^{-1}}$
ニュートン定数	$G = 6.674\,08(31) \times 10^{-11}$	$\mathrm{N\,m^2\,kg^{-2}}$
標準重力加速度	$g = 9.806\,65$ (定義値)	$\mathrm{m\,s^{-2}}$
地球の質量	$M_{\mathrm{e}} = 5.972\,19 \times 10^{24}$	kg
太陽の質量	$M_{\mathrm{s}} = 1.9884 \times 10^{30}$	kg
月 の 質 量	$M_{\mathrm{m}} = 7.347\,673\,092\,457\,35 \times 10^{22}$	kg
地球の平均半径	$r_{\mathrm{e}} = 6.3710 \times 10^{6}$	m
太陽の平均半径	$r_{\mathrm{s}} = 6.955\,08 \times 10^{8}$	m
月の平均半径	$r_{\mathrm{m}} = 1.7375 \times 10^{6}$	m
月と地球の平均距離	$d = 3.844 \times 10^{8}$	m
アボカドロ定数	$N_{\mathrm{A}} = 6.022\,140\,76 \times 10^{23}$ (定義値)	$\mathrm{mol^{-1}}$
ボルツマン定数	$k_{\mathrm{B}} = 1.380\,649 \times 10^{-23}$ (定義値)	$\mathrm{J\,K^{-1}}$
プランク定数	$h = 6.626\,070\,15 \times 10^{-34}$ (定義値)	J s
電子の電荷 (電気素量)	$e = 1.602\,176\,634 \times 10^{-19}$ (定義値)	C
電子の質量	$m_{\mathrm{e}} = 9.109\,383\,56(11) \times 10^{-31}$	kg
陽子の質量	$m_{\mathrm{p}} = 1.672\,621\,898(21) \times 10^{-27}$	kg
ボーア半径	$a_0 = 5.291\,772\,1067(12) \times 10^{-11}$	m

†1 ( ) 内の 2 桁の数字は，最後の 2 桁に現れる誤差を示している。

†2 単位 F (ファラド) は，MKSA 単位系では $\mathrm{m^{-2}\,kg^{-1}\,s^4\,A^2}$ である。

表 C.2　ギリシャ文字

大文字	小文字	読　み　方
A	α	アルファ
B	β	ベータ
Γ	γ	ガンマ
Δ	δ	デルタ
E	ε, ϵ	イプシロン
Z	ζ	ゼータ
H	η	イータ
Θ	θ, ϑ	シータ
I	ι	イオタ
K	κ	カッパ
Λ	λ	ラムダ
M	μ	ミュー
N	ν	ニュー
Ξ	ξ	グザイ
O	o	オミクロン
Π	π, ϖ	パイ
P	ρ, ϱ	ロー
Σ	σ, ς	シグマ
T	τ	タウ
Υ	υ	ウプシロン
Φ	ϕ, φ	ファイ
X	χ	カイ
Ψ	ψ	プサイ
Ω	ω	オメガ

表 C.3　接頭語

接頭語	記号	倍数
ヨ　　タ	Y	10^{24}
ゼ　　タ	Z	10^{21}
エ ク サ	E	10^{18}
ペ　　タ	P	10^{15}
テ　　ラ	T	10^{12}
ギ　　ガ	G	10^{9}
メ　　ガ	M	10^{6}
キ　　ロ	k	10^{3}
ヘ ク ト	h	10^{2}
デ　　カ	da	10
		1
デ　　シ	d	10^{-1}
セ ン チ	c	10^{-2}
ミ　　リ	m	10^{-3}
マイクロ	μ	10^{-6}
ナ　　ノ	n	10^{-9}
ピ　　コ	p	10^{-12}
フェムト	f	10^{-15}
ア　　ト	a	10^{-18}
ゼ プ ト	z	10^{-21}
ヨ ク ト	y	10^{-24}

問題の略解

問 **1.1** (1) $\boldsymbol{A}(t)=(A_x(t),A_y(t),A_z(t))$, $\boldsymbol{B}(t)=(B_x(t),B_y(t),B_z(t))$ とおく。

$$\begin{aligned}\frac{d}{dt}(\boldsymbol{A}(t)+\boldsymbol{B}(t))&=\frac{d}{dt}(A_x(t)+B_x(t),A_y(t)+B_y(t),A_z(t)+B_z(t))\\&=\left(\frac{dA_x}{dt}+\frac{dB_x}{dt},\frac{dA_y}{dt}+\frac{dB_y}{dt},\frac{dA_z}{dt}+\frac{dB_z}{dt}\right)\\&=\frac{d}{dt}(A_x(t),A_y(t),A_z(t))+\frac{d}{dt}(B_x(t),B_y(t),B_z(t))\\&=\frac{d\boldsymbol{A}(t)}{dt}+\frac{d\boldsymbol{B}(t)}{dt}\end{aligned}$$

問 **1.2** $\dfrac{\partial f}{\partial x}=\dfrac{x}{\sqrt{1+x^2+y^2}}$, $\quad\dfrac{\partial f}{\partial y}=\dfrac{y}{\sqrt{1+x^2+y^2}}$,
$\dfrac{\partial^2 f}{\partial x\partial y}=\dfrac{\partial^2 f}{\partial y\partial x}=-\dfrac{xy}{(1+x^2+y^2)^{3/2}}$

演習問題 1

1.1 たとえば $\boldsymbol{r}(t)=(x(t),y(t),z(t))$ とおいて, $\left|\dfrac{d\boldsymbol{r}(t)}{dt}\right|$ と $\dfrac{dr(t)}{dt}$ を計算してみよ。

1.2 (1) $2\boldsymbol{r}\cdot\dfrac{d\boldsymbol{r}}{dt}$ (2) $\dfrac{1}{r}\dfrac{d\boldsymbol{r}}{dt}-\dfrac{\boldsymbol{r}}{r^2}\dfrac{dr}{dt}$ (3) $2\boldsymbol{r}\cdot\dfrac{d\boldsymbol{r}}{dt}-\dfrac{2}{r^3}\dfrac{dr}{dt}$ (4) $m\dfrac{d\boldsymbol{r}}{dt}\cdot\dfrac{d^2\boldsymbol{r}}{dt^2}$

1.3 (1) $\boldsymbol{e}_r(r,\varphi)=\cos\varphi\,\boldsymbol{e}_x+\sin\varphi\,\boldsymbol{e}_y$, $\boldsymbol{e}_\varphi(r,\varphi)=-\sin\varphi\,\boldsymbol{e}_x+\cos\varphi\,\boldsymbol{e}_y$ なので, $\boldsymbol{e}_r(r,\varphi)\cdot\boldsymbol{e}_{r'}(r',\varphi')=\cos(\varphi-\varphi')$, $\boldsymbol{e}_r(r,\varphi)\cdot\boldsymbol{e}_{\varphi'}(r',\varphi')=\sin(\varphi-\varphi')$, $\boldsymbol{e}_\varphi(r,\varphi)\cdot\boldsymbol{e}_{\varphi'}(r'\cdot\varphi')=\cos(\varphi-\varphi')$ (2) $\boldsymbol{r}\cdot\boldsymbol{r}'=r\boldsymbol{e}_r(r,\varphi)\cdot r'\boldsymbol{e}_{r'}(r',\varphi')$, $r=\sqrt{x^2+y^2}$, $\cos\varphi=\dfrac{x}{\sqrt{x^2+y^2}}$, $\sin\varphi=\dfrac{y}{\sqrt{x^2+y^2}}$ より, $\boldsymbol{r}\cdot\boldsymbol{r}'=xx'+yy'$ (3) $\boldsymbol{r}\cdot\boldsymbol{r}'=(x\boldsymbol{e}_x+y\boldsymbol{e}_y)\cdot(x'\boldsymbol{e}_x+y'\boldsymbol{e}_y)=xx'+yy'$

1.4 (1) $\boldsymbol{e}_r(r,\theta,\varphi)\cdot\boldsymbol{e}_{r'}(r',\theta',\varphi')=\sin\theta\sin\theta'\cos(\varphi-\varphi')+\cos\theta\cos\theta'$, $\boldsymbol{e}_r(r,\theta,\varphi)\cdot\boldsymbol{e}_{\theta'}(r',\theta',\varphi')=\sin\theta\cos\theta'\cos(\varphi-\varphi')-\cos\theta\sin\theta'$, $\boldsymbol{e}_r(r,\theta,\varphi)\cdot\boldsymbol{e}_{\varphi'}(r',\theta',\varphi')=\sin\theta\sin(\varphi-\varphi')$, $\boldsymbol{e}_\theta(r,\theta,\varphi)\cdot\boldsymbol{e}_{\theta'}(r',\theta',\varphi')=\cos\theta\cos\theta'\cos(\varphi-\varphi')+\sin\theta\sin\theta'$, $\boldsymbol{e}_\theta(r,\theta,\varphi)\cdot\boldsymbol{e}_{\varphi'}(r',\theta',\varphi')=\cos\theta\sin(\varphi-\varphi')$, $\boldsymbol{e}_\varphi(r,\theta,\varphi)\cdot\boldsymbol{e}_{\varphi'}(r',\theta',\varphi')=\cos(\varphi-\varphi')$ (2) $\boldsymbol{r}\cdot\boldsymbol{r}'=(r\boldsymbol{e}_r(r,\theta,\varphi))\cdot(r'\boldsymbol{e}_{r'}(r',\theta',\varphi'))=rr'[\sin\theta\sin\theta'\cos(\varphi-\varphi')+\cos\theta\cos\theta']=xx'+yy'+zz'$ (3) $\boldsymbol{r}\cdot\boldsymbol{r}'=(x\boldsymbol{e}_x+y\boldsymbol{e}_y+z\boldsymbol{e}_z)\cdot(x'\boldsymbol{e}_x+y'\boldsymbol{e}_y+z'\boldsymbol{e}_z)=xx'+yy'+zz'$

問 **2.1** 速度の表式の導出のみ記す。

$$\begin{aligned}\frac{d\boldsymbol{r}}{dt}&=\dot{r}\cos\varphi\,\boldsymbol{e}_x-r\dot{\varphi}\sin\varphi\,\boldsymbol{e}_x+\dot{r}\sin\varphi\,\boldsymbol{e}_y+r\dot{\varphi}\cos\varphi\,\boldsymbol{e}_y+\dot{z}\boldsymbol{e}_z\\&=\dot{r}(\cos\varphi\,\boldsymbol{e}_x+\sin\varphi\,\boldsymbol{e}_y)+r\dot{\varphi}(-\sin\varphi\,\boldsymbol{e}_x+\cos\varphi\,\boldsymbol{e}_y)+\dot{z}\boldsymbol{e}_z\\&=\dot{r}\boldsymbol{e}_r+r\dot{\varphi}\boldsymbol{e}_\varphi+\dot{z}\boldsymbol{e}_z\end{aligned}$$

問 2.2 速度の表式の導出のみ記す。

$$\begin{aligned}\frac{d\boldsymbol{r}}{dt} &= (\dot{r}\sin\theta\cos\varphi + r\dot{\theta}\cos\theta\cos\varphi - r\dot{\varphi}\sin\theta\sin\varphi)\boldsymbol{e}_x \\ &\quad + (\dot{r}\sin\theta\sin\varphi + r\dot{\theta}\cos\theta\sin\varphi + r\dot{\varphi}\sin\theta\cos\varphi)\boldsymbol{e}_y + (\dot{r}\cos\theta - r\dot{\theta}\sin\theta)\boldsymbol{e}_z \\ &= \dot{r}(\sin\theta\cos\varphi\,\boldsymbol{e}_x + \sin\theta\sin\varphi\,\boldsymbol{e}_y + \cos\theta\,\boldsymbol{e}_z) \\ &\quad + r\dot{\theta}(\cos\theta\cos\varphi\,\boldsymbol{e}_x + \cos\theta\sin\varphi\,\boldsymbol{e}_y - \sin\theta\,\boldsymbol{e}_z) \\ &\quad + r\dot{\varphi}(-\sin\theta\sin\varphi\,\boldsymbol{e}_x + \sin\theta\cos\varphi\,\boldsymbol{e}_y) \\ &= \dot{r}\boldsymbol{e}_r + r\dot{\theta}\boldsymbol{e}_\theta + r\dot{\varphi}\sin\theta\,\boldsymbol{e}_\varphi\end{aligned}$$

問 2.3 $e^{i\theta} = 1+i\theta+\frac{1}{2}(i\theta)^2+\frac{1}{3!}(i\theta)^3+\cdots$, $\cos\theta = 1-\frac{1}{2}\theta^2+\cdots$, $\sin\theta = \theta-\frac{1}{3!}\theta^3+\cdots$ を比較すると，$e^{i\theta} = \cos\theta + i\sin\theta$ が成り立つことがわかる。

問 2.4 2.3 節の議論において，$x(t) \to v(t)$, $\bar{v} \to \bar{a}$ とすれば加速度の積分が速度によって表せることがわかる。

問 2.5 $\log x$, $\sin x$, $\cos x$, $\tan x$ など

演習問題 2

2.1 $\boldsymbol{v}(t) = \dot{r}\boldsymbol{e}_r + r\dot{\theta}\boldsymbol{e}_\theta + r\dot{\varphi}\sin\theta\,\boldsymbol{e}_\varphi$ を時間微分すれば得られる。$\boldsymbol{e}_r$, $\boldsymbol{e}_\theta$, $\boldsymbol{e}_\varphi$ の時間微分が 0 でないことに注意せよ。

2.2 (1) $[a] = [\mathrm{m}]$, $[\omega] = [\mathrm{s}^{-1}]$ (2) $x^2 + y^2 = a^2$ より軌跡は円であり，質点の速さは $a\omega$ と時間に依らず一定。よって，この質点は等速円運動をすることがわかる。
(3)(a) $r = a$, $\varphi = \omega t$ (b) $\boldsymbol{e}_r = \cos\omega t\,\boldsymbol{e}_x + \sin\omega t\,\boldsymbol{e}_y$, $\boldsymbol{e}_\varphi = -\sin\omega t\,\boldsymbol{e}_x + \cos\omega t\,\boldsymbol{e}_y$ (c) 速度の定義 (2.2) から求める。変形の結果，$v(t) = a\omega\boldsymbol{e}_\varphi$ が得られる。

2.3 (2) 速度：$(-a\omega\sin\omega t, a\omega\cos\omega t, u)$，加速度：$(-a\omega^2\cos\omega t, -a\omega^2\sin\omega t, 0)$
(3) $\sqrt{a^2\omega^2+u^2}t$ (4)(a) $r = a$, $\varphi = \omega t$, $z = ut$ (b) $\boldsymbol{e}_r = \cos\omega t\boldsymbol{e}_x + \sin\omega t\boldsymbol{e}_y$, $\boldsymbol{e}_\varphi = -\sin\omega t\boldsymbol{e}_x + \cos\omega t\boldsymbol{e}_y$, $\boldsymbol{e}_z = \boldsymbol{e}_z$ (c) $\boldsymbol{v}(t) = a\omega\boldsymbol{e}_\varphi + u\boldsymbol{e}_z$

2.4 (1) $y = (a/v^2)x^2$ の放物線 (2) y 方向に沿って一定の力を受けながら 2 点 $(-vt, at^2)$, (vt, at^2) 間を速度 $(v, 2at)$ で $y = (a/v^2)x^2$ に沿って運動する。
(3) $\displaystyle\int_0^t \sqrt{1+\left(\frac{dy}{dx}\right)^2}dx = \frac{t}{2}\sqrt{1+4a'^2t^2} + \frac{1}{4a'}\log\left(2a't + \sqrt{1+4a'^2t^2}\right)$ [ただし $a' = a/v^2$ とした]

2.5 (1) $A =$ 運動の振幅, $\beta =$ 振幅の減衰具合を表す因子, $\omega =$ 運動の振動具合を表す因子
(2) 速度: $-Ae^{-\beta t}(\beta\cos\omega t+\omega\sin\omega t)$, 加速度: $Ae^{-\beta t}((\beta^2-\omega^2)\cos\omega t+2\beta\omega\sin\omega t)$
(3) $t = 0$ から t まで積分すれば得られる。詳細は割愛する。

2.6 (1) $(\cos\theta, \sin\theta)$ (2) $z' = z + (-\delta\theta\sin\theta + i\delta\theta\cos\theta) = z + i\delta\theta(\cos\theta + i\sin\theta) = (1+i\delta\theta)z$ (3) (2) より，原点まわりの微小回転 (角度 $\delta\theta$) の寄与は $1 + i\delta\theta$ で表される。ここで $\delta\theta = \theta/n$ の場合，微小回転を n 回実行し $n \to \infty$ の極限をとると，$\displaystyle\lim_{n\to\infty}\left(1+i\frac{\theta}{n}\right)^n = e^{i\theta}$ となる。これが (1) の結果と一致するので $e^{i\theta} = \cos\theta + i\sin\theta$ と書ける。

2.7 (ア) $[\mathrm{m\,kg\,s^{-1}}]$，(イ) $[\mathrm{m\,kg\,s^{-2}}]$，(ウ) [s]，(エ) $[\mathrm{m\,kg^{-1}\,s^{-2}}]$ より，答えは (イ)。

問 3.1 3.2 節の議論参照

問 3.2 $\boldsymbol{A}\cdot(\boldsymbol{A}\times\boldsymbol{B})=0$ について答えを記す。例題 3.2 の場合：
$\boldsymbol{A}\cdot(\boldsymbol{A}\times\boldsymbol{B})=A_x(A_yB_z-A_zB_y)+A_y(A_zB_x-A_xB_z)+A_z(A_xB_y-A_yB_x)=0$
例題 3.3 の場合：$\boldsymbol{A}\cdot(\boldsymbol{A}\times\boldsymbol{B})=\varepsilon_{ijk}A_iA_jB_k$ なので，i と j の添字を入れ替えて $\varepsilon_{ijk}=-\varepsilon_{jik}$ を使うと，$\varepsilon_{ijk}A_iA_jB_k=-\varepsilon_{ijk}A_iA_jB_k$ となるので，$\boldsymbol{A}\cdot(\boldsymbol{A}\times\boldsymbol{B})=0$ が示せた。

問 3.3 (1) $\boldsymbol{a}\times\boldsymbol{b}=(5,-5,5),\ \boldsymbol{b}\times\boldsymbol{c}=(-2,2,2),\ \boldsymbol{c}\times\boldsymbol{a}=(1,-1,-1)$ (2) 0
(3) $(6,0,6)$

問 3.4 円柱座標系の場合，$\boldsymbol{e}_r=\cos\varphi\,\boldsymbol{e}_x+\sin\varphi\,\boldsymbol{e}_y,\ \boldsymbol{e}_\varphi=-\sin\varphi\,\boldsymbol{e}_x+\cos\varphi\,\boldsymbol{e}_y$ なので，$\boldsymbol{e}_r\times\boldsymbol{e}_\varphi=(\cos^2\varphi+\sin^2\varphi)\boldsymbol{e}_z=\boldsymbol{e}_z$ が成り立つ。同様に計算を進めると，$\boldsymbol{e}_\varphi\times\boldsymbol{e}_z=\boldsymbol{e}_r,\ \boldsymbol{e}_z\times\boldsymbol{e}_r=\boldsymbol{e}_\varphi$ となるので，r,φ,z の順に右手系をなす。3 次元極座標系の場合についても全く同様の計算過程をたどればよい。

問 3.5 $\boldsymbol{A}=(A_x,A_y,A_z),\ \boldsymbol{B}=(B_x,B_y,B_z)$ とおいて，左辺・右辺の各成分を計算すれば示すことができる。

問 3.6 $[\boldsymbol{r}]=[\mathrm{m}],\ [\boldsymbol{p}]=[\mathrm{kg\ m\ s^{-1}}],\ [dS/dt]=[\mathrm{m^2\ s^{-1}}]$ を用いればよい。

問 3.7 質量 m のボールが壁に当たる前の速さを v，当たった後の速さを v' とすると，$e=mv'/mv=v'/v$.

問 3.8 Fs は明らか。$(m/2)v^2$ も $[m]=[\mathrm{kg}],\ [v^2]=[\mathrm{m^2\ s^{-2}}]$ より仕事の次元になることが確かめられる。

演習問題 3

3.2 (1) $\boldsymbol{r}\times\dfrac{d^2\boldsymbol{r}}{dt^2}$ (2) $\dfrac{d\boldsymbol{r}}{dt}\times\left(\dfrac{d\boldsymbol{r}}{dt}\times\dfrac{d^2\boldsymbol{r}}{dt^2}\right)+\boldsymbol{r}\times\left(\dfrac{d\boldsymbol{r}}{dt}\times\dfrac{d^3\boldsymbol{r}}{dt^3}\right)$
(3) $2r\dfrac{dr}{dt}\boldsymbol{r}+r^2\dfrac{d\boldsymbol{r}}{dt}+\boldsymbol{a}\times\dfrac{d^2\boldsymbol{r}}{dt^2}$

3.3 (1) は添字に数を当てはめて示せばよい。(3) は ε_{ijk} が正規直交基底を使って $\boldsymbol{e}_i\cdot(\boldsymbol{e}_j\times\boldsymbol{e}_k)$ と書けることと，行列式の性質を使えば示すことができる。(2) は (3) で $j=m$ としたものである。

3.4 (1) 通常の体重計は重力を測ることで質量を計算しており，月の重力は地球より小さいため。 (2) 地球上で体重計を用いて測定したおもりと天秤を用いた測定。

3.5 加速度を求め，それに質量 m を掛ければ力が得られる。どちらの問題でも円周方向とは垂直に $ma\omega^2$ の一定の力を受ける ($\boldsymbol{F}=-ma\omega^2\boldsymbol{e}_r$)。

3.6 (1) $\boldsymbol{F}\parallel\boldsymbol{r}$ ならば $\boldsymbol{N}=\boldsymbol{r}\times\boldsymbol{F}=0$ なので $\dot{\boldsymbol{L}}=\boldsymbol{0}$ が成り立つ。よって，質点に働く力が中心力であれば角運動量は保存する。 (2) $\boldsymbol{r}\perp\boldsymbol{L}$ なので，$\boldsymbol{r}$ は各時刻における $\boldsymbol{L}$ に対して垂直な平面上にある。そしてその平面は時間変化しないことがわかる。よって，力が中心力であれば質点の運動は平面内で起こる。

3.7 (1) 加速し続けるための条件は $-udM/dt-M(t)g>0$. また $M(t)$ は時間に比例して減少するので $dM/dt=-\rho$ である。以上より，$\rho<M(t)g/u$ を得る。 (2) $v(t)=-u\log\dfrac{M(t)}{M}-gt$ (3) $z(t)=\dfrac{Mu}{\rho}\left\{\left(1-\dfrac{\rho}{M}t\right)\log\left(1-\dfrac{\rho}{M}t\right)+\dfrac{\rho}{M}t\right\}-\dfrac{1}{2}gt^2$

3.8 (1) $m\ddot{x}=0$ (2) $v(t)=v_0,\ x(t)=v_0t$ (3) $v(t)=0\,(t<0),\ v(t)=v_0\,(t>0)$ なので，$t=0$ で瞬間的な力が働いたことになる。よって力は δ 関数を使って，$F(t)=mv_0\delta(t)$ と書ける。

問 4.1 y 軸方向の運動方程式が $m\ddot{y}=mg/\cos\theta$ となる。$x'=y\cos\theta$ とおき直すことで例

題 4.1 と同じ座標系・運動方程式となるので，得られる解も同じになる。座標系のとり方を変えるだけで手間が増えるのがよくわかるだろう。

問 4.2 (1) $x(t) = C_1 e^{-3t} + C_2 e^{-2t}$ (2) $x(t) = C_1 e^{-t} + C_2 e^{t} + 5$
(3) $x(t) = (C_1 t + C_2)e^{-3t}$

問 4.3 運動方程式は $m\dot{v} = -m\gamma v^2 - mg$ であり，$b \equiv \tan^{-1}(v_0/\sqrt{g/\gamma})$ とすると一般解は $v(t) = \sqrt{g/\gamma}\tan[-\sqrt{\gamma g}t + b]$，$x(t) = x_0 + (1/\gamma)\log\{\cos[-\sqrt{\gamma g}t + b]/\cos b\}$

問 4.4 $\dot{E} = -m\gamma v^3$ が得られる。

問 4.5 たとえば垂直抗力

問 4.6 $W = \displaystyle\int q\boldsymbol{v}\times\boldsymbol{B}\cdot d\boldsymbol{s} = \int q\boldsymbol{v}\times\boldsymbol{B}\cdot\boldsymbol{v}dt = 0$. ただしベクトルの外積の公式 (3.22) を用いた $((\boldsymbol{v}\times\boldsymbol{B})\cdot\boldsymbol{v} = 0)$。

問 4.7 (1) カロリーの消費がすべて水の抵抗に抗うために使われたとすると，1.162×10^3 J·s^{-1}
(2) 60 s で 50 m 泳ぐと仮定すると，抵抗力は 1.394×10^3 N と推定される。

演習問題 4

4.1 鉛直下向きに x 軸をとると，運動方程式は $m\ddot{x} = mg - kx$ であり，その解は $x(t) = -(mg/k)\cos\left(\sqrt{k/m}\right)t + mg/k$ となる。

4.2 (1) $\displaystyle\int_0^{mg/k}(mg - kx)dx = \frac{m^2g^2}{2k}$ (2) つり合いの位置で運動エネルギーと同じ値になっていることを確かめればよい。 (3) $\displaystyle\int_0^{2mg/k}(mg - kx)dx = 0$

4.3 (1) $\displaystyle\int_{\theta_0}^{0}\ell d\theta[(mg - T\cos\theta)(-\sin\theta) + (-T\sin\theta)\cos\theta] = \ell mg(1-\cos\theta_0)$
(2) $\ddot{\theta} = -(g/\ell)\sin\theta$ を変形して，$(m/2)v(t)^2 - (m/2)v(0)^2 = \ell mg(1-\cos\theta)$ が得られる。 (3) $\displaystyle\int_{-\theta_0}^{0}\ell d\theta\, mg(-\sin\theta) = \ell mg(1-\cos\theta_0)$

4.4 (1) 最高点の高さ：$y_1 = (v_0\sin\theta)^2/2g$，時間：$v_0\sin\theta/g$ (2) 着地点の x 座標：$x_2 = v_0^2\sin(2\theta)/g$，時間：$2v_0\sin\theta/g$ (3) 角度 $\theta = \pi/4$，最長到達点 163 m

4.5 (1) $h + (1 - e^{-\gamma t_1})g/\gamma^2 - gt_1/\gamma = 0$ となる t_1 (2) 最高点に到達するまでの時間：$t_2 = (1/\gamma)\log(1+\gamma v_0/g)$，最高到達点の高さ：$x_2 = x_0 + v_0/\gamma - g/\gamma^2\log(1+\gamma v_0/g)$，地面に落ちるまでの時間：$x_0 + (1 - e^{-\gamma t_3})(v_0 + g/\gamma)/\gamma - gt_3/\gamma = 0$ の解 t_3 (3) t_2, x_2, t_3 の順に答えを記す。$\gamma = 0.3$ s^{-1} のとき：10 m s^{-1}；0.89 s, 4.25 m, 1.87 m, 25 m s^{-1}；1.89 s, 21.4 m, 4.23 s, 40 m s^{-1}；2.67 s, 46.3 m, 6.29 s $\gamma = 0.5$ s^{-1} のとき：10 m s^{-1}；0.82 s, 3.84 m, 1.78 m, 25 m s^{-1}；1.64 s, 17.8 m, 3.91 s, 40 m s^{-1}；2.24 s, 36.4 m, 5.74 s

4.6 $v_\infty = \sqrt{g/\gamma}$ とする。(1) $t_1 = (1/v_\infty\gamma)\cosh^{-1}\exp(h\gamma)$ (2) 最高点に到達するまでの時間：$t_2 = b/\sqrt{g\gamma}$，最高到達点の高さ：$x_2 = x_0 - (1/\gamma)\log|\cos b|$，地面に落ちるまでの時間：$t_3 = b/\gamma v_\infty + (1/\gamma v_\infty)\log\left(-e^{x_0\gamma}/\cos b + \sqrt{e^{2x_0\gamma}/\cos^2 b - 1}\right)$，ただし $b = \tan^{-1}(v_0/v_\infty)$ とした。 (3) t_2, x_2, t_3 の順に答えを記す。$\gamma = 0.005$ m^{-1} のとき：10 m s^{-1}；1.00 s, 4.98 m, 2.02 m, 25 m s^{-1}；2.32 s, 27.7 m, 4.75 s, 40 m s^{-1}；3.32 s, 59.7 m, 6.99 s $\gamma = 0.01$ m^{-1} のとき：10 m s^{-1}；0.988 s, 4.86 m, 1.99 m, 25 m s^{-1}；2.15 s, 24.7 m, 4.49 s, 40 m s^{-1}；2.90 s, 48.4 m, 6.30 s

4.7 (1) $(1/\gamma)\log(1+\gamma v_0\sin\theta/g)$ (2) τ を $(1-e^{-\gamma\tau})(v_0\sin\theta+g/\gamma)/\gamma-g\tau/\gamma=0$ の解とすると $(1-e^{-\gamma\tau})v_0\cos\theta/\gamma$ まで届く。 (3) $\gamma=0.4\,\mathrm{s}^{-1}$ のとき約 32°, $\gamma=0.2\,\mathrm{s}^{-1}$ のとき約 37°。

4.8 $\displaystyle\int_0^{\pi/2} mga\sin\varphi d\varphi = mga.$ $(0,a)\to(0,0)\to(a,0)$ と移動させたときの仕事は明らかに mga であるので，両者は一致する。

問 5.1 トレースと行列式は対角化によって値を変えない。よって，$n\times n$ 行列 A の固有値を $\lambda_1,\ \lambda_2,\ \cdots,\ \lambda_n$ とすると，$\lambda_1+\lambda_2+\cdots+\lambda_n=\mathrm{tr}\,A$, $\lambda_1\lambda_2\cdots\lambda_n=\det A$ と書ける。

問 5.2 $x(t)=x_r+ix_i$ (x_r, x_i はそれぞれ $x(t)$ の実部と虚部) を式 (5.13) に代入すると，式 (5.13) は線形な微分方程式だから実部と虚部に方程式が分離できる。

問 5.3 $Q_1(t)=0$ ということは $u_1=u_2$ になるので，2 つの質点は同じ方向にそろって運動する。

問 5.4 $[\sigma]=[\mathrm{kg\ m^{-1}}]$, $[\kappa]=[\mathrm{N\ m^{-1}\ m}]=[\mathrm{kg\ m\ s^{-2}}]$ より，$[\sqrt{\kappa/\sigma}]=[\mathrm{m\,s^{-1}}]$ となるので，v は速さの次元をもつ。

演習問題 5

5.1 (1) $a>0$ かつ $c>0$ かつ $ac-b^2>0$ (2) $k_1=\{a+c-\sqrt{(a-c)^2+4b^2}\}/2$, $k_2=\{a+c+\sqrt{(a-c)^2+4b^2}\}/2$. また $PVP^{\mathrm{T}}=\mathrm{diag}(k_1,k_2)$ を満たす直交行列 P を使って (対角行列を表す記法として $\mathrm{diag}(\bullet,\bullet)$ を用いた)，x_i と X_i の関係は $\boldsymbol{X}=P\boldsymbol{x}$ と表せる。ここで $\boldsymbol{X}=(X_1,X_2)$, $\boldsymbol{x}=(x_1,x_2)$ である。

5.3 運動方程式は鉛直下向きを正として $m\ddot{x}=-kx+mg-\alpha\dot{x}$ となる。この解はパラメータによってふるまいが変わる。$k<\alpha^2/4m$ のとき：$x(t)=A\exp\left\{\left(-\gamma+\sqrt{\gamma^2-\omega^2}\right)t\right\}$ $+B\exp\left\{\left(-\gamma-\sqrt{\gamma^2-\omega^2}\right)t\right\}+mg/k$ で表される過減衰を行う。ここで $\gamma=\alpha/2m$, $\omega=\sqrt{k/m}$ とした。$k=\alpha^2/4m$ のとき：$x(t)=(At+B)e^{-\gamma t}+mg/k$ で表される臨界減衰を行う。$k>\alpha^2/4m$ のとき：$x(t)=e^{-\gamma t}(A\cos(\omega' t)+B\sin(\omega' t))+mg/k$ で表される減衰振動を行う。ここで $\omega'=\sqrt{k/m-\alpha^2/4m^2}$ とした。初期条件は $x(0)=0$, $\dot{x}(0)=0$ なので，これを使うと積分定数 A, B が求まる。

5.4 $\gamma=\alpha/2m, \omega_0=\sqrt{g/\ell}, \omega^2=\omega_0^2-\gamma^2$ とする。振れ角が小さいとき，原点まわりの角運動量に対する運動方程式は $\ddot{\theta}=-\omega_0^2\theta-\gamma\dot{\theta}$ である。$\gamma>\omega_0$ のとき：$\theta(t)=v_0/(2\ell\sqrt{-\omega^2})(\exp((-\gamma+\sqrt{-\omega^2})t)-\exp((-\gamma-\sqrt{-\omega^2})t))$ で表せる過減衰を行う。$\gamma=\omega_0$ のとき：$\theta(t)=(v_0/\ell\omega)\exp(-\gamma t)$ となる。これは臨界減衰である。$\gamma<\omega_0$ のとき：$\theta(t)=v_0/(\ell\omega)\exp(-\gamma t)\sin(\omega t)$ で表される減衰振動を行う。

5.5 (1) $\lambda=\omega$, $X=F_0/(\omega_0+2i\omega\gamma-\omega^2)$ (2) γ が十分大きいとき，ω が大きくなると振れ幅 X は単純に小さくなる。一方 γ が小さいときは，X は $1/(\omega_0-\omega^2)$ にほとんど比例するので，$\omega\cong\omega_0$ のときに振れ幅は大きくなる。これを共鳴という。

5.6 式 (5.20) に $\dot{u}_1$ を，式 (5.21) に $\dot{u}_2$ を掛け，両式を足し合わせると全エネルギー E は $E=(m_1/2)\dot{u}_1^2+(m_2/2)\dot{u}_2^2+(k_1/2)u_1^2+(k_2/2)u_2^2+(k_3/2)u_3^2$ とわかる。

5.7 (1) $m\ddot{x}_1=-T_1\sin\theta_1+T_2\sin\theta_2$, $m\ddot{y}_1=-T_1\cos\theta_1+T_2\cos\theta_2+mg$, $m\ddot{x}_2=-T_2\sin\theta_2$, $m\ddot{y}_2=-T_1\cos\theta_2+mg$ (2) 固有角振動数は $\omega_1=\sqrt{(2-\sqrt{2})g/\ell}$, $\omega_2=\sqrt{(2+\sqrt{2})g/\ell}$. 固有モードは A, B を振幅として，$\theta_1(t)=Ae^{i\omega_1 t}$, $\theta_2(t)=$

$\sqrt{2}Ae^{i\omega_1 t}$ と $\theta_1(t) = Be^{i\omega_2 t}$, $\theta_2(t) = -\sqrt{2}Be^{i\omega_2 t}$ の 2 つが得られる。

5.8 固有モードの導出は各自の課題とし，固有角振動数だけ答えを記す。ただし $\omega_0 = \sqrt{k/m}$, $\alpha = m/M$, $\beta = k'/k$ とする。(1) $\omega_0\sqrt{(2-\sqrt{2})}$, $\sqrt{2}\omega_0$, $\omega_0\sqrt{(2+\sqrt{2})}$
(2) $\omega_0\sqrt{1+\alpha-\sqrt{1+\alpha^2}}$, $\sqrt{2}\omega_0$, $\omega_0\sqrt{1+\alpha+\sqrt{1+\alpha^2}}$
(3) $\omega_0\sqrt{\dfrac{3+\beta}{2}-\sqrt{\dfrac{(1-\beta)^2}{4}+2}}$, $\omega_0\sqrt{1+\beta}$, $\omega_0\sqrt{\dfrac{3+\beta}{2}+\sqrt{\dfrac{(1-\beta)^2}{4}+2}}$

5.9 弦の微小区間における u 方向についての運動方程式は，$\sigma\Delta x\partial^2 u(t,x)/\partial t^2 = T\sin\theta' - T\sin\theta$. 波長に対して振幅が十分に小さいとき，弦の微小区間にはたらく張力 T の x 方向に対する角度 θ は十分小さいので，$\sin\theta \cong \tan\theta = \partial u(t,x)/\partial x$, $\sin\theta' \cong \tan\theta' = \partial u(t,x+\Delta x)/\partial x$, $\sin\theta' - \sin\theta \cong \tan\theta' - \tan\theta$. 運動方程式の右辺に代入すると，$T\sin\theta' - T\sin\theta \cong T(\partial u(t,x+\Delta x)/\partial x - \partial u(t,x)/\partial x) \cong T\Delta x\partial^2 u(t,x)/\partial x^2$. これを運動方程式の左辺と比較し整理すれば，$\sigma\partial^2 u(x,t)/\partial t^2 = T\partial^2 u(t,x)/\partial x^2$. 波の伝わる速さを $v = \sqrt{T/\sigma}$ と表すと，波動方程式 (5.42) が得られる。

問 6.1 (1) 6.2 節の議論参照　(2) 原点を力の中心から $\boldsymbol{a}$ だけずらした角運動量 $\boldsymbol{L}' = (\boldsymbol{r}+\boldsymbol{a})\times\boldsymbol{p}$. 実際これを時間微分すると $\dot{\boldsymbol{L}}' = \boldsymbol{a}\times\boldsymbol{F} \neq 0$ となり保存しない。　(3) $\boldsymbol{L} = \boldsymbol{r}\times\boldsymbol{p}$ とすると，$\boldsymbol{L}\perp\boldsymbol{r} = 0$ である。この式は $\boldsymbol{L}$ が一定ならば原点を通る平面を表しており，(1) の結果より $\boldsymbol{L}$ が定ベクトルであることがわかる。よって，質点は $\boldsymbol{L}$ に直交する平面内を運動する。

問 6.2 付録 C にあるデータを用いる。換算質量は 7.31×10^{22} kg でおおよそ月の質量に一致する。地球の中心から重心までの距離は 4.76×10^6 m となり，重心は地球内部に潜りこむ。

問 6.3 中心力は $\boldsymbol{F}(\boldsymbol{r}) = F(r)\boldsymbol{e}_r$ と書け，$\nabla\times\boldsymbol{F} = 0$ を示せばよい。(1) は式 (B.6) を，(2) は式 (B.7) を用いる。

問 6.4 空気抵抗によって全エネルギーは減少する。よって，軌道半径はその分小さくなり，人工衛星の速さは大きくなる (例題 6.5 の結果参照)。

問 6.5 $\boldsymbol{F} = -\nabla U = -dU/dr$ を計算すればよい。$r > R$ のとき，式 (6.88) より $\boldsymbol{F}(r) = -G(mM/r^2)\boldsymbol{e}_r$ となる。一方，$r < R$ では式 (6.89) より力は働かない。

問 6.7 式 (6.99) の次元解析を行えばよい。

問 6.8 エネルギー保存の式 $\dfrac{1}{2}mv^2 = \dfrac{1}{4\pi\varepsilon_0}\dfrac{q_1 q_2}{r}$ より，r を求めればよい。ただし，m はアルファ粒子の質量で 6.64×10^{-27} kg, q_1 はアルファ粒子の電荷で $2\times1.6\times10^{-19}$ C, q_2 は金の電荷で $79\times1.6\times10^{-19}$ C である。これらを代入すると，1.1×10^{-13} m となる。

演習問題 6

6.1 (2) $a > 0$ は (b) に，$a < 0$ は (d) に対応する。

6.2 (1) 9.11×10^{-31} kg (電子の質量とほぼ等しくなる)　(2) 電気力と重力の比は 2.27×10^{39}　(3) 2.88×10^{-14} m

6.3 (1) 物体 1 が物体 2 に及ぼす力 $\boldsymbol{F}_{1\to2} = -Gm_1m_2(\boldsymbol{r}_2-\boldsymbol{r}_1)/|\boldsymbol{r}_2-\boldsymbol{r}_1|^3$ と物体 2 が物体 1 に及ぼす力 $\boldsymbol{F}_{2\to1} = -Gm_1m_2(\boldsymbol{r}_1-\boldsymbol{r}_2)/|\boldsymbol{r}_1-\boldsymbol{r}_2|^3$ より明らか。　(2) 重心座標を $\boldsymbol{R} = (m_1\boldsymbol{r}_1+m_2\boldsymbol{r}_2)/(m_1+m_2)$, 相対座標を $\boldsymbol{r} = \boldsymbol{r}_2-\boldsymbol{r}_1$, 全質量を $M = m_1+m_2$, 換算質量を $\mu = m_1m_2/(m_1+m_2)$ とすると，重心座標の運動方程

式は $M\ddot{\boldsymbol{R}}=\boldsymbol{0}$，相対座標の運動方程式は $\mu\ddot{\boldsymbol{r}}=-Gm_1m_2(\boldsymbol{r}/|\boldsymbol{r}|^3)$ である。 (3) 重心に対する運動方程式より，重心の原点に対する等速直線運動の式が導ける。しかし，いま考えている問題では 2 体の間の運動のみを考えるため，重心の位置を原点に，重心の速度を 0 としてもかまわない。 (4) $\omega=\sqrt{G(m_1+m_2)/a^3}$ (5) 重心から見た相対座標 $\boldsymbol{r}_i-\boldsymbol{R}\,(i=1,2)$ の運動方程式を立てればよい。

6.4 (1) 重心座標と相対座標の運動方程式はそれぞれ，$M\ddot{\boldsymbol{R}}=0$，$\mu\ddot{\boldsymbol{r}}=-k(|\boldsymbol{r}|-\ell)(\boldsymbol{r}/|\boldsymbol{r}|)$ である。 (2) 角運動量が 0 ということは，$h=r^2\dot{\varphi}=0$ より，$\varphi=$ 一定 となる。このときの解は $r(t)=\ell+A\sin(\omega_0t+\delta)\,(A,\,\delta$ は積分定数)。

6.5 太陽から近日点・遠日点までの距離をそれぞれ 1.47×10^{11} m, 1.52×10^{11} m として計算を進める。(1) 近日点：4.25×10^4 m s^{-1}，遠日点：4.28×10^4 m s^{-1} (2) 近日点：3.03×10^4 m s^{-1}，遠日点：2.93×10^4 m s^{-1} (3) 近日点：1.22×10^4 m s^{-1}，遠日点：1.25×10^4 m s^{-1} (4) 物体の質量を 1 kg とすれば，4.44×10^8 J (5) 近日点：1.37×10^4 m s^{-1}，遠日点：1.40×10^4 m s^{-1}

6.6 動径方向の運動方程式が $m(\ddot{r}-r\dot{\varphi}^2)=\mp k/r^3$ となる。6.5 節と同様に全エネルギーと r の関係を明らかにすればよく，r^3 に逆比例する中心力の場合は，引力であっても質点は束縛されず無限遠まで弾き飛ばされることがわかる。

6.7 ポテンシャル U は動径 r の関数として，内部：$U(r)=GMr^2/2R^3-3GM/2R$，外部：$U(r)=-GM/r$ と表される。ただし $M=4\pi R^3\rho/3$ は球体の全質量である。また球体の外に置いた質量 m の質点に働く力は動径方向のみで，その成分 F は $F(r)=-mdU/dr=-GMm/r^2$ である。

6.8 (1) 陽子の質量を $m_{\rm p}$，陽子 1 の座標を $\boldsymbol{r}_1$，陽子 2 の座標を $\boldsymbol{r}_2$ とする。それぞれの運動方程式は $m_{\rm p}\ddot{\boldsymbol{r}}_1=(e^2/4\pi\varepsilon_0)(\boldsymbol{r}_1-\boldsymbol{r}_2)/|\boldsymbol{r}_1-\boldsymbol{r}_2|^3, m_p\ddot{\boldsymbol{r}}_2=(e^2/4\pi\varepsilon_0)(\boldsymbol{r}_2-\boldsymbol{r}_1)/|\boldsymbol{r}_1-\boldsymbol{r}_2|^3$ である。重心座標は $\boldsymbol{r}_{\rm G}=(\boldsymbol{r}_1+\boldsymbol{r}_2)/2$ であり，相対座標を $\boldsymbol{r}=\boldsymbol{r}_1-\boldsymbol{r}_2$，また換算質量を $\mu=m_{\rm p}/2$ とすると，重心座標・相対座標の運動方程式は $m_{\rm p}\ddot{\boldsymbol{r}}_{\rm G}=0, \mu\ddot{\boldsymbol{r}}=(e^2/4\pi\varepsilon_0)(\boldsymbol{r}/|\boldsymbol{r}|^3)$ となる。 (2) 方程式の解は省略。式 (6.75) において，$GM\to k=e^2/4\pi\varepsilon_0$，$m\to\mu$ とすれば本問の離心率になる。すなわち，$\varepsilon^2=1+2h^2E/(\mu k^2)>1$ なので，この運動は楕円運動は含まない。

問 7.1 はかりにかかる力を F とする。(1) $F=mg$ (2) 上昇時：$F=m(g+a)$，下降時：$F=m(g-a)$ (3) $F=0$

問 7.2 式 (7.26) を時間微分したものが得られる。また，2 体間の働く力が $-1/r^2$ で与えられる場合，運動方程式は 6.4 節の議論に帰着する。

問 7.4 x 軸まわり：$\begin{pmatrix}1&0&0\\0&\cos\phi&-\sin\phi\\0&\sin\phi&\cos\phi\end{pmatrix}$，$y$ 軸まわり：$\begin{pmatrix}\cos\phi&0&-\sin\phi\\0&1&0\\\sin\phi&0&\cos\phi\end{pmatrix}$

問 7.5 詳細は割愛するが，コリオリの力は考えている系のスケールが大きければその効果は無視できないが，スケールが小さいとコリオリの力よりも別の効果の方が現象への寄与が大きくなる。(1) 台風の渦の生成にコリオリの力が作用しているのはよく知られた話であり，気象学の観点からも実証されている。 (2) 19 世紀半ばにバビネとベーアという 2 人の物理学者が提唱したそうである。現在の研究結果では，この言説が成り立つ可能性はあるものの，コリオリの力が河川にかかる力に比べて十分小さいため，特徴のある河川では有用ではないと考えられている。 (3) コリオリの力に比べて，明らかにお湯の量やバスタブとの摩擦による効果の方が現象に与える影響ははるかに大きい。この言説は「エセ科学」としてよく知られたものである。

演習問題 7

7.1 (1) 力のつり合いより，$ma = T\sin\theta$, $mg = T\cos\theta$. これより，$T = m\sqrt{a^2+g^2}$
(2) 電車の中から見ると，鉛直投げ上げの運動をする。電車の外から見ると，水平方向に初速度 V，鉛直方向に初速度 v_0 の斜方投射の運動をする。

7.2 (1) 重心系では衝突パラメータが小さくなるにつれて，実験室系と比べて大角度で散乱される。 (2) 陽子を固定した重心系と実験室系とでは，散乱角にほぼずれがない。

7.3 (1) 惑星は完全な球としており，$M \gg m$ なので重心系は惑星を原点とする座標系になる。2 次元極座標系で考えると，$m(\ddot{r} - r\ddot{\varphi}^2) = -GMm/r^2$, $md(r^2\dot{\varphi})/dt = 0$
(2) $r = \ell/(1+\varepsilon\cos\varphi)$ (ただし，$\ell = b^2v_i^2/GM$, $\varepsilon^2 = 1 + (b^2v_i^4/G^2M^2)$)
(3) $r = \ell/(1+\varepsilon) > a$ より $b^2 > 2aGM/v_i^2 + a^2$

7.4 土星の半径を $R_{\mathrm{S}} = 6.0\times10^4$ km、質量を $M_{\mathrm{S}} = 5.7\times10^{26}$ kg とする。(1) $b > \sqrt{2R_{\mathrm{S}}GM_{\mathrm{S}}/v_i^2 + R_{\mathrm{S}}^2} = 1.6\times10^5$ km (2) 宇宙船と土星の太陽に対する速度を $\boldsymbol{v} = (0, v)$, $\boldsymbol{V} = (-V, 0)$ とすると，$v\sqrt{1 + 2(V/v)\sin\Theta + 2(V/v)^2(1-\cos\Theta)}$
(3) $\cos\Theta = 1 - 2/(1 + b^2v_i^4/G^2M^2)$ (5) 土星周辺での太陽系からの脱出速度は $\sqrt{2GM_{\odot}/R_{\mathrm{S}}} = 14\ \mathrm{km\ s^{-1}}$ なので脱出速度に達しうる ($M_{\odot}$ は太陽の質量)。

7.5 例題 7.6 で $l = 0$ とした場合である。物体が棒から受ける力を N とする。2 次元極座標系で運動方程式を立てると，動径方向：$m(\ddot{r} - \omega^2 r) = 0$, 角度方向：$N = 2m\omega\dot{r}$ となる。これを解くと，$r(t) = x_0\cosh\omega t$ である。

7.6 (1) 運動方程式は式 (7.100) で与えられる。ただし本問での外力は抗力を $\boldsymbol{N}$ として，$\boldsymbol{N} - (GmM/R^2)\boldsymbol{e}'_z$ で与えられる。質点は原点で静止しているので，運動方程式は $N_{x'} = 0$, $N_{y'} = mR\omega^2\sin\theta\cos\theta$, $N_{z'} = m\{(GM/R^2) - R\omega^2\sin^2\theta\}$ となる。また重力の方向は $-\boldsymbol{N}/|\boldsymbol{N}|$ である。 (2) z' 軸正の方向から $\delta = \tan^{-1}(N_y/N_z)$ だけ y' 軸正の方向にずれる。またこれに伴い，重力加速度の大きさは $g' = (1/m)|\boldsymbol{N}|$ で与えられる。

7.7 重力の方向と鉛直の方向のずれは無視し，ここではコリオリの力のみを考慮する。(1) 運動方程式は式 (7.100) より，$m\ddot{x} = 2m\omega(\cos\theta\,\dot{y} - \sin\theta\,\dot{z})$, $m\ddot{y} = -2m\omega\cos\theta\,\dot{x}$, $m\ddot{z} = -mg + 2m\omega\sin\theta\,\dot{x}$ である。ω の 0 次，1 次，2 次で順々に運動方程式を解くと，$x(t) = (1/3)\omega g\sin\theta\, t^3$, $z(t) = h - (1/2)gt^2$ が得られる。 (2) 2.88×10^{-1} m だけ東へずれた位置へ落ちる。

問 8.1 $\left(m_2 + \dfrac{m_3}{2}, \dfrac{\sqrt{3}}{2}m_3\right) a\cdot(m_1+m_2+m_3)^{-1}$

問 8.3 球の中心軸まわりの慣性モーメントは例題 8.4 で求める。円柱のそれは円板の場合 (例題 8.2) に高さが加わるだけである。ここでは棒の中心軸まわりの慣性モーメントの導出について見る。棒の単位長さあたりの密度は M/l なので，$I = \displaystyle\int_{-l/2}^{l/2}\frac{M}{l}x^2dx = \frac{M}{12}l^2$

問 8.4 式 (8.22) と角運動量の保存より，慣性モーメントの値を小さくすればスピンの回転速度を大きくすることができる。つまり，広げた腕を縮めることで慣性モーメントは小さくなるので，その分だけスピンの回転速度は大きくなる。

問 8.5 $I_{\mathrm{E}} = \displaystyle\int_0^l \frac{M}{l}x^2dx = \frac{M}{3}l^2$, $I_{\mathrm{G}} = I_{\mathrm{E}} + M(l/2)^2$ が成り立つ。

問 8.6 対角行列を表す記法として $\mathrm{diag}(\bullet,\bullet,\bullet)$ を用いる。
(1) $\mathrm{diag}((2/5)Ma^2, (2/5)Ma^2, (2/5)Ma^2)$

(2) $\mathrm{diag}((1/6)Ma^2, (1/6)Ma^2, (1/6)Ma^2)$
(3) $\mathrm{diag}(M(b^2+c^2)/12, M(c^2+a^2)/12, M(a^2+b^2)/12)$

問 8.7 式 (8.47) の両辺に左から V を掛け，式変形の途中で $V^{\mathrm{T}}V$ を挿入すれば得られる。

演習問題 8

8.1 (1) $-G\dfrac{m_1m_3}{|\boldsymbol{r}_3-\boldsymbol{r}_1|^2}\dfrac{\boldsymbol{r}_3-\boldsymbol{r}_1}{|\boldsymbol{r}_3-\boldsymbol{r}_1|}-G\dfrac{m_2m_3}{|\boldsymbol{r}_3-\boldsymbol{r}_2|^2}\dfrac{\boldsymbol{r}_3-\boldsymbol{r}_2}{|\boldsymbol{r}_3-\boldsymbol{r}_2|}$
(2) $\boldsymbol{r}_3$ は物体 1, 2 を結んだ線分上に存在するため，$\boldsymbol{r}_3 = s\boldsymbol{r}_1+(1-s)\boldsymbol{r}_2$ (s は実数) と書ける。また条件から，$(\ddot{\boldsymbol{r}}_3-\ddot{\boldsymbol{R}}) = -\omega^2(\boldsymbol{r}_3-\boldsymbol{R})$ が成立する (ただし $\omega^2 = G(m_1+m_2)/a^3$)。以上を変形すると，$\dfrac{1}{(1-s)^2}\dfrac{1-s}{|1-s|}+\dfrac{t}{s^2}\left(\dfrac{-s}{|-s|}\right)=(1-s)-st$ が得られる ($t=m_2/m_1$)。この式を $s\leq 0$, $0<s\leq 1$, $1<s$ の 3 通りに場合分けして解くと $\boldsymbol{r}_3$ を求めることができる。
(3) 3.264×10^8 m, 4.490×10^8 m, $\pm 3.817\times 10^4$ m

8.2 (1) $|\boldsymbol{r}_3-\boldsymbol{r}_1| = |\boldsymbol{r}_3-\boldsymbol{r}_2|$ (2), (3) 原点として物体 1 の位置をとり，xy 平面で物体 2 の座標を $(2r', 0)$，物体 3 の座標を (r', s) とする。遠心力と合力のつり合いの関係式を立てると，$s=\pm\sqrt{3}r'$ が得られる。ここで $r=|\boldsymbol{r}_2-\boldsymbol{r}_1|$ であることから，r を用いた式に直せば $s=\pm(\sqrt{3}/2)r$ となる。得られた物体 3 の座標が正三角形の 1 つの頂点になっていることは明らかである。 (4) (2) で設定した座標に則して答えを表すと，$(x, y) = (1.944\times 10^8, 3.329\times 10^8)$

8.3 (1) 運動方程式は例題 8.4 と同じ。これを解くと，$v(t) = v_0+(\sin\theta-\mu_0\cos\theta)gt$, $x(t) = v_0t+(\sin\theta-\mu_0\cos\theta)\frac{1}{2}gt^2$, $\omega(t) = (5/2a)\mu_0 gt\cos\theta$ となる。はじめは滑りがあるので $v > a\omega$ が成り立っているが，時間が経ち $v = a\omega$ が成立し，滑りが無くなり摩擦は静止摩擦力に変わる。その時刻を t_1 とすると，力学的エネルギーの変化は $E(t_1)-E(0) = (M/2)(2/5)v(t_1)v_0$ となる。 (2) 球が斜面に対して滑る速度 $v' = v-a\omega$ で場合分けして論ずる必要がある ($v'>0$, $v'=0$, $v'<0$, 詳細は割愛)。

8.4 重心まわりの力のモーメントを求めるにあたり，摩擦力や垂直抗力を加味しなければならない。計算すると，$\boldsymbol{N}_{\mathrm{G}} = \boldsymbol{0}$, $\boldsymbol{N}_{\mathrm{top}} = (mgh\sin\theta+mh^2\Omega^2\sin\theta\cos\theta)\boldsymbol{e}_\varphi$ となる。(2) 以降は同じ結果が得られる。

8.5 (1) 撃力を $J=\int Fdt$ とすると，運動方程式は $M\ddot{x} = F$, $I=\dot{\omega}=(h-a)F$, $I = (2/5)Ma^2$ である。ここで，初速度を v_0，初角速度を ω_0 とすると，球が滑らない条件は $v_0 = a\omega_0$ で，運動方程式を積分し変形を進めると $h_0=(7/5)a$ が得られる。
(2) $v<a\omega_0$ に相当する。このとき球は床面を滑りながら動く。床面の摩擦力は球の移動を加速させ，回転を減速させる。 (3) $v>a\omega_0$ に相当する。床面の摩擦力は球の移動を減速させ，回転を加速させる。

8.6 糸にかかる張力を $T_{\mathrm{A}}, T_{\mathrm{B}}$，加速度を β とすると，$m_{\mathrm{A}}\beta = T_{\mathrm{A}}-m_{\mathrm{A}}g$, $m_{\mathrm{B}}\beta = -T_{\mathrm{B}}+m_{\mathrm{B}}g$, $(Ma^2/2)\dot{\omega} = (T_{\mathrm{B}}-T_{\mathrm{A}})a$, $a\dot{\omega}=\beta$ が得られる。これらを解くと，$\beta = (m_{\mathrm{B}}-m_{\mathrm{A}})g/(m_{\mathrm{A}}+m_{\mathrm{B}}+M/2)$ が得られる。また，$M=0$ とすれば円形滑車の質量を無視した場合に一致する。

8.7 円柱状物体にかかる摩擦力を F とする。このとき成り立つ方程式は $M(a-b)\ddot{\theta} = F-Mg\sin\theta$, $(Mb^2/2)\dot{\omega} = -Fb$ であり，円柱状物体が滑らない条件は $(a-b)\dot{\theta} = b\omega$ である。以上の式から，$\omega = \sqrt{2g/(3(a-b))}$ が得られる。

8.8 (1) $\theta_{\mathrm{c}} = \tan^{-1}(2\mu/(1-\mu^2))$ (2) $\ddot{\theta} = (3g/2l)\sin\theta$, $\dot{\theta}^2 = (3g/l)(\cos\theta_0-\cos\theta)$
(3) $\theta_1 = \cos^{-1}((2/3)\cos\theta_0)$

索　引

た 行

な 行

は 行

ま 行

著者略歴

佐藤　丈（さとう　じょう）

1996年　京都大学大学院理学研究科博士課程修了，博士（理学）
2002年　埼玉大学大学院理工学研究科准教授
現　在　横浜国立大学大学院理工学府教授

2024年4月3日　初　版　発　行

物理学の考え方を理解する
力　学

著　者　佐藤　丈
発行者　山本　格

発行所　株式会社　培　風　館
東京都千代田区九段南4-3-12・郵便番号102-8260
電　話(03)3262-5256(代表)・振　替00140-7-44725

三美印刷・牧　製本

PRINTED IN JAPAN

ISBN 978-4-563-02545-8　C3042